U0383552

高等代数方法选讲

曹重光　张　显　唐孝敏　编著

科学出版社
北　京

内 容 简 介

本书通过例题系统地讲述了高等代数的思想与方法. 全书共18讲, 每讲均配有大量习题(包括习题答案与提示). 按方法而不是按内容编排例题与习题是本书的一大特点.本书有助于提升高等代数学习者的素质与能力.

本书可作为大学数学系选修课的教材, 也可供青年教师和报考研究生的同学参考.

图书在版编目(CIP)数据

高等代数方法选讲/曹重光, 张显, 唐孝敏编著. —北京: 科学出版社, 2011

ISBN 978-7-03-031588-5

Ⅰ. 高… Ⅱ. ①曹… ②张… ③唐… Ⅲ. 高等代数 Ⅳ. O15

中国版本图书馆 CIP 数据核字(2011) 第 113147 号

责任编辑: 王 静 房 阳 / 责任校对: 陈玉凤
责任印制: 徐晓晨 / 封面设计: 陈 敬

科 学 出 版 社 出版
北京东黄城根北街 16 号
邮政编码: 100717
http://www.sciencep.com

北京中科印刷有限公司 印刷

科学出版社发行 各地新华书店经销

*

2011 年 7 月第 一 版 开本: 720 × 1000 1/16
2020 年 3 月第六次印刷 印张: 16
字数: 320 000

定价: 49.00 元

(如有印装质量问题, 我社负责调换)

前　言

研究一门数学课程的思想与方法对于提升学习者的数学素养与能力至关重要. 因此, 当今不少学校都开设了方法选讲课.

笔者曾几次为本科生开设高等代数方法选讲课, 多次为学生进行数学竞赛及考研辅导, 本书就是在这些讲稿的基础上重新整理而成的. 由于本书以阐述思想和方法为主要目的, 所以书中例题常常不是按教材的章节顺序编排, 而是以方法为线索进行编排. 然而, 考虑到读者的方便, 有时在讲方法之前也给出基础知识概述. 在阅读本书时, 我们希望读者注意本书对方法的阐述、说明、注记等部分以及对问题的分析, 仔细体会, 以便推陈出新. 书中所提出的方法有许多是在同类书中尚未见到的, 笔者希望本书所列的方法不仅对深入学习高等代数有益, 同时对学习其他课程, 甚至进行数学研究都能有所启发. 本书所选用的例题和习题有一部分是自编的, 它们是我们在多年教学和科研中积累和发现的, 有的甚至是我们科研论文中的小结论. 本书还对一些经典定理和传统题目给出了新的证法. 不难看出, 即使在基础课程的学习中, 创新也是可能的.

本书可作为大学数学系高年级的选修课教材, 也可供青年教师和报考研究生的同学参考. 作为教材使用时, 教师可根据学时、教学需要及学生情况作适当取舍. 此外, 本书前 4 讲的大多数内容对于报考数学以外各专业研究生的读者复习线性代数部分是适宜的.

本书在写作和出版过程中得到了黑龙江大学数学科学学院领导及代数教研室同事们的大力支持和帮助, 在此一并致谢.

探讨一门课程的思想和方法的工作是无止境的, 本书只不过是我们在这方面的某些体会而已. 由于本书是选讲, 更由于我们的水平有限, 所以不可能对所有问题都面面俱到, 甚至某些看法可能有偏颇也未可知, 疏漏和不足之处在所难免, 敬请读者批评指正.

曹重光　张 显　唐孝敏

2011 年 1 月

目　　录

第 1 讲　矩阵的初等变换方法

初等变换的方法是线性代数的一种十分重要的方法, 许多线性代数问题都可用它来解决. 在本讲及第 6, 7 两讲的应用举例中, 可以领会使用初等变换方法解决问题的途径与技巧.

1.1　基 础 知 识

以后如无特殊声明, 本书所说的矩阵都是数域 $\mathbf{F}$ 上的矩阵, 向量均指列向量. 因为实数域和复数域都是数域, 所以一切讨论当然适用于实矩阵和复矩阵.

一、初等变换的定义

定义 1.1　对某一矩阵施行的初等变换是指对该矩阵的行或列进行的如下三种变换的统称:

(1) 倍法变换: 将矩阵 A 第 i 行 (列) 的各元素分别乘以 $\lambda(\neq 0)$, 其余行 (列) 不动, 得矩阵 B, 则称对 A 施行了一次倍法变换, 可记为 $Ld_i(\lambda)A = B$ ($Rd_i(\lambda)A = B$).

(2) 消法变换: 将矩阵 A 的第 j 行 (列) 乘以 μ 加于第 $i\ (\neq j)$ 行 (列), 其余行 (列) 不动, 得矩阵 B, 则称对 A 施行了一次消法变换, 记为 $L\tau_{ij}(\mu)A = B$ ($R\tau_{ji}(\mu)A = B$).

(3) 换法变换: 将矩阵 A 的第 i 行 (列) 与第 $j\ (\neq i)$ 行 (列) 对调位置, 其余行 (列) 不动, 得矩阵 B, 则称对 A 施行了一次换法变换, 记为 $Lp_{ij}A = B$ ($Rp_{ij}A = B$).

定义 1.2　对矩阵的行 (列) 进行的倍法变换、消法变换和换法变换统称为初等行 (列) 变换.

二、三种初等变换的关系

三种初等变换本质上并不是相互独立的, 实际上有如下命题:

命题 1.1　任意一次换法变换可由三次消法变换和一次倍法变换实现.

证明　只证列变换的情况, 行的情形是类似的. 设

$$A = (a_1 \quad a_2 \quad \cdots \quad a_n),$$

易见

$$R\tau_{ji}(1)A = \begin{pmatrix} a_1 & \cdots & \overset{(i)}{a_i + a_j} & \cdots & \overset{(j)}{a_j} & \cdots & a_n \end{pmatrix} = B,$$

$$R\tau_{ij}(-1)B = \begin{pmatrix} a_1 & \cdots & \overset{(i)}{a_i + a_j} & \cdots & \overset{(j)}{-a_i} & \cdots & a_n \end{pmatrix} = C,$$

$$R\tau_{ji}(1)C=\begin{pmatrix}a_1 & \cdots & \overset{(i)}{a_j} & \cdots & \overset{(j)}{-a_i} & \cdots & a_n\end{pmatrix}=D,$$

$$Rd_j(-1)D=\begin{pmatrix}a_1 & \cdots & \overset{(i)}{a_j} & \cdots & \overset{(j)}{a_i} & \cdots & a_n\end{pmatrix}=Rp_{ij}A. \blacksquare$$

三、初等变换的性质

1. 初等行 (列) 变换是列 (行) 向量空间 $\mathbf{F}^n$ 的相应可逆线性变换限制作用在矩阵各列 (行) 上的结果

事实上, 对一切 $x=(x_1 \quad \cdots \quad x_n)'\in\mathbf{F}^n$, 令

$$\sigma_1(x)=\begin{pmatrix}x_1 & \cdots & \overset{(i)}{\lambda x_i} & \cdots & x_n\end{pmatrix}', \quad \lambda\neq 0,$$

$$\sigma_2(x)=\begin{pmatrix}x_1 & \cdots & \overset{(i)}{x_j} & \cdots & \overset{(j)}{x_i} & \cdots & x_n\end{pmatrix}', \quad i\neq j,$$

$$\sigma_3(x)=\begin{pmatrix}x_1 & \cdots & x_i\overset{(i)}{+}\mu x_j & \cdots & \overset{(j)}{x_j} & \cdots & x_n\end{pmatrix}', \quad i\neq j.$$

容易验证, σ_1, σ_2, σ_3 均为 $\mathbf{F}^n$ 的线性变换, 并且是可逆的. 设 $A=(a_1 \quad \cdots \quad a_n)$, 易见

$$Ld_i(\lambda)A=(\sigma_1a_1 \quad \cdots \quad \sigma_1a_n),$$

$$Lp_{ij}A=(\sigma_2a_1 \quad \cdots \quad \sigma_2a_n),$$

$$L\tau_{ij}(\mu)A=(\sigma_3a_1 \quad \cdots \quad \sigma_3a_n).$$

2. 初等矩阵是相应初等变换的相应线性变换在自然基下的矩阵

初等矩阵是指如下三种类型的矩阵:

$$\begin{aligned}
&T_{ij}(\mu)=I+\mu E_{ij}, \quad i,j=1,\cdots,n,\ i\neq j,\ \mu\in\mathbf{F},\\
&P_{ij}=I+E_{ij}+E_{ji}-E_{ii}-E_{jj}, \quad i,j=1,\cdots,n,\ i\neq j,\\
&D_i(\lambda)=I+(\lambda-1)E_{ii}, \quad i=1,\cdots,n,\ \lambda(\neq 0)\in\mathbf{F},
\end{aligned}$$

其中用 E_{ij} 记第 i 行第 j 列为 1 而其他元素均为 0 的矩阵.

事实上, 以消法阵 $T_{ij}(\mu)$ 为例, 其相应初等变换即 $L\tau_{ij}(\mu)$, 相应线性变换即如上的 σ_3, 设 $\mathbf{F}^n$ 的自然基为 $e_1,e_2,\cdots,e_n$, 其中 $e_i=\begin{pmatrix}0 & \cdots & 0\overset{(i)}{1}0 & \cdots & 0\end{pmatrix}'$. 易见

$$\sigma_3(e_1 \quad \cdots \quad e_n)=(e_1 \quad \cdots \quad e_n)T_{ij}(\mu).$$

类似地有

$$\sigma_2(e_1 \quad \cdots \quad e_n)=(e_1 \quad \cdots \quad e_n)P_{ij},$$

$$\sigma_1(e_1 \quad \cdots \quad e_n)=(e_1 \quad \cdots \quad e_n)D_i(\lambda).$$

3. 初等变换的逆变换仍为该类型的初等变换

事实上, 由初等矩阵易见

$$T_{ij}(\mu)^{-1}=T_{ij}(-\mu),\quad D_i(\lambda)^{-1}=D_i(\lambda^{-1}),\quad P_{ij}^{-1}=P_{ij}.$$

4. 初等变换是可逆线性变换的乘法生成元

这个性质等价于说, **$\mathbf{F}^n$ 上任意可逆线性变换均可由形为 σ_1, σ_2 及 σ_3 的有限个变换相乘得到**. 注意到命题 1.1 所述, 它又等价于: **$\mathbf{F}^n$ 的任意可逆线性变换均可由形为 σ_1 和 σ_3 的有限个变换相乘得到**. 如果改用矩阵叙述, 则应有如下定理:

定理 1.1　设 A 为任意的 n 阶可逆矩阵, 则必存在若干个消法阵 $B_1, \cdots, B_t$ 及倍法阵 C, 使得 $A=B_1\cdots B_tC$.

证明　设 $|A|=a$, 令 $C=\mathrm{diag}(1,\ \cdots,\ 1,\ a)$ 及 $B=AC^{-1}$, 则 $|B|=1$, 故只需证 B 可写成若干个消法阵之积.

对阶数 n 应用数学归纳法. 当 $n=1$ 时, 显然. 假设对于小于 n 阶的矩阵, 命题成立, n 阶矩阵 $B=(b_{ij})_{n\times n}$ 分以下两种情形讨论:

(1) 当 $b_{11}\neq 0$ 时, 易见, B 可经一系列行消法变换化为

$$B_0=\begin{pmatrix} b_{11} & * \\ 0 & B_* \end{pmatrix}.$$

若 $b_{11}=1$, 则 $|B_*|=1$, 由归纳假设, B_* 可写成若干个消法阵之积, 从而不难看出, B 为有限个消法阵之积; 若 $b_{11}\neq 1$, 则易见

$$T_{21}(-b_{11})T_{12}(b_{11}^{-1}-1)T_{21}(1)B_0=\begin{pmatrix} 1 & \Delta \\ 0 & B_\Delta \end{pmatrix},$$

化为情形 $b_{11}=1$.

(2) 当 $b_{11}=0$ 时, 必有某个 k, 使得 $b_{k1}\neq 0$, 于是 $T_{1k}(1)B$ 为情形 (1). ∎

推论 1.1　经一系列行消法变换可使可逆矩阵 A 化为对角矩阵

$$\mathrm{diag}(1,\ \cdots,\ 1,\ |A|).$$

证明　将定理 1.1 的结论变形得到

$$B_t^{-1}\cdots B_1^{-1}A=C=\mathrm{diag}(1,\ \cdots,\ 1,\ |A|),$$

再由 $B_1^{-1}, \cdots, B_t^{-1}$ 均为消法阵可得本推论. ∎

四、初等变换下矩阵的标准形

(1) 在一系列行消法变换下, 非零矩阵 $A_{m\times n}$ 可化为矩阵 B_1(称为 A 的**行阶梯形**,

简称为**阶梯形**),

$$B_1=\begin{pmatrix} 0 & \cdots & 0 & \multicolumn{1}{|l}{b_{11}} & \cdots & \cdots & \cdots & \cdots & \cdots & \cdots & \cdots \\ \cline{4-6} 0 & \cdots & \cdots & \cdots & \cdots & 0 & \multicolumn{1}{|l}{b_{22}} & \cdots & \cdots & \cdots & \cdots \\ \cline{7-8} \cdots & \cdots & \cdots & \cdots & \cdots & \cdots & \cdots & \cdots & \cdots & \cdots & \cdots \\ 0 & \cdots & \cdots & \cdots & \cdots & \cdots & \cdots & \cdots & 0 & \multicolumn{1}{|l}{b_{rr}} & \cdots \\ \cline{10-11} 0 & \cdots & \cdots & \cdots & \cdots & \cdots & \cdots & \cdots & \cdots & \cdots & 0 \\ \cdots & \cdots & \cdots & \cdots & \cdots & \cdots & \cdots & \cdots & \cdots & \cdots & \cdots \\ 0 & \cdots & \cdots & \cdots & \cdots & \cdots & \cdots & \cdots & \cdots & \cdots & 0 \end{pmatrix},$$

其中 $b_{ii}\neq 0\ (i=1,2,\cdots,r)$ (若 $A=0$, 则 A 的阶梯形定义为 0).

(2) 在一系列行消法变换及列换法变换下, A 可化为 B_2(称为 A 的**紧凑阶梯形阵**),

$$B_2=\begin{pmatrix} b_{11} & \cdots & \cdots & \cdots & \cdots & \cdots & \cdots & \cdots \\ 0 & b_{22} & \cdots & \cdots & \cdots & \cdots & \cdots & \cdots \\ \vdots & \ddots & b_{33} & \cdots & \cdots & \cdots & \cdots & \cdots \\ \vdots & & \ddots & \ddots & \cdots & \cdots & \cdots & \cdots \\ 0 & \cdots & \cdots & 0 & b_{rr} & \cdots & \cdots & \cdots \\ 0 & \cdots & \cdots & \cdots & \cdots & \cdots & \cdots & 0 \\ \cdots & \cdots & \cdots & \cdots & \cdots & \cdots & \cdots & \cdots \\ 0 & \cdots & \cdots & \cdots & \cdots & \cdots & \cdots & 0 \end{pmatrix},$$

其中 $b_{ii}\ (i=1,\cdots,r)$ 同 (1) 中定义. 进一步, 可化为

$$H=\begin{pmatrix} I_r & C \\ 0 & 0 \end{pmatrix}.$$

(3) 在一系列初等变换下, A 能化为如下**标准形**:

$$M=\begin{pmatrix} I_r & 0 \\ 0 & 0 \end{pmatrix},$$

并且 A 的标准形由 A 唯一确定.

(4) 矩阵的**等价分解** (**相抵分解**)为

$$A=P\begin{pmatrix} I_r & 0 \\ 0 & 0 \end{pmatrix}Q,$$

其中 P, Q 为适当可逆矩阵.

五、矩阵在初等变换下的不变量

(1) 初等变换不改变矩阵的秩. 当 $A\neq 0$ 时, 秩 A=A 的等价分解中的 r=A 的非零子式的最高阶数 = 矩阵的行 (列) 秩 (即行 (列) 向量组的秩); 当 $A=0$ 时, A 的秩定义为 0.

(2) 在初等行 (列) 变换下, 矩阵列 (行) 之间的线性关系不改变. 所谓矩阵 $A_{m\times n} = (\alpha_1 \ \ \cdots \ \ \alpha_n)$ **列之间的线性关系**是指

$$\sum_{i=1}^{n} k_i\alpha_i = 0,$$

其中 $k_1, \cdots, k_n \in \mathbf{F}$ (行之间的线性关系可类似定义).

设 $A = (\alpha_1 \ \ \cdots \ \ \alpha_n)$ 经一系列初等行变换化为 $B = (\beta_1 \ \ \cdots \ \ \beta_n)$, 则有可逆矩阵 P, 使得 $PA = B$, 即 $P\alpha_i = \beta_i \ (i = 1, \cdots, n)$, 从而

$$\sum_{i=1}^{n}(k_i\alpha_i) = 0 \Leftrightarrow P\sum_{i=1}^{n}(k_i\alpha_i) = 0 \Leftrightarrow \sum_{i=1}^{n}(k_iP\alpha_i) = 0$$

$$\Leftrightarrow \sum_{i=1}^{n} k_i\beta_i = 0,$$

这正说明初等行变换不改变列之间的线性关系.

(3) 初等行 (列) 变换不改变某些列 (行) 之间的线性相关关系以及线性无关关系. 这是 (2) 的自然结论.

(4) 对线性方程组的增广矩阵施行初等行变换不改变线性方程组的解.

定理 1.2　对方程组 $Ax = b$ 的增广矩阵 $(A \ \ b)$ 施行一系列初等行变换得 $(B \ \ c)$, 则 $Bx = c$ 与 $Ax = b$ 同解.

证明　$(A \ \ b) \to (B \ \ c)$ 可写成 $D(A \ \ b) = (B \ \ c)$, 其中 D 为初等矩阵的积, 显然, $Ax = b$ 与 $DAx = Db$ 的解集合一致. ∎

六、初等块变换及初等块阵

设如下分块矩阵的运算可行:

(1) $\begin{pmatrix} I_m & X \\ 0 & I_n \end{pmatrix}\begin{pmatrix} A \\ B \end{pmatrix} = \begin{pmatrix} A + XB \\ B \end{pmatrix}$,

$\begin{pmatrix} I_m & 0 \\ Y & I_n \end{pmatrix}\begin{pmatrix} A \\ B \end{pmatrix} = \begin{pmatrix} A \\ YA + B \end{pmatrix}$;

(2) $\begin{pmatrix} 0 & I_m \\ I_n & 0 \end{pmatrix}\begin{pmatrix} A \\ B \end{pmatrix} = \begin{pmatrix} B \\ A \end{pmatrix}$;

(3) $\begin{pmatrix} C & 0 \\ 0 & I_n \end{pmatrix}\begin{pmatrix} A \\ B \end{pmatrix} = \begin{pmatrix} CA \\ B \end{pmatrix}$, 其中 C 可逆.

如上 (1)~(3) 中左端第一个因子形式的矩阵分别称为**消法块阵**、**换法块阵**、**倍法块阵**, 总称为**初等块阵**. 用其左 (右) 乘矩阵, 相当于对矩阵施行块的初等行 (列) 变换. 例如, (1) 中的第一式可说成将 $\begin{pmatrix} A \\ B \end{pmatrix}$ 的第二行块左边乘上 X 加于第一行块等.

设 $X=(x_{ij})_{m\times n}$, 则不难看出

$$\begin{pmatrix} I_m & X \\ 0 & I_n \end{pmatrix}=\prod_{j=1}^{n}\prod_{i=1}^{m}\begin{pmatrix} I_m & x_{ij}E_{ij} \\ 0 & I_n \end{pmatrix},$$

并且此乘积与顺序无关.

七、合同初等变换

所谓合同初等变换, 即

(1) 合同倍法变换. 将方阵 A 的第 i 行乘以 $c\ (c\neq 0)$, 再将第 i 列乘以 c.

(2) 合同消法变换. 将 A 的第 i 行乘以 λ 加于第 $j(\neq i)$ 行, 再将第 i 列乘以 λ 加于第 j 列.

(3) 合同换法变换. 将 A 的 $i, j(\neq i)$ 两行对换, 再将 i, j 两列对换.

1.2 应　　用

一、在行列式方面

某些行列式的性质完全可以用方阵的初等变换来叙述. 例如,

(1) 消法变换不改变方阵的行列式的值;

(2) 一次换法变换恰好改变方阵的行列式的符号;

(3) 一次倍法变换使方阵的行列式扩大相应的倍数.

这些可以直接用于行列式计算.

例 1.1 设 $2n$ 阶方阵 $A=\begin{pmatrix} aI_n & bI_n \\ bI_n & aI_n \end{pmatrix}$, 计算 $|A|$.

解 经一系列行对换与列对换 (总计偶数次), 可将 A 化为

$$\operatorname{diag}\left(\begin{pmatrix} a & b \\ b & a \end{pmatrix}, \cdots, \begin{pmatrix} a & b \\ b & a \end{pmatrix}\right),$$

从而易见 $|A|=(a^2-b^2)^n$. ∎

例 1.2 计算 $A=\left(\dfrac{1}{x_i+y_j}\right)_{n\times n}$ 的行列式.

解 将 A 的第一列乘以 -1 加于其余各列得

$$|A|=\begin{vmatrix} \dfrac{1}{x_1+y_1} & \dfrac{y_1-y_2}{(x_1+y_1)(x_1+y_2)} & \cdots & \dfrac{y_1-y_n}{(x_1+y_1)(x_1+y_n)} \\ \dfrac{1}{x_2+y_1} & \dfrac{y_1-y_2}{(x_2+y_1)(x_2+y_2)} & \cdots & \dfrac{y_1-y_n}{(x_2+y_1)(x_2+y_n)} \\ \vdots & \vdots & & \vdots \\ \dfrac{1}{x_n+y_1} & \dfrac{y_1-y_2}{(x_n+y_1)(x_n+y_2)} & \cdots & \dfrac{y_1-y_n}{(x_n+y_1)(x_n+y_n)} \end{vmatrix},$$

进行 $2n-1$ 次倍法变换可得

$$|A|=\frac{\prod_{i=2}^{n}(y_1-y_i)}{\prod_{i=1}^{n}(x_i+y_1)}\begin{vmatrix}1 & \frac{1}{x_1+y_2} & \cdots & \frac{1}{x_1+y_n}\\ 1 & \frac{1}{x_2+y_2} & \cdots & \frac{1}{x_2+y_n}\\ \vdots & \vdots & & \vdots\\ 1 & \frac{1}{x_n+y_2} & \cdots & \frac{1}{x_n+y_n}\end{vmatrix}.$$

再将上述行列式的第一行乘以 -1 加于其余各行得

$$|A|=\frac{\prod_{i=2}^{n}(y_1-y_i)}{\prod_{i=1}^{n}(x_i+y_1)}\cdot\begin{vmatrix}1 & \frac{1}{x_1+y_2} & \cdots & \frac{1}{x_1+y_n}\\ 0 & \frac{x_1-x_2}{(x_1+y_2)(x_2+y_2)} & \cdots & \frac{x_1-x_2}{(x_1+y_n)(x_2+y_n)}\\ \vdots & \vdots & & \vdots\\ 0 & \frac{x_1-x_n}{(x_1+y_2)(x_n+y_2)} & \cdots & \frac{x_1-x_n}{(x_1+y_n)(x_n+y_n)}\end{vmatrix},$$

再施行 $2(n-1)$ 次倍法变换, 然后按第一列展开得

$$|A|=\frac{\prod_{i=2}^{n}(y_1-y_i)(x_1-x_i)}{(x_1+y_1)\prod_{i=2}^{n}(x_i+y_1)(x_1+y_i)}\cdot\begin{vmatrix}\frac{1}{x_2+y_2} & \cdots & \frac{1}{x_2+y_n}\\ \vdots & & \vdots\\ \frac{1}{x_n+y_2} & \cdots & \frac{1}{x_n+y_n}\end{vmatrix}.$$

类似前面的方法, 最终有

$$\begin{aligned}|A|=&\left(\frac{1}{x_1+y_1}\prod_{i=2}^{n}\frac{(y_1-y_i)(x_1-x_i)}{(x_i+y_1)(x_1+y_i)}\right)\\&\cdot\left(\frac{1}{x_2+y_2}\prod_{i=3}^{n}\frac{(y_2-y_i)(x_2-x_i)}{(x_i+y_2)(x_2+y_i)}\right)\cdots\\&\cdot\left(\frac{1}{x_{n-2}+y_{n-2}}\prod_{i=n-1}^{n}\frac{(y_{n-2}-y_i)(x_{n-2}-x_i)}{(x_i+y_{n-2})(x_{n-2}+y_i)}\right)\\&\cdot\begin{vmatrix}\frac{1}{x_{n-1}+y_{n-1}} & \frac{1}{x_{n-1}+y_n}\\ \frac{1}{x_n+y_{n-1}} & \frac{1}{x_n+y_n}\end{vmatrix}\\=&\frac{\prod_{n\geqslant i>j\geqslant 1}(y_j-y_i)(x_j-x_i)}{\prod_{j=1}^{n}\prod_{i=1}^{n}(x_i+y_j)}.\end{aligned}$$ ∎

例 1.3 用初等变换方法证明行列式乘法定理.

证明 设 A, B 为 n 阶方阵.

(1) 当 A 可逆时, 由推论 1.1 知, A 可经一系列行消法变换化为对角矩阵

$$\operatorname{diag}(1, \cdots, 1, |A|),$$

于是 AB 可经一系列行消法变换化为 $\operatorname{diag}(1, \cdots, 1, |A|)B$, 从而 $|AB|$ 为 $|B|$ 的 $|A|$ 倍, 即 $|AB| = |A||B|$.

(2) 当 A 不可逆时, 则 A 的阶梯形为 $\begin{pmatrix} * \\ 0 \end{pmatrix}$. 故一方面, $|A| \cdot |B| = 0 \cdot |B| = 0$; 另一方面,

$$|AB| = \left| \begin{pmatrix} * \\ 0 \end{pmatrix} B \right| = \left| \begin{pmatrix} \Delta \\ 0 \end{pmatrix} \right| = 0,$$

此时仍有 $|AB| = |A| \cdot |B|$. ▮

例 1.4 用初等变换方法证明下述公式:

$$\begin{vmatrix} A & B \\ 0 & C \end{vmatrix} = |A|\ |C|,$$

其中 A, C 为方阵.

证明 (1) 当 C 不可逆时, 用一系列行消法变换可化 C 的最后一行为 0, 从而左端 $= 0 =$ 右端.

当 A 不可逆时, 用列消法变换可化 A 第一列为 0, 从而也有左端 $= 0 =$ 右端.

(2) 当 A, C 均可逆时, 由推论 1.1 知, A 及 C 分别可由一系列行消法变换化为对角矩阵 $\operatorname{diag}(1, \cdots, 1, |A|)$ 及 $\operatorname{diag}(1, \cdots, 1, |C|)$, 从而左端矩阵经一系列行消法变换可化为上三角矩阵, 并且对角线为 $1, \cdots, 1, |A|, 1, \cdots, 1, |C|$, 故其行列式的值为 $|A|\ |C|$. ▮

例 1.5 证明:

(1) 当 A 可逆时有

$$\begin{vmatrix} A & B \\ C & D \end{vmatrix} = |A|\ |D - CA^{-1}B|;$$

(2) 当 D 可逆时有

$$\begin{vmatrix} A & B \\ C & D \end{vmatrix} = |D|\ |A - BD^{-1}C|.$$

证明 (1) 将 $\begin{vmatrix} A & B \\ C & D \end{vmatrix}$ 的第一行块左乘以 $-CA^{-1}$ 再加于第二行块得

$$\begin{vmatrix} A & B \\ 0 & D - CA^{-1}B \end{vmatrix},$$

利用例 1.4 的结果易见 (1) 成立. 类似地, 可证 (2) 也成立. ▮

二、求矩阵的秩

由于矩阵的秩是矩阵初等变换下的不变量, 因而求矩阵的秩有下面的方法.

方法　将矩阵 A 经一系列初等行变换化成阶梯形阵, 其中非零行数即为 A 的秩.

例 1.6　证明

$$\text{秩}\begin{pmatrix} A & C \\ 0 & B \end{pmatrix} \geqslant \text{秩}A + \text{秩}B.$$

证明　经一系列初等变换 $\begin{pmatrix} A & C \\ 0 & B \end{pmatrix}$ 可化成

$$D = \begin{pmatrix} I_r & 0 & D_1 & D_2 \\ 0 & 0 & D_3 & D_4 \\ 0 & 0 & I_s & 0 \\ 0 & 0 & 0 & 0 \end{pmatrix},$$

其中 $r =$ 秩 A, $s =$ 秩 B. 将矩阵 D 的第三行块左乘以 $-D_3$ 再加于第二行块, 然后进行行对换及列对换可得

$$\begin{pmatrix} I_r & D_1 & D_2 & 0 \\ 0 & I_s & 0 & 0 \\ 0 & 0 & D_4 & 0 \\ 0 & 0 & 0 & 0 \end{pmatrix},$$

这足以说明原不等式成立. ▮

例 1.7　证明

$$\text{秩}(ABC) \geqslant \text{秩}(AB) + \text{秩}(BC) - \text{秩}B.$$

证明　设计如下分块矩阵 D, 并进行块初等变换有

$$D = \begin{pmatrix} B & 0 \\ 0 & ABC \end{pmatrix} \xrightarrow{\text{列}} \begin{pmatrix} B & BC \\ 0 & ABC \end{pmatrix}$$
$$\xrightarrow{\text{行}} \begin{pmatrix} B & BC \\ -AB & 0 \end{pmatrix} \xrightarrow{\text{列}} \begin{pmatrix} BC & B \\ 0 & -AB \end{pmatrix}$$
$$\xrightarrow{\text{行}} \begin{pmatrix} BC & B \\ 0 & AB \end{pmatrix},$$

故

$$\text{秩}B + \text{秩}(ABC) = \text{秩}D = \text{秩}\begin{pmatrix} BC & B \\ 0 & AB \end{pmatrix} \geqslant \text{秩}(BC) + \text{秩}(AB),$$

其中不等号由例 1.6 得到, 于是原不等式成立. ▮

例 1.8　设 A 为 $m\times n$ 矩阵, 证明:

(1) 秩 $(I_m-AA')-$ 秩 $(I_n-A'A)=m-n$;

(2) $|I_m-AA'|=|I_n-A'A|$.

证明　设 $B=\begin{pmatrix} I_m & A \\ A' & I_n \end{pmatrix}$, 对 B 进行块初等变换得

$$B\xrightarrow{\text{列}}\begin{pmatrix} I_m-AA' & A \\ 0 & I_n \end{pmatrix}\xrightarrow{\text{行}}\begin{pmatrix} I_m-AA' & 0 \\ 0 & I_n \end{pmatrix},$$

$$B\xrightarrow{\text{行}}\begin{pmatrix} I_m & A \\ 0 & I_n-A'A \end{pmatrix}\xrightarrow{\text{列}}\begin{pmatrix} I_m & 0 \\ 0 & I_n-A'A \end{pmatrix},$$

由于初等变换不改变秩, 容易看出 (1) 成立. 再细察可知, 所有变换均块消法变换, 故行列式值不变, 于是有 (2) 成立. ∎

注 1.1　当例 1.8 中的 A 为实矩阵时, 例 1.8 有下面的证法.

设 A 的奇异矩阵分解为 $U\begin{pmatrix} D & 0 \\ 0 & 0 \end{pmatrix}V$, 于是

$$I_m-AA'=U\begin{pmatrix} I_r-DD' & 0 \\ 0 & I_{m-r} \end{pmatrix}U',$$

$$I_n-A'A=V'\begin{pmatrix} I_r-D'D & 0 \\ 0 & I_{n-r} \end{pmatrix}V,$$

由此易见 (2) 成立, 并且

$$\text{秩}(I_m-AA')=\text{秩}(I_r-DD')+m-r,\quad \text{秩}(I_n-A'A)=\text{秩}(I_r-D'D)+n-r,$$

从而 (1) 成立.

注 1.2　例 1.7 和例 1.8 介绍了一种证明关于矩阵的秩、行列式的等式和不等式的一种方法. 这种方法就是**设计适当的块阵, 然后经初等块变换改变其形式, 前后对比可得出一些关系**.

三、求矩阵的逆

原理　若 $(A\ \ I)$ 可经初等行变换化为 $(I\ \ B)$, 则存在可逆矩阵 P, 使得

$$P(A\ \ I)=(I\ \ B),$$

则 $PA=I$ 且 $B=P$, 因而 $B=A^{-1}$.

方法　将 $(A\ \ I)$ 经一系列初等行变换化为 $(I\ \ B)$, 则 $B=A^{-1}$.

例 1.9　给出如下矩阵可逆的充要条件, 并在可逆时求其逆矩阵:

$$A=\begin{pmatrix}1 & \cdots & 0 & b_1 & 0 & \cdots & 0\\ \vdots & & \vdots & \vdots & \vdots & & \vdots\\ 0 & \cdots & 1 & b_{i-1} & 0 & \cdots & 0\\ a_1 & \cdots & a_{i-1} & 1 & a_{i+1} & \cdots & a_n\\ 0 & \cdots & 0 & b_{i+1} & 1 & \cdots & 0\\ \vdots & & \vdots & \vdots & \vdots & & \vdots\\ 0 & \cdots & 0 & b_n & 0 & \cdots & 1\end{pmatrix}.$$

解　对 $(A \quad I_n)$ 进行一系列初等行变换得 $(A_1 \quad B)$, 其中

$$A_1=\begin{pmatrix}1 & \cdots & 0 & b_1 & 0 & \cdots & 0\\ \vdots & & \vdots & \vdots & \vdots & & \vdots\\ 0 & \cdots & 1 & b_{i-1} & 0 & \cdots & 0\\ 0 & \cdots & 0 & \Delta & 0 & \cdots & 0\\ 0 & \cdots & 0 & b_{i+1} & 1 & \cdots & 0\\ \vdots & & \vdots & \vdots & \vdots & & \vdots\\ 0 & \cdots & 0 & b_n & 0 & \cdots & 1\end{pmatrix},$$

$$B=\begin{pmatrix}1 & 0 & \cdots & \cdots & \cdots & \cdots & 0\\ \vdots & \ddots & \ddots & \cdots & \cdots & \cdots & \vdots\\ 0 & \cdots & 1 & 0 & \cdots & \cdots & 0\\ -a_1 & \cdots & -a_{i-1} & 1 & -a_{i+1} & \cdots & -a_n\\ 0 & \cdots & \cdots & 0 & 1 & \cdots & 0\\ \vdots & \cdots & \cdots & \cdots & \ddots & \ddots & \vdots\\ 0 & \cdots & \cdots & \cdots & \cdots & 0 & 1\end{pmatrix},$$

$\Delta=1-\sum\limits_{\substack{k=1\\k\neq i}}^{n}b_ka_k$. 由此易见, A 可逆的充要条件是 $\Delta\neq 0$. 进一步再进行初等行变换, 可求得

$$A^{-1}=\begin{pmatrix}\delta_{11} & \cdots & \delta_{i-1\ 1} & -\dfrac{b_1}{\Delta} & \delta_{i+1\ 1} & \cdots & \delta_{n1}\\ \vdots & & \vdots & \vdots & \vdots & & \vdots\\ \delta_{1\ i-1} & \cdots & \delta_{i-1\ i-1} & -\dfrac{b_{i-1}}{\Delta} & \delta_{i+1\ i-1} & \cdots & \delta_{n\ i-1}\\ -\dfrac{a_1}{\Delta} & \cdots & -\dfrac{a_{i-1}}{\Delta} & \dfrac{1}{\Delta} & -\dfrac{a_{i+1}}{\Delta} & \cdots & -\dfrac{a_n}{\Delta}\\ \delta_{1\ i+1} & \cdots & \delta_{i-1\ i+1} & -\dfrac{b_{i+1}}{\Delta} & \delta_{i+1\ i+1} & \cdots & \delta_{n\ i+1}\\ \vdots & & \vdots & \vdots & \vdots & & \vdots\\ \delta_{1n} & \cdots & \delta_{i-1\ n} & -\dfrac{b_n}{\Delta} & \delta_{i+1\ n} & \cdots & \delta_{nn}\end{pmatrix},$$

其中

$$\delta_{jk}=\begin{cases}\dfrac{a_jb_k}{\Delta}, & j\neq k,\\ 1+\dfrac{a_jb_k}{\Delta}, & j=k,\end{cases}\quad j,k=1,\cdots,i-1,i+1,\cdots,n.\ \blacksquare$$

四、求 $\mathbf{F}^n$ 中向量组的极大无关组, 并用其表示每个向量

例 1.10 求 $\{\alpha_1, \alpha_2, \alpha_3, \alpha_4, \alpha_5\}$ 的一个极大无关组, 并用其表示组中每个向量, 其中

$$\begin{aligned}\alpha_1&=(2\ \ 1\ \ 2\ \ 3\ \ -2)',\\ \alpha_2&=(7\ \ 3\ \ 1\ \ 5\ \ 1)',\\ \alpha_3&=(3\ \ 1\ \ -3\ \ -1\ \ 5)',\\ \alpha_4&=(5\ \ 2\ \ -1\ \ 2\ \ 10)',\\ \alpha_5&=(1\ \ 1\ \ 7\ \ 7\ \ 1)'.\end{aligned}$$

解 对矩阵 $(\alpha_1\ \ \alpha_2\ \ \alpha_3\ \ \alpha_4\ \ \alpha_5)$ 进行初等行变换,

$$\begin{pmatrix}2&7&3&5&1\\1&3&1&2&1\\2&1&-3&-1&7\\3&5&-1&2&7\\-2&1&5&10&1\end{pmatrix}\to\begin{pmatrix}1&3&1&2&1\\0&1&1&1&-1\\0&-5&-5&-5&5\\0&-4&-4&-4&4\\0&7&7&14&3\end{pmatrix}$$

$$\to\begin{pmatrix}1&3&1&2&1\\0&1&1&1&-1\\0&0&0&7&10\\0&0&0&0&0\\0&0&0&0&0\end{pmatrix}\to\begin{pmatrix}1&0&-2&-1&4\\0&1&1&1&-1\\0&0&0&7&10\\0&0&0&0&0\\0&0&0&0&0\end{pmatrix}$$

$$\to\begin{pmatrix}1&0&-2&0&38/7\\0&1&1&0&-17/7\\0&0&0&7&10\\0&0&0&0&0\\0&0&0&0&0\end{pmatrix}\to\begin{pmatrix}1&0&-2&0&38/7\\0&1&1&0&-17/7\\0&0&0&1&10/7\\0&0&0&0&0\\0&0&0&0&0\end{pmatrix}.$$

因初等行变换不改变列之间的线性关系, 由最后的矩阵知, 1, 2, 4 列线性无关, 并且可以表示所有的列, 所以可选 $\alpha_1, \alpha_2, \alpha_4$ 作为一个极大无关组. 由最后的矩阵相应列之间的关系得

$$\alpha_1=\alpha_1,\quad \alpha_2=\alpha_2,\quad \alpha_3=-2\alpha_1+\alpha_2,$$

$$\alpha_4=\alpha_4,\quad \alpha_5=\frac{38}{7}\alpha_1-\frac{17}{7}\alpha_2+\frac{10}{7}\alpha_4.\ \blacksquare$$

注 1.3　当只求极大无关组时, 将 $(\alpha_1 \quad \alpha_2 \quad \alpha_3 \quad \alpha_4 \quad \alpha_5)$ 化为阶梯形即可看出. 例 1.10 中已化为阶梯形之后还继续进行初等变换, 是为了求表出系数.

五、解线性方程组

由定理 1.2, 解线性方程组 $Ax=b$ 等价于解 $Bx=c$, 其中 $(B \quad c)$ 是由 $(A \quad b)$ 经一系列初等行变换得到的阶梯形阵. 现在不妨设

$$(B \quad c)=\begin{pmatrix} 0 & \cdots & 0 & b_{11} & \cdots & \cdots & \cdots & \cdots & \cdots & \cdots & \cdots & c_1 \\ 0 & \cdots & \cdots & \cdots & \cdots & 0 & b_{22} & \cdots & \cdots & \cdots & \cdots & c_3 \\ \cdots & \cdots & \cdots & \cdots & \cdots & \cdots & \cdots & \cdots & \cdots & \cdots & \cdots & \cdots \\ 0 & \cdots & \cdots & \cdots & \cdots & \cdots & \cdots & \cdots & 0 & b_{rr} & \cdots & c_r \\ 0 & \cdots & \cdots & \cdots & \cdots & \cdots & \cdots & \cdots & \cdots & \cdots & \cdots & c_{r+1} \\ \cdots & \cdots & \cdots & \cdots & \cdots & \cdots & \cdots & \cdots & \cdots & \cdots & \cdots & 0 \\ \cdots & \cdots & \cdots & \cdots & \cdots & \cdots & \cdots & \cdots & \cdots & \cdots & \cdots & \cdots \\ 0 & \cdots & \cdots & \cdots & \cdots & \cdots & \cdots & \cdots & \cdots & \cdots & \cdots & 0 \end{pmatrix},$$

其中 B 恰为 A 的阶梯形矩阵. 于是

$$c_{r+1}=0 \Leftrightarrow Ax=b\text{有解},$$

有解时可用回代方法求出全部解. 如果 $Ax=b$ 有解, 易见当 $r<n$ 时有无穷多解; 当 $r=n$ 时有唯一解.

例 1.11　解如下方程组:

$$\begin{cases} 2x_1+7x_2+3x_3+5x_4=1, \\ x_1+3x_2+x_3+2x_4=1, \\ 2x_1+x_2-3x_3-x_4=7, \\ 3x_1+5x_2-x_3+2x_4=7, \\ -2x_1+x_2+5x_3+10x_4=1. \end{cases}$$

解　此线性方程组的增广矩阵即为例 1.10 中的第一个矩阵, 按例 1.10 的解法, 可从第三个矩阵看出此方程组有解, 并且立即看出 $x_4=\dfrac{10}{7}$, 回代得

$$x_2+x_3+\frac{10}{7}=-1,$$

由此可求出 $x_2=-\dfrac{17}{7}-x_3$, 再回代又得

$$x_1+3\cdot\left(-\frac{17}{7}-x_3\right)+x_3+2\cdot\frac{10}{7}=1,$$

解得 $x_1 = \frac{38}{7} + 2x_3$, 于是方程组的解为

$$\begin{cases} x_1 = \frac{38}{7} + 2x_3, \\ x_2 = -\frac{17}{7} - x_3, \\ x_3\text{任意}, \\ x_4 = \frac{10}{7}. \end{cases}$$

注 1.4　若从例 1.10 的最后一个矩阵去解, 则可直接写出解.

例 1.12　讨论 λ, μ 的值并解方程组

$$\begin{cases} x_1 + x_2 + x_3 + x_4 = 1, \\ x_1 + x_2 + \lambda x_3 - x_4 = 1, \\ x_1 + \lambda x_2 + x_3 + \mu x_4 = 1, \\ \lambda x_1 + x_2 + x_3 + x_4 = \mu. \end{cases}$$

解　对增广矩阵进行初等行变换

$$\begin{pmatrix} 1 & 1 & 1 & 1 & 1 \\ 1 & 1 & \lambda & -1 & 1 \\ 1 & \lambda & 1 & \mu & 1 \\ \lambda & 1 & 1 & 1 & \mu \end{pmatrix}$$

$$\to \begin{pmatrix} 1 & 1 & 1 & 1 & 1 \\ 0 & 0 & \lambda-1 & -2 & 0 \\ 0 & \lambda-1 & 0 & \mu-1 & 0 \\ 0 & 1-\lambda & 1-\lambda & 1-\lambda & \mu-\lambda \end{pmatrix}$$

$$\to \begin{pmatrix} 1 & 1 & 1 & 1 & 1 \\ 0 & \lambda-1 & 0 & \mu-1 & 0 \\ 0 & 0 & \lambda-1 & -2 & 0 \\ 0 & 0 & 1-\lambda & \mu-\lambda & \mu-\lambda \end{pmatrix}$$

$$\to \begin{pmatrix} 1 & 1 & 1 & 1 & 1 \\ 0 & \lambda-1 & 0 & \mu-1 & 0 \\ 0 & 0 & \lambda-1 & -2 & 0 \\ 0 & 0 & 0 & \mu-\lambda-2 & \mu-\lambda \end{pmatrix}.$$

由上可知

(1) 当 $\lambda\neq 1$ 且 $\mu-\lambda-2\neq 0$ 时有唯一解

$$\begin{cases} x_1=\dfrac{\mu-1}{\lambda-1}, \\ x_2=-\dfrac{(\mu-1)(\mu-\lambda)}{(\lambda-1)(\mu-\lambda-2)}, \\ x_3=\dfrac{2(\mu-\lambda)}{(\lambda-1)(\mu-\lambda-2)}, \\ x_4=\dfrac{\mu-\lambda}{\mu-\lambda-2}; \end{cases}$$

(2) 当 $\mu-\lambda-2=0$ 时, 无解;

(3) 当 $\lambda=1$ 且 $\mu\neq 1$ 时, 无解;

(4) 当 $\lambda=\mu=1$ 时, 解为

$$\begin{cases} x_1=1-x_2-x_3, \\ x_2,\ x_3\text{任意}, \\ x_4=0. \end{cases}$$ ∎

例 1.13　求齐次线性方程组 $A_{m\times n}x=0$ 的基础解系.

解　设 $P\begin{pmatrix} I_r & 0 \\ 0 & 0 \end{pmatrix}Q$ 为 A 的等价分解, 令

$$Qx=(\,y_1 \quad \cdots \quad y_n\,)',$$

由 $P\begin{pmatrix} I_r & 0 \\ 0 & 0 \end{pmatrix}Qx=Ax=0$ 得 $y_1=\cdots=y_r=0$, 故

$$x=Q^{-1}(\,0 \quad \cdots \quad 0 \quad y_{r+1} \quad \cdots \quad y_n\,)'.$$

令 Q^{-1} 的后 $n-r$ 列为 $\eta_{r+1},\cdots,\eta_n$, 则

$$x=y_{r+1}\eta_{r+1}+\cdots+y_n\eta_n.$$

因为 $\eta_{r+1},\cdots,\eta_n$ 为可逆矩阵 Q^{-1} 的 $n-r$ 列, 故线性无关, 从而它们构成线性方程组 $Ax=0$ 的解集合的一个极大无关组, 即基础解系.

由上可知, $Ax=0$ 的基础解系就是 Q^{-1} 的后 $n-r$ 列. 下面介绍求 Q^{-1} 的初等变换方法.

方法 1　将 $\begin{pmatrix} A \\ I_n \end{pmatrix}$ 经初等变换 (行变换仅在前 m 行进行) 化为

$$\begin{pmatrix} \begin{pmatrix} I_r & 0 \\ 0 & 0 \end{pmatrix} \\ B \end{pmatrix},$$

其中 $\begin{pmatrix} I_r & 0 \\ 0 & 0 \end{pmatrix}$ 为 A 的等价标准形, 则 $B = Q^{-1}$.

事实上, $A = P\begin{pmatrix} I_r & 0 \\ 0 & 0 \end{pmatrix}Q$, 于是

$$\begin{pmatrix} P^{-1} & 0 \\ 0 & I_n \end{pmatrix}\begin{pmatrix} A \\ I_n \end{pmatrix}Q^{-1} = \begin{pmatrix} \begin{pmatrix} I_r & 0 \\ 0 & 0 \end{pmatrix} \\ Q^{-1} \end{pmatrix}.$$

方法 2　将 $\begin{pmatrix} A \\ I_n \end{pmatrix}$ 经初等列变换化为

$$\begin{pmatrix} (M \quad 0) \\ B \end{pmatrix},$$

其中 M 由 r 个线性无关的列构成, 则 $B = Q^{-1}$.

事实上, $\begin{pmatrix} A \\ I_n \end{pmatrix}Q^{-1} = \begin{pmatrix} (M \quad 0) \\ B \end{pmatrix}$, 从而

$$AQ^{-1} = (M \quad 0), \quad B = Q^{-1},$$

于是 $A = (M \quad 0)Q$. 显然, 存在可逆矩阵 P, 使得 $P\begin{pmatrix} I_r & 0 \\ 0 & 0 \end{pmatrix}Q$ 为 A 的等价分解.

看如下具体的方程组:

$$\begin{cases} x_1 - 2x_2 + 3x_3 - x_4 + x_5 = 0, \\ 2x_1 - 3x_2 + 2x_3 - 2x_4 + x_5 = 0, \\ 3x_1 - 4x_2 + x_3 - 3x_4 + x_5 = 0, \\ -2x_1 + 2x_2 + 2x_3 + 2x_4 = 0. \end{cases}$$

由方法 1 可得

$$\begin{pmatrix} 1 & -2 & 3 & -1 & 1 \\ 2 & -3 & 2 & -2 & 1 \\ 3 & -4 & 1 & -3 & 1 \\ -2 & 2 & 2 & 2 & 0 \end{pmatrix} \to \begin{pmatrix} 1 & -2 & 3 & -1 & 1 \\ 0 & 1 & -4 & 0 & -1 \\ 0 & 2 & -8 & 0 & -2 \\ 0 & -2 & 8 & 0 & 2 \end{pmatrix}$$

$$\to \begin{pmatrix} 1 & -2 & 3 & -1 & 1 \\ 0 & 1 & -4 & 0 & -1 \\ 0 & 0 & 0 & 0 & 0 \\ 0 & 0 & 0 & 0 & 0 \end{pmatrix},$$

$$\begin{pmatrix}1&-2&3&-1&1\\0&1&-4&0&-1\\1&0&0&0&0\\0&1&0&0&0\\0&0&1&0&0\\0&0&0&1&0\\0&0&0&0&1\end{pmatrix}\to\begin{pmatrix}1&0&0&0&0\\0&1&-4&0&-1\\1&2&-3&1&-1\\0&1&0&0&0\\0&0&1&0&0\\0&0&0&1&0\\0&0&0&0&1\end{pmatrix}$$

$$\to\begin{pmatrix}1&0&0&0&0\\0&1&0&0&0\\1&2&5&1&1\\0&1&4&0&1\\0&0&1&0&0\\0&0&0&1&0\\0&0&0&0&1\end{pmatrix},$$

故基础解系为

$$\alpha_1=(5\quad 4\quad 1\quad 0\quad 0)',\quad \alpha_2=(1\quad 0\quad 0\quad 1\quad 0)',\quad \alpha_3=(1\quad 1\quad 0\quad 0\quad 1)'.$$

用方法 2 可得

$$\begin{pmatrix}1&-2&3&-1&1\\2&-3&2&-2&1\\3&-4&1&-3&1\\-2&2&2&2&0\\1&0&0&0&0\\0&1&0&0&0\\0&0&1&0&0\\0&0&0&1&0\\0&0&0&0&1\end{pmatrix}\to\begin{pmatrix}1&0&0&0&0\\2&1&-4&0&-1\\3&2&-8&0&-2\\-2&-2&8&0&2\\1&2&-3&1&-1\\0&1&0&0&0\\0&0&1&0&0\\0&0&0&1&0\\0&0&0&0&1\end{pmatrix}$$

$$\to\begin{pmatrix}1&0&0&0&0\\2&1&0&0&0\\3&2&0&0&0\\-2&-2&0&0&0\\1&2&5&1&1\\0&1&4&0&1\\0&0&1&0&0\\0&0&0&1&0\\0&0&0&0&1\end{pmatrix}.$$

由此得基础解系仍为上述的 $\alpha_1, \alpha_2, \alpha_3$. ▮

六、解矩阵方程

例 1.14 设 $m\times n$ 矩阵 A 有等价分解 $A=P\begin{pmatrix} I_r & 0 \\ 0 & 0 \end{pmatrix}Q$, 求矩阵方程 $AXA=A$ 的解 X.

解 由 $AXA=A$ 可得

$$P\begin{pmatrix} I_r & 0 \\ 0 & 0 \end{pmatrix}QXP\begin{pmatrix} I_r & 0 \\ 0 & 0 \end{pmatrix}Q=P\begin{pmatrix} I_r & 0 \\ 0 & 0 \end{pmatrix}Q.$$

令 $QXP=\begin{pmatrix} X_1 & X_2 \\ X_3 & X_4 \end{pmatrix}$, 其中 X_1 为 r 阶方阵, 从而

$$\begin{pmatrix} I_r & 0 \\ 0 & 0 \end{pmatrix}\begin{pmatrix} X_1 & X_2 \\ X_3 & X_4 \end{pmatrix}\begin{pmatrix} I_r & 0 \\ 0 & 0 \end{pmatrix}=\begin{pmatrix} I_r & 0 \\ 0 & 0 \end{pmatrix},$$

于是 $X_1=I_r$, 故有

$$X=Q^{-1}\begin{pmatrix} I_r & X_2 \\ X_3 & X_4 \end{pmatrix}P^{-1},$$

其中 X_2, X_3, X_4 任意. ▮

注 1.5 为了得到 Q^{-1}, P^{-1} 可采用如下方法:

对矩阵 $\begin{pmatrix} A & I_m \\ I_n & 0 \end{pmatrix}$ 的前 m 行施行初等行变换且前 n 列施行初等列变换, 当 A 的位置处化为 $\begin{pmatrix} I_r & 0 \\ 0 & 0 \end{pmatrix}$ 时在 I_m 和 I_n 的位置分别得到 P^{-1} 和 Q^{-1}, 即

$$\begin{pmatrix} A & I_m \\ I_n & 0 \end{pmatrix}\to\begin{pmatrix} \begin{pmatrix} I_r & 0 \\ 0 & 0 \end{pmatrix} & P^{-1} \\ Q^{-1} & 0 \end{pmatrix}.$$ ▮

例 1.15 设 $m\times n$ 矩阵 A 有等价分解 $A=P\begin{pmatrix} I_r & 0 \\ 0 & 0 \end{pmatrix}Q$, B 为 $m\times s$ 矩阵, 求矩阵方程 $AX=B$ 的解 X.

解 由 $AX=B$ 得 $P\begin{pmatrix} I_r & 0 \\ 0 & 0 \end{pmatrix}QX=B$, 令 $P^{-1}B=\begin{pmatrix} C \\ D \end{pmatrix}$ 及 $QX=\begin{pmatrix} X_1 \\ X_2 \end{pmatrix}$, 其中 X_1, C 的行数均为 r, 则 $\begin{pmatrix} I_r & 0 \\ 0 & 0 \end{pmatrix}\begin{pmatrix} X_1 \\ X_2 \end{pmatrix}=\begin{pmatrix} C \\ D \end{pmatrix}$, 故

$$AX=B\text{有解}\Leftrightarrow D=0.$$

当有解时, 易见 $X_1=C$, 即

$$X=Q^{-1}\begin{pmatrix}C\\X_2\end{pmatrix},$$

其中 X_2为任意的$(n-r)\times s$阶矩阵. 由上式知, 只需求出 Q^{-1} 及 C ($P^{-1}B$ 的前 r 行) 即可.

事实上, 对矩阵 $\begin{pmatrix}A & B\\ I_n & 0\end{pmatrix}$ 的前 m 行施行初等行变换且前 n 列施行初等列变换, 当 A 的位置处化为 $\begin{pmatrix}I_r & 0\\ 0 & 0\end{pmatrix}$ 时在 B 和 I_n 的位置分别得到 $P^{-1}B$ 和 Q^{-1}, 即

$$\begin{pmatrix}A & B\\ I_n & 0\end{pmatrix}\to\begin{pmatrix}\begin{pmatrix}I_r & 0\\ 0 & 0\end{pmatrix} & P^{-1}B\\ Q^{-1} & 0\end{pmatrix}. \blacksquare$$

注 1.6　由例 1.15 的解法知

$$\begin{aligned}AX=B\text{有解} &\Leftrightarrow D=0\\ &\Leftrightarrow \text{秩}\left(\begin{pmatrix}I_r & 0\\ 0 & 0\end{pmatrix}Q\quad\begin{pmatrix}C\\ D\end{pmatrix}\right)=r=\text{秩}A\\ &\Leftrightarrow \text{秩}P\left(\begin{pmatrix}I_r & 0\\ 0 & 0\end{pmatrix}Q\quad\begin{pmatrix}C\\ D\end{pmatrix}\right)=\text{秩}A\\ &\Leftrightarrow \text{秩}(A\quad B)=\text{秩}A,\end{aligned}$$

于是要判断 $AX=B$ 是否有解, 只需对 $(A\quad B)$ 施行初等行变换, 当 A 所处的位置化为阶梯形的同时, $(A\quad B)$ 也化成了阶梯形矩阵, 并且两个阶梯形的非零行相同, 则 $AX=B$ 有解; 否则, 无解.

七、求 $\mathbf{F}^n$ 中向量组的生成子空间及其和子空间、交子空间的基底和维数

设 $\mathbf{F}^n$ 中的向量组 $\alpha_1,\cdots,\alpha_t$ 及 $\beta_1,\cdots,\beta_s$.

(1) 求 $\alpha_1,\cdots,\alpha_t$ 的生成子空间 $L(\alpha_1,\cdots,\alpha_t)$ 的基底 (实际上就是求 $\alpha_1,\cdots,\alpha_t$ 的极大无关组), 其具体方法见例 1.10.

(2) 求 $L(\alpha_1,\cdots,\alpha_t)+L(\beta_1,\cdots,\beta_s)$ 的基底. 因为 $L(\alpha_1,\cdots,\alpha_t)+L(\beta_1,\cdots,\beta_s)=L(\alpha_1,\cdots,\alpha_t,\beta_1,\cdots,\beta_s)$, 这把问题归结为 (1).

(3) 求 $L(\alpha_1,\cdots,\alpha_t)\cap L(\beta_1,\cdots,\beta_s)$ 的基底.

方法　(i) 先分别求 $\alpha_1,\cdots,\alpha_t$ 及 $\beta_1,\cdots,\beta_s$ 的极大无关组, 不妨设为 $\alpha_1,\cdots,\alpha_p$ 及 $\beta_1,\cdots,\beta_q$. 然后对 $A=(\alpha_1\quad\cdots\quad\alpha_p\quad\beta_1\quad\cdots\quad\beta_q)$ 进行初等行变换, 将 A 化为如下阶梯形, 其中 C 为 p 行:

$$\left(\begin{array}{c|c}C & (\gamma_1\quad\cdots\quad\gamma_q)\\ \hline 0 & (\delta_1\quad\cdots\quad\delta_q)\end{array}\right)$$

(ii) 不妨设 $\delta_1, \cdots, \delta_q$ 中 $\delta_1, \cdots, \delta_r$ 均为零, $\delta_{r+1}, \cdots, \delta_q$ 均非零. 解齐次方程组 $(\delta_{r+1} \ \ \cdots \ \ \delta_q)x=0$, 求出其一个基础解系 $y_1, \cdots, y_w$.

(iii) $L(\alpha_1,\cdots,\alpha_t)\cap L(\beta_1,\cdots,\beta_s)=L(\beta_1,\cdots,\beta_r,\varphi_1,\cdots,\varphi_w)$, 其维数为 $r+w$, 其中 $\varphi_h=(\beta_{r+1} \ \ \cdots \ \ \beta_q)y_h \ (h=1,\cdots,w)$.

原理　求两子空间的交, 即求 $L(\alpha_1,\cdots,\alpha_t)$ 中 $\beta_1, \cdots, \beta_q$ 的线性组合的全体.

由步骤 (i) 易见, $\beta_1, \cdots, \beta_r \in L(\alpha_1,\cdots,\alpha_t)$ 且 $\beta_{r+1}, \cdots, \beta_q$ 均不属于 $L(\alpha_1,\cdots,\alpha_t)$, 但各 $\beta_{r+1}, \cdots, \beta_q$ 的线性组合可能属于 $L(\alpha_1,\cdots,\alpha_t)$, 这取决于 $\delta_{r+1}, \cdots, \delta_q$ 的该线性组合是否为 0, 即只有求出满足 $(\delta_{r+1} \ \ \cdots \ \ \delta_q)x=0$ 的解, 才能找出究竟 $\beta_{r+1}, \cdots, \beta_q$ 的哪些线性组合在 $L(\alpha_1,\cdots,\alpha_t)$ 中.

由步骤 (ii) 知

$$\begin{aligned}
&L(\alpha_1,\cdots,\alpha_t)\cap L(\beta_1,\cdots,\beta_s)\\
&=L(\beta_1,\cdots,\beta_r)+\left\{ BY\begin{pmatrix} k_1\\ \vdots \\ k_w\end{pmatrix} \middle| \, k_i\in \mathbf{F},\ i=1,\cdots,w\right\}\\
&=L(\beta_1,\cdots,\beta_r)+L(\varphi_1,\cdots,\varphi_w),
\end{aligned}$$

其中 $B=(\beta_{r+1} \ \ \cdots \ \ \beta_q)$, $Y=(y_1 \ \ \cdots \ \ y_w)$, $\varphi_h=By_h(h=1,\cdots,w)$. 易见, B, Y 均列满秩. 设 $Y=P\begin{pmatrix} I_w\\ 0\end{pmatrix}$, P 可逆, 则

$$秩(\varphi_1 \ \ \cdots \ \ \varphi_w)=秩(BY)=秩(BP)\begin{pmatrix} I_w\\ 0\end{pmatrix}=秩B_1,$$

其中 B_1 为 BP 的前 w 列. 显然, B_1 列满秩, 故 $\varphi_1, \cdots, \varphi_w$ 线性无关, 从而 $L(\varphi_1,\cdots,\varphi_w)$ 的维数为 w. 再由 $L(\varphi_1,\cdots,\varphi_w)\cap L(\beta_1,\cdots,\beta_r)=\{0\}$ 得 $L(\alpha_1,\cdots,\alpha_t)\cap L(\beta_1,\cdots,\beta_s)$ 的维数为 $r+w$.

例 1.16　设

$$\alpha_1=(1 \ \ 2 \ \ 0 \ \ -1 \ \ 0)',$$

$$\alpha_2=(2 \ \ 3 \ \ 3 \ \ -2 \ \ -2)',$$

$$\alpha_3=(1 \ \ 3 \ \ -1 \ \ -3 \ \ 2)',$$

$$\beta_1=(-3 \ \ -5 \ \ 1 \ \ -1 \ \ 2)',$$

$$\beta_2=(1 \ \ 2 \ \ 1 \ \ 0 \ \ 2)',$$

$$\beta_3=(2 \ \ 7 \ \ -10 \ \ 0 \ \ 7)',$$

求

$$V_1 = L(\alpha_1,\ \alpha_2,\ \alpha_3) + L(\beta_1,\ \beta_2,\ \beta_3),$$
$$V_2 = L(\alpha_1,\ \alpha_2,\ \alpha_3) \cap L(\beta_1,\ \beta_2,\ \beta_3).$$

解　易见, $\alpha_1, \alpha_2, \alpha_3$ 线性无关, $\beta_1, \beta_2, \beta_3$ 也线性无关. 对

$$A = (\,\alpha_1 \quad \alpha_2 \quad \alpha_3 \quad \beta_1 \quad \beta_2 \quad \beta_3\,)$$

施行初等行变换,

$$A \to \begin{pmatrix} 1 & 2 & 1 & -3 & 1 & 2 \\ 0 & -1 & 1 & 1 & 0 & 3 \\ 0 & 3 & -1 & 1 & 1 & -10 \\ 0 & 0 & -2 & -4 & 1 & 2 \\ 0 & -2 & 2 & 2 & 2 & 7 \end{pmatrix}$$

$$\to \begin{pmatrix} 1 & 2 & 1 & -3 & 1 & 2 \\ 0 & -1 & 1 & 1 & 0 & 3 \\ 0 & 0 & 2 & 4 & 1 & -1 \\ 0 & 0 & -2 & -4 & 1 & 2 \\ 0 & 0 & 0 & 0 & 2 & 1 \end{pmatrix}$$

$$\to \begin{pmatrix} 1 & 2 & 1 & -3 & 1 & 2 \\ 0 & -1 & 1 & 1 & 0 & 3 \\ 0 & 0 & 2 & 4 & 1 & -1 \\ 0 & 0 & 0 & 0 & 2 & 1 \\ 0 & 0 & 0 & 0 & 2 & 1 \end{pmatrix}$$

$$\to \begin{pmatrix} 1 & 2 & 1 & -3 & 1 & 2 \\ 0 & -1 & 1 & 1 & 0 & 3 \\ 0 & 0 & 2 & 4 & 1 & -1 \\ 0 & 0 & 0 & 0 & 2 & 1 \\ 0 & 0 & 0 & 0 & 0 & 0 \end{pmatrix}.$$

由前面的 (2) 知 $V_1 = L(\alpha_1,\ \alpha_2,\ \alpha_3,\ \beta_2)$, 维数为 4. 为求 V_2, 由 (3) 中的步骤 (ii) 知, $\beta_1 \in L(\alpha_1,\ \alpha_2,\ \alpha_3)$, $r = 1$, $\delta_2 = \begin{pmatrix} 2 \\ 0 \end{pmatrix}$, $\delta_3 = \begin{pmatrix} 1 \\ 0 \end{pmatrix}$, 于是

$$\begin{pmatrix} 2 & 1 \\ 0 & 0 \end{pmatrix} \begin{pmatrix} x_1 \\ x_2 \end{pmatrix} = \begin{pmatrix} 0 \\ 0 \end{pmatrix},$$

求得一个基础解系 $y_1 = (1 \quad -2)'$, 从而

$$(\,\beta_2 \quad \beta_3\,) \begin{pmatrix} 1 \\ -2 \end{pmatrix} = \beta_2 - 2\beta_3 \in L(\alpha_1,\ \alpha_2,\ \alpha_3),$$

故 $V_2 = L(\beta_1, \beta_2 - 2\beta_3)$, 维数为 2.

八、利用一系列合同初等变换将数域 F 上的对称矩阵化为对角矩阵

设 A 为 n 阶对称矩阵, 欲求可逆矩阵 C, 使得 $C'AC$ 为对角矩阵, 可对 $\begin{pmatrix} A \\ I_n \end{pmatrix}$ 的列及前 n 行施行系列合同初等变换, 当 A 所在的位置化为对角矩阵时, I_n 处就化为变换矩阵 C. 其原理是

$$\begin{pmatrix} C' & 0 \\ 0 & I_n \end{pmatrix}\begin{pmatrix} A \\ I_n \end{pmatrix} C = \begin{pmatrix} C'AC \\ C \end{pmatrix}.$$

例 1.17 设

$$A = \begin{pmatrix} 0 & \frac{1}{2} & -2 & 1 \\ \frac{1}{2} & 0 & 3 & 0 \\ -2 & 3 & 0 & 1 \\ 1 & 0 & 1 & 0 \end{pmatrix},$$

求可逆矩阵 C, 使得 $C'AC$ 为对角矩阵.

解

$$\begin{pmatrix} A \\ I_4 \end{pmatrix} = \begin{pmatrix} 0 & \frac{1}{2} & -2 & 1 \\ \frac{1}{2} & 0 & 3 & 0 \\ -2 & 3 & 0 & 1 \\ 1 & 0 & 1 & 0 \\ 1 & 0 & 0 & 0 \\ 0 & 1 & 0 & 0 \\ 0 & 0 & 1 & 0 \\ 0 & 0 & 0 & 1 \end{pmatrix} \to \begin{pmatrix} \frac{1}{2} & \frac{1}{2} & 1 & 1 \\ \frac{1}{2} & 0 & 3 & 0 \\ -2 & 3 & 0 & 1 \\ 1 & 0 & 1 & 0 \\ 1 & 0 & 0 & 0 \\ 0 & 1 & 0 & 0 \\ 0 & 0 & 1 & 0 \\ 0 & 0 & 0 & 1 \end{pmatrix}$$

$$\to \begin{pmatrix} 1 & \frac{1}{2} & 1 & 1 \\ \frac{1}{2} & 0 & 3 & 0 \\ 1 & 3 & 0 & 1 \\ 1 & 0 & 1 & 0 \\ 1 & 0 & 0 & 0 \\ 1 & 1 & 0 & 0 \\ 0 & 0 & 1 & 0 \\ 0 & 0 & 0 & 1 \end{pmatrix} \to \begin{pmatrix} 1 & \frac{1}{2} & 1 & 1 \\ 0 & -\frac{1}{4} & \frac{5}{2} & -\frac{1}{2} \\ 0 & \frac{5}{2} & -1 & 0 \\ 0 & -\frac{1}{2} & 0 & -1 \\ 1 & 0 & 0 & 0 \\ 1 & 1 & 0 & 0 \\ 0 & 0 & 1 & 0 \\ 0 & 0 & 0 & 1 \end{pmatrix}$$

$$
\to \begin{pmatrix} 1 & 0 & 0 & 0 \\ 0 & -\frac{1}{4} & \frac{5}{2} & -\frac{1}{2} \\ 0 & \frac{5}{2} & -1 & 0 \\ 0 & -\frac{1}{2} & 0 & -1 \\ 1 & -\frac{1}{2} & -1 & -1 \\ 1 & \frac{1}{2} & -1 & -1 \\ 0 & 0 & 1 & 0 \\ 0 & 0 & 0 & 1 \end{pmatrix} \to \begin{pmatrix} 1 & 0 & 0 & 0 \\ 0 & -\frac{1}{4} & \frac{5}{2} & -\frac{1}{2} \\ 0 & 0 & 24 & -5 \\ 0 & 0 & -5 & 0 \\ 1 & -\frac{1}{2} & -1 & -1 \\ 1 & \frac{1}{2} & -1 & -1 \\ 0 & 0 & 1 & 0 \\ 0 & 0 & 0 & 1 \end{pmatrix}
$$

$$
\to \begin{pmatrix} 1 & 0 & 0 & 0 \\ 0 & -\frac{1}{4} & 0 & 0 \\ 0 & 0 & 24 & -5 \\ 0 & 0 & -5 & 0 \\ 1 & -\frac{1}{2} & -6 & 0 \\ 1 & \frac{1}{2} & 4 & -2 \\ 0 & 0 & 1 & 0 \\ 0 & 0 & 0 & 1 \end{pmatrix} \to \begin{pmatrix} 1 & 0 & 0 & 0 \\ 0 & -\frac{1}{4} & 0 & 0 \\ 0 & 0 & 24 & 0 \\ 0 & 0 & 0 & -\frac{25}{24} \\ 1 & -\frac{1}{2} & -6 & -\frac{5}{4} \\ 1 & \frac{1}{2} & 4 & -\frac{7}{6} \\ 0 & 0 & 1 & \frac{5}{24} \\ 0 & 0 & 0 & 1 \end{pmatrix}.
$$

于是

$$
C = \begin{pmatrix} 1 & -\frac{1}{2} & -6 & -\frac{5}{4} \\ 1 & \frac{1}{2} & 4 & -\frac{7}{6} \\ 0 & 0 & 1 & \frac{5}{24} \\ 0 & 0 & 0 & 1 \end{pmatrix}
$$

且

$$
C'AC = \mathrm{diag}\left(1,\ -\frac{1}{4},\ 24,\ -\frac{25}{24}\right). \quad \blacksquare
$$

注 1.7　类似地, 可用合同初等变换化反对称矩阵为

$$
\mathrm{diag}\left(\begin{pmatrix} 0 & 1 \\ -1 & 0 \end{pmatrix}, \cdots, \begin{pmatrix} 0 & 1 \\ -1 & 0 \end{pmatrix}, 0, \cdots, 0\right).
$$

九、求 $\mathbf{R}^n$ 中向量组的生成子空间的标准正交基

通常求一个子空间的标准正交基是采用 Schmidt 正交化的方法, 但是这里给出一个初等变换的方法.

原理 设 $\mathbf{R}^n$ 的一个生成子空间 $L(\alpha_1, \cdots, \alpha_t)$ 且 $\alpha_1, \cdots, \alpha_t$ 是其一个基底，于是 $A=(\alpha_1 \quad \cdots \quad \alpha_t)$ 列满秩，从而 $A'A$ 为实对称正定矩阵，因此，存在可逆矩阵 P，使得

$$P'A'AP = I_t.$$

显然，AP 的各列属于 $L(\alpha_1, \cdots, \alpha_t)$ 且标准正交，故 AP 的各列为 $L(\alpha_1, \cdots, \alpha_t)$ 的一组标准正交基.

方法 对 $\begin{pmatrix} A'A \\ A \end{pmatrix}$ 施行合同初等变换，使得 $A'A$ 所在的位置化为 I_t，则 A 所在的位置化为 AP，即

$$\begin{pmatrix} P' & 0 \\ 0 & I_t \end{pmatrix}\begin{pmatrix} A'A \\ A \end{pmatrix} P = \begin{pmatrix} I_t \\ AP \end{pmatrix}.$$

例 1.18 设

$$\alpha_1 = (1 \quad 1 \quad 0 \quad 0)', \quad \alpha_2 = (1 \quad 0 \quad 1 \quad 0)', \quad \alpha_3 = (1 \quad 0 \quad 0 \quad -1)',$$

求 $L(\alpha_1, \alpha_2, \alpha_3)$ 的标准正交基.

解

$$A'A = \begin{pmatrix} \alpha_1'\alpha_1 & \alpha_1'\alpha_2 & \alpha_1'\alpha_3 \\ \alpha_2'\alpha_1 & \alpha_2'\alpha_2 & \alpha_2'\alpha_3 \\ \alpha_3'\alpha_1 & \alpha_3'\alpha_2 & \alpha_3'\alpha_3 \end{pmatrix} = \begin{pmatrix} 2 & 1 & 1 \\ 1 & 2 & 1 \\ 1 & 1 & 2 \end{pmatrix},$$

$$\begin{pmatrix} A'A \\ A \end{pmatrix} = \begin{pmatrix} 2 & 1 & 1 \\ 1 & 2 & 1 \\ 1 & 1 & 2 \\ 1 & 1 & 1 \\ 1 & 0 & 0 \\ 0 & 1 & 0 \\ 0 & 0 & -1 \end{pmatrix} \to \begin{pmatrix} 2 & 1 & 1 \\ 0 & \frac{3}{2} & \frac{1}{2} \\ 0 & \frac{1}{2} & \frac{3}{2} \\ 1 & 1 & 1 \\ 1 & 0 & 0 \\ 0 & 1 & 0 \\ 0 & 0 & -1 \end{pmatrix}$$

$$\to \begin{pmatrix} 2 & 0 & 0 \\ 0 & \frac{3}{2} & \frac{1}{2} \\ 0 & \frac{1}{2} & \frac{3}{2} \\ 1 & \frac{1}{2} & \frac{1}{2} \\ 1 & -\frac{1}{2} & -\frac{1}{2} \\ 0 & 1 & 0 \\ 0 & 0 & -1 \end{pmatrix} \to \begin{pmatrix} 2 & 0 & 0 \\ 0 & \frac{3}{2} & \frac{1}{2} \\ 0 & 0 & \frac{4}{3} \\ 1 & \frac{1}{2} & \frac{1}{2} \\ 1 & -\frac{1}{2} & -\frac{1}{2} \\ 0 & 1 & 0 \\ 0 & 0 & -1 \end{pmatrix}$$

$$
\to \begin{pmatrix} 2 & 0 & 0 \\ 0 & \frac{3}{2} & 0 \\ 0 & 0 & \frac{4}{3} \\ 1 & \frac{1}{2} & \frac{1}{3} \\ 1 & -\frac{1}{2} & -\frac{1}{3} \\ 0 & 1 & -\frac{1}{3} \\ 0 & 0 & -1 \end{pmatrix} \to \begin{pmatrix} 1 & 0 & 0 \\ 0 & 1 & 0 \\ 0 & 0 & 1 \\ \frac{1}{\sqrt{2}} & \frac{1}{\sqrt{6}} & \frac{1}{2\sqrt{3}} \\ \frac{1}{\sqrt{2}} & -\frac{1}{\sqrt{6}} & -\frac{1}{2\sqrt{3}} \\ 0 & \frac{2}{\sqrt{6}} & -\frac{1}{2\sqrt{3}} \\ 0 & 0 & -\frac{3}{2\sqrt{3}} \end{pmatrix},
$$

故 $L(\alpha_1,\ \alpha_2,\ \alpha_3)$ 的一组标准正交基为

$$
q_1 = \begin{pmatrix} \frac{1}{\sqrt{2}} \\ \frac{1}{\sqrt{2}} \\ 0 \\ 0 \end{pmatrix}, \quad q_2 = \begin{pmatrix} \frac{1}{\sqrt{6}} \\ -\frac{1}{\sqrt{6}} \\ \frac{2}{\sqrt{6}} \\ 0 \end{pmatrix}, \quad q_3 = \begin{pmatrix} \frac{1}{2\sqrt{3}} \\ -\frac{1}{2\sqrt{3}} \\ -\frac{1}{2\sqrt{3}} \\ -\frac{3}{2\sqrt{3}} \end{pmatrix}. \blacksquare
$$

习　题　1

1. 证明：$\lambda \neq \pm 1$ 的充要条件是 $Ld_i(\lambda)$ 及 $Rd_i(\lambda)$ 不能由有限次换法和消法变换来实现.

2. 证明：$\lambda = 0$ 的充要条件是 $L\tau_{ij}(\lambda)$ 及 $R\tau_{ij}(\lambda)$ 能由有限次换法和倍法变换来实现.

3. 证明：对 $A_{n\times n}$ 施行一系列行消法变换可将 A 化为上三角矩阵 B, 并且当 A 奇异时, B 可有一行为零.

4. 证明：$A_{n\times n}$ 可经一系列初等变换化为 I_n 的充要条件是 A 非奇异.

5. 每行一个 1, 每列一个 1, 其余位置都是 0 的 n 阶矩阵称为 n **阶置换矩阵**. 证明它是有限个换法阵的乘积, 并且其逆与转置相等.

6. 证明：$A_{m\times n}$ 可经初等行变换化为满足如下条件的 B：

(1) B 的任一非零行自左向右第一个不为 0 的元素为 1;

(2) 若 B 的某一列包含 1, 并且这个 1 是它所在行自左向右的第一个不为 0 的元素, 则该列其余元素全为 0.

7. 证明：$A_{n\times n}$ 可经初等行变换化为上三角的幂等矩阵.

8. 若交换可逆矩阵 A 的两行后得 B, 则 B^{-1} 与 A^{-1} 有何关系? 若将 A 的第 i 行乘以非零的 k 后得 B, 则 B^{-1} 与 A^{-1} 有何关系? 若将 A 的第 j 行乘以 λ 加于第 i 行后得 B, 则 B^{-1} 与 A^{-1} 有何关系?

9. 将下列矩阵写成一系列消法阵与倍法阵之积：

(1) $\begin{pmatrix} 1 & 3 & 3 \\ 1 & 4 & 3 \\ 1 & 3 & 4 \end{pmatrix}$;

(2) $\begin{pmatrix} 1 & 2 \\ 3 & 4 \end{pmatrix}$;

(3) $\begin{pmatrix} 2 & 2 & 3 \\ 1 & -1 & 0 \\ -1 & 2 & 1 \end{pmatrix}$.

10. 计算下列行列式:

(1) $\begin{vmatrix} 1 & 3 & \cdots & \cdots & 3 \\ 3 & 2 & \ddots & & \vdots \\ \vdots & \ddots & \ddots & \ddots & \vdots \\ \vdots & & \ddots & n-1 & 3 \\ 3 & \cdots & \cdots & 3 & n \end{vmatrix}$ $(n \geqslant 3)$;

(2) $\begin{vmatrix} a & \cdots & \cdots & a & b \\ \vdots & & \iddots & b & a \\ \vdots & \iddots & \iddots & \iddots & \vdots \\ a & b & \iddots & & \vdots \\ b & a & \cdots & \cdots & a \end{vmatrix}_{n\times n}$ $(n \geqslant 2)$;

(3) $\begin{vmatrix} x & a_1 & a_2 & \cdots & a_{n-1} & 1 \\ a_1 & x & a_2 & \cdots & a_{n-1} & 1 \\ a_1 & a_2 & \ddots & \ddots & \vdots & \vdots \\ \vdots & & \ddots & x & a_{n-1} & \vdots \\ a_1 & a_2 & \cdots & a_{n-1} & x & 1 \\ a_1 & a_2 & \cdots & a_{n-1} & a_n & 1 \end{vmatrix}$ $(n \geqslant 2)$.

11. 若 A, B 分别为 $m \times n$ 矩阵及 $n \times m$ 矩阵, 证明:

$$|I_m - AB| = |I_n - BA|.$$

12. 证明:

$$\begin{vmatrix} A & B \\ B & A \end{vmatrix} = |A+B|\,|A-B|,$$

其中 A, B 为 n 阶方阵.

13. 证明如下分块矩阵的秩的公式:

(1) 秩 $\begin{pmatrix} I_r & A \\ B & BA \end{pmatrix} = r$;

(2) 秩 $\begin{pmatrix} A & AQ \\ PA & B \end{pmatrix} =$ 秩 $A+$ 秩 $(B-PAQ)$.

14. 设 D 可逆且 $DB=BD$, 证明:

$$\begin{vmatrix} A & B \\ C & D \end{vmatrix} = |DA-BC|.$$

15. 设 A 为 r 阶方阵且

$$\text{秩}\begin{pmatrix} A & B \\ C & D \end{pmatrix} = \text{秩}(A \quad B) = \text{秩}\begin{pmatrix} A \\ C \end{pmatrix} = r,$$

证明 A 可逆.

16. 设 A 是 n 阶可逆矩阵, B, C 分别为 $n\times m$ 矩阵和 $m\times n$ 矩阵, 则 $I_m+CA^{-1}B$ 可逆的充要条件是 $A+BC$ 可逆.

17. 求如下矩阵的逆矩阵:

(1) $\begin{pmatrix} 1 & -1 & 0 & \cdots & 0 \\ -1 & 2 & -1 & \ddots & \vdots \\ 0 & -1 & 2 & \ddots & 0 \\ \vdots & \ddots & \ddots & \ddots & -1 \\ 0 & \cdots & 0 & -1 & 2 \end{pmatrix}$;

(2) $\begin{pmatrix} 0 & 1 & \cdots & 1 \\ 1 & \ddots & \ddots & \vdots \\ \vdots & \ddots & \ddots & 1 \\ 1 & \cdots & 1 & 0 \end{pmatrix}$.

18. 求 $\alpha_1, \alpha_2, \alpha_3, \alpha_4$ 的一个极大无关组, 并用其表示所有向量, 其中

$$\alpha_1 = \begin{pmatrix} 1 \\ -2 \\ -1 \\ 3 \end{pmatrix}, \quad \alpha_2 = \begin{pmatrix} -3 \\ 1 \\ -7 \\ -14 \end{pmatrix}, \quad \alpha_3 = \begin{pmatrix} 5 \\ -3 \\ 9 \\ 22 \end{pmatrix}, \quad \alpha_4 = \begin{pmatrix} 1 \\ -4 \\ -7 \\ 1 \end{pmatrix}.$$

19. 讨论 λ 的值, 并解方程组

$$\begin{cases} -2x_1+x_2+x_3=-2, \\ x_1-2x_2+x_3=\lambda, \\ x_1+x_2-2x_3=\lambda^2. \end{cases}$$

20. 讨论 λ 的值, 并解线性方程组

$$\begin{cases} \lambda x_1+x_2+x_3=\lambda-3, \\ x_1+\lambda x_2+x_3=-2, \\ x_1+x_2+\lambda x_3=-2. \end{cases}$$

21. 讨论 a, b 的值, 并解方程组

$$(1)\ \begin{pmatrix} 1 & 1 & -1 \\ 2 & a+2 & -b-2 \\ 0 & -3a & a+2b \end{pmatrix}\begin{pmatrix} x_1 \\ x_2 \\ x_3 \end{pmatrix} = \begin{pmatrix} 1 \\ 3 \\ -3 \end{pmatrix};$$

$$(2)\ \begin{cases} ax_1 + x_2 + x_3 = 4, \\ x_1 + bx_2 + x_3 = 3, \\ x_1 + 2bx_2 + x_3 = 4. \end{cases}$$

22. 用初等变换方法求解下列方程组的结构式通解.

$$(1)\ \begin{cases} x_1 + x_2 + x_3 + x_4 + x_5 = 0, \\ 3x_1 + 2x_2 + x_3 + x_4 - 3x_5 = 0, \\ x_2 + 2x_3 + 2x_4 + 6x_5 = 0, \\ 5x_1 + 4x_2 + 3x_3 + 3x_4 - x_5 = 0; \end{cases}$$

$$(2)\ \begin{cases} x_1 + x_2 - 3x_3 - x_4 = 1, \\ x_1 + 5x_2 - 9x_3 - 8x_4 = 0, \\ 3x_1 - x_2 - 3x_3 + 4x_4 = 4. \end{cases}$$

23. 求 $L(\alpha_1,\ \alpha_2,\ \alpha_3)$ 与 $L(\beta_1,\ \beta_2)$ 的交与和, 其中

$$\begin{aligned} \beta_1 &= (2\quad 2\quad 0\quad 0)', \\ \beta_2 &= (1\quad 2\quad 0\quad -1)', \\ \alpha_1 &= (1\quad 0\quad 0\quad 1)', \\ \alpha_2 &= (-1\quad 0\quad 3\quad 1)', \\ \alpha_3 &= (3\quad 4\quad 0\quad -1)'. \end{aligned}$$

24. 求 $L(\alpha_1,\ \alpha_2)$ 与 $L(\beta_1,\ \beta_2)$ 的交与和, 其中

$$\alpha_1 = \begin{pmatrix} 1 \\ 2 \\ 1 \\ 0 \end{pmatrix},\quad \alpha_2 = \begin{pmatrix} -1 \\ 1 \\ 1 \\ 1 \end{pmatrix},\quad \beta_1 = \begin{pmatrix} 2 \\ -1 \\ 0 \\ 1 \end{pmatrix},\quad \beta_2 = \begin{pmatrix} 1 \\ -1 \\ 3 \\ 7 \end{pmatrix}.$$

25. 用合同初等变换法化有理二次型

$$f(x_1, x_2, x_3) = 2x_1x_2 - 6x_1x_3 + 2x_2x_3$$

为标准形.

26. 用初等变换方法求 $L(\alpha_1,\ \alpha_2,\ \alpha_3)$ 的标准正交基, 其中

$$\alpha_1 = (1\quad -1\quad 1\quad 0)',\quad \alpha_2 = (1\quad 0\quad 1\quad 0)',\quad \alpha_3 = (1\quad 0\quad 0\quad 1)'.$$

27. 设 A, B, C, D 为 n 阶矩阵, 并且 $AC = CA, AD = CB, A$ 可逆, 求秩 $\begin{pmatrix} A & B \\ C & D \end{pmatrix}$.

28. 设 $A=\begin{pmatrix} 0 & x & a & b \\ -x & 0 & c & d \\ -a & -c & 0 & y \\ -b & -d & -y & 0 \end{pmatrix}\neq 0$, 求证:

$$\text{秩 } A=2 \Leftrightarrow xy=ad-bc.$$

第2讲 行列式与矩阵计算的技巧和方法

2.1 行列式的计算

第 1 讲中已介绍了用初等变换法 (即行列式性质) 计算行列式, 下面介绍另外几种计算行列式的方法.

一、利用按一行 (列) 展开公式计算行列式

例 2.1 计算 n 阶行列式 $D=\begin{vmatrix} a & b & & \\ & \ddots & \ddots & \\ & & \ddots & b \\ c & & & a \end{vmatrix}$.

解 按第一列展开得 $D=a^n+(-1)^{n+1}cb^{n-1}$. ▮

二、利用递推方法计算行列式

该方法是将计算行列式的问题变形为求数列的通项公式的问题.

例 2.2 计算行列式 $D_n=\begin{vmatrix} 1-a & a & & \\ -1 & \ddots & \ddots & \\ & \ddots & \ddots & a \\ & & -1 & 1-a \end{vmatrix}$.

解 当 $n\geqslant 3$ 时, 按第一行展开得 $D_n=(1-a)D_{n-1}+aD_{n-2}$, 于是

$$\begin{aligned} D_n-D_{n-1}&=-a(D_{n-1}-D_{n-2})=(-a)^2(D_{n-2}-D_{n-3})\\ &=\cdots\\ &=(-a)^{n-2}(D_2-D_1)=(-a)^n, \end{aligned}$$

从而

$$\begin{aligned} D_n&=D_{n-1}+(-a)^n=D_{n-2}+(-a)^{n-1}+(-a)^n=\cdots\\ &=D_1+(-a)^2+\cdots+(-a)^{n-1}+(-a)^n=\frac{1-(-a)^{n+1}}{1+a}. \end{aligned}$$

又容易验证, 此结果对 $n=1,2$ 也成立. ▮

例 2.3　计算行列式

$$D_n=\begin{vmatrix}1+a_1 & 1\cdots & \cdots & 1\\ 1 & \ddots & \ddots & \vdots\\ \vdots & \ddots & \ddots & 1\\ 1 & \cdots & 1 & 1+a_n\end{vmatrix},\quad n\geqslant 2.$$

解

$$D_n=\begin{vmatrix}1+a_1 & 1 & \cdots & 1 & 0\\ 1 & \ddots & \ddots & \vdots & \vdots\\ \vdots & \ddots & \ddots & 1 & \vdots\\ 1 & \cdots & 1 & 1+a_{n-1} & 0\\ 1 & \cdots & \cdots & 1 & a_n\end{vmatrix}$$

$$+\begin{vmatrix}1+a_1 & 1\cdots & 1 & 1 & 1\\ 1 & \ddots & \ddots & \vdots & \vdots\\ \vdots & \ddots & \ddots & 1 & \vdots\\ 1 & \cdots & 1 & 1+a_{n-1} & 1\\ 1 & \cdots & \cdots & 1 & 1\end{vmatrix}$$

$$=a_nD_{n-1}+\prod_{i=1}^{n-1}a_i,$$

从而

$$D_n=a_na_{n-1}D_{n-2}+\left(\prod_{i=1}^{n-2}a_i\right)a_n+\prod_{i=1}^{n-1}a_i=\cdots$$

$$=\sum_{j=1}^{n}\prod_{\substack{i=1\\ i\neq j}}^{n}a_i+\prod_{i=1}^{n}a_i.\ \blacksquare$$

例 2.4　计算 n 阶行列式

$$D_n=\begin{vmatrix}x & y & \cdots & y\\ z & \ddots & \ddots & \vdots\\ \vdots & \ddots & \ddots & y\\ z & \cdots & z & x\end{vmatrix},\quad n\geqslant 2, y\neq z.$$

解

$$D_n=\begin{vmatrix} x-z & y & \cdots & \cdots & y \\ 0 & x & \ddots & & \vdots \\ \vdots & z & \ddots & \ddots & y \\ \vdots & \vdots & \ddots & x & y \\ 0 & z & \cdots & z & x \end{vmatrix}+\begin{vmatrix} z & y & \cdots & \cdots & y \\ z & x & \ddots & & \vdots \\ \vdots & z & \ddots & \ddots & y \\ \vdots & \vdots & \ddots & x & y \\ z & z & \cdots & z & x \end{vmatrix}$$

$$=(x-z)D_{n-1}+z(x-y)^{n-1}.$$

同理, $D_n=(x-y)D_{n-1}+y(x-z)^{n-1}$. 由上面两式解得

$$D_n=\frac{z(x-y)^n-y(x-z)^n}{z-y}. \quad ▮$$

三、利用行列式乘法公式计算行列式

例 2.5　设 $A=\begin{pmatrix} a & b & c & d \\ b & -a & d & -c \\ c & -d & -a & b \\ d & c & -b & -a \end{pmatrix}$, 求 $|A|$.

解　由 $AA'=(a^2+b^2+c^2+d^2)I_4$ 得 $|A|\,|A'|=(a^2+b^2+c^2+d^2)^4$, 于是 $|A|^2=(a^2+b^2+c^2+d^2)^4$. 注意到 $|A|$ 中 a^4 的系数为 -1, 故 $|A|=-(a^2+b^2+c^2+d^2)^2$. ▮

例 2.6　设 A, B 为 n 阶可逆矩阵且 $|A|=a\neq 0$, $|B|=b\neq 0$, 求 $|A^{-1}|$, $|A^*|$, $|(A^*)^*|$, $|2A^*B^{-1}|$, $|(3A)^{-1}-2A^*|$, 其中用 A^* 记 A 的伴随矩阵.

解　由 $AA^{-1}=I_n$ 得 $|A|\,|A^{-1}|=|I_n|=1$, 于是 $|A^{-1}|=\dfrac{1}{|A|}=\dfrac{1}{a}$. 由 $AA^*=|A|I_n$ 得 $|A|\,|A^*|=|A|^n|I_n|=|A|^n$, 于是 $|A^*|=|A|^{n-1}=a^{n-1}$. 同理, $|B^{-1}|=\dfrac{1}{b}$, $|(A^*)^*|=|A^*|^{n-1}=(a^{n-1})^{n-1}$. 从而 $|2A^*B^{-1}|=2^n|A^*|\,|B^{-1}|=\dfrac{2^na^{n-1}}{b}$, $|(3A)^{-1}-2A^*|=\left|\dfrac{1}{3}A^{-1}-2|A|A^{-1}\right|=\left(\dfrac{1}{3}-2|A|\right)^n|A^{-1}|=\left(\dfrac{1}{3}-2a\right)^n\dfrac{1}{a}$. ▮

例 2.7　设 n 阶非零实方阵 A 满足 $A_{ij}=a_{ij}(i,j=1,\cdots,n)$, 求 $|A|(n>2)$.

解　易见 $A^*=A'$, 于是秩 $A^*=$ 秩 $A'=$ 秩 A 且 $AA'=AA^*=|A|I_n$. 再应用 $A\neq 0$ 得 A 可逆且 $|AA'|=||A|I_n|=|A|^n$, 故 $|A|^{n-2}=1$, 从而当 n 为奇数时, $|A|=1$; 当 n 为偶数时, $|A|=\pm 1$. ▮

四、利用特征值的性质计算行列式

性质 2.1　设 λ_0 是 $A\in\mathbf{F}^{n\times n}$ 的一个特征值 (根), 并且 $f(x)$ 是数域 $\mathbf{F}$ 上的 m 次多项式, 则 $f(\lambda_0)$ 是 $f(A)$ 的一个特征值 (根), 并且与 λ_0 的重数相同.

性质 2.2　设 $A \in \mathbf{F}^{n\times n}$ 的特征根为 $\lambda_1, \cdots, \lambda_n$, 则 $|A| = \prod_{i=1}^{n} \lambda_i$, $\mathrm{tr}A = \sum_{i=1}^{n} \lambda_i$.

性质 2.3　设 λ_0 是可逆矩阵 A 的一个特征值 (根), 则 $\dfrac{1}{\lambda_0}$ 是 A^{-1} 的一个特征值 (根), 并且重数相同.

性质 2.4　设 A 为 $m\times n$ 矩阵, B 为 $n\times m$ 矩阵, 则 AB 与 BA 有相同的非零特征值 (根).

例 2.8　设 $2BA+CB=0$,

$$B=\begin{pmatrix}1 & -5 & 1\\ 0 & -1 & 0\\ 2 & -2 & 3\end{pmatrix},\quad C=\begin{pmatrix}1 & & \\ & 2 & \\ & & -1\end{pmatrix},$$

求 $|A+3I_3|$.

解　易见 $A=-\frac{1}{2}B^{-1}CB$, 故

$$\begin{aligned}|A+3I_3| &= \left|-\frac{1}{2}B^{-1}CB+3I_3\right| = \left|B^{-1}\left(-\frac{1}{2}C+3I_3\right)B\right| \\ &= \left|-\frac{1}{2}C+3I_3\right| = \frac{35}{2}. \quad \blacksquare\end{aligned}$$

例 2.9　设 4 阶方阵 A 有特征值 1, 2, 2, 3, 求 $|A^{-1}+3I_4|$ 及 $|A^*|$.

解　由性质 2.3 知, $1, \dfrac{1}{2}, \dfrac{1}{2}, \dfrac{1}{3}$ 是 A^{-1} 的特征值. 再由性质 2.1 得 $1+3, \dfrac{1}{2}+3, \dfrac{1}{2}+3, \dfrac{1}{3}+3$ 是 $A^{-1}+3I_4$ 的特征值, 从而由性质 2.2 得

$$|A^{-1}+3I_4| = 4\cdot\frac{7}{2}\cdot\frac{7}{2}\cdot\frac{10}{3} = \frac{490}{3}.$$

类似地, 由 $A^*=|A|A^{-1}$ 知

$$|A^*| = |A|^3 = (1\cdot 2\cdot 2\cdot 3)^3 = 1728. \quad \blacksquare$$

例 2.10　设 A 为三阶方阵, 若 $A+I_3$, $A+2I_3$, $A+3I_3$ 均为奇异矩阵, 求 $|A+4I_3|$.

解　由 $A+I_3$ 奇异知 $|A+I_3|=0$, 于是 -1 是 A 的一个特征值, 从而 $-1+4=3$ 是 $A+4I_3$ 的一个特征值. 同理, 2 和 1 也是 $A+4I_3$ 的特征值. 应用性质 2.2 得 $|A+4I_3|=6$. $\blacksquare$

例 2.11　设 $A_{n\times n}=\begin{pmatrix}a & 1 & \cdots & 1\\ 1 & \ddots & \ddots & \vdots\\ \vdots & \ddots & \ddots & 1\\ 1 & \cdots & 1 & a\end{pmatrix}$, 求 $|A|$.

解 1 设 $x=(1\ \ \cdots\ \ 1)'$, 则 $A=(a-1)I_n+xx'$. 由性质 2.4 知, $x'x$ 与 xx' 有相同的非零特征根, 于是 xx' 有特征根 n 及 $0(n-1$ 重), 从而由性质 2.1 知, A 的特征根为 $a-1+n$ 及 $a-1(n-1$ 重). 再由性质 2.1 得 $|A|=(a-1+n)(a-1)^{n-1}$.

解 2 将 $|A|$ 的所有列加到第 1 列得

$$|A|=\begin{vmatrix} n-1+a & 1 & \cdots & \cdots & 1 \\ \vdots & a & \ddots & & \vdots \\ \vdots & 1 & \ddots & \ddots & \vdots \\ \vdots & \vdots & \ddots & \ddots & 1 \\ n-1+a & 1 & \cdots & 1 & a \end{vmatrix}$$

$$=(n-1+a)\begin{vmatrix} 1 & 1 & \cdots & \cdots & 1 \\ \vdots & a & \ddots & & \vdots \\ \vdots & 1 & \ddots & \ddots & \vdots \\ \vdots & \vdots & \ddots & \ddots & 1 \\ 1 & 1 & \cdots & 1 & a \end{vmatrix},$$

再将第 1 行乘以 -1 加到其他各行得

$$|A|=(n-1+a)\begin{vmatrix} 1 & 1 & \cdots & \cdots & 1 \\ 0 & a-1 & 0 & \cdots & 0 \\ \vdots & 0 & \ddots & \ddots & \vdots \\ \vdots & \vdots & \ddots & \ddots & 0 \\ 0 & 0 & \cdots & 0 & a-1 \end{vmatrix}$$

$$=(n-1+a)(a-1)^{n-1}. \qquad \blacksquare$$

例 2.12 设 A 是 n 阶实对称正定矩阵, 证明 $|I+A|>1$.

证明 设 $\lambda_1,\cdots,\lambda_n$ 是 A 的全部特征值, 则 $\lambda_1+1,\cdots,\lambda_n+1$ 是 I_n+A 的全部特征值, 于是 $|A+I_n|=\prod\limits_{i=1}^{n}(\lambda_i+1)$. 由 A 正定知 $\lambda_i>0\ (i=1,\cdots,n)$, 故 $|I_n+A|>1$.

$\blacksquare$

2.2 矩阵的计算

一、求逆矩阵及解矩阵方程

在第 1 讲中已经介绍了求逆矩阵和解矩阵方程的初等变换方法, 但在应用该方法之前, 一般需先进行恒等变形, 很多时候还需要其他的计算技巧. 下面举例说明.

例 2.13　已知 $B=\begin{pmatrix}1 & -3 & 10\\ 0 & 1 & 2\\ 6 & 2 & 1\end{pmatrix}$ 且 $AB=A+B$, 证明 $A-I_3$ 可逆, 并求 $(A-I_3)^{-1}$.

证明　由 $AB=A+B$ 得 $AB-B-A+I_3=I_3$, 于是 $(A-I_3)(B-I_3)=I_3$, 故 $A-I_3$ 可逆且

$$(A-I_3)^{-1}=B-I_3=\begin{pmatrix}0 & -3 & 10\\ 0 & 0 & 2\\ 6 & 2 & 0\end{pmatrix}.\quad \blacksquare$$

例 2.14　已知 $A^3=3A(A-I)$, 证明 $A-I$ 可逆, 并用 A 表示 $(A-I)^{-1}$.

证明　由已知得 $A^3-3A^2+3A=0$, 于是 $(A-I)^3=-I$, 故 $A-I$ 可逆且 $(A-I)^{-1}=-(A-I)^2$. ∎

例 2.15　设 a_1, a_2, a_3, a_4 为互不相同的实数,

$$A=\begin{pmatrix}a_1 & a_2 & a_3 & a_4\\ -a_2 & a_1 & -a_4 & a_3\\ -a_3 & a_4 & a_1 & -a_2\\ -a_4 & -a_3 & a_2 & a_1\end{pmatrix},$$

证明 $A+I_4$ 可逆, 并用 A 的多项式表示 $(A+I_4)^{-1}$.

证明　易见 $AA'=\left(\sum_{i=1}^{4}a_i^2\right)I_4$ 且 $A+A'=2a_1I_4$, 于是

$$(A+I_4)(A+I_4)'=AA'+(A+A')+I_4=\left(\sum_{i=1}^{4}a_i^2+2a_1+1\right)I_n,$$

故 $A+I_4$ 可逆且

$$\begin{aligned}(A+I_4)^{-1}&=\left(\sum_{i=1}^{4}a_i^2+2a_1+1\right)^{-1}(A+I_4)'\\ &=\left(\sum_{i=1}^{4}a_i^2+2a_1+1\right)^{-1}((2a_1+1)I_4-A).\quad \blacksquare\end{aligned}$$

例 2.16　设 $A=\begin{pmatrix}6 & 2 & -3 & -1\\ 4 & -2 & -2 & 1\\ 3 & 1 & 9 & 3\\ 2 & -1 & 6 & -3\end{pmatrix}$, 求 A^{-1}.

解　设 $B=\begin{pmatrix}3 & 1\\ 2 & -1\end{pmatrix}$, 则

$$A=\begin{pmatrix}2B & -B\\ B & 3B\end{pmatrix}=\begin{pmatrix}2I_2 & -I_2\\ I_2 & 3I_2\end{pmatrix}\begin{pmatrix}B & \\ & B\end{pmatrix},$$

于是

$$\begin{aligned}A^{-1}&=\begin{pmatrix}B & \\ & B\end{pmatrix}^{-1}\begin{pmatrix}2I_2 & -I_2\\ I_2 & 3I_2\end{pmatrix}^{-1}\\&=\begin{pmatrix}B^{-1} & \\ & B^{-1}\end{pmatrix}\begin{pmatrix}\frac{3}{7}I_2 & \frac{1}{7}I_2\\ -\frac{1}{7}I_2 & \frac{2}{7}I_2\end{pmatrix}\\&=\begin{pmatrix}\frac{3}{7}B^{-1} & \frac{1}{7}B^{-1}\\ -\frac{1}{7}B^{-1} & \frac{2}{7}B^{-1}\end{pmatrix}\\&=\frac{1}{35}\begin{pmatrix}3 & 3 & 1 & 1\\ 6 & -9 & 2 & -3\\ -1 & -1 & 2 & 2\\ -2 & 3 & 4 & -6\end{pmatrix}.\end{aligned}$$ ∎

例 2.17　设 $A^{-1}BA=7A^2+2BA$, $A=\operatorname{diag}\left(\frac{1}{3},\frac{1}{4},\frac{1}{5}\right)$, 求 B.

解　将 $A^{-1}BA=7A^2+2BA$ 变形得 $(A^{-1}-2I_3)BA=7A^2$, 于是 $B=7(A^{-1}-2I_3)^{-1}A=\operatorname{diag}\left(\frac{7}{3},\frac{7}{8},\frac{7}{15}\right)$. ∎

例 2.18　已知 $A_{3\times2}B_{2\times3}=\begin{pmatrix}8 & 2 & -2\\ 2 & 5 & 4\\ -2 & 4 & 5\end{pmatrix}$, 求 BA.

解 1　易见秩 $(AB)=2$, 于是秩 $A\geqslant$ 秩 $(AB)=2$ 且秩 $B\geqslant$ 秩 $(AB)=2$, 即 A 列满秩且 B 行满秩, 故存在 A_1, B_1, 使得 $A_1A=I_2$ 且 $BB_1=I_2$. 再注意到 $(AB)^2=9AB$ 得 $BA=9I_2$.

解 2　由 $(AB)^2=9AB$ 得

$$(BA)^3=B(AB)^2A=9B(AB)A=9(BA)^2,$$

并且秩 $(BA)\geqslant$ 秩 $(A(BA)B)=$ 秩 $(AB)^2=2$, 故 $BA=9I_2$. ∎

例 2.19　设 $A=\begin{pmatrix}2 & -2\\ -1 & 0\\ 1 & 1\\ 3 & -1\end{pmatrix}$, 求 B, 使得 $BA=I_2$.

解 1　问题等价于求 B, 使得 $A'B'=I_2$, 归结为例 1.15.

解 2　由 $\begin{pmatrix}2&-2\\-1&0\end{pmatrix}$ 可逆易见

$$B=\left(\begin{pmatrix}2&-2\\-1&0\end{pmatrix}^{-1}\quad 0\right)=\begin{pmatrix}0&-1&0&0\\-\frac{1}{2}&-1&0&0\end{pmatrix}.\ \blacksquare$$

例 2.20　设 $A=\begin{pmatrix}1&0&0\\1&1&0\\0&0&1\end{pmatrix}$, 求使得 $(AB)^{-1}=(BA)^{-1}$ 的所有 B.

解　易见, $(AB)^{-1}=(BA)^{-1}$ 的充要条件是 $AB=BA$ 且 A, B 均可逆, 于是问题归结为求使得 $AB=BA$ 的所有可逆矩阵 B.

令 $A=\begin{pmatrix}A_1&0\\0&1\end{pmatrix}$, $B=\begin{pmatrix}C&D\\E&F\end{pmatrix}$, 其中 C 为二阶方阵且 $A_1=\begin{pmatrix}1&0\\1&1\end{pmatrix}$. 由 $AB=BA$ 得

$$A_1C=CA_1,\quad A_1D=D,\quad E=EA_1,$$

于是 $C=\begin{pmatrix}a&0\\b&a\end{pmatrix}$, $D=\begin{pmatrix}0\\c\end{pmatrix}$, $E=(d\quad 0)$, 从而 $B=\begin{pmatrix}a&0&0\\b&a&c\\d&0&e\end{pmatrix}$. 再由 B 可逆得 $ae\neq 0$. $\blacksquare$

例 2.21　设 $A=\dfrac{1}{3}\begin{pmatrix}2&2&1\\2&-1&-2\\-1&2&-2\end{pmatrix}$, 求矩阵 S, 使得 $A=(I_3-S)(I_3+S)^{-1}$.

解　容易验证, $A+I_3$ 可逆, 从而

$$\begin{aligned}S&=(A+I_3)^{-1}(I_3-A)\\&=\left[\frac{1}{3}\begin{pmatrix}5&2&1\\2&2&-2\\-1&2&1\end{pmatrix}\right]^{-1}\frac{1}{3}\begin{pmatrix}1&-2&-1\\-2&4&2\\1&-2&5\end{pmatrix}\\&=\begin{pmatrix}0&0&-1\\0&0&2\\1&-2&0\end{pmatrix}.\ \blacksquare\end{aligned}$$

注 2.1　由例 2.21 知, 当 $A+I$ 可逆时, 就可求得 S, 使得 $A=(I-S)(I+S)^{-1}$, 但其中的 S 未必如例 2.21 为反对称矩阵. 例如, $A=\begin{pmatrix}0&1\\2&-1\end{pmatrix}$, 但当 A 为正交矩阵时, 可推出 S 为反对称矩阵 (见例 17.5).

例 2.22　已知 $A^2=A$, 其中 $A\neq 0$, 证明当 $a\neq 1$ 时, $I-aA$ 可逆, 并用 A 表示 $(I-aA)^{-1}$.

解　设 $(I-aA)^{-1}=I+xA$, 其中数 x 为待定系数, 则 $(I-aA)(I+xA)=I$, 于是

$$I-aA+xA-axA^2=I.$$

应用 $A^2=A$ 及 $A\neq 0$ 得 $a-x+ax=0$, 故当 $a\neq 1$ 时, $x=\dfrac{a}{1-a}$, 从而 $(I-aA)^{-1}=I+\dfrac{a}{1-a}A$. ▮

例 2.23　若 $M=\begin{pmatrix}A & B\\ B & A\end{pmatrix}$ 可逆, 求 M^{-1}.

解　由

$$\begin{pmatrix}I & 0\\ I & I\end{pmatrix}M\begin{pmatrix}I & 0\\ -I & I\end{pmatrix}=\begin{pmatrix}A-B & B\\ 0 & A+B\end{pmatrix}$$

得 $A+B$, $A-B$ 均可逆, 于是

$$\begin{aligned}M^{-1}&=\begin{pmatrix}I & 0\\ -I & I\end{pmatrix}\begin{pmatrix}A-B & B\\ 0 & A+B\end{pmatrix}^{-1}\begin{pmatrix}I & 0\\ I & I\end{pmatrix}\\ &=\begin{pmatrix}I & 0\\ -I & I\end{pmatrix}\begin{pmatrix}(A-B)^{-1} & X\\ 0 & (A+B)^{-1}\end{pmatrix}\begin{pmatrix}I & 0\\ I & I\end{pmatrix}\\ &=\begin{pmatrix}(A-B)^{-1}-X & X\\ -(A-B)^{-1}-X+(A+B)^{-1} & -X+(A+B)^{-1}\end{pmatrix},\end{aligned}$$

其中 $X=-(A-B)^{-1}B(A+B)^{-1}$. ▮

例 2.24　设 A, B 为实 n 阶方阵, $AA'=I, BB'=I, |A|=-|B|$, 求证 $|A+B|=0$.

证明　由 $AA'=I, BB'=I$ 得 $A'(A+B)B'=B'+A'$, 从而 $|A'||A+B||B'|=|(B+A)'|$, 即 $-|A+B||A|^2=|A+B|$, $|A+B|(-|A|^2-1)=0$. 因为 $-|A|^2-1<0$, 故 $|A+B|=0$. ▮

二、求矩阵的分解式的方法

前面展示了可逆矩阵分解为一系列初等矩阵之积 (定理 1.1)、矩阵的等价分解 (注 1.5)、对称矩阵的合同分解 (例 1.17) 等方法, 还将在第 3 讲中展示可对角化矩阵分解为形式 $P\Lambda P^{-1}$ (例 3.11) 的方法, 其中 Λ 为对角矩阵; 在第 7 讲中将介绍复方阵分解为形式 PJP^{-1}(引理 7.1) 的方法, 其中 J 为若尔当标准形矩阵. 除此之外, 下面再举几个关于矩阵分解的例子.

例 2.25　设 $A=(a_{ij})_{m\times n}$ 是秩为 1 的矩阵, 求 m 维列向量 α 和 n 维行向量 β, 使得 $A=\alpha\beta$.

解　设 $a_{st} \neq 0$, 则取 α 为 A 的第 t 列, β 为 A 的第 s 行的 $\dfrac{1}{a_{st}}$ 倍即可. ∎

例 2.26　将 $A=\begin{pmatrix}2&1\\3&4\end{pmatrix}$ 分解成一个可逆矩阵与一个对称矩阵之积.

解 1　令

$$\begin{pmatrix}1&0\\x&1\end{pmatrix}\begin{pmatrix}2&1\\3&4\end{pmatrix}=\begin{pmatrix}2&1\\1&y\end{pmatrix},$$

则 $x=-1$ 且 $y=3$, 于是 $A=\begin{pmatrix}1&0\\1&1\end{pmatrix}\begin{pmatrix}2&1\\1&3\end{pmatrix}$.

解 2　令

$$\begin{pmatrix}2&1\\3&4\end{pmatrix}\begin{pmatrix}1&x\\0&1\end{pmatrix}=\begin{pmatrix}2&3\\3&y\end{pmatrix},$$

则 $x=1$ 且 $y=7$, 于是 $A=\begin{pmatrix}2&3\\3&7\end{pmatrix}\begin{pmatrix}1&-1\\0&1\end{pmatrix}$. ∎

例 2.27　将 $A=\begin{pmatrix}2&1&-3\\0&1&2\\2&2&-1\end{pmatrix}$ 分解成一个幂等矩阵与一个可逆矩阵之积.

解　由于

$$\begin{pmatrix}1&0&0\\0&1&0\\-1&0&1\end{pmatrix}A=\begin{pmatrix}2&1&-3\\0&1&2\\0&1&2\end{pmatrix}=B,$$

$$\begin{pmatrix}1&0&0\\0&1&0\\0&-1&1\end{pmatrix}B=\begin{pmatrix}2&1&-3\\0&1&2\\0&0&0\end{pmatrix}=C,$$

故

$$\begin{aligned}A&=\begin{pmatrix}1&0&0\\0&1&0\\1&0&1\end{pmatrix}\begin{pmatrix}1&0&0\\0&1&0\\0&1&1\end{pmatrix}\begin{pmatrix}2&1&-3\\0&1&2\\0&0&0\end{pmatrix}\\&=\begin{pmatrix}1&0&0\\0&1&0\\1&1&1\end{pmatrix}\begin{pmatrix}1&0&0\\0&1&0\\0&0&0\end{pmatrix}\begin{pmatrix}1&0&0\\0&1&0\\-1&-1&1\end{pmatrix}\\&\quad\times\begin{pmatrix}1&0&0\\0&1&0\\1&1&1\end{pmatrix}\begin{pmatrix}2&1&-3\\0&1&2\\0&0&1\end{pmatrix}\end{aligned}$$

$$=\begin{pmatrix}1&0&0\\0&1&0\\1&1&0\end{pmatrix}\begin{pmatrix}2&1&-3\\0&1&2\\2&2&0\end{pmatrix}.\ ∎$$

例 2.28 设 $A=\begin{pmatrix}4&1&1\\1&4&1\\1&1&4\end{pmatrix}$, 求正交矩阵 Q 和对角矩阵 Λ, 使得 $A=Q\Lambda Q'$.

解

$$f(\lambda)=|\lambda I_3-A|=\begin{vmatrix}\lambda-4&-1&-1\\-1&\lambda-4&-1\\-1&-1&\lambda-4\end{vmatrix}$$

$$=(\lambda-6)(\lambda-3)^2,$$

令 $f(\lambda)=0$ 得 $\lambda_1=6$, $\lambda_2=3$.

当 $\lambda_1=6$ 时, $(\lambda_1I_3-A)x=0$ 的一个基础解系 $\alpha_1=(1\quad 1\quad 1)'$, 将其标准正交化得 $\beta_1=\left(\dfrac{\sqrt{3}}{3}\quad \dfrac{\sqrt{3}}{3}\quad \dfrac{\sqrt{3}}{3}\right)'$.

当 $\lambda_2=3$ 时, $(\lambda_2I_3-A)x=0$ 有基础解系

$$\alpha_2=(-1\quad 0\quad 1)',\quad \alpha_3=(1\quad -2\quad 1)',$$

将其标准正交化得

$$\beta_2=\left(-\frac{\sqrt{2}}{2}\quad 0\quad \frac{\sqrt{2}}{2}\right)',\quad \beta_3=\left(\frac{1}{\sqrt{6}}\quad -\frac{2}{\sqrt{6}}\quad \frac{1}{\sqrt{6}}\right)'.$$

令 $Q=(\beta_1\quad \beta_2\quad \beta_3)$ 且 $\Lambda=\mathrm{diag}(6,\ 3,\ 3)$, 则 $A=Q\Lambda Q'$. ∎

三、求方阵的幂

1. 利用若尔当标准形求复矩阵的幂

例 2.29 设 $A=\begin{pmatrix}0&1&0\\0&0&1\\0&0&0\end{pmatrix}$, 求 A^m $(m\geqslant 2)$.

解 易见 $A^2=\begin{pmatrix}0&0&1\\0&0&0\\0&0&0\end{pmatrix}$, $A^3=0$, 从而当 $m\geqslant 3$ 时, $A^m=0$. ∎

例 2.30　设 $A=\begin{pmatrix}a&1&0\\0&a&1\\0&0&a\end{pmatrix}$, 求 A^m $(m\geqslant 2)$.

解　设 $B=\begin{pmatrix}0&1&0\\0&0&1\\0&0&0\end{pmatrix}$, 则 $A=aI_3+B$, 于是

$$A^m=(aI_3+B)^m=\sum_{i=0}^{m}\mathrm{C}_m^i(aI_3)^{m-i}B^i$$

(上式中第二个等号成立是因为 aI_3 与 B 可交换). 应用例 2.29 得

$$\begin{aligned}A^m&=a^mI_3+ma^{m-1}B+\frac{m(m-1)}{2}a^{m-2}B^2\\&=\begin{pmatrix}a^m&ma^{m-1}&\dfrac{m(m-1)}{2}a^{m-2}\\0&a^m&ma^{m-1}\\0&0&a^m\end{pmatrix}.\end{aligned}$$ ▮

例 2.31　设 $A=P\begin{pmatrix}B&0\\0&C\end{pmatrix}P^{-1}$, 证明:

$$A^m=P\begin{pmatrix}B&0\\0&C\end{pmatrix}^mP^{-1}=P\begin{pmatrix}B^m&0\\0&C^m\end{pmatrix}P^{-1}.$$

证明　通过直接计算即可得到. ▮

注 2.2　上面三个例子及复矩阵的若尔当标准形展示了求复矩阵的幂的方法 (请读者说明理由).

2. 利用矩阵分解求秩 1 方阵的幂

例 2.32　设 $A=\begin{pmatrix}6&-18&-15\\-10&30&25\\8&-24&-20\end{pmatrix}$, 求 $A^m(m\geqslant 1)$, $(I_3+A)^{100}$.

解　易见秩 $A=1$. 由例 2.25 得 $A=\alpha\beta$, 其中

$$\beta=\begin{pmatrix}1&-3&-\dfrac{5}{2}\end{pmatrix},\quad \alpha=(6\quad -10\quad 8)',$$

于是

$$A^m=(\alpha\beta)^m=(\beta\alpha)^{m-1}(\alpha\beta)=16^{m-1}A,$$

$$
\begin{aligned}
(I_3+A)^{100} &= \sum_{k=0}^{100} \mathrm{C}_{100}^{k} A^k \\
&= I_3 + \left(\sum_{k=1}^{100} \mathrm{C}_{100}^{k} \cdot 16^{k-1}\right) \cdot A \\
&= I_3 + \frac{(1+16)^{100}-1}{16} A = I_3 + \frac{17^{100}-1}{16} A. \quad \blacksquare
\end{aligned}
$$

3. 利用矩阵对角化的方法求矩阵的幂

例 2.33 设 $2BA+CB=0$, 其中

$$
B=\begin{pmatrix} 1 & -5 & 1 \\ 0 & -1 & 0 \\ 2 & -2 & 3 \end{pmatrix}, \quad C=\begin{pmatrix} 1 & & \\ & 2 & \\ & & -1 \end{pmatrix},
$$

求 A^{100}.

解 易见 $A=-\frac{1}{2}B^{-1}CB$, 于是

$$
\begin{aligned}
A^{100} &= \frac{1}{2^{100}} B^{-1} C^{100} B \\
&= \frac{1}{2^{100}} \begin{pmatrix} 1 & -5 & 1 \\ 0 & -1 & 0 \\ 2 & -2 & 3 \end{pmatrix}^{-1} \begin{pmatrix} 1 & & \\ & 2^{100} & \\ & & 1 \end{pmatrix} \begin{pmatrix} 1 & -5 & 1 \\ 0 & -1 & 0 \\ 2 & -2 & 3 \end{pmatrix} \\
&= \frac{1}{2^{100}} \begin{pmatrix} 3 & -13 & -1 \\ 0 & -1 & 0 \\ -2 & 8 & 1 \end{pmatrix} \begin{pmatrix} 1 & -5 & 1 \\ 0 & -2^{100} & 0 \\ 2 & -2 & 3 \end{pmatrix} \\
&= \frac{1}{2^{100}} \begin{pmatrix} 1 & -13+13\cdot 2^{100} & 0 \\ 0 & 2^{100} & 0 \\ 0 & 8-8\cdot 2^{100} & 1 \end{pmatrix}. \quad \blacksquare
\end{aligned}
$$

例 2.34 设 $A=\begin{pmatrix} 0 & 1 \\ 2 & 1 \end{pmatrix}$, 求 A^m.

解

$$
|\lambda I_2 - A| = \begin{vmatrix} \lambda & -1 \\ -2 & \lambda-1 \end{vmatrix} = \lambda^2-\lambda-2=(\lambda-2)(\lambda+1),
$$

故 A 的特征值为 $\lambda_1=2$, $\lambda_2=-1$.

当 $\lambda_1=2$ 时, $(\lambda_1 I_2 - A)x=0$ 的一个基础解系为 $p_1=(1\quad 2)'$.

当 $\lambda_2=-1$ 时, $(\lambda_2 I_2-A)x=0$ 的一个基础解系为 $p_2=(1\quad -1)'$.

令 $P=(p_1\quad p_2)$ 且 $\Lambda=\mathrm{diag}(2,\ -1)$, 则 $A=P\Lambda P^{-1}$, 于是

$$\begin{aligned}A^m&=P\Lambda^m P^{-1}\\&=\begin{pmatrix}1&1\\2&-1\end{pmatrix}\begin{pmatrix}2&\\&-1\end{pmatrix}^m\begin{pmatrix}1&1\\2&-1\end{pmatrix}^{-1}\\&=\begin{pmatrix}1&1\\2&-1\end{pmatrix}\begin{pmatrix}2^m&\\&(-1)^m\end{pmatrix}\begin{pmatrix}\frac{1}{3}&\frac{1}{3}\\\frac{2}{3}&-\frac{1}{3}\end{pmatrix}\\&=\begin{pmatrix}2^m&(-1)^m\\2^{m+1}&(-1)^{m+1}\end{pmatrix}\begin{pmatrix}\frac{1}{3}&\frac{1}{3}\\\frac{2}{3}&-\frac{1}{3}\end{pmatrix}\\&=\frac{1}{3}\begin{pmatrix}2^m+(-1)^m\cdot 2&2^m+(-1)^{m+1}\\2^{m+1}+(-1)^{m+1}\cdot 2&2^{m+1}+(-1)^m\end{pmatrix}.\end{aligned}$$ ∎

4. 利用递推公式的方法求矩阵的幂

例 2.35　求例 2.34 中 A 的 n 次幂.

解　设 $A^n=\begin{pmatrix}a_n&b_n\\c_n&d_n\end{pmatrix}$, 则

$$\begin{pmatrix}a_n&b_n\\c_n&d_n\end{pmatrix}=\begin{pmatrix}0&1\\2&1\end{pmatrix}\begin{pmatrix}a_{n-1}&b_{n-1}\\c_{n-1}&d_{n-1}\end{pmatrix},$$

即

$$a_n=c_{n-1},\quad c_n=c_{n-1}+2a_{n-1},\quad b_n=d_{n-1},\quad d_n=d_{n-1}+2b_{n-1},$$

于是

$$c_n+c_{n-1}=2(c_{n-1}+c_{n-2})=\cdots=2^{n-2}(c_2+c_1)=2^n,$$

从而

$$c_n=2^n-c_{n-1}=\cdots=\sum_{i=1}^{n}(-1)^{n-i}2^i=\frac{2^{n+1}+(-1)^{n+1}\cdot 2}{3}.$$

同理,

$$d_n=\frac{2^{n+1}+(-1)^n}{3}.$$

故

$$A^m=\frac{1}{3}\begin{pmatrix}2^m+(-1)^m\cdot 2&2^m+(-1)^{m+1}\\2^{m+1}+(-1)^{m+1}\cdot 2&2^{m+1}+(-1)^m\end{pmatrix}.$$ ∎

5. 利用 Hamilton-Cayley 定理求矩阵的幂

例 2.36 求例 2.34 中 A 的 n 次幂.

解 用待定系数法. 设

$$\lambda^n = f(\lambda)q(x) + ax + b, \tag{2.1}$$

其中 $f(\lambda) = (\lambda-2)(\lambda+1)$ 为 A 的特征多项式, a, b 为待定系数. 于是

$$\begin{cases} 2^n = 2a + b, \\ (-1)^n = -a + b, \end{cases}$$

解得 $a = \frac{1}{3}\cdot 2^n - \frac{1}{3}(-1)^n$, $b = \frac{1}{3}\cdot 2^n + \frac{2}{3}(-1)^n$, 故

$$A^n = \frac{1}{3}\left[2^n - (-1)^n\right]A + \frac{1}{3}\left[2^n + 2\cdot(-1)^n\right]I_2. \quad ▮$$

注 2.3 例 2.36 的解法实际上给出了求矩阵方幂 (可以是一个矩阵的多项式) 的一种通用方法. 在使用该方法时, 当式 (2.1) 中待定系数的个数多于 A 中互异特征值的个数时, 可对式 (2.1) 两边对 λ 求导数 (可能求导多次), 从而求得所有待定系数的值. 另外, 例 2.36 中的 $f(x)$ 不必一定是 A 的**特征多项式**, 实际上, 只要是 A 的**零化多项式**即可. 具体见下面的例子.

例 2.37 已知 $A = \begin{pmatrix} 3 & -10 & -6 \\ 1 & -4 & -3 \\ -1 & 5 & 4 \end{pmatrix}$, 求 A^{100}.

解 A 的特征多项式为

$$f(\lambda) = |\lambda I_3 - A| = \begin{vmatrix} \lambda-3 & 10 & 6 \\ -1 & \lambda+4 & 3 \\ 1 & -5 & \lambda-4 \end{vmatrix} = (\lambda-1)^3.$$

令 $g(\lambda) = \lambda^{100} = f(\lambda)q(\lambda) + a\lambda^2 + b\lambda + c$, 其中 a, b, c 为待定系数. 于是

$$\begin{cases} 1 = g(1) = a + b + c, \\ 100 = g'(1) = 2a + b, \\ 9900 = g''(1) = 2a, \end{cases}$$

解得 $a = 4950$, $b = -9800$, $c = 4851$, 故

$$A^{100} = 4950A^2 - 9800A + 4851I_3 = \begin{pmatrix} 201 & -1000 & -600 \\ 100 & -499 & -300 \\ -100 & 500 & 301 \end{pmatrix}. \quad ▮$$

2.3　综合计算举例

例 2.38　已知 $A=\begin{pmatrix}1 & \cdots & 1\\ \vdots & & \vdots\\ 1 & \cdots & 1\end{pmatrix}_{n\times n}$, 求

(1) 满足 $f(A)=0$ 的一个二次多项式 $f(x)$;

(2) A^{100};

(3) $(I_n+A)^{100}$;

(4) $(I_n+A)^{-1}$.

解 1　(1) 易见 $A^2=nA$, 故可设 $f(x)=x(x-n)$.

(2) 设 $\alpha=(1\ \ \cdots\ \ 1)'$, 则 $A=\alpha\alpha'$. 由性质 2.4 得 A 有特征根 n 及 $0(n-1$ 重). 再由 (1) 知, A 的最小多项式为 $f(x)=x(x-n)$, 故 A 可对角化. 不妨设

$$A=P\mathrm{diag}(n,\ 0,\ \cdots,\ 0)P^{-1},$$

则 $A^{100}=n^{99}A$ (注意: 上面的可逆矩阵 P 可具体求出, 请读者完成).

(3) 由 (2) 得

$$\begin{aligned}(A+I_n)^{100}&=P\mathrm{diag}((n+1)^{100},\ 1,\ \cdots,\ 1)P^{-1}\\ &=I_n+P\mathrm{diag}((n+1)^{100}-1,\ 0,\ \cdots,\ 0)P^{-1}\\ &=I_n+\frac{(n+1)^{100}-1}{n}A.\end{aligned}$$

(4) 由 (2) 得

$$\begin{aligned}(A+I_n)^{-1}&=P\mathrm{diag}\left(\frac{1}{n+1},\ 1,\ \cdots,\ 1\right)P^{-1}\\ &=I_n+P\mathrm{diag}\left(\frac{1}{n+1}-1,\ 0,\ \cdots,\ 0\right)P^{-1}\\ &=I_n-\frac{1}{n+1}A.\end{aligned}$$

解 2　(1) 同解 1.

(2) 设 $g(x)=x^{100}=f(x)q(x)+ax+b$, 则 $g(0)=0=b$ 且 $g(n)=an+b$, 于是 $a=n^{99}$, $b=0$, 从而 $A^{100}=n^{99}A$.

(3)

$$\begin{aligned}(A+I_n)^{100}&=I_n+\sum_{i=1}^{100}\mathrm{C}_{100}^{i}A^{i}\\ &=I_n+\left(\sum_{i=1}^{100}\mathrm{C}_{100}^{i}n^{i-1}\right)A\end{aligned}$$

$$= I_n + \frac{(1+n)^{100}-1}{n}A.$$

(4) 设 $(I_n+A)^{-1}=I_n+aA$, 其中 a 为待定系数, 于是 $I_n=(I_n+A)(I_n+aA)=I_n+(a+1)A+aA^2=I_n+(an+a+1)A$, 故 $an+a+1=0$, 即 $a=-\dfrac{1}{n+1}$, 所以 $(I_n+A)^{-1}=I_n-\dfrac{1}{n+1}A$. ∎

例 2.39　设 A 为实矩阵, $|\sqrt{2}I_4+A|=0$, $AA'=2I_4$, $|A|<0$, 求 A^*(伴随矩阵)的一个特征值.

解 1　由 $|\sqrt{2}I_4+A|=0$ 得 $-\sqrt{2}$ 是 A 的一个特征值, 于是 $-\sqrt{2}$ 是 A' 的一个特征值. 再由 $AA'=2I_4$ 和 $|A|<0$ 得 $A^{-1}=\dfrac{1}{2}A'$ 且 $|A|=-4$, 故 $A^*=-2A'$, $2\sqrt{2}$ 是 A^* 的一个特征值.

解 2　由 $AA'=2I_4$ 得 $2A^*=A^*AA'=|A|A'$, 于是 $A^*=\dfrac{|A|}{2}A'$, 而由 $AA'=2I_4$ 及 $|A|<0$ 可推出 $|A|=-4$, 并且由 $|\sqrt{2}I_4+A|=0$ 可推出 A' 有特征值 $-\sqrt{2}$, 故 A^* 有特征值 $2\sqrt{2}$. ∎

注 2.4　将例 2.39 中的条件 $|\sqrt{2}I+A|=0$ 换成 $|3I+A|=0$(1996 年全国考研题). 若用上述两种方法求解, 则所得答案不一样 (请读者自己计算). 什么道理呢? 原来所给条件 $|3I+A|=0$ 是不可能发生的. 这是因为满足 $AA'=2I$ 说明 $\dfrac{1}{\sqrt{2}}A$ 是正交矩阵, 而正交矩阵的特征根的模必等于 1, 所以这个考研题是一个错题.

习　题　2

1. 设实方阵 $A=(a_{ij})_{3\times 3}$ 满足 $a_{ij}=A_{ij}(i,j=1,2,3)$, $a_{11}\neq 0$, 求 $|A|$.

2. $A=(\alpha_1\ \ \alpha_2\ \ \alpha_3\ \ \beta)$, $B=(\alpha_1\ \ \alpha_2\ \ \alpha_3\ \ \gamma)$, $|A|=m$, $|B|=n$, 求

$$|(\alpha_3\ \ \alpha_1\ \ \beta+\gamma\ \ \alpha_2)|,\quad |A+B|.$$

3. 求如下行列式所得的结果中的常数项及 x^2 项的系数:

$$\begin{vmatrix} -x & 2x & -3 & x \\ 1 & 2 & 0 & -x \\ -4 & 1 & -1 & 2 \\ 0 & -5 & 1 & 2x-1 \end{vmatrix}.$$

4. 计算如下四阶行列式:

(1) $\begin{vmatrix} a & b & b & b \\ a & b & a & b \\ a & a & b & b \\ b & b & b & a \end{vmatrix}$;

(2) $\begin{vmatrix} c & a & d & b \\ a & c & d & b \\ a & c & b & d \\ c & a & b & d \end{vmatrix}$;

(3) $\begin{vmatrix} 1 & 1 & 2 & 3 \\ 1 & 2-x^2 & 2 & 3 \\ 2 & 3 & 1 & 5 \\ 2 & 3 & 1 & 9-x^2 \end{vmatrix}$;

(4) $\begin{vmatrix} 0 & x & y & z \\ x & 0 & z & y \\ y & z & 0 & x \\ z & y & x & 0 \end{vmatrix}$.

5. 设 $x=(x_1 \quad x_2 \quad \cdots \quad x_n)'$, $b=(1 \quad 1 \quad \cdots \quad 1)'$, 当 $a_i \neq a_j(i \neq j$ 且 $i,j=1,2,\cdots,n)$ 时, 求线性方程组 $A'x=b$ 的解, 其中

$$A=\begin{pmatrix} 1 & 1 & \cdots & 1 \\ a_1 & a_2 & \cdots & a_n \\ a_1^2 & a_2^2 & \cdots & a_n^2 \\ \vdots & \vdots & & \vdots \\ a_1^{n-1} & a_2^{n-1} & \cdots & a_n^{n-1} \end{pmatrix}.$$

6. 计算下列行列式:

(1) $\begin{vmatrix} 1-a & a & 0 & 0 & 0 \\ -1 & 1-a & a & 0 & 0 \\ 0 & -1 & 1-a & a & 0 \\ 0 & 0 & -1 & 1-a & a \\ 0 & 0 & 0 & -1 & 1-a \end{vmatrix}$;

(2) $\begin{vmatrix} x & -1 & 0 & \cdots & \cdots & 0 \\ 0 & \ddots & \ddots & \ddots & & 0 \\ \vdots & \ddots & \ddots & \ddots & \ddots & \vdots \\ \vdots & & \ddots & \ddots & \ddots & 0 \\ 0 & \cdots & \cdots & 0 & x & -1 \\ a_n & a_{n-1} & a_{n-2} & \cdots & a_2 & x+a_1 \end{vmatrix} \quad (n \geqslant 2)$;

(3) $\begin{vmatrix} 1+x_1y_1 & 1+x_1y_2 & \cdots & 1+x_1y_n \\ 1+x_2y_1 & 1+x_2y_2 & \cdots & 1+x_2y_n \\ \vdots & \vdots & & \vdots \\ 1+x_ny_1 & 1+x_ny_2 & \cdots & 1+x_ny_n \end{vmatrix}$;

(4) $\begin{vmatrix} x_1 & a_1b_2 & \cdots & \cdots & a_1b_n \\ a_2b_1 & x_2 & \ddots & & \vdots \\ \vdots & \ddots & \ddots & \ddots & \vdots \\ \vdots & & \ddots & \ddots & a_{n-1}b_n \\ a_nb_1 & \cdots & \cdots & a_nb_{n-1} & x_n \end{vmatrix}$ $(n \geqslant 2)$.

7. A^* 为 n 阶矩阵 A 的伴随矩阵且 $|A| = 2$, 求 $||A^*|A|$.

8. 设 A 为 m 阶方阵, B 为 n 阶方阵, 并且 $|A| = a$, $|B| = b$, 求 $\begin{vmatrix} 0 & B \\ A & 0 \end{vmatrix}$.

9. 设

$$A = \begin{pmatrix} -1 & 1 & 1 & -1 \\ 1 & -1 & -1 & 1 \\ 1 & -1 & -1 & 1 \\ -1 & 1 & 1 & -1 \end{pmatrix},$$

求 A^{100}.

10. 设 A, B 为 n 阶方阵且 $A^2 = I = B^2$, $|A| + |B| = 0$, 求证 $|A + B| = 0$.

11. 设 $(2I - C^{-1}B)A' = C^{-1}$, 其中

$$B = \begin{pmatrix} 1 & 2 & -3 & -2 \\ 0 & 1 & 2 & -3 \\ 0 & 0 & 1 & 2 \\ 0 & 0 & 0 & 1 \end{pmatrix}, \quad C = \begin{pmatrix} 1 & 2 & 0 & 1 \\ 0 & 1 & 2 & 0 \\ 0 & 0 & 1 & 2 \\ 0 & 0 & 0 & 1 \end{pmatrix},$$

求 A.

12. $A^2 + 2A = 3I_4$, 求证 $A + 4I$ 可逆, 并用 A 表示 $(A + 4I)^{-1}$.

13.

$$A = \begin{pmatrix} 1 & 0 & 0 \\ 1 & 1 & 0 \\ 1 & 1 & 1 \end{pmatrix}, \quad B = \begin{pmatrix} 0 & 1 & 1 \\ 1 & 0 & 1 \\ 1 & 1 & 0 \end{pmatrix},$$

$$AXA + BXB = AXB + BXA,$$

求 X.

14. A 为三阶矩阵, $|A - I_3| = |A + 2I_3| = |2A + 3I_3| = 0$, 求 $|2A^* - 3I_3|$.

15. 设 A, B 为 n 阶矩阵且 $|A| = 2$, $|B| = 5$, $|A + B| = 3$, 求 $|(A^{-1} + B^{-1})^{-1}|$.

16. 设 $ABA^{-1} = BA^{-1} + 3I$,

$$A^* = \begin{pmatrix} 1 & 0 & 0 & 0 \\ 0 & 1 & 0 & 0 \\ 1 & 0 & 1 & 0 \\ 0 & -3 & 0 & 8 \end{pmatrix},$$

求 B.

17. 设

$$A=\begin{pmatrix}1&0&0&0\\-2&3&0&0\\0&-4&5&0\\0&0&-6&7\end{pmatrix}$$

且 $B=(I+A)^{-1}(I-A)$, 求 $(I+B)^{-1}$.

18. 设 $A=I-\xi\xi'$, 其中 I 为 n 阶单位矩阵, ξ 为 n 维非零列向量, 试证:

(1) $A^2=A\Leftrightarrow\xi'\xi=1$;

(2) 当 $\xi'\xi=1$ 时, A 不可逆.

19. 三阶矩阵 A 及三维列向量 x 使得 x, Ax, A^2x 线性无关且 $A^3x=3Ax-2A^2x$.

(1) 求 B, 使得 $A=PBP^{-1}$, 其中 $P=(\,x\quad Ax\quad A^2x\,)$;

(2) 求 $|A+I_3|$.

20. 设 A, B 为二阶矩阵, 求证 $(AB-BA)^2$ 为数量矩阵.

21. 已知 $\alpha=(\,1\quad 2\quad 1\,)'$, $\beta=(\,2\quad -1\quad 2\,)$, $A=\alpha\beta$, 求:

(1) A^{100};

(2) $(A+I)^{100}$.

22. 设

$$A=\begin{pmatrix}1&2&1&0\\0&-1&0&-1\\0&4&1&2\\0&0&0&-1\end{pmatrix},$$

求 A^{100}.

23. **称方阵 A 的对角线上的元素之和为 A 的迹**, 记作 $\mathrm{tr}A$, 现设 A 为 $m\times n$ 矩阵, B 为 $n\times m$ 矩阵, 求证 $\mathrm{tr}(AB)=\mathrm{tr}(BA)$. 又当 A 为 n 阶对称矩阵, B 为 n 阶反对称矩阵时, 试证 $\mathrm{tr}(AB)=0$.

24. 如果存在 $m\geqslant 2$ 及二阶矩阵 A 有 $A^m=0$, 证明 $A^2=0$.

25. 设 A 可逆, $\lambda\neq 0$ 且 $(A-\lambda I)^m=0$, 证明 $(A^{-1}-\lambda^{-1}I)^m=0$.

26. 设 A, B 可逆, 求 $\begin{pmatrix}A&C\\0&B\end{pmatrix}^{-1}$, $\begin{pmatrix}0&A\\B&C\end{pmatrix}^{-1}$.

27. 设 $A^2=A$, $B^2=B$ 均为 n 阶矩阵, 求证

$$(A+B)^2=A+B\Leftrightarrow AB=BA=0.$$

28. 设 A 是特征根全为非负实数, 且主对角元全为 1 的实方阵, 求证 $|A|\leqslant 1$.

29. 对任意非零实 n 维列向量 α 和实 n 阶方阵 A 总有 $\alpha'A\alpha>0$, 求证 $|A|>0$.

30. 设 $n\geqslant 3, A=\begin{pmatrix}1&0&0\\1&0&1\\0&1&0\end{pmatrix}$, 求证 $A^n=A^{n-2}+A^2-I$, 并计算 A^{100}.

31. 设 A 是元素为 0,1 的 $s\times n$ 矩阵, 每行元素和均为 r, 任意不同行的内积均为 m 且 $m<r$, 求 A 的秩.

32. 设 W 为 $\mathbf{R}^n(n \geqslant 2)$ 的非零子空间且 W 中非零向量的所有坐标非零, 求 $\dim W$.

33. 设 A 为 n 阶正交矩阵, $Ax_i = x_i(i = 1, \cdots, n-1)$ 且 $x_1, \cdots, x_{n-1}$ 线性无关, $|A| = 1$, 求 A.

34. 设 A, B 为 n 阶正交矩阵, n 为奇数, 求证 $|(A-B)(A+B)| = 0$.

35. 确定三阶上三角秩 1 幂等矩阵的形状.

36. 如果幂等矩阵 A 的对角线上有 0, 证明 0 所在的行可由其他行线性表出.

37. 设 V 是二维酉空间且 τ 为 V 的酉变换, $\det\tau = 1$, 求证:

(1) $\tau + \tau^{-1} = (\mathrm{tr}\tau)1$;

(2) 对任意 $\alpha \in V$ 有 $\mathrm{Re}(\alpha, \tau\alpha) = \dfrac{1}{2}||\alpha||^2\mathrm{tr}\tau$.

38. $A^n = I_m$, 求证 $(I-A)x = 0$ 的解空间的维数为 $\dfrac{1}{n}\mathrm{tr}(A + A^2 + \cdots + A^n)$.

第3讲 解决某些反问题的方法

一般问题通常都是由条件到结果, 如给一个方程, 然后求解, 但在用数学模型解决问题时常常不全知道方程是什么样的, 但结果的信息却知道一些, 如何判定原方程的有关参数? 这种问题一般称为反问题. 提出并解决一些反问题是提高素养和本领的有力手段.

一、已知齐次线性方程组 $\boldsymbol{Ax=0}$ 的解的一些信息, 求 $\boldsymbol{A}$ 的某些性质

例 3.1 若 $A_{m\times n}x=0$ 的解都是 $B_{s\times n}x=0$ 的解, 证明 B 的各行均可由 A 的行向量组线性表出.

证明 显然, $\begin{pmatrix} A \\ B \end{pmatrix}x=0$ 与 $Ax=0$ 同解, 故秩 $A=$ 秩 $\begin{pmatrix} A \\ B \end{pmatrix}$, 从而 B 的各行均可由 A 的行向量组线性表出. ∎

例 3.2 已知 $Q=\begin{pmatrix} 1 & 2 & 3 \\ 2 & 4 & t \\ 3 & t & 9 \end{pmatrix}$, P 为三阶非零矩阵且满足 $PQ=0$, 求 t 及 P 的秩.

解 由 $PQ=0$ 得 $Q'P'=0$, 于是 P' 的各列均为线性方程组 $Q'x=0$ 的解. 又因为 $P\neq 0$, 故 $Q'x=0$ 有非零解, 于是 $|Q'|=0$, 即 $|Q|=0$, 解得 $t=6$. 这可推出秩 $Q=1$, 于是齐次线性方程组 $Q'x=0$ 的解空间维数为 2, 从而秩 $P\leqslant 2$. 再由 $P\neq 0$ 得秩 $P=1$ 或 2. ∎

二、设 $\boldsymbol{\alpha_1,\cdots,\alpha_t}$ 是 $\mathbf{F}^{\boldsymbol{n}}$ 中已知的秩小于 $\boldsymbol{n}$ 的向量组, 并且 $\boldsymbol{L(\alpha_1,\cdots,\alpha_t)}$ 是齐次线性方程组 $\boldsymbol{Ax=0}$ 的解空间, 求系数矩阵 $\boldsymbol{A}$

原理 3.1 因 $L(\alpha_1,\cdots,\alpha_t)$ 是 $Ax=0$ 的解空间, 所以 $A\alpha_1=\cdots=A\alpha_t=0$, 于是 $A(\alpha_1 \ \ \cdots \ \ \alpha_t)=0$, 从而 $(\alpha_1 \ \ \cdots \ \ \alpha_t)'A'=0$, 故 A 各行的转置均为

$$(\alpha_1 \ \ \cdots \ \ \alpha_t)'x=0 \tag{3.1}$$

的解, 由 (3.1) 解的存在性可得 A 的存在性. 要使得 $L(\alpha_1,\cdots,\alpha_t)$ 是 $Ax=0$ 的解空间, 应有 $L(\alpha_1,\cdots,\alpha_t)$ 的维数为 $n-$ 秩 A, 即

$$\text{秩}\ (\alpha_1 \ \ \cdots \ \ \alpha_t)'=n-\text{秩}\ A.$$

再由 A 的各行转置均是 (3.1) 的解知, A 的行向量组的一个极大无关组转置后应为 (3.1) 的一个基础解系.

方法 3.1

(1) 构造 $B=(\alpha_1 \quad \cdots \quad \alpha_t)'$;

(2) 求 $Bx=0$ 的一个基础解系 $\eta_1, \cdots, \eta_s$;

(3) 令 $A=(\eta_1 \quad \cdots \quad \eta_s)'$ 即可.

例 3.3 设

$$\alpha_1=(1 \quad 0 \quad -1 \quad 0)', \quad \alpha_2=(1 \quad 2 \quad 3 \quad -2)', \quad \alpha_3=(2 \quad 1 \quad 0 \quad -1)',$$

求一个矩阵 A, 使得齐次线性方程组 $Ax=0$ 的解空间为 $L(\alpha_1,\ \alpha_2,\ \alpha_3)$.

解

$$B=(\alpha_1 \quad \alpha_2 \quad \alpha_3)'=\begin{pmatrix}1 & 0 & -1 & 0\\ 1 & 2 & 3 & -2\\ 2 & 1 & 0 & -1\end{pmatrix}$$

$$\rightarrow\begin{pmatrix}1 & 0 & -1 & 0\\ 0 & 2 & 4 & -2\\ 0 & 1 & 2 & -1\end{pmatrix}\rightarrow\begin{pmatrix}1 & 0 & -1 & 0\\ 0 & 1 & 2 & -1\\ 0 & 0 & 0 & 0\end{pmatrix},$$

故 $Bx=0$ 的一个基础解系为

$$\eta_1=(1 \quad -2 \quad 1 \quad 0)', \quad \eta_2=(0 \quad 1 \quad 0 \quad 1)',$$

因而 $A=\begin{pmatrix}1 & -2 & 1 & 0\\ 0 & 1 & 0 & 1\end{pmatrix}$ 满足要求. ▮

注 3.1 若所求的矩阵 A 限制为 m 行, 则由原理 3.1 和方法 3.1 易见, 若 $m<s$, 则 A 不存在; 若 $m>s$, 则将方法的第 (3) 步换成"令 $A=\begin{pmatrix}\eta_1 & \cdots & \eta_s & 0 & \cdots & 0\end{pmatrix}'_{m\times n}$"即可.

注 3.2 由原理 3.1 和方法 3.1 易见, 所求的系数矩阵 A 不唯一. 若求使得齐次线性方程组 $A_{m\times n}x=0\ (m\geqslant s)$ 的解空间为 $L(\alpha_1, \cdots, \alpha_t)$ 的所有 A, 则将方法的第 (3) 步换成"令 $A=P(\eta_1 \quad \cdots \quad \eta_s)'$, 其中 P 任取 $m\times s$ 阶列满秩矩阵"即可 (请读者说明道理).

例 3.4 设 $\alpha_1=(1 \quad 2 \quad 0)'$, $\alpha_2=(1 \quad 0 \quad 2)'$, 求使得齐次线性方程组 $A_{3\times 3}x=0$ 的解空间为 $L(\alpha_1,\ \alpha_2)$ 的所有 A.

解 令 $B=\begin{pmatrix}\alpha_1'\\ \alpha_2'\end{pmatrix}=\begin{pmatrix}1 & 2 & 0\\ 1 & 0 & 2\end{pmatrix}$, 则 $Bx=0$ 的一个基础解系为 $\eta=(-2 \quad 1 \quad 1)'$, 故 $A=\begin{pmatrix}a\\ b\\ c\end{pmatrix}\eta'=\begin{pmatrix}-2a & a & a\\ -2b & b & b\\ -2c & c & c\end{pmatrix}$, 其中 a, b, c 不全为零. ▮

三、已知非齐次线性方程组 $Ax=b$ 的解的某些信息，求 A 及 b 中的参数及相关问题

例 3.5　已知方程组

$$(1)\begin{cases}-2x_1+x_2+ax_3-5x_4=1,\\ x_1+x_2-x_3+bx_4=4,\\ 3x_1+x_2+x_3+2x_4=c\end{cases}$$

与

$$(2)\begin{cases}x_1+x_4=1,\\ x_2-2x_4=2,\\ x_3+x_4=-1\end{cases}$$

同解, 求 a, b, c.

解　求得方程组 (2) 的一个解为 $\alpha=(0\quad 4\quad -2\quad 1)'$. 将 α 代入方程组 (1) 得 $a=-1$, $b=-2$, $c=4$. ▮

例 3.6　给出方程组

$$\begin{cases}x_1+a_1x_2+a_1^2x_3=a_1^3,\\ x_1+a_2x_2+a_2^2x_3=a_2^3,\\ x_1+a_3x_2+a_3^2x_3=a_3^3,\\ x_1+a_4x_2+a_4^2x_3=a_4^3\end{cases}$$

无解的一个充分必要条件, 并且当

$$\beta_1=(-1\quad 1\quad 1)',\quad \beta_2=(1\quad 1\quad -1)'$$

为解时, 求全部解.

解　(1) 若 a_1, a_2, a_3, a_4 互不相等, 则上述方程组的增广矩阵为可逆矩阵, 故此时方程组无解.

(2) 若 a_1, a_2, a_3, a_4 取三个不同值, 不妨设 a_1, a_2, a_3 互不相等, 则上述方程组与方程组

$$\begin{cases}x_1+a_1x_2+a_1^2x_3=a_1^3,\\ x_1+a_2x_2+a_2^2x_3=a_2^3,\\ x_1+a_3x_2+a_3^2x_3=a_3^3\end{cases}$$

同解, 而后者的系数矩阵可逆, 故有唯一解.

(3) 若 a_1, a_2, a_3, a_4 中至多有两个不同值, 类似于 (2) 可得方程组有无穷多解.

由 (1), (2), (3) 得

$$\text{上述方程组无解}\Leftrightarrow a_1,a_2,a_3,a_4\text{互不相等}.$$

若 β_1, β_2 为上述方程组的解, 则

$$\begin{cases} -1+a_i+a_i^2=a_i^3, \\ 1+a_i-a_i^2=a_i^3, \end{cases} \quad i=1,2,3,4,$$

解得 $a_i=\pm 1(i=1,2,3,4)$, 因而

(I) 当 a_1, a_2, a_3, a_4 不全相等时, 原方程组为

$$\begin{cases} x_1+x_2+x_3=1, \\ x_1-x_2+x_3=-1, \end{cases}$$

解得 $x=(-1\quad 1\quad 1)'+k(-1\quad 0\quad 1)'$, 其中 k 任意.

(II) 当 $a_1=a_2=a_3=a_4=1$ 时, 原方程组为 $x_1+x_2+x_3=1$, 解得

$$x=(-1\quad 1\quad 1)'+k_1(-1\quad 0\quad 1)'+k_2(-1\quad 1\quad 0)',$$

其中 k_1, k_2 任意.

(III) 当 $a_1=a_2=a_3=a_4=-1$ 时, 原方程组为 $x_1-x_2+x_3=-1$, 解得

$$x=(-1\quad 1\quad 1)'+k_1(-1\quad 0\quad 1)'+k_2(1\quad 1\quad 0)',$$

其中 k_1, k_2 任意. ∎

四、设 $\boldsymbol{b}\ (\neq \mathbf{0}) \in \mathbf{F}^m$, $\boldsymbol{\alpha}_1, \cdots, \boldsymbol{\alpha}_t \in \mathbf{F}^n$ 是 $\boldsymbol{A}\boldsymbol{x}=\boldsymbol{b}$ 的解, 求 $\boldsymbol{A}$ 存在的充要条件, 并且当 $\boldsymbol{A}$ 存在时, 求 $\boldsymbol{A}$

原理 3.2　易见

$$\begin{aligned} &\text{存在}A,\text{使得}\alpha_1, \cdots, \alpha_t\text{是}Ax=b\text{的解} \\ \Leftrightarrow\ &\text{存在}A,\text{使得}A(\alpha_1\quad \cdots\quad \alpha_t)=(b\quad \cdots\quad b) \\ \Leftrightarrow\ &\text{存在}A,\text{使得}\begin{pmatrix} \alpha_1' \\ \vdots \\ \alpha_t' \end{pmatrix} A'=\begin{pmatrix} b' \\ \vdots \\ b' \end{pmatrix}, \end{aligned}$$

因而存在 A, 使得 $\alpha_1, \cdots, \alpha_t$ 是 $Ax=b$ 的解的充要条件是矩阵方程

$$\begin{pmatrix} \alpha_1' \\ \vdots \\ \alpha_t' \end{pmatrix} X=\begin{pmatrix} b' \\ \vdots \\ b' \end{pmatrix} \tag{3.2}$$

有解. 故

$$
\begin{aligned}
&\text{存在}A,\text{使得}\alpha_1,\ \cdots,\ \alpha_t\text{是}Ax=b\text{的解}\\
&\Leftrightarrow \text{秩}\begin{pmatrix}\alpha_1' & b'\\ \vdots & \vdots\\ \alpha_t' & b'\end{pmatrix}=\text{秩}\begin{pmatrix}\alpha_1'\\ \vdots\\ \alpha_t'\end{pmatrix}\\
&\Leftrightarrow \text{秩}\begin{pmatrix}\alpha_1 & \cdots & \alpha_t\\ b & \cdots & b\end{pmatrix}=\text{秩}(\alpha_1 \quad \cdots \quad \alpha_t)\\
&\Leftrightarrow \text{秩}\begin{pmatrix}\alpha_1 & \cdots & \alpha_t\\ 1 & \cdots & 1\end{pmatrix}=\text{秩}(\alpha_1 \quad \cdots \quad \alpha_t).
\end{aligned}
$$

最后一步通过对矩阵 $(b \quad \cdots \quad b)$ 进行初等行变换得到, 这给出了 A 存在的充要条件(特别地, 若 $\alpha_1, \cdots, \alpha_t$ 线性无关, 则 A 存在). 那么, 当 A 存在时, 如何求 A 呢? 将 A' 和 $(b \quad \cdots \quad b)'$ 分别按列分块得 $(x_1 \quad \cdots \quad x_m)$ 和 $(c_1 \quad \cdots \quad c_m)$, 由 (3.2), x_i 可通过解线性方程组 $\begin{pmatrix}\alpha_1'\\ \vdots\\ \alpha_t'\end{pmatrix} x_i = c_i (i=1,\cdots,m)$ 得到.

方法 3.2　(1) 将矩阵

$$\begin{pmatrix}\alpha_1' & b'\\ \vdots & \vdots\\ \alpha_t' & b'\end{pmatrix}$$

经初等行变换化为形式 $(D \quad d_1 \quad \cdots \quad d_m)$, 其中 $d_1,\cdots,d_m\in \mathbf{F}^t$, $D\in\mathbf{F}^{t\times n}$ 为阶梯形矩阵.

(2) 若秩 $D\neq$ 秩 $(D \quad d_1 \quad \cdots \quad d_m)$, 则所求的 A 不存在; 否则, 对每个 $1\leqslant i\leqslant m$ 求 $Dx=d_i$ 的一个解 x_i.

(3) 令 $A=(x_1 \quad \cdots \quad x_m)'$ 即可.

例 3.7　设线性方程组 $Ax=(1 \quad 2 \quad 3)'$ 有解

$$\alpha_1=(1 \quad 0 \quad 1)', \quad \alpha_2=(1 \quad 2 \quad 0)',$$

求 A.

解

$$
\begin{aligned}
\begin{pmatrix}\alpha_1' & b'\\ \alpha_2' & b'\end{pmatrix}&=\begin{pmatrix}1 & 0 & 1 & 1 & 2 & 3\\ 1 & 2 & 0 & 1 & 2 & 3\end{pmatrix}\\
&\to\begin{pmatrix}1 & 0 & 1 & 1 & 2 & 3\\ 0 & 2 & -1 & 0 & 0 & 0\end{pmatrix},
\end{aligned}
$$

于是

$$D=\begin{pmatrix}1 & 0 & 1\\ 0 & 2 & -1\end{pmatrix}, \quad d_1=\begin{pmatrix}1\\0\end{pmatrix}, \quad d_2=\begin{pmatrix}2\\0\end{pmatrix}, \quad d_3=\begin{pmatrix}3\\0\end{pmatrix},$$

解得

$$x_1=\begin{pmatrix}0 & \frac{1}{2} & 1\end{pmatrix}',\quad x_2=\begin{pmatrix}1 & \frac{1}{2} & 1\end{pmatrix}',\quad x_3=\begin{pmatrix}2 & \frac{1}{2} & 1\end{pmatrix}',$$

故 $A=\begin{pmatrix}0 & \frac{1}{2} & 1\\ 1 & \frac{1}{2} & 1\\ 2 & \frac{1}{2} & 1\end{pmatrix}$. ∎

注 3.3　若要求满足例 3.7 的条件的全部 A, 则按第 1 讲中介绍的方法求解矩阵方程 (3.2) 即可 (具体见例 1.15).

五、已知 $q_1, \cdots, q_t$ 为 $\mathbf{R}^n$ 中的标准正交向量组, 求正交矩阵, 使得 $q_1, \cdots, q_t$ 为其前 t 列

原理 3.3　设正交矩阵 Q 有列分块 $(q_1 \ \cdots \ q_t \ x_1 \ \cdots \ x_{n-t})$, 由正交矩阵的性质得 $(q_i, x_j)=0 \ (\forall 1\leqslant i\leqslant t, 1\leqslant j\leqslant n-r)$, 于是有 $x_j \ (1\leqslant j\leqslant n-t)$ 与 $q_1, \cdots, q_t$ 均正交, 故所求的 $x_1, \cdots, x_{n-t}$ 是线性方程组 $(q_1 \ \cdots \ q_t)'x=0$ 的解空间的一个标准正交基.

方法 3.3

(1) 构造 $A=(q_1 \ \cdots \ q_t)'$;

(2) 求 $Ax=0$ 的解空间的一个标准正交基 $x_1, \cdots, x_{n-t}$;

(3) 令 $Q=(q_1 \ \cdots \ q_t \ x_1 \ \cdots \ x_{n-r})$.

注 3.4　当 $t=1$ 时, 可找到对称的正交矩阵 Q, 使其第一列为 q_1. 事实上, 令 $y=(y_1 \ \cdots \ y_n)'$ 且 $Q=I_n-2yy'$ 的第一列为 q_1, 则

$$(-2y_1^2+1 \quad -2y_1y_2 \quad \cdots \quad -2y_1y_n)'=q_1,$$

可直接算得 $y_1, \cdots, y_n$, 从而得到 Q. 显然, Q 为对称正交矩阵.

注 3.5　若求以 $q_1, \cdots, q_t$ 为前 t 列的所有正交矩阵 Q, 则将方法的步骤 (3) 换成 "$Q=(q_1 \ \cdots \ q_t \ (x_1 \ \cdots \ x_{n-t})U)$, 其中 U 为任意的 $n-t$ 阶正交矩阵" 即可.

六、已知 $A_{n\times n}$ 的特征值或特征向量的某些信息, 确定参数的值

例 3.8　已知向量 $a=(1 \ \ k \ \ 1)'$ 是矩阵

$$A=\begin{pmatrix}2 & 1 & 1\\ 1 & 2 & 1\\ 1 & 1 & 2\end{pmatrix}$$

的逆矩阵 A^{-1} 的特征向量, 求常数 k 的值.

解　设 A^{-1} 的特征值 λ 对应的特征向量是 a, 则 $A^{-1}a=\lambda a$, 于是 $Aa=\dfrac{1}{\lambda}a$, 即

$$\begin{cases}3+k=\dfrac{1}{\lambda},\\[2mm] 2+2k=\dfrac{k}{\lambda},\end{cases}$$

解得 $k=-2$ 或 1. ∎

例 3.9　设矩阵 $A=\begin{pmatrix}a & -1 & c\\ 5 & b & 3\\ 1-c & 0 & -a\end{pmatrix}$, $|A|=-1$, 又 A^* 有一个特征值 λ_0, 并且属于 λ_0 的特征向量为 $x=(-1\quad -1\quad 1)'$, 求 a,b,c 和 λ_0 的值.

解　由已知, $A^*x=\lambda_0 x$, 于是 $AA^*x=\lambda_0 Ax$, 再由 $AA^*=|A|I_3=-I_3$ 得 $\lambda_0 Ax=-x$, 即

$$\begin{cases}\lambda_0(-a+1+c)=1,\\ \lambda_0(-5-b+3)=1,\\ \lambda_0(-1+c-a)=-1,\end{cases}$$

解得

$$\lambda_0=1,\quad b=-3,\quad a=c,$$

代入 $|A|=-1$ 得 $a=c=2$. ∎

例 3.10　求 x_1,x_2,x_3, 使得 $A=\begin{pmatrix}x_1 & 1 & 1\\ 1 & x_2 & 1\\ 1 & 1 & x_3\end{pmatrix}$ 有特征值 1, -1 和 2.

解

$$\begin{aligned}|\lambda I_3-A|&=\begin{vmatrix}\lambda-x_1 & -1 & -1\\ -1 & \lambda-x_2 & -1\\ -1 & -1 & \lambda-x_3\end{vmatrix}\\ &=\lambda^3-(x_1+x_2+x_3)\lambda^2+(x_1x_2+x_1x_3+x_2x_3-3)\lambda\\ &\quad+(x_1+x_2+x_3-x_1x_2x_3-2),\end{aligned}$$

于是

$$\begin{cases}x_1x_2+x_1x_3+x_2x_3-x_1x_2x_3=4,\\ -x_1x_2-x_1x_3-x_2x_3-x_1x_2x_3=0,\\ -3(x_1+x_2+x_3)+2(x_1x_2+x_1x_3+x_2x_3)-x_1x_2x_3=0,\end{cases}$$

故

$$x_1x_2+x_1x_3+x_2x_3=2,\quad x_1x_2x_3=-2,\quad x_1+x_2+x_3=2.$$

由韦达定理得 x_1, x_2, x_3 是方程 $x^3-2x^2+2x+2=0$ 的三个根. ∎

七、已知 $A_{n\times n}$ 相似于对角矩阵 Λ, 求 A 或 Λ 中的参数

例 3.11 设

$$A=\begin{pmatrix}1&-1&1\\2&4&-2\\-3&-3&a\end{pmatrix},\quad B=\begin{pmatrix}2&0&0\\0&2&0\\0&0&b\end{pmatrix},$$

并且 $A\sim B$, 求:

(1) a, b 的值;

(2) 可逆矩阵 P, 使得 $P^{-1}AP=B$.

解 (1) A, B 的特征多项式分别为

$$|\lambda I_3-A|=\begin{vmatrix}\lambda-1&1&-1\\-2&\lambda-4&2\\3&3&\lambda-a\end{vmatrix}$$

$$=(\lambda-2)\left[\lambda^2-(3+a)\lambda+3(a-1)\right],$$

$$|\lambda I_3-B|=\begin{vmatrix}\lambda-2&0&0\\0&\lambda-2&0\\0&0&\lambda-b\end{vmatrix}$$

$$=(\lambda-2)\left[\lambda^2-(2+b)\lambda+2b\right].$$

由 $A\sim B$ 得 $|\lambda I_3-A|=|\lambda I_3-B|$, 即

$$\begin{cases}a+3=b+2,\\3(a-1)=2b,\end{cases}$$

解得 $a=5, b=6$.

(2) 当 $\lambda=2$ 时, 求得 $(2I_3-A)x=0$ 的一个基础解系为 $x_1=(1\quad -1\quad 0)'$, $x_2=(1\quad 0\quad 1)'$; 当 $\lambda=6$ 时, 求得 $(6I_3-A)x=0$ 的一个基础解系为 $x_3=(1\quad -2\quad 3)'$. 令 $P=(x_1\quad x_2\quad x_3)$, 则 $P^{-1}AP=B$. ∎

注 3.6 例 3.11 中的 a 和 b 也可由 $|A|=|B|$ 和 $\mathrm{tr}A=\mathrm{tr}B$ 解得, 此处不采用该方法是为了给出一种通用方法, 请读者仔细体会下面的例子.

例 3.12 设二次型 $f(x_1,x_2,x_3)=x_1^2+x_2^2+x_3^2+2\alpha x_1x_2+2\beta x_2x_3+2x_1x_3$ 经正交变换 $x=Py$ 变成 $y_1^2+2y_3^2$, 求 α, β.

解 设变换前后的矩阵分别为

$$A=\begin{pmatrix}1&\alpha&1\\\alpha&1&\beta\\1&\beta&1\end{pmatrix},\quad B=\begin{pmatrix}1&&\\&2&\\&&0\end{pmatrix},$$

则 $A \sim B$, 于是 $|\lambda I_3 - A| = |\lambda I_3 - B|$, 从而

$$\begin{vmatrix} \lambda-1 & -\alpha & -1 \\ -\alpha & \lambda-1 & -\beta \\ -1 & -\beta & \lambda-1 \end{vmatrix} = \begin{vmatrix} \lambda-1 & & \\ & \lambda-2 & \\ & & \lambda \end{vmatrix},$$

即

$$(\lambda-1)^3 - 2\alpha\beta - (\lambda-1)(1+\alpha^2+\beta^2) = \lambda(\lambda-1)(\lambda-2),$$

解得 $\alpha = \beta = 0$. ▮

例 3.13　设 $A = \begin{pmatrix} 3 & 2 & -2 \\ -k & -1 & k \\ 4 & 2 & -3 \end{pmatrix}$, 问当 k 为何值时, 存在可逆矩阵 P, 使得 $P^{-1}AP$ 为对角矩阵? 并求出 P 和相应的对角矩阵.

解　因为

$$|\lambda I_3 - A| = \begin{vmatrix} \lambda-3 & -2 & 2 \\ k & \lambda+1 & -k \\ -4 & -2 & \lambda+3 \end{vmatrix} = (\lambda-1)(\lambda+1)^2,$$

故 A 的特征值为 $\lambda_1 = -1$(二重), $\lambda_2 = 1$. 要使得 A 相似于对角矩阵, 需要 A 的属于 λ_1 的线性无关的特征向量有两个, 这可推出秩 $(\lambda_1 I_3 - A) = 1$, 即 $k = 0$.

求得 $(\lambda_1 I_3 - A)x = (-I_3 - A)x = 0$ 的一个基础解系为 $x_1 = (1\quad 0\quad 2)'$, $x_2 = (0\quad 1\quad 1)'$; $(\lambda_2 I_3 - A)x = (I_3 - A)x = 0$ 的一个基础解系为 $x_3 = (1\quad 0\quad 1)'$. 令 $P = (x_1\quad x_2\quad x_3)$, 则 $P^{-1}AP = \mathrm{diag}(-1,\ -1,\ 1)$. ▮

八、已知 $A_{n\times n}$ 的某些特征值及特征向量, 求 A

例 3.14　设三阶实对称矩阵 A 的特征值为 $\lambda_1 = -1$, $\lambda_2 = 1$(二重), $\xi_1 = (0\quad 1\quad 1)'$ 是 A 对应于 λ_1 的一个特征向量, 求 A.

解 1　设 A 的属于 λ_2 的特征向量为 $\xi = (x_1\quad x_2\quad x_3)'$, 由实对称矩阵属于不同特征值的特征向量彼此正交得 $\xi_1'\xi = 0$, 即 $x_2 + x_3 = 0$, 求得其一个基础解系为

$$\xi_2 = (1\quad 0\quad 0)', \quad \xi_3 = (0\quad 1\quad -1)'.$$

令 $P = (\xi_1\quad \xi_2\quad \xi_3)$, 则 $P^{-1}AP = \mathrm{diag}(-1,\ 1,\ 1)$, 于是

$$\begin{aligned} A &= P\mathrm{diag}(-1,\ 1,\ 1)P^{-1} \\ &= \begin{pmatrix} 0 & 1 & 0 \\ 1 & 0 & 1 \\ 1 & 0 & -1 \end{pmatrix} \begin{pmatrix} -1 & & \\ & 1 & \\ & & 1 \end{pmatrix} \begin{pmatrix} 0 & 1 & 0 \\ 1 & 0 & 1 \\ 1 & 0 & -1 \end{pmatrix}^{-1} \end{aligned}$$

$$=\begin{pmatrix}1&0&0\\0&0&-1\\0&-1&0\end{pmatrix}.$$

解 2 显然, $q_1=\begin{pmatrix}0&\frac{1}{\sqrt{2}}&\frac{1}{\sqrt{2}}\end{pmatrix}'$ 是 A 的属于特征值 -1 的单位特征向量. 因为 A 对称, 故可设 q_2, q_3 是 A 的属于特征值 1 的两个单位正交的特征向量, 并且 $Q=(q_1\quad q_2\quad q_3)$ 是正交矩阵, 于是 $Q'AQ=\mathrm{diag}(-1, 1, 1)$, 故

$$A=Q\mathrm{diag}(-1,\ 1,\ 1)Q'=I_3+Q\mathrm{diag}(-2,\ 0,\ 0)Q'=I_3-2q_1q_1'$$

$$=I_3-2\begin{pmatrix}0&0&0\\0&\frac{1}{2}&\frac{1}{2}\\0&\frac{1}{2}&\frac{1}{2}\end{pmatrix}=\begin{pmatrix}1&0&0\\0&0&-1\\0&-1&0\end{pmatrix}.\ \blacksquare$$

例 3.15 设三阶矩阵 A 的特征值为 $\lambda_1=1, \lambda_2=2, \lambda_3=3$, 对应的特征向量分别为 $\xi_1=(1\quad 1\quad 1)'$, $\xi_2=(1\quad 2\quad 4)'$, $\xi_3=(1\quad 3\quad 9)'$, 又向量 $\beta=(1\quad 1\quad 3)'$, 求 $A^n\beta$ (n 为自然数).

解 1 令 $P=(\xi_1\quad \xi_2\quad \xi_3)$, 则 $P^{-1}AP=\mathrm{diag}(1, 2, 3)$, 于是

$$A=P\mathrm{diag}(1,\ 2,\ 3)P^{-1},$$

故

$$A^n\beta=\left[P\mathrm{diag}(1,\ 2,\ 3)P^{-1}\right]^n\beta=P\mathrm{diag}(1,\ 2^n,\ 3^n)P^{-1}\beta$$

$$=\begin{pmatrix}1&1&1\\1&2&3\\1&4&9\end{pmatrix}\begin{pmatrix}1&&\\&2^n&\\&&3^n\end{pmatrix}\begin{pmatrix}1&1&1\\1&2&3\\1&4&9\end{pmatrix}^{-1}\begin{pmatrix}1\\1\\3\end{pmatrix}$$

$$=\begin{pmatrix}2-2^{n+1}+3^n\\2-2^{n+2}+3^{n+1}\\2-2^{n+3}+3^{n+2}\end{pmatrix}.$$

解 2 令 $\beta=x_1\xi_1+x_2\xi_2+x_3\xi_3$, 于是

$$\begin{cases}x_1+x_2+x_3=1,\\x_1+2x_2+3x_3=1,\\x_1+4x_2+9x_3=3,\end{cases}$$

解得 $x_1=2, x_2=-2, x_3=1$, 故

$$\begin{aligned}A^n\beta &= A^n(2\xi_1-2\xi_2+\xi_3)=2A^n\xi_1-2A^n\xi_2+A^n\xi_3\\&=2\lambda_1^n\xi_1-2\lambda_2^n\xi_2+\lambda_3^n\xi_3\\&=\begin{pmatrix}2-2^{n+1}+3^n\\2-2^{n+2}+3^{n+1}\\2-2^{n+3}+3^{n+2}\end{pmatrix}.\ \blacksquare\end{aligned}$$

九、求 n 阶实对称正定矩阵, 使其以已知 $n\times r$ 矩阵 P 为前 r 列

引理 3.1　若 n 阶矩阵 $\begin{pmatrix}A & B'\\ B & D\end{pmatrix}$ 实对称正定 (A 为方阵), 则 A 和 D 均实对称正定.

原理 3.4　设 $P=\begin{pmatrix}A\\B\end{pmatrix}$, 其中 A 为 r 阶方阵. 要使得 P 为某实对称正定矩阵 Q 的前 r 列, 由引理 3.1 必有 A 实对称正定 (否则, 所求的实对称正定矩阵不存在) 且 Q 形如 $\begin{pmatrix}A & B'\\ B & X\end{pmatrix}$. 再由

$$\begin{pmatrix}I_r & 0\\ -BA^{-1} & I_{n-r}\end{pmatrix}\begin{pmatrix}A & B'\\ B & X\end{pmatrix}\begin{pmatrix}I_r & -A^{-1}B'\\ 0 & I_{n-r}\end{pmatrix}=\begin{pmatrix}A & 0\\ 0 & X-BA^{-1}B'\end{pmatrix}$$

得

$$\begin{pmatrix}A & B'\\ B & X\end{pmatrix}\text{实对称正定}\Leftrightarrow\begin{pmatrix}A & 0\\ 0 & X-BA^{-1}B'\end{pmatrix}\text{实对称正定},$$

于是问题归结为寻找 $n-r$ 阶矩阵 X, 使得 $X-BA^{-1}B'$ 实对称正定, 因而取 $X=BA^{-1}B'+C$(C 实对称正定) 即可. 注意到 $BA^{-1}B'$ 实对称半正定, 为了简单起见, 可取 $C=I_{n-r}$.

方法 3.4

(1) 令 $P=\begin{pmatrix}A\\B\end{pmatrix}$, 其中 A 为 r 阶方阵;

(2) 判断 A 是否实对称正定;

(3) 若 A 实对称正定, 则 $\begin{pmatrix}A & B'\\ B & BA^{-1}B'+C\end{pmatrix}$ 就是所求的实对称正定矩阵, 其中 C 为实对称正定矩阵; 否则, 无解.

十、已知 $\boldsymbol{A} \in \mathbf{F}^{r\times r}$ 为可逆对称矩阵, $\boldsymbol{B} \in \mathbf{F}^{(n-r)\times r}$, 求以 $\begin{pmatrix} \boldsymbol{A} \\ \boldsymbol{B} \end{pmatrix}$ 为前 $\boldsymbol{r}$ 列的对称矩阵且其秩为定数 ($\geqslant \boldsymbol{r}$)

原理 3.5 问题归结为寻找矩阵 X, 使得 $\begin{pmatrix} A & B' \\ B & X \end{pmatrix}$ 对称且其秩 $t \geqslant r$. 事实上, 由

$$
\begin{aligned}
&\begin{pmatrix} I_r & 0 \\ -BA^{-1} & I_{n-r} \end{pmatrix}\begin{pmatrix} A & B' \\ B & X \end{pmatrix}\begin{pmatrix} I_r & -A^{-1}B' \\ 0 & I_{n-r} \end{pmatrix} \\
=&\begin{pmatrix} A & 0 \\ 0 & X - BA^{-1}B' \end{pmatrix}
\end{aligned}
$$

知, 寻找矩阵 X, 使得 $X - BA^{-1}B'$ 为秩 $t-r$ 的对称矩阵即可. 易见, 可令 $X = BA^{-1}B' + C$, 其中 C 为秩 $t-r$ 的矩阵. 为了简单起见, C 可取 $\begin{pmatrix} I_{t-r} & 0 \\ 0 & 0 \end{pmatrix}$.

方法 3.5

(1) 令 $P = \begin{pmatrix} A \\ B \end{pmatrix}$, 其中 A 为 r 阶方阵;

(2) 计算 $BA^{-1}B'$;

(3) $\begin{pmatrix} A & B' \\ B & BA^{-1}B' + C \end{pmatrix}$ 就是满足条件的矩阵, 其中 C 为秩 $t-r$ 的矩阵.

十一、已知 $\boldsymbol{A} \in \mathbf{R}^{n\times n}$, 求一组 $\boldsymbol{\alpha_1}, \cdots, \boldsymbol{\alpha_n} \in \mathbf{R}^{n}$, 使得 $\boldsymbol{A} = ((\boldsymbol{\alpha_i},\ \boldsymbol{\alpha_j}))_{n\times n}$

原理 3.6 显然, $A = ((\alpha_i,\ \alpha_j))_{n\times n}$ 半正定 $\Leftrightarrow \alpha_1, \cdots, \alpha_n$ 存在. 事实上, 对于任意的 $x = (x_1 \quad \cdots \quad x_n)' \in \mathbf{R}^n$ 有

$$
x'Ax = \sum_{i,j=1}^{n} (\alpha_i,\ \alpha_j)x_i x_j = \left(\sum_{i=1}^{n} x_i\alpha_i,\ \sum_{i=1}^{n} x_i\alpha_i\right) \geqslant 0,
$$

故 $\alpha_1, \cdots, \alpha_n$ 存在 $\Leftrightarrow A$ 为半正定. 于是存在 n 阶方阵 C, 使得 $A = C'C$, 因而问题归结为求矩阵 C. 方法中的步骤 (1) 表明 $A = (P^{-1})'\begin{pmatrix} I_r & 0 \\ 0 & 0 \end{pmatrix}P^{-1}$(详见第 1 讲), 于是 $C = \begin{pmatrix} I_r & 0 \\ 0 & 0 \end{pmatrix}P^{-1}$, 故有步骤 (2), (3).

方法 3.6

(1) 将 $\begin{pmatrix} A \\ I_n \end{pmatrix}$ 经合同初等变换化为 $\begin{pmatrix} \begin{pmatrix} I_r & 0 \\ 0 & 0 \end{pmatrix} \\ P \end{pmatrix}$, 其中行变换只对前 n 行进行;

(2) 求 P 的逆矩阵.

(3) 将 $\begin{pmatrix} I_r & 0 \\ 0 & 0 \end{pmatrix} P^{-1}$ 的各列记为 $\alpha_1, \cdots, \alpha_n$ 即可.

注 3.7 若要求 $\alpha_1, \cdots, \alpha_n \in \mathbf{R}^t (n < t)$, 则按上述方法求出

$$C = \begin{pmatrix} I_r & 0 \\ 0 & 0 \end{pmatrix} P^{-1}$$

后, 将 $\begin{pmatrix} C \\ 0 \end{pmatrix}_{t\times n}$ 的各列记为 $\alpha_1, \cdots, \alpha_n$ 即可.

例 3.16 已知 $A \in \mathbf{R}^{t\times t}$ 对称正定, 求向量 $\alpha_1, \cdots, \alpha_t$, 使其度量矩阵为 A.

解 将 $\begin{pmatrix} A \\ I_t \end{pmatrix}$ 经合同初等变换化为 $\begin{pmatrix} I_t \\ B \end{pmatrix}$, 将 B^{-1} 的各列记为 $\alpha_1, \cdots, \alpha_t$ 即可. ∎

十二、已知 $\alpha_1, \cdots, \alpha_r, \beta_1, \cdots, \beta_s$, 求子空间 V_1 和 V_2, 使得

$$V_1 + V_2 = L(\alpha_1, \cdots, \alpha_r), \quad V_1 \cap V_2 = L(\beta_1, \cdots, \beta_s)$$

原理 3.7 因为 V_1 和 V_2 存在 $\Leftrightarrow L(\beta_1, \cdots, \beta_s) \subseteq L(\alpha_1, \cdots, \alpha_r)$, 所以取 $V_1 = L(\beta_1, \cdots, \beta_s)$, $V_2 = L(\alpha_1, \cdots, \alpha_r)$ 即可. 如果要求 V_1 和 V_2 的基, 可对

$$(\beta_1 \ \cdots \ \beta_s \ \alpha_1 \ \cdots \ \alpha_r)$$

进行初等行变换求 $\beta_1, \cdots, \beta_s, \alpha_1, \cdots, \alpha_r$ 的极大无关组 $\beta_{j_1}, \cdots, \beta_{j_i}, \alpha_{k_1}, \cdots, \alpha_{k_l}$(此时, 要求 $\beta_{j_1}, \cdots, \beta_{j_i}$ 是 $\beta_1, \cdots, \beta_s$ 的极大无关组). 易见, V_1 和 V_2 存在 $\Leftrightarrow i + l = \dim L(\alpha_1, \cdots, \alpha_r)$, 并且 $\beta_{j_1}, \cdots, \beta_{j_i}$ 是 V_1 的基, $\beta_{j_1}, \cdots, \beta_{j_i}, \alpha_{k_1}, \cdots, \alpha_{k_l}$ 是 V_2 的基.

若要求 V_1 和 V_2 的维数分别是固定数 r_1 及 r_2, 则需要满足

$$\dim L(\beta_1, \cdots, \beta_s) \leqslant \min\{r_1, r_2\},$$

$$\dim L(\alpha_1, \cdots, \alpha_r) \geqslant \max\{r_1, r_2\}$$

以及

$$r_1 + r_2 = \dim L(\beta_1, \cdots, \beta_s) + \dim L(\alpha_1, \cdots, \alpha_r).$$

可按如下方法求出具有固定维数 r_1 及 r_2 的子空间 V_1 和 V_2.

方法 3.7

(1) 求 $(\beta_1 \ \cdots \ \beta_s \ \alpha_1 \ \cdots \ \alpha_r)$ 的极大无关组 $\beta_{j_1}, \cdots, \beta_{j_i}, \alpha_{k_1}, \cdots, \alpha_{k_l}$, 其中 $\beta_{j_1}, \cdots, \beta_{j_i}$ 为 $\beta_1, \cdots, \beta_s$ 的极大无关组;

(2) 令 $V_1 = L(\beta_{j_1}, \cdots, \beta_{j_i}, \alpha_{k_1}, \cdots, \alpha_{k_{r_1-i}})$, $V_2 = L(\beta_{j_1}, \cdots, \beta_{j_i}, \alpha_{k_{r_1-i+1}}, \cdots, \alpha_{k_l})$ 即可.

例 3.17　设

$$\begin{aligned}\alpha_1&=(1\ \ 0\ \ -1\ \ 1\ \ 0)',\\ \alpha_2&=(1\ \ 2\ \ 0\ \ 0\ \ 1)',\\ \alpha_3&=(0\ \ -2\ \ -1\ \ 1\ \ -1)',\\ \alpha_4&=(3\ \ 4\ \ -1\ \ 1\ \ 2)',\\ \beta_1&=(0\ \ 1\ \ 1\ \ 2\ \ -1)',\\ \beta_2&=(1\ \ 0\ \ 1\ \ 0\ \ 1)',\end{aligned}$$

求三维子空间 V_1 和 V_2, 使得 $V_1+V_2=L(\alpha_1,\ \alpha_2,\ \alpha_3,\ \alpha_4)$ 且 $V_1\cap V_2=L(\beta_1,\ \beta_2)$.

解

$$(\beta_1\ \ \beta_2\ \ \alpha_1\ \ \alpha_2\ \ \alpha_3\ \ \alpha_4)=\begin{pmatrix}0&1&1&1&0&3\\1&0&0&2&-2&4\\1&1&-1&0&-1&-1\\2&0&1&0&1&1\\-1&1&0&1&-1&2\end{pmatrix}$$

$$\to\begin{pmatrix}1&0&0&2&-2&4\\0&1&1&1&0&3\\0&1&-1&-2&1&-5\\0&0&1&-4&5&-7\\0&1&0&3&-3&6\end{pmatrix}\to\begin{pmatrix}1&0&0&2&-2&4\\0&1&1&1&0&3\\0&0&-2&-3&1&-8\\0&0&1&-4&5&-7\\0&0&-1&2&-3&3\end{pmatrix}$$

$$\to\begin{pmatrix}1&0&0&2&-2&4\\0&1&1&1&0&3\\0&0&1&-4&5&-7\\0&0&0&-11&11&-22\\0&0&0&-2&2&-4\end{pmatrix},$$

故 $V_1=L(\beta_1,\ \beta_2,\ \alpha_1)$, $V_2=L(\beta_1,\ \beta_2,\ \alpha_2)$. ∎

十三、已知 $f(\lambda)=\lambda^n+a_{n-1}\lambda^{n-1}+\cdots+a_1\lambda+a_0$, 求 n 阶方阵 A, 使得 $f(\lambda)$ 是 A 的特征多项式和最小多项式

方法 3.8　令 $A=\begin{pmatrix}0&\cdots&\cdots&0&-a_0\\1&\ddots&&\vdots&-a_1\\0&\ddots&\ddots&\vdots&\vdots\\\vdots&\ddots&\ddots&0&-a_{n-2}\\0&\cdots&0&1&-a_{n-1}\end{pmatrix}$, 则

$$\lambda I_n - A = \begin{pmatrix} \lambda & 0 & \cdots & 0 & a_0 \\ -1 & \lambda & \ddots & \vdots & a_1 \\ 0 & \ddots & \ddots & \vdots & \vdots \\ \vdots & \ddots & \ddots & \lambda & a_{n-2} \\ 0 & \cdots & 0 & -1 & \lambda + a_{n-1} \end{pmatrix},$$

于是行列式因子

$$D_{n-1}(\lambda) = 1, \quad D_n(\lambda) = f(\lambda),$$

故 $\lambda I_n - A$ 等价于 $\mathrm{diag}(1, \cdots, 1, f(\lambda))$, 即 $f(\lambda)$ 为 A 的最小多项式和特征多项式.

十四、刻画满足一定条件的线性变换的形式

例 3.18　设 L 是 $\mathbf{F}^{2\times 2}$ 的可逆线性变换, 并且对于任意的幂等矩阵 $A^2 = A \in \mathbf{F}^{2\times 2}$ 均有 $[L(A)]^2 = L(A)$ 为幂等矩阵, 试刻画 L 的形式.

解　由 $E_{11}^2 = E_{11}$ 得 $[L(E_{11})]^2 = L(E_{11})$, 于是存在可逆矩阵 $P \in \mathbf{F}^{2\times 2}$, 使得 $L(E_{11}) = P(aE_{11} + bE_{22})P^{-1}$, 其中 $a, b = 1$ 或 0.

(1) 若 $a = b = 0$, 则 $L(E_{11}) = 0$, 与 L 可逆矛盾;

(2) 若 $a = b = 1$, 则 $L(E_{11}) = I_2$. 由 $(E_{11} + E_{22})^2 = E_{11} + E_{22}$ 和 $E_{22}^2 = E_{22}$ 得

$$[L(E_{11} + E_{22})]^2 = L(E_{11} + E_{22}), \quad [L(E_{22})]^2 = L(E_{22}), \tag{3.3}$$

于是 $L(E_{22}) = 0$, 与 L 可逆矛盾.

(3) 若 a, b 不全为 0, 则不妨设 $a = 1$ 且 $b = 0$, 此时

$$L(E_{11}) = PE_{11}P^{-1}. \tag{3.4}$$

令 $L(E_{22}) = PAP^{-1}$, 由 (3.3) 和 (3.4) 两式及 L 可逆推出

$$L(E_{22}) = PE_{22}P^{-1}. \tag{3.5}$$

令 $L(E_{12}) = PBP^{-1}$, 由 $(E_{11} \pm E_{12})^2 = E_{11} \pm E_{12}$ 和 $(E_{22} \pm E_{12})^2 = E_{22} \pm E_{12}$ 得

$$[L(E_{11} \pm E_{12})]^2 = L(E_{11} \pm E_{12}), \quad [L(E_{22} \pm E_{12})]^2 = L(E_{22} \pm E_{12}),$$

将 (3.4) 和 (3.5) 代入得

$$L(E_{12}) = PxE_{12}P^{-1} \quad 或 \quad L(E_{12}) = PyE_{21}P^{-1}. \tag{3.6}$$

同理,

$$L(E_{21}) = PuE_{21}P^{-1} \quad 或 \quad L(E_{21}) = PvE_{12}P^{-1}. \tag{3.7}$$

再由 $\left[\frac{1}{2}\begin{pmatrix}1 & 1\\ 1 & 1\end{pmatrix}\right]^2=\frac{1}{2}\begin{pmatrix}1 & 1\\ 1 & 1\end{pmatrix}$ 得

$$\left[L\left(\frac{1}{2}\begin{pmatrix}1 & 1\\ 1 & 1\end{pmatrix}\right)\right]^2=L\left(\frac{1}{2}\begin{pmatrix}1 & 1\\ 1 & 1\end{pmatrix}\right),$$

代入 (3.4)~(3.7) 得

$$\begin{cases}L(E_{12})=PxE_{12}P^{-1},\\ L(E_{21})=Px^{-1}E_{21}P^{-1}\end{cases}\tag{3.8}$$

或

$$\begin{cases}L(E_{12})=PxE_{21}P^{-1},\\ L(E_{21})=Px^{-1}E_{12}P^{-1}.\end{cases}\tag{3.9}$$

当式 (3.8) 成立时, 令 $Q=P\begin{pmatrix}1 & \\ & x\end{pmatrix}$, 则

$$L(E_{ij})=QE_{ij}Q^{-1},\quad i,j=1,2,$$

故

$$\begin{aligned}L(X)&=L\left(\sum_{i,j=1}^{2}x_{ij}E_{ij}\right)=\sum_{i,j=1}^{2}x_{ij}L\left(E_{ij}\right)\\ &=\sum_{i,j=1}^{2}x_{ij}(QE_{ij}Q^{-1})=Q\left(\sum_{i,j=1}^{2}x_{ij}E_{ij}\right)Q^{-1}\\ &=QXQ^{-1},\quad \forall X=(x_{ij})\in\mathbf{F}^{2\times 2}.\end{aligned}$$

类似地, 当式 (3.9) 成立时,

$$L(X)=QX'Q^{-1},\quad \forall X=(x_{ij})\in\mathbf{F}^{2\times 2}.\quad ▮$$

注 3.8　例 3.18 的思想参见文献 [1], 这属于国际上矩阵论研究中的一个热点领域“线性保持问题”. 例 3.18 是保幂等问题中一个说明性的小例.

习　题　3

1. 已知齐次线性方程组

$$\begin{cases}\lambda x_1+x_2+x_3=0,\\ x_1+\lambda x_2+x_3=0,\\ x_1+x_2+x_3=0\end{cases}$$

只有零解, 则 λ 应满足的条件是什么?

2. 设 A 为四阶方阵, 并且秩 $A=2$, A^* 为 A 的伴随矩阵, 则 $A^*x=0$ 的解空间的维数是多少?

3. 已知 $\alpha_1, \cdots, \alpha_t \in \mathbf{F}^n$, 求满足 $(\beta, \alpha_i)=0\ (i=1,\cdots,t)$ 的所有 β.

4. 证明存在 n 阶方阵 A 和 B, 使得 A 的第一行为已知的 α, B 的第一列为已知的 β 且 $\alpha\beta=1$, $AB=I_n$.

5. 设 γ_0 是非齐次线性方程组的一个特解, $\eta_1, \cdots, \eta_s$ 是其导出组的基础解系, 令

$$\gamma_1=\gamma_0+\eta_1, \quad \gamma_2=\gamma_0+\eta_2, \quad \cdots, \quad \gamma_s=\gamma_0+\eta_s,$$

证明这个非齐次方程组的任一解 γ 均可表示为

$$\gamma=k_0\gamma_0+k_1\gamma_1+\cdots+k_s\gamma_s.$$

6. 已知 $b=(1\ \ 2\ \ 3)'$, $\alpha_1=(1\ \ 0\ \ 1)'$, $\alpha_2=(1\ \ 2\ \ 0)'$, 求使得 α_1 和 α_2 是 $Ax=b$ 的解的一切 A.

7. 已知 $\alpha_1, \cdots, \alpha_t \in \mathbf{F}^n$ 且 $b_1, \cdots, b_t \in \mathbf{F}$, 求使得 $(\beta, \alpha_i)=b_i(i=1,\cdots,t)$ 的一切 β.

8. 求使得第一列为 $\left(\frac{2}{3}\ \ \frac{2}{3}\ \ -\frac{1}{3}\right)'$ 的所有正交矩阵.

9. 求一个正交矩阵, 使其前两列为

$$\left(\frac{1}{\sqrt{2}}\ \ 0\ \ \frac{1}{2}\ \ \frac{1}{2}\right)' \quad 和 \quad \left(\frac{1}{\sqrt{2}}\ \ 0\ \ -\frac{1}{2}\ \ -\frac{1}{2}\right)'.$$

10. 已知 $\xi=(1\ \ 1\ \ -1)'$ 是矩阵 $\begin{pmatrix} 2 & -1 & 2 \\ 5 & a & 3 \\ -1 & b & -2 \end{pmatrix}$ 的一个特征向量, 试确定参数 a, b 及特征向量 ξ 所对应的特征值 λ.

11. 已知矩阵 $A=\begin{pmatrix} 7 & 4 & -1 \\ 4 & 7 & -1 \\ -4 & -4 & x \end{pmatrix}$ 有特征值 12, 求 x 及 A 的其他特征值.

12. 设矩阵 $\begin{pmatrix} 0 & 0 & 1 \\ x & 1 & y \\ 1 & 0 & 0 \end{pmatrix}$ 有三个线性无关的特征向量, 求 x 和 y 应满足的条件.

13. 设 $A_{n\times n}$ 的特征值是 $2, 4, \cdots, 2n$, 计算行列式 $|A-3I_n|$ 的值.

14. 若矩阵 $A=\begin{pmatrix} 1 & x & 1 \\ x & 1 & y \\ 1 & y & 1 \end{pmatrix}$ 与 $\begin{pmatrix} 0 & 0 & 0 \\ 0 & 1 & 0 \\ 0 & 0 & 2 \end{pmatrix}$ 相似, 求 x 和 y 的值.

15. 设实二次型 $f(x_1,x_2,x_3)=2x_1^2+2x_2^2+ax_3^2+2x_1x_2+2bx_1x_3+2x_2x_3$ 通过正交变换 $x=Py$ 化为标准形 $f=y_1^2+y_2^2+4y_3^2$, 求参数 a, b 及所用正交变换的矩阵.

16. 设三阶矩阵 A 满足 $A\alpha_i=i\alpha_i\ (i=1,2,3)$, 其中列向量

$$\alpha_1 = (1\quad 2\quad 2)',\quad \alpha_2 = (2\quad -2\quad 1)',\quad \alpha_3 = (-2\quad -1\quad 2)',$$

求矩阵 A.

17. 设三阶实对称矩阵 A 的特征值为 2 和 1(二重), 并且 $(5\quad -1\quad -3)'$ 是 A 的属于特征值 2 的特征向量, 求 A^{100}.

18. 求一个秩为 3 的对称矩阵 Q, 使其前两列为 $\begin{pmatrix} 1 & -1 \\ -1 & 0 \\ 1 & 1 \\ 2 & 0 \end{pmatrix}$.

19. 设 $P = \begin{pmatrix} 1 & 2 & 1 \\ 2 & \lambda & 4 \\ 1 & 4 & 2 \\ 1 & 0 & -1 \\ 0 & 1 & 1 \end{pmatrix}$. 当 λ 取何值时, 存在对称正定矩阵 Q, 使其前三列为 P, 并求一个 Q.

20. 求 $\alpha_1, \alpha_2, \alpha_3$, 使得 $((\alpha_i,\ \alpha_j))_{3\times 3} = \begin{pmatrix} 3 & 1 & 2 \\ 1 & 1 & 1 \\ 2 & 1 & 2 \end{pmatrix}$.

21. 设

$$\begin{aligned}
\alpha_1 &= (0\quad -2\quad -1\quad 1\quad -1)',\\
\alpha_2 &= (3\quad 4\quad -1\quad 1\quad 2)',\\
\alpha_3 &= (0\quad 1\quad 1\quad 2\quad -1)',\\
\alpha_4 &= (1\quad 0\quad 1\quad 0\quad 1)',\\
\beta_1 &= (1\quad 0\quad -1\quad 1\quad 0)',\\
\beta_2 &= (1\quad 2\quad 0\quad 0\quad 1)',
\end{aligned}$$

是否存在三维子空间 V_1 和 V_2, 使得 $V_1 + V_2 = L(\alpha_1, \alpha_2, \alpha_3, \alpha_4)$ 且 $V_1 \cap V_2 = L(\beta_1, \beta_2)$.

22. 求一个矩阵 A, 使其最小多项式为 $f(x) = x^3 + 2x^2 + x - 1$.

23. 设 L 是 $\mathbf{F}^{2\times 2}$ 的可逆线性变换, 并且对于任意的秩 1 矩阵 $A \in \mathbf{F}^{2\times 2}$ 均有 $L(A)$ 为秩 1 矩阵, 试刻画 L 的形式.

24. 设向量组 I

$$\alpha_1 = \begin{pmatrix} 1 \\ 0 \\ 2 \end{pmatrix},\quad \alpha_2 = \begin{pmatrix} 1 \\ 1 \\ 3 \end{pmatrix},\quad \alpha_3 = \begin{pmatrix} 1 \\ -1 \\ a+2 \end{pmatrix},$$

向量组 II

$$\beta_1 = \begin{pmatrix} 1 \\ 2 \\ a+3 \end{pmatrix},\quad \beta_2 = \begin{pmatrix} 2 \\ 1 \\ a+6 \end{pmatrix},\quad \beta_3 = \begin{pmatrix} 2 \\ 1 \\ a+4 \end{pmatrix},$$

那么当 a 为何值时, I 与 II 等价? 当 a 为何值时, I 与 II 不等价?

25. 设

$$\alpha_1=\begin{pmatrix}1\\2\\0\end{pmatrix},\quad \alpha_2=\begin{pmatrix}1\\a+2\\-3a\end{pmatrix},\quad \alpha_3=\begin{pmatrix}-1\\-b-2\\a+2b\end{pmatrix},\quad \beta=\begin{pmatrix}1\\3\\-3\end{pmatrix},$$

讨论 a,b 为何值时,

(1)β 不能由 $\alpha_1,\alpha_2,\alpha_3$ 线性表示;

(2)β 可由 $\alpha_1,\alpha_2,\alpha_3$ 唯一线性表示;

(3)β 可由 $\alpha_1,\alpha_2,\alpha_3$ 线性表示, 但表示不唯一, 并求表达式.

26. 齐次方程组 I $\begin{cases}2x_1+3x_2-x_3=0,\\x_1+2x_2+x_3-x_4=0,\end{cases}$ 另一四元齐次方程组 II 有一个基础解系 $\alpha_1=(2\quad -1\quad a+2\quad 1)',\alpha_2=(-1\quad 2\quad 4\quad a+8)'$. 那么当 a 为何值时, I 与 II 有非零公共解? 当它们有非零公共解时, 求出全部非零公共解.

27. 设 $A=\begin{pmatrix}1&2&-3\\-1&4&-3\\1&a&5\end{pmatrix}$ 有二重特征根, 求 a, 并讨论 A 是否可对角化.

28. 设 $A=\begin{pmatrix}0&1&0&0\\1&0&0&0\\0&0&x&1\\0&0&1&2\end{pmatrix}$ 有一个特征值 3, 求一个可逆矩阵 P, 使得 $(AP)'AP$ 为对角矩阵.

第4讲　几何中的某些线性代数方法

4.1　线性方程组在几何中的应用

例 4.1　给出平面上的三条不同直线

$$\begin{aligned} l_1:\ a_1x+b_1y=c_1,\\ l_2:\ a_2x+b_2y=c_2,\\ l_3:\ a_3x+b_3y=c_3 \end{aligned}$$

相交成一个三角形的充要条件.

解　问题等价于方程组

$$\begin{cases} a_1x+b_1y=c_1,\\ a_2x+b_2y=c_2,\\ a_3x+b_3y=c_3 \end{cases}$$

无解, 并且任意两个方程构成的方程组有唯一解, 所以条件应为

(1) $\begin{vmatrix} a_1 & b_1 & c_1 \\ a_2 & b_2 & c_2 \\ a_3 & b_2 & c_3 \end{vmatrix} \neq 0;$

(2) $\begin{vmatrix} a_1 & b_1 \\ a_2 & b_2 \end{vmatrix} \neq 0;$

(3) $\begin{vmatrix} a_1 & b_1 \\ a_3 & b_3 \end{vmatrix} \neq 0;$

(4) $\begin{vmatrix} a_2 & b_2 \\ a_3 & b_3 \end{vmatrix} \neq 0$

同时成立. ∎

例 4.2　求证平面上的三条不同直线

$$\begin{aligned} l_1:\ ax+by+c=0,\\ l_2:\ bx+cy+a=0,\\ l_3:\ cx+ay+b=0 \end{aligned}$$

相交于一点 $\Leftrightarrow a+b+c=0$.

证明　三条直线交于一点等价于方程组

$$\begin{cases} ax+by+c=0, \\ bx+cy+a=0, \\ cx+ay+b=0 \end{cases}$$

有唯一解, 因而

$$\text{三条直线相交于一点} \Leftrightarrow \begin{vmatrix} a & b & c \\ b & c & a \\ c & a & b \end{vmatrix}=0 \text{且秩} \begin{pmatrix} a & b \\ b & c \\ c & a \end{pmatrix}=2$$

$$\Leftrightarrow a+b+c=0. \quad \blacksquare$$

4.2　行列式在几何中的应用

一、基础知识

(1) 在空间直角坐标系中, i, j, k 分别表示沿 x 轴、y 轴、z 轴方向的单位向量, $(x\quad y\quad z)$ 记向量 $xi+yj+zk$. 设

$$a=(x_1\ y_1\ z_1), \quad b=(x_2\ y_2\ z_2), \quad c=(x_3\ y_3\ z_3),$$

则

(i) a 与 b 的叉积为 $a\times b=\begin{vmatrix} i & j & k \\ x_1 & y_1 & z_1 \\ x_2 & y_2 & z_2 \end{vmatrix}$;

(ii) a, b 与 c 的混合积 $(a\times b)\cdot c=\begin{vmatrix} x_1 & y_1 & z_1 \\ x_2 & y_2 & z_2 \\ x_3 & y_3 & z_3 \end{vmatrix}$;

(iii) $a//b \Leftrightarrow a\times b=0$;

(iv) a, b, c 共面 $\Leftrightarrow (a\times b)\cdot c=0$.

(2) 直线方程 $\begin{cases} A_1x+B_1y+C_1z+D_1=0, \\ A_2x+B_2y+C_2z+D_2=0 \end{cases}$ 的方向向量

$$s=\begin{vmatrix} i & j & k \\ A_1 & B_1 & C_1 \\ A_2 & B_2 & C_2 \end{vmatrix}.$$

(3) 设两条相交直线的方向向量分别为 $\{l_1, m_1, n_1\}$ 及 $\{l_2, m_2, n_2\}$, 则这两条相交直线所确定的平面的法向量

$$n=\begin{vmatrix} i & j & k \\ l_1 & m_1 & n_1 \\ l_2 & m_2 & n_2 \end{vmatrix}.$$

二、应用

例 4.3　已知 $a+b+c=0$, 证明 $a\times b=b\times c=c\times a$.

证明　设 $a=(x_1\quad y_1\quad z_1)$, $b=(x_2\quad y_2\quad z_2)$, $c=(x_3\quad y_3\quad z_3)$, 则

$$\begin{aligned} a\times b&=\begin{vmatrix} i & j & k \\ x_1 & y_1 & z_1 \\ x_2 & y_2 & z_2 \end{vmatrix}=\begin{vmatrix} i & j & k \\ -x_2-x_3 & -y_2-y_3 & -z_2-z_3 \\ x_2 & y_2 & z_2 \end{vmatrix}\\ &=\begin{vmatrix} i & j & k \\ -x_3 & -y_3 & -z_3 \\ x_2 & y_2 & z_2 \end{vmatrix}=\begin{vmatrix} i & j & k \\ x_2 & y_2 & z_2 \\ x_3 & y_3 & z_3 \end{vmatrix}\\ &=b\times c. \end{aligned}$$

同理,

$$a\times b=c\times a.\ \blacksquare$$

例 4.4　判断两条直线

$$l_1:\ \frac{x+1}{1}=\frac{y}{1}=\frac{z-1}{2},\quad l_2:\ \frac{x}{1}=\frac{y+1}{3}=\frac{z-2}{4}$$

是否在同一平面上? 若不是, 求出两直线间的距离.

解　在直线 l_1 上取点 $(-1, 0, 1)$, 在直线 l_2 上取点 $(0, -1, 2)$, 则这两点构成的向量为 $\{1, -1, 1\}$, 它与 l_1, l_2 的方向向量构成的混合积为

$$\begin{vmatrix} 1 & 1 & 2 \\ 1 & 3 & 4 \\ 1 & -1 & 1 \end{vmatrix}=2\neq 0,$$

故此三向量不共面, 即 l_1 与 l_2 不共面.

下面求 l_1 与 l_2 间的距离. 过 l_2 上点 $(0, -1, 2)$ 作 l_1 的平行直线 l_1', 则 l_1' 与 l_2 所确定平面的法向量为

$$n=\begin{vmatrix} i & j & k \\ 1 & 1 & 2 \\ 1 & 3 & 4 \end{vmatrix}=-2i-2j+2k,$$

于是 l_1' 与 l_2 所确定平面的方程为

$$x+y-z+3=0,$$

故所求距离为

$$d=\frac{|-1+0-1+3|}{\sqrt{1^1+1^1+(-1)^2}}=\frac{\sqrt{3}}{3}. \blacksquare$$

4.3　二次型在几何中的应用

一、基础知识

对于实二次型 $f(x_1,x_2,x_3)=(\,x_1\quad x_2\quad x_3\,)A\begin{pmatrix}x_1\\x_2\\x_3\end{pmatrix}$, $f(x_1,x_2,x_3)=1$ 所表示的空间曲面的类型与 A 的特征值 $\lambda_1, \lambda_2, \lambda_3$ 之间的关系如表 4.1 所示.

表 4.1

A 的特征值	$f(x)=1$ 的曲面类型
均为正数	椭球面
两个正数, 一个负数	单叶双曲面
一个正数, 两个负数	双叶双曲面
两个正数, 一个零	椭圆柱面
一个正数, 一个负数, 一个零	双曲柱面
一个正数, 两个零	两个平行平面

二、应用

例 4.5　设实二次型 $f(x_1,\ x_2,\ x_3)=5x_1^2+5x_2^2+cx_3^2-2x_1x_2+6x_1x_3-6x_2x_3$, 求 $f(x_1,\ x_2,\ x_3)=1$ 表示的二次曲面类型.

解　二次型 $f(x_1,\ x_2,\ x_3)$ 的阵为 $A=\begin{pmatrix}5&-1&3\\-1&5&-3\\3&-3&c\end{pmatrix}$, 于是

$$\begin{aligned}|\lambda I_3-A|&=\begin{vmatrix}\lambda-5&1&-3\\1&\lambda-5&3\\-3&3&\lambda-c\end{vmatrix}\\&=(\lambda-4)[\lambda^2-(6+c)\lambda+(6c-18)],\end{aligned}$$

从而 A 的特征值为

$$\lambda_1=4,\quad \lambda_2=\frac{6+c+\sqrt{c^2-12c+108}}{2},\quad \lambda_3=\frac{6+c-\sqrt{c^2-12c+108}}{2}.$$

当 $c > 3$ 时, λ_2 与 λ_3 均为正数, 故 $f(x_1, x_2, x_3) = 1$ 表示的曲面类型为椭球面; 当 $c = 3$ 时, $\lambda_2 = 9$, $\lambda_3 = 0$, 故 $f(x_1, x_2, x_3) = 1$ 表示的曲面类型为椭圆柱面; 当 $c < 3$ 时, λ_2 与 λ_3 异号, 故 $f(x_1, x_2, x_3) = 1$ 表示的曲面类型为单叶双曲面. ∎

例 4.6 已知二次曲面方程 $x^2 + ay^2 + z^2 + 2bxy + 2xz + 2yz = 4$ 可以经正交变换化为椭圆柱面方程 $\eta^2 + 4\zeta^2 = 4$, 求 a, b 的值和所用的正交变换.

解 设

$$f(x, y, z) = x^2 + ay^2 + z^2 + 2bxy + 2xz + 2yz,$$
$$g(\xi, \eta, \zeta) = \eta^2 + 4\zeta^2,$$

则它们对应的矩阵分别为

$$A = \begin{pmatrix} 1 & b & 1 \\ b & a & 1 \\ 1 & 1 & 1 \end{pmatrix}, \quad B = \begin{pmatrix} 0 & & \\ & 1 & \\ & & 4 \end{pmatrix}.$$

由题设得 $A \sim B$, 故 $\mathrm{tr}A = \mathrm{tr}B$ 且 $|A| = |B|$, 解得 $a = 3$, $b = 1$.

求得 A 的属于特征值 0, 1, 4 的单位特征向量分别为

$$p_1 = \begin{pmatrix} \frac{1}{\sqrt{2}} \\ 0 \\ -\frac{1}{\sqrt{2}} \end{pmatrix}, \quad p_2 = \begin{pmatrix} \frac{1}{\sqrt{3}} \\ -\frac{1}{\sqrt{3}} \\ \frac{1}{\sqrt{3}} \end{pmatrix}, \quad p_3 = \begin{pmatrix} \frac{1}{\sqrt{6}} \\ \frac{2}{\sqrt{6}} \\ \frac{1}{\sqrt{6}} \end{pmatrix},$$

故所求正交变换为

$$\begin{pmatrix} \xi \\ \eta \\ \zeta \end{pmatrix} = (p_1 \quad p_2 \quad p_3)' \begin{pmatrix} x \\ y \\ z \end{pmatrix}.$$

习　题　4

1. 证明 n 个点 $(x_1, y_1), \cdots, (x_n, y_n)$ 在一条直线上的充要条件是

$$\text{秩} \begin{pmatrix} x_1 & x_2 & \cdots & x_n \\ y_1 & y_2 & \cdots & y_n \\ 1 & 1 & \cdots & 1 \end{pmatrix} < 3.$$

2. 已知 4 个平面的方程分别为

$$\pi_1:\ a_1x + b_1y + c_1z = d_1,$$

$$\pi_2:\ a_2x + b_2y + c_2z = d_2,$$

$$\pi_3: \ a_3x + b_3y + c_3z = d_3,$$

$$\pi_4: \ a_4x + b_4y + c_4z = d_4,$$

给出该 4 个平面交成四面体的充要条件.

3. 求 n 个平面 $a_ix + b_iy + c_iz + d_i = 0 \ \ (i = 1, \cdots, n)$ 通过一直线, 但不合并为一个平面的充要条件.

4. 已知 $(a \times b) \cdot c = 2$, 求 $[(a+b) \times (b+c)] \cdot (c+a)$.

5. 设 $\begin{pmatrix} a_1 & b_1 & c_1 \\ a_2 & b_2 & c_2 \\ a_3 & b_3 & c_3 \end{pmatrix}$ 满秩, 求

$$\frac{x-a_3}{a_1-a_2} = \frac{y-b_3}{b_1-b_2} = \frac{z-c_3}{c_1-c_2}$$

与

$$\frac{x-a_1}{a_2-a_3} = \frac{y-b_1}{b_2-b_3} = \frac{z-c_1}{c_2-c_3}$$

的位置关系.

6. 求经过点 $(2,\ 0,\ -1)$ 且与直线 $\begin{cases} 2x - 3y + z - 6 = 0, \\ 4x - 2y + 3z + 9 = 0 \end{cases}$ 平行的直线方程.

7. 求 $f(x_1,\ x_2,\ x_3) = x_1^2 + ax_2^2 + x_3^2 + 2x_1x_2 + 2x_1x_3 + 2x_2x_3 = 1$ 表示的二次曲面类型.

第5讲　多项式恒等及恒等变形方法

处理多项式及相关问题, 一个基本的思想方法是从恒等和恒等变形的角度来观察问题, 分析问题, 找到解决问题的思路.

首先用恒等及恒等变形的思路来归纳一般高等代数教材中关于多项式的一些基础知识, 同时引出一些解决问题的基本方法.

5.1　基 础 知 识

一、多项式恒等的定义

设 $\mathbf{F}[x]$ 表示数域 $\mathbf{F}$ 上关于 x 的全体一元多项式的集合, $f(x)\in\mathbf{F}[x]$, $g(x)\in\mathbf{F}[x]$, 则

$$f(x)=g(x)\Leftrightarrow f(x) \text{ 与 } g(x) \text{ 的对应项系数相等}.$$

由此可以引出处理问题的**次数比较法**、**系数比较法**、**待定系数法**.

如果把多项式看成函数, 则 $f(x)=g(x)$ 意味着对 $\mathbf{F}$ 上的任意数 c 有 $f(c)=g(c)$. 由此可以引出**恒等取值法**.

二、带余除法表达式 —— 一种重要的恒等变形

设 $f(x)\in\mathbf{F}[x]$, $g(x)\in\mathbf{F}[x]$ 且 $g(x)\neq 0$, 则存在唯一的 $q(x)$ 和 $r(x)\in\mathbf{F}[x]$, 使得

$$f(x)=g(x)q(x)+r(x),$$

其中 $r(x)=0$ 或 $\deg r(x)<\deg g(x)$ (次数).

特别地, 当 $g(x)=x-c$ 时可得如下定理:

余数定理　设 $f(x)=(x-c)q(x)+r$, 则 $r=f(c)$.

三、整除及其简单性质

设 $f(x)=g(x)q(x)$, 则记 $g(x)\mid f(x)$, 称为 $g(x)$ 整除 $f(x)$, $g(x)$ 为 $f(x)$ 的因式, $f(x)$ 为 $g(x)$ 的倍式. 整除有如下简单性质:

(1) 传递性. 若 $f(x)\mid g(x)$, $g(x)\mid h(x)$, 则 $f(x)\mid h(x)$.

(2) 若 $f(x)\mid g_i(x)$ $(i=1,\cdots,t)$, 则 $f(x)\left|\sum\limits_{i=1}^{t}h_i(x)g_i(x)\right.$, $f(x)\left|\prod\limits_{i=1}^{t}g_i(x)\right.$, 其中 $h_i(x)\in\mathbf{F}[x]$ $(\forall i=1,\cdots,t)$.

(3) 若 $f(x)\mid g(x)$, $g(x)\mid f(x)$, 则存在 $0\neq c\in\mathbf{F}$, 使得 $f(x)=cg(x)$.

由性质 (3) 可引出证明两个多项式恒等的一个方法: **设法使它们互相整除且首项系数相等**.

四、最大公因式、互素

定义 5.1　设 $d(x)$ 为 $f(x)$ 与 $g(x)$ 的公因式, $d(x)$ 能被 $f(x)$ 与 $g(x)$ 的任意公因式整除, 则称 $d(x)$ 为 $f(x)$ 与 $g(x)$ 的最大公因式. 若 $d(x)$ 的首项系数为 1, 则记 $d(x)=(f(x),g(x))$.

最大公因式 $(f(x),g(x))$ 存在且唯一, 可以用**辗转相除法**求得.

设 $d(x)$ 为 $f(x)$ 与 $g(x)$ 的最大公因式, 则存在 $u(x)\in \mathbf{F}[x]$, $v(x)\in \mathbf{F}[x]$, 使得

$$f(x)u(x)+g(x)v(x)=d(x).$$

上式为关于最大公因式的一个恒等表达式.

如果 $(f(x),g(x))=1$, 则称 $f(x)$ 与 $g(x)$ 互素. 互素有以下常用的基本性质:

(1) $(f(x),g(x))=1 \Leftrightarrow$ 存在 $\mathbf{F}$ 上多项式 $u(x)$, $v(x)$, 使得

$$f(x)u(x)+g(x)v(x)=1;$$

(2) 如果 $f(x)\mid g(x)h(x)$ 且 $(f(x),g(x))=1$, 则 $f(x)\mid h(x)$;

(3) 若 $f(x)\mid h(x)$, $g(x)\mid h(x)$ 且 $(f(x),g(x))=1$, 则 $f(x)g(x)\mid h(x)$.

五、唯一分解定理

$\mathbf{F}[x]$ 中任意次数大于等于 1 的多项式 $f(x)$ 必有如下分解:

$$f(x)=cp_1^{\alpha_1}(x)\cdots p_t^{\alpha_t}(x), \tag{5.1}$$

其中 $p_1(x),\cdots,p_t(x)$ 为不可约多项式 (即次数大于 0 且不能写成次数比其低的两个多项式之积的多项式), $c\in\mathbf{F}$, $\alpha_1,\cdots,\alpha_t$ 为正整数且 $\sum\limits_{i=1}^{t}\alpha_i=\deg f(x)$.

如果不记 $p_i(x)$ 的顺序, 假定 $p_i(x)$ 首项系数均为 1, 则分解式 (5.1) 是唯一的.

分解式 (5.1) 是多项式的一种重要的恒等变形. 称不可约多项式 $p_i(x)$ 是 $f(x)$ 的 α_i 重因式. 关于 k 重因式的判别有如下的结果:

(1) $p(x)$ 是 $f(x)$ 的 k 重因式的充要条件是 $p(x)$ 是 $f(x)$, $f'(x)$, $\cdots$, $f^{(k-1)}(x)$ 的公因式且 $p(x)\nmid f^{(k)}(x)$, 其中 $f^{(i)}(x)$ 为 $f(x)$ 的 i 阶导式.

(2) $f(x)$ 无重因式的充要条件是 $(f(x),f'(x))=1$. 由此及 (5.1) 可得

$$f(x)=cp_1(x)\cdots p_r(x)(f(x),f'(x)).$$

六、不同数域上多项式的根及分解式

1. 查根数证恒等法

数域 $\mathbf{F}$ 上 $n(>0)$ 次多项式至多 n 个根. 由此可得**查根数证恒等法**: 设 $n=\max\{\deg f(x),\deg g(x)\}$, 若 $f(x)-g(x)$ 有 $n+1$ 个不同的根, 则 $f(x)\equiv g(x)$.

2. 代数基本定理

任意 $n(>0)$ 次复系数多项式在复数域中至少有一个根. 由此推出

$$f(x)=c(x-x_1)^{\alpha_1}\cdots(x-x_t)^{\alpha_t},$$

其中 $x_1,\cdots,x_t$ 互不相同且 $\sum\limits_{i=1}^{t}\alpha_i=n$, $\alpha_i\ (i=1,\cdots,t)$ 为正整数.

3. 实数域上的多项式分解

由实系数多项式的虚根成对原理可推出

$$\begin{aligned}f(x)=&c\left[(x-a_1)^2+b_1^2\right]^{\alpha_1}\cdots\left[(x-a_t)^2+b_t^2\right]^{\alpha_t}\cdots\\&\times(x-x_1)^{\beta_1}\cdots(x-x_s)^{\beta_s},\end{aligned}$$

其中 $\sum\limits_{i=1}^{t}2\alpha_i+\sum\limits_{i=1}^{s}\beta_i=n=\deg f(x)$, c, a_i, b_i, x_i 均为实数.

4. 有理系数多项式

(1) 高斯引理: 两个本原多项式 (各项系数互素的整系数多项式) 的积仍为本原多项式.

(2) 整系数多项式 $f(x)$ 在整数环上可约的充要条件是 $f(x)$ 在有理数域上可约.

(3) 设既约分数 $\dfrac{q}{p}$ 为整系数多项式 $f(x)=a_0x^n+a_1x^{n-1}+\cdots+a_n$ 的根, 则 $p\mid a_0$ 且 $q\mid a_n$.

(4) Eisenstein 判别法. 设 $f(x)=a_0+a_1x+\cdots+a_nx^n$ 为整系数多项式, 如果存在素数 p 满足

(i) $p\nmid a_n$;

(ii) $p\mid a_i$, $\forall i=0,1,\cdots,n-1$;

(iii) $p^2\nmid a_0$,

则 $f(x)$ 在有理数域上不可约.

七、韦达定理 —— 多项式恒等的一个应用

设 $x_1,\cdots,x_n$ 为 $f(x)=a_0x^n+a_1x^{n-1}+\cdots+a_n$ 的全部根, 则由 $f(x)=a_0(x-x_1)\cdots(x-x_n)$, 应用恒等原理, 比较系数可得韦达定理

$$\begin{cases}\sum\limits_{i=1}^{n}x_i=-\dfrac{a_1}{a_0},\\ \sum\limits_{j>i}x_ix_j=\dfrac{a_2}{a_0},\\ \cdots\cdots\\ x_1\cdots x_n=(-1)^n\dfrac{a_n}{a_0}.\end{cases}$$

下面通过一些例题看看恒等分析及恒等变形的解题思路.

5.2 解题思路

一、利用恒等解决问题

在恒等的前提下, 可以运用次数比较、系数比较、待定系数、根数比较、根比较、因子比较、恒等取值等诸方法解决问题.

例 5.1　求 $f(x)=2x^4+x^3-x^2+3x-2$ 在有理数域上的分解式.

思路　先分析分解式的基本模式, 再利用待定系数法求之.

解　经查, $\pm1, \pm2, \pm\dfrac{1}{2}$ 都不是 $f(x)$ 的有理根. 这说明 $f(x)$ 如果可约, 则必为两个整系数二次多项式的积. 不妨设

$$2x^4+x^3-x^2+3x-2=(x^2+ax+b)(2x^2+cx+d),$$

对比两端系数得

$$\begin{cases} bd=-2, \\ 2a+c=1, \\ ac+2b+d=-1, \\ ad+bc=3, \end{cases}$$

由此求出 $b=-1, a=1, d=2, c=-1$, 即

$$f(x)=(x^2+x-1)(2x^2-x+2). \quad ∎$$

例 5.2　求非常数多项式 $f(x)$, 使得 $f(x^2)=f^2(x)$.

解 1　比较系数法. 设 $f(x)=a_0x^n+a_1x^{n-1}+\cdots+a_n\ (a_0\neq0)$, 易见

$$f(x^2)=a_0x^{2n}+a_1x^{2n-2}+\cdots+a_{n-1}x^2+a_n,$$

$$f^2(x)=a_0^2x^{2n}+2a_0a_1x^{2n-1}+\cdots.$$

由恒等条件 $f(x^2)=f^2(x)$, 比较两端同次项的系数可知 $a_0=1, a_1=0$, 然后依次可以推出 $a_2=\cdots=a_n=0$, 故得 $f(x)=x^n$.

解 2　分解查根法. 设 $f(x)=a_0(x-x_1)^{m_1}(x-x_2)^{m_2}\cdots(x-x_t)^{m_t}$ 为 $f(x)$ 在复数域内的分解式, 其中 $x_1, \cdots, x_t$ 为不同根, 则由 $f(x^2)=f^2(x)$ 得

$$a_0(x^2-x_1)^{m_1}\cdots(x^2-x_t)^{m_t}=a_0^2(x-x_1)^{2m_1}\cdots(x-x_t)^{2m_t},$$

比较最高次项的系数知 $a_0=1$. 若 $x_1, \cdots, x_t$ 均不为 0, 则右端不同根为 t 个, 左端不同根为 $2t$ 个, 这不可能, 故只有零根且 $t=1$, 即 $f(x)=x^n$.

解 3　直接查根法. 设 α 为 $f(x)$ 的根, 则由 $f(x^2)=f^2(x)$ 知, α^2 也为 $f(x)$ 的根. 类似地, $\alpha^4, \alpha^6, \cdots$ 都是 $f(x)$ 的根, 这无限多个数只能有有限个不同, 则 $\alpha^m=\alpha^p$, 由此可推出 $\alpha=0$ 或 $|\alpha|=1$. 假设 $\alpha\neq 0$, 则可设 $\alpha=\cos\theta+\mathrm{i}\sin\theta$ $(0\leqslant\theta<2\pi)$. 但由 $f(x^2)=f^2(x)$ 还可知, $\alpha^{\frac{1}{2}}=\cos\dfrac{\theta}{2}+\mathrm{i}\sin\dfrac{\theta}{2}$ 仍为 $f(x)$ 的根. 同理, $\cos\dfrac{\theta}{2^k}+\mathrm{i}\sin\dfrac{\theta}{2^k}$ (k 取整数) 这无限多个数都是 $f(x)$ 的根, 这又推出必有相等者, 从而推出 $\theta=0$. 于是 $\alpha=1$ 是根, 进而 $f(x)$ 的根只可能是 0 或 1, 与 $f(-1)^2=f(1)=0$ 矛盾, 故 $|\alpha|=1$ 不成立, 只有 $\alpha=0$, 即 $f(x)=x^n$. ▮

例 5.3　设 $f(x^3)+xg(x^3)+x^2h(x^3)=(x^2+x+1)u(x)$, 其中 $f(x), g(x), h(x), u(x)$ 均数域 $\mathbf{F}$ 上的多项式. 又设 a, b, c 分别为 $f(x), g(x), h(x)$ 的系数和, 求证 $a=b=c$.

证明　注意到 $a=f(1), b=g(1), c=h(1)$, 利用**恒等取值法**, 在已知的恒等式中分别令 $x=1$, $x=\dfrac{1}{2}(-1+\sqrt{3}\mathrm{i})=\omega$ 及 $=\dfrac{1}{2}(-1-\sqrt{3}\mathrm{i})=\omega^2$, 则有

$$a+b+c=3u(1), \tag{5.2}$$

$$a+\omega b+\omega^2 c=0, \tag{5.3}$$

$$a+\omega^2 b+\omega c=0. \tag{5.4}$$

(5.2)+(5.3)+(5.4) 得 $a=u(1)$, (5.2)+(5.3)$\times\omega^2$+(5.4)$\times\omega$ 得

$$b=u(1),$$

(5.2)+(5.3)$\times\omega$+(5.4)$\times\omega^2$ 得 $c=u(1)$, 于是 $a=b=c$. ▮

例 5.4　求满足 $f^2(x)=xg^2(x)+x^3h^2(x)$ 的实系数多项式 $f(x), g(x)$ 和 $h(x)$.

解　利用比较次数法. 设 $g(x)=h(x)=0$, 易见 $f(x)=0$, 否则, $g(x)$ 和 $h(x)$ 至少有一个为非零多项式. 由已知的恒等式, 右端为奇次多项式, 左端为偶次多项式, 这不可能, 故只有 $f(x)=g(x)=h(x)=0$. ▮

例 5.5　求 $f(x)$, 使其满足 $xf(x-1)=(x-10)f(x)$.

解　用查根分解法. 对已知恒等式两端取值, 先令 $x=10$, 则可知 $f(9)=0$, 即 9 是 $f(x)$ 的根. 再令 $x=9$ 推出 $f(8)=0\cdots\cdots$ 依次可得 $f(7)=\cdots=f(1)=f(0)=0$, 故可设

$$f(x)=x(x-1)\cdots(x-9)g(x).$$

将此代入已知恒等式得

$$x(x-1)\cdots(x-10)g(x)=x(x-1)\cdots(x-10)g(x-1),$$

从而 $g(x)=g(x-1)$, 这推出 $g(x)=c$(常数). 若 $c=0$, 则 $f(x)=0$; 若 $c\neq 0$, 则 $f(x)=cx(x-1)\cdots(x-9)$. ▮

二、证明多项式恒等

证明多项式恒等有许多方法, 其中最主要的方法是查根数证恒等法, 其他还有定义法、反证法等.

例 5.6　设 $a_1, \cdots, a_n$ 为互异整数, 若有恒等式 $f(x)=(x-a_1)\cdots(x-a_n)+1=g(x)h(x)$ 且 $\deg g(x)<\deg f(x)$, $\deg h(x)<\deg f(x)$, 则整系数多项式 $g(x)$ 与 $h(x)$ 恒等.

证明　在已知恒等式中, 令 $x=a_1, \cdots, a_n$, 则有 $g(a_i)h(a_i)=1\ (\forall i=1,\cdots,n)$, 故 $g(a_i)=h(a_i)=\pm 1$, 于是 $g(a_i)-h(a_i)=0\ (\forall i=1,\cdots,n)$. 注意到 $\deg g(x)<n$, $\deg h(x)<n$, 从而若 $g(x)-h(x)\neq 0$, 则有 $\deg(g(x)-h(x))<n$, 这推出 $g(x)-h(x)$ 有多于其次数个不同根, 矛盾, 故 $g(x)=h(x)$. ∎

例 5.7 (Lagrange 插值公式)　设 $a_1, \cdots, a_n$ 为数域 $\mathbf{F}$ 上的 n 个不同的数, 而 $b_1, \cdots, b_n$ 为 $\mathbf{F}$ 中的任意数, $f(x)$ 为次数小于 n 的多项式, 并且 $f(a_i)=b_i\ (\forall i=1,\cdots,n)$, 则 $f(x)=\sum\limits_{i=1}^{n} f_i(x)$, 其中

$$f_i(x)=\frac{b_i(x-a_1)\cdots(x-a_{i-1})(x-a_{i+1})\cdots(x-a_n)}{(a_i-a_1)\cdots(a_i-a_{i-1})(a_i-a_{i+1})\cdots(a_i-a_n)}.$$

证明　设 $g(x)=\sum\limits_{i=1}^{n} f_i(x)$, 易见 $\deg g(x)<n$ 且 $g(a_i)=b_i\ (\forall i=1,\cdots,n)$. 又已知 $f(a_i)=b_i\ (\forall i=1,\cdots,n)$, 故 $f(x)-g(x)$ 有 n 个不同根, 所以 $f(x)=g(x)$. ∎

例 5.8　设 $f(x)$ 与 $g(x)$ 为次数大于 0 的复系数多项式, 如果 $f(x)$ 与 $g(x)$ 的根集合相同, 又 $f(x)-1$ 与 $g(x)-1$ 的根集合也相同, 求证 $f(x)=g(x)$.

证明　设 $u(x)=f(x)-g(x)$, $n=\deg f(x)\geqslant \deg g(x)$, 只需证 $u(x)$ 不同根的个数大于 n.

设 $f(x)$ 有 p 个不同根, $f(x)-1$ 有 q 个不同根, 注意到 $u(x)=(f(x)-1)-(g(x)-1)$, 于是知 $u(x)$ 至少有 $p+q$ 个根. 下证 $p+q\geqslant n+1$.

设 $f(x)$ 的 p 个不同根为 $x_1, \cdots, x_p$, 其重数分别为 $\alpha_1, \cdots, \alpha_p$. 又 $f(x)-1$ 的 q 个不同根为 $x_{p+1}, \cdots, x_{p+q}$, 其重数分别为 $\beta_1, \cdots, \beta_q$. 显然, $\sum\limits_{i=1}^{p}\alpha_i=n$, 由此易见 $f(x)$ 与 $f'(x)$ 有 $\sum\limits_{i=1}^{p}(\alpha_i-1)=n-p$ 个公共根. 又因为 $(f(x)-1)'=f'(x)$. 类似地可知, $f(x)-1$ 与 $f'(x)$ 有 $\sum\limits_{i=1}^{q}(\beta_i-1)=n-q$ 个公共根. 这推出 $f'(x)$ 至少有 $n-p+n-q=2n-p-q$ 个不同根, 从而 $n-1\geqslant 2n-p-q$, 即 $p+q\geqslant n+1$. ∎

例 5.9　设多项式 $f(x)$, $g(x)$, $h(x)$ 的次数都大于零, $f(x)$ 与 $h(x)$ 的首项系数为 1, 求证

$$g(f(x)) = g(h(x)) \Leftrightarrow f(x) = h(x).$$

证明　充分性显然. 下证必要性. 用反证法. 比较次数知, $f(x)$ 与 $h(x)$ 的次数相同. 假定 $f(x) \neq h(x)$, 设 $f(x)$ 与 $h(x)$ 不同的最高次数的项是 k 次项. 不妨设

$$f(x) = f_1(x) + a_1x^k + \cdots + a_k,$$

$$h(x) = f_1(x) + b_1x^k + \cdots + b_k, \quad b_1 \neq a_1,$$

$$g(x) = c_0x^m + c_1x^{m-1} + \cdots + c_m, \quad m \geqslant 1,\ c_0 \neq 0,$$

将它们代入 $g(f(x)) = g(h(x))$, 去掉两端完全相同的项, 在剩下的项中, 最高次数为 $n(m-1)+k$, 其中 n 为 $f(x)$ 的次数. 比较两边该项系数, 则有 $a_1 = b_1$, 与前述矛盾, 故 $f(x) = h(x)$. ▮

三、作差变形法

作差进行恒等变形是一种常用方法, 用作差变形常可以把问题与整除联系在一起.

例 5.10　求证不存在整系数多项式 $f(x)$, 使得 $f(7) = 4$, $f(17) = 12$.

证明　如果对 $f(x) = a_0x^n + a_1x^{n-1} + \cdots + a_n$ 有

$$4 = f(7) = a_0 \cdot 7^n + a_1 \cdot 7^{n-1} + \cdots + a_n,$$

$$12 = f(17) = a_0 \cdot 17^n + a_1 \cdot 17^{n-1} + \cdots + a_n,$$

两式相减得 $8 = a_0(17^n - 7^n) + a_1(17^{n-1} - 7^{n-1}) + \cdots + a_{n-1}(17-7)$, 由此得 $10 \mid 8$, 这是不可能的, 所以结论成立. ▮

例 5.11　求多项式 $f(x)$, 使得 $x^2+1 \mid f(x)$ 且 $x^3+x^2+1 \mid f(x)+1$.

解　设 $f(x) = (x^2+1)g(x)$, $f(x)+1 = (x^3+x^2+1)h(x)$, 两式相减得 $1 = (x^3+x^2+1)h(x) - (x^2+1)g(x)$, 求此式中的 $g(x)$ 和 $h(x)$ 可用辗转相除法.

事实上, $x^3+x^2+1 = (x^2+1)(x+1) - x$, $x^2+1 = (-x)(-x)+1$. 依次回代得

$$\begin{aligned} 1 &= (x^2+1) + x(-x) \\ &= (x^2+1) + x[(x^3+x^2+1) - (x^2+1)(x+1)] \\ &= (x^3+x^2+1)x - (x^2+1)(x^2+x-1), \end{aligned}$$

故 $g(x) = x^2+x-1$, $h(x) = x$, 所以 $f(x) = x(x^3+x^2+1) - 1$. ▮

例 5.12　求例 5.6 中的 $g(x)$ 和 $f(x)$.

解　由 $(x-a_1)\cdots(x-a_n) = g^2(x)-1 = (g(x)+1)(g(x)-1)$, 比较因式, 不妨设

$$g(x)+1 = (x-a_1)\cdots(x-a_r),$$

$$g(x)-1 = (x-a_{r+1})\cdots(x-a_n),$$

由上面两式作差得

$$(x-a_1)\cdots(x-a_r) - (x-a_{r+1})\cdots(x-a_n) = 2, \tag{5.5}$$

于是 $r=\frac{n}{2}$. 在 (5.5) 中, 令 $x=a_{r+1}$ 有

$$(a_{r+1}-a_1)\cdots(a_{r+1}-a_r)=2. \tag{5.6}$$

既然 $a_1, \cdots, a_n$ 为互异的整数, 看 2 的分解, 由上式可推出 $r\leqslant 3$, 并且 $2=2$ 或 $2=1\times 2$, 或 $2=(-1)\times(-2)$, 或 $2=1\times(-1)\times(-2)$. 同理, 在 (5.5) 中, 令 $x=a_1$ 得

$$(a_1-a_{r+1})\cdots(a_1-a_n)=-2, \tag{5.7}$$

由此可推出 $n-r\leqslant 3$, 并且 $-2=-2$ 或 $-2=1\times(-2)$, 或 $-2=(-1)\times 2$, 或 $-2=1\times(-1)\times 2$.

组合 $r=\frac{n}{2}$, $r\leqslant 3$ 和 $n-r\leqslant 3$ 得到只有下列两种情况发生:

(1) $r=n-r=1$. 此时 $(x-a)-(x-b)=2$, 所以 $b=a+2$,

$$f(x)=(x-a)(x-a-2)+1=(x-a-1)^2.$$

(2) $r=n-r=2$. 此时由 (5.6) 和 (5.7) 得到 $(a_3-a_1)(a_3-a_2)=2$ 且 $(a_1-a_3)(a_1-a_4)=-2$. 注意到 a_1, a_2, a_3, a_4 为互异的整数, 使用 (5.5) 容易推出

$$f(x)=(x-a)(x-a+1)(x-a-1)(x-a+2)+1=[(x-a)(x-a+1)-1]^2$$

或

$$f(x)=(x-a)(x-a-1)(x-a+1)(x-a-2)+1=[(x-a)(x-a-1)-1]^2.$$

对应地,

$$g(x)=(x-a)(x-a+1)\quad 或\quad g(x)=(x-a)(x-a-1).\ ∎$$

例 5.13　设 $u_i=a_ix+b_i\,(i=1,2,3)$ 为实系数多项式, 并且 $u_1^n+u_2^n=u_3^n\,(n\geqslant 2)$, 求证存在 $f(x)$, 使得 $u_i=c_if(x)\,(i=1,2,3)$, 其中 c_i 为实数.

证明　首先证明 $(u_1+u_2)^n=u_1^n+u_2^n$ 可导致结论成立. 事实上, 若 $a_1=a_2=0$, 则由已知推出 u_1, u_2 和 u_3 均为常数, 从而结论成立; 若 a_1 和 a_2 不全为零, 不妨设 $a_1\neq 0$, 则由 $u_1=a_1x+b_1$ 推出 $x=\frac{1}{a_1}(u_1-b_1)$, 于是 $u_2=cu_1+d$, 其中 $c=\frac{a_2}{a_1}$ 且 $d=\frac{a_1b_2-a_2b_1}{a_1}$, 从而 $((1+c)u_1+d)^n=u_1^n+(cu_1+d)^n$. 比较两边 u_1 的一次项系数得 $d=0$, 于是 $u_2=cu_1$, 从而结论成立.

由 $u_1^n+u_2^n=u_3^n$ 得 $u_1^n=u_3^n-u_2^n$, 易见 $u_3-u_2\mid u_1^n$.

(1) $u_3-u_2=c$(常数). 易见 $a_3=a_2$ 和 $(a_1x+b_1)^n=(a_2x+b_3)^n-(a_2x+b_2)^n$, 比较两端可得 $a_1=0$, 于是 $b_1^n=(a_2x+b_3)^n-(a_2x+b_2)^n$, 进而 $b_2=b_3$, 故 $u_2=u_3$, $u_1=0$, 结论得证.

(2) $u_3-u_1=c$(常数). 类似于 (1) 可证结论.

(3) u_3-u_2 不是常数且 u_3-u_1 不是常数. 易见 $\deg(u_3-u_2)=1$ 且 $\deg(u_3-u_1)=1$, 于是由 $u_3-u_2 \mid u_1^n$ 及 $u_3-u_1 \mid u_2^n$ 推出 $u_3-u_2 \mid u_1$ 且 $u_3-u_1 \mid u_2$. 可设

$$u_1=\lambda(u_3-u_2), \quad u_2=\mu(u_3-u_1),$$

其中 λ 和 μ 为实数.

当 $\mu=0$ 时, 则 $u_2=0$ 且 $u_1=\lambda u_3$, 结论得证：当 $\lambda=1$ 时, 则 $u_1+u_2=u_3$, 于是 $(u_1+u_2)^n=u_1^n+u_2^n$, 从而结论得证; 当 $\mu\neq 0$ 且 $\lambda\neq 1$ 时, 则 $u_1=\dfrac{\lambda(1-\mu)}{\mu(1-\lambda)}u_2$, $u_3=\dfrac{1-\mu\lambda}{\mu(1-\lambda)}u_2$, 得证. ∎

四、运用代换化简问题

例 5.14　运用代换证明例 5.13.

证明　若 u_1 和 u_2 均为常数, 则 u_3 也为常数, 结论成立. 若不然, 可令代换 $u_1=y$, 此时假设 $u_2=a_2y+b_2$, $u_3=a_3y+b_3$. 由 $u_3-u_2 \mid u_1$, 若 $u_2=0$, 则 $u_3=a_3y$ 或 $u_3=b_3$, 若前者, 结论得证; 若后者, 则与 $u_1^n+u_2^n=u_3^n$ 矛盾. 若 $u_2\neq 0$, 由 $u_3-u_2 \mid y$ 可推出

$$\begin{cases} a_2=a_3, \\ b_2\neq b_3 \end{cases} \quad \text{或} \quad \begin{cases} a_2\neq a_3, \\ b_2=b_3. \end{cases}$$

若前者, 与已知矛盾; 若后者, 由 $u_3-y \mid u_2$, 即 $a_3y+b_3-y \mid a_2y+b_3$, 如果 $b_3=0$, 易见 $u_2=a_2y$, $u_3=a_3y$, 结论成立; 如果 $b_3\neq 0$, 则 $a_3-1=a_2$ 或 $a_3=1$, 比较 $u_1^n+u_2^n=u_3^n$ 的次数和系数得矛盾. ∎

例 5.15　求证 $f(x)=x^4+x^3+x^2+x+1$ 在有理数域上不可约.

证明　无法直接用 Eisenstein 判别法, 先用换元代换法. 令 $y=x+1$,

$$f(y)=f(x+1)=\frac{(x+1)^5-1}{x+1-1}=x^4+5x^3+10x^2+10x+5,$$

此时取 $p=5$, 应用 Eisenstein 判别法知, $f(x+1)$ 不可约, 这等价于 $f(x)$ 不可约. ∎

例 5.16　设 $x_1,\cdots,x_6$ 为 $f(x)=a_0x^6+a_1x^5+\cdots+a_6$ 的根, 求

(1) 以 $\dfrac{2x_i+1}{3x_i+2}$ $(i=1,\cdots,6)$ 为根的多项式, 其中 $x_i\neq\dfrac{2}{3}$ $(\forall i)$;

(2) 以 x_i^2 $(i=1,\cdots,6)$ 为根的多项式.

解　(1) 令 $\dfrac{2x+1}{3x+2}=y$(代换) 可求得 $x=\dfrac{1-2y}{3y-2}$, 易见

$$g(y)=a_0(1-2y)^6+a_1(1-2y)^5(3y-2)+\cdots+a_6(3y-2)^6$$

即为所求.

(2) 设 $f(x)=a_0(x-x_1)\cdots(x-x_6)$, 则

$$f(-x)=a_0(-1)^6(x+x_1)\cdots(x+x_6),$$

故

$$f(x)f(-x)=a_0^2(-1)^6(x^2-x_1^2)\cdots(x^2-x_6^2)=g(x^2),$$

则 $g(x)$ 即为所求.

因为

$$\begin{aligned}g(x^2)=&(a_0x^6+a_1x^5+\cdots+a_6)\\&\times(a_0x^6-a_1x^5+a_2x^4-a_3x^3+a_4x^2-a_5x+a_6)\\=&(a_0x^6+a_2x^4+a_4x^2+a_6)^2-(a_1x^5+a_3x^3+a_5x)^2,\end{aligned}$$

故有

$$g(x)=(a_0x^3+a_2x^2+a_4x+a_6)^2-x(a_1x^2+a_3x+a_5)^2. \blacksquare$$

例 5.17　已知 $f(x)$, $g(x)$ 为实系数多项式, 若 $f(g(x))=g(f(x))$ 为恒等式, $f(x)=g(x)$ 无实根, 求证 $f(f(x))=g(g(x))$ 无实根.

证明　由 $f(x)=g(x)$ 无实根, 可设 $a\neq 0$,

$$f(x)-g(x)=a[(x-a_1)^2+b_1^2]\cdots[(x-a_m)^2+b_m^2],$$

用 $g(x)$ 代替 x, 又有

$$f(g(x))-g(g(x))=a[(g(x)-a_1)^2+b_1^2]\cdots[(g(x)-a_m)^2+b_m^2].$$

再由已知, $f(g(x))=g(f(x))$, 于是

$$\begin{aligned}f(f(x))-g(g(x))=&a[(f(x)-a_1)^2+b_1^2]\cdots[(f(x)-a_m)^2+b_m^2]\\&+a[(g(x)-a_1)^+b_1^2]\cdots[(g(x)-a_m)^2+b_m^2].\end{aligned}$$

因为诸 b_i 均非 0, 则当 x 取任意实数值时, 上式右端总是非零, 故 $f(f(x))-g(g(x))$ 无实根. $\blacksquare$

五、分解变形

改换多项式的形式, 寻求解题思路是一个重要方法. 变形是多种多样的, 其中分解变形经常被考虑. 因为分解变形可容纳根的特性, 与整除密切相连. 在例 5.2, 例 5.16, 例 5.17 中都用到了分解变形, 即把多项式写成因式分解的形式加以研究. 再看其他例子.

例 5.18　求 $f(x)$, 使得 $f'(x)\mid f(x)$.

解 1　设 $p_1(x),\cdots,p_t(x)$ 是 $f(x)$ 的全部不同的不可约因子, 则

$$f(x)=(f(x),f'(x))p_1(x)\cdots p_t(x),$$

由 $f'(x)\mid f(x)$, 故 $(f(x),f'(x))=f'(x)$. 再由 $\deg f(x)=1+\deg f'(x)$ 可推出 $t=1$ 且 $p_1(x)=c(x-a)$, 从而 $f(x)=d(x-a)^n$(包含 $d=0$).

解 2 由 $f'(x)\mid f(x)$ 可设 $f(x)=a_0x^n+\cdots+a_n$, 并且

$$nf(x)=(x-a)f'(x),$$

两边逐次求导, 整理得

$$(n-1)f'(x)=(x-a)f''(x),$$

$$(n-2)f''(x)=(x-a)f'''(x),$$

$$\cdots\cdots$$

$$f^{(n-1)}(x)=(x-a)f^{(n)}(x),$$

$$f^{(n)}(x)=c.$$

逐个回代, 最后可见 $f(x)=\dfrac{c}{n!}(x-a)^n$(包含 $c=0$).

解 3 设 $f(x)=(x-a)^rg(x)$, $g(a)\neq 0$, 于是

$$f'(x)=(x-a)^{r-1}[rg(x)+(x-a)g'(x)],$$

由 $f'(x)\mid f(x)$ 有 $rg(x)+(x-a)g'(x)\mid g(x)(x-a)$, 设

$$(x-a)g(x)=h(x)[rg(x)+(x-a)g'(x)],$$

由此易见 $x-a\mid h(x)$. 设 $h(x)=h_0(x)(x-a)$, 则

$$g(x)=rg(x)h_0(x)+h_0(x)g'(x)(x-a),$$

易见 $h_0(x)$ 为常数, 不妨设为 c, 则

$$(1-rc)g(x)=c(x-a)g'(x).$$

令 $x=a$ 可推出 $1=rc$, 于是 $\deg g(x)=0$, 从而 $n=r$, $f(x)=d(x-a)^n$(包含 $d=0$). ∎

例 5.19 设 $f(x)$ 为实系数多项式, 求证 $f(x)$ 有虚根的充要条件是 $f^2(x)$ 可写成两个次数不同的实系数多项式的平方和.

证明 **必要性** 设 $a+bi$ 为 $f(x)$ 的一个虚根, 则 $b\neq 0$, 并且 $a-bi$ 也为 $f(x)$ 的根, 从而有 $f(x)=[(x-a)^2+b^2]f_1(x)$, 由此可得 $f^2(x)=[(x-a)^2+b^2]^2f_1^2(x)$. 因为 $[(x-a)^2+b^2]^2=[(x-a)^2-b^2]^2+4b^2(x-a)^2$, 故 $f^2(x)=[(x-a)^2-b^2]^2f_1^2(x)+[2b(x-a)f_1(x)]^2$ 即为所求.

充分性 用反证法, 假定 $f(x)$ 的根全为实数且 $f^2(x)=g^2(x)+h^2(x)$, $\deg g(x)>\deg h(x)$. 易见, 对 $f(x)$ 的每一实根 a 必有 $g(a)=h(a)=0$, 于是有分解式 $f(x)=(x-a)f_1(x)$, $g(x)=(x-a)g_1(x)$, $h(x)=(x-a)h_1(x)$, 从而得 $f_1^2(x)=g_1^2(x)+h_1^2(x)$, 如此继续, 必与 $\deg g(x)>\deg h(x)$ 矛盾. ∎

六、带余除式的运用

例 5.20　$f(x)$ 与 $g(x)$ 为次数大于 0 的多项式且互素, 则存在唯一的多项式 $u(x)$, $v(x)$ 且 $\deg u(x) < \deg g(x)$, $\deg v(x) < \deg f(x)$, 使得

$$f(x)u(x) + g(x)v(x) = 1. \tag{5.8}$$

证明　先证存在性. 由 $(f(x), g(x)) = 1$ 知, 存在 $h(x)$, $k(x)$, 使得

$$f(x)h(x) + g(x)k(x) = 1. \tag{5.9}$$

令 $h(x) = g(x)q(x) + u(x)$ 和 $k(x) = f(x)p(x) + v(x)$ 为带余除式, 代入 (5.9), 整理得

$$f(x)u(x) + g(x)v(x) + f(x)g(x)(p(x) + q(x)) = 1.$$

若 $p(x) + q(x) \neq 0$, 则上式第三项的次数明显高于前两项和的次数, 矛盾, 所以 $f(x)g(x)(p(x) + q(x)) = 0$. 于是结论成立, 即 (5.8) 得证.

下证唯一性. 如果 $u_1(x)$, $v_1(x)$ 也满足

$$f(x)u_1(x) + g(x)v_1(x) = 1, \tag{5.10}$$

并且 $\deg u_1(x) < \deg g(x)$, $\deg v_1(x) < \deg f(x)$. (5.8), (5.10) 两式相减有

$$f(x)(u(x) - u_1(x)) = (v_1(x) - v(x))g(x).$$

由 $(f(x), g(x)) = 1$ 推出 $f(x) \mid v_1(x) - v(x)$, 再由次数知 $v_1(x) = v(x)$, 同理, $u(x) = u_1(x)$. ▮

例 5.21　设 $f_0(x)$, $f_1(x)$, $\cdots$, $f_{n-1}(x)$ 为数域 $\mathbf{F}$ 上的多项式, 设 $0 \neq \alpha \in \mathbf{F}$, $x^n - \alpha \left| \sum\limits_{i=0}^{n-1} x^i f_i(x^n) \right.$, 求证 $f_i(x) = 0 (i = 0, 1, \cdots, n-1)$.

证明　设 $f_i(y) = (y - \alpha)q(y) + f_i(\alpha)$ $(i = 0, 1, \cdots, n-1)$, 于是

$$f_i(x^n) = (x^n - \alpha)q(x^n) + f_i(\alpha),$$

应用条件 $x^n - \alpha \left| \sum\limits_{i=0}^{n-1} x^i f_i(x^n) \right.$ 可推出

$$x^n - \alpha \left| \sum_{i=0}^{n-1} x^i f_i(\alpha), \right.$$

由次数知 $\sum\limits_{i=0}^{n-1} x^i f_i(\alpha) = 0$, 故 $f_i(\alpha) = 0$ $(i = 0, 1, \cdots, n-1)$, 于是有 $x - \alpha \mid f_i(x)$, 得证. ▮

七、构造多项式, 解决相关问题

例 5.22 解方程组

$$\begin{cases} x_1+x_2+\cdots+x_n=n, \\ x_1^2+x_2^2+\cdots+x_n^2=n, \\ \cdots\cdots \\ x_1^n+x_2^n+\cdots+x_n^n=n. \end{cases}$$

解 作以 $x_1,\cdots,x_n$ 为根的多项式

$$f(x)=\prod_{k=1}^{n}(x-x_k)=x^n+a_1x^{n-1}+\cdots+a_n,$$

于是 $f(x_k)=x_k^n+a_1x_k^{n-1}+\cdots+a_n=0\ (k=1,\cdots,n)$. 将这 n 个等式相加可得

$$n+a_1n+\cdots+a_nn=0,$$

所以 $f(1)=1+a_1+\cdots+a_n=0$, 故 $x=1$ 是 $f(x)$ 的一个根, 不妨设 $x_n=1$, 于是原方程组变为

$$\begin{cases} x_1+x_2+\cdots+x_{n-1}=n-1, \\ x_1^2+x_2^2+\cdots+x_{n-1}^2=n-1, \\ \cdots\cdots \\ x_1^{n-1}+x_2^{n-1}+\cdots+x_{n-1}^{n-1}=n-1. \end{cases}$$

同理, 可求出 $x_{n-1}=1$, 以此类推, 可求得 $x_1=\cdots=x_n=1$. ▮

例 5.23 求 $\sin\dfrac{\pi}{n}\sin\dfrac{2\pi}{n}\cdots\sin\dfrac{n-1}{n}\pi$.

解 令 $\dfrac{\pi}{n}=\theta$, $4\sin^2\theta=(1-\cos2\theta)^2+\sin^2 2\theta=|1-(\cos2\theta+\mathrm{i}\sin2\theta)|^2$, 由此不难看出

$$2^{n-1}\prod_{k=1}^{n-1}\sin k\theta=\prod_{k=1}^{n-1}|1-(\cos2k\theta+\mathrm{i}\sin2k\theta)|,$$

这引发考虑如下多项式:

$$\begin{aligned} & x^{n-1}+x^{n-2}+\cdots+x+1 \\ = & \left[x-\left(\cos\frac{2\pi}{n}+\mathrm{i}\sin\frac{2\pi}{n}\right)\right]\cdot\left[x-\left(\cos\frac{4\pi}{n}+\mathrm{i}\sin\frac{4\pi}{n}\right)\right] \\ & \times\left[x-\left(\cos\frac{n-1}{n}2\pi+\mathrm{i}\sin\frac{n-1}{n}2\pi\right)\right]. \end{aligned}$$

令 $x=1$, 再取模可得

$$2^{n-1}\prod_{k=1}^{n-1}\sin k\theta=n,$$

故原式 $= \dfrac{n}{2^{n-1}}$. ▮

例 5.24　证明 $\sin 10^\circ$ 为无理数.

分析　设法把 $\sin 10^\circ$ 考虑成某多项式的根, 然后证明这个多项式无有理根.

证明　由 $\sin 3\theta = 3\sin\theta - 4\sin^3\theta$, 令 $\theta = 10^\circ$, 于是有 $\dfrac{1}{2} = 3\sin\theta - 4\sin^3\theta$, 此即说明 $\sin 10^\circ$ 是多项式 $8x^3 - 6x + 1 = 0$ 的根. 但此方程的有理根只可能是 $\pm 1, \pm\dfrac{1}{2}, \pm\dfrac{1}{4}, \pm\dfrac{1}{8}$, 经检验都不是, 故 $\sin 10^\circ$ 是上述方程的非有理实根, 即无理根. ▮

例 5.25　求如下行列式的值:

$$D_n = \begin{vmatrix} 1 & 1 & \cdots & 1 \\ x_1 & x_2 & \cdots & x_n \\ x_1^2 & x_2^2 & \cdots & x_n^2 \\ \vdots & \vdots & & \vdots \\ x_1^{n-2} & x_2^{n-2} & \cdots & x_n^{n-2} \\ x_1^n & x_2^n & \cdots & x_n^n \end{vmatrix}, \quad n \geqslant 2.$$

解　考虑如下行列式:

$$M = \begin{vmatrix} 1 & 1 & \cdots & 1 & 1 \\ x_1 & x_2 & \cdots & x_n & x \\ \vdots & \vdots & & \vdots & \vdots \\ x_1^{n-1} & x_2^{n-1} & \cdots & x_n^{n-1} & x^{n-1} \\ x_1^n & x_2^n & \cdots & x_n^n & x^n \end{vmatrix},$$

由范德蒙德行列式的公式

$$M = \prod_{i=1}^{n}(x - x_i) \cdot \prod_{i>j}(x_i - x_j) = f(x),$$

D_n 即 $f(x)$ 展开式中 x^{n-1} 的系数 $\times(-1)^{2n+1}$, 应为 $\left(\sum_{i=1}^{n} x_i\right)\prod_{i>j}(x_i - x_j)$. ▮

例 5.26　求 n 阶循环矩阵 A 的行列式

$$\begin{pmatrix} a_1 & a_2 & \cdots & a_n \\ a_n & a_1 & \cdots & a_{n-1} \\ \vdots & \vdots & & \vdots \\ a_3 & a_4 & \cdots & a_2 \\ a_2 & a_3 & \cdots & a_1 \end{pmatrix},$$

并证明所有 n 阶循环矩阵构成 $\mathbf{F}^{n\times n}$ 的 n 维子空间.

解 令

$$P=\begin{pmatrix}0 & I_{n-1}\\ 1 & 0\end{pmatrix},$$

易见 $P^k=\begin{pmatrix}0 & I_{n-k}\\ I_k & 0\end{pmatrix}$, $P^n=I_n$, P 的特征根为 $\varepsilon_1,\cdots,\varepsilon_n$. 设 $f(x)=a_1+a_2x+\cdots+a_nx^{n-1}$, 则 $f(P)=A$ 的特征根为 $f(\varepsilon_1),\cdots,f(\varepsilon_n)$, 故

$$|A|=f(\varepsilon_1)f(\varepsilon_2)\cdots f(\varepsilon_n).$$

设 V 是所有 n 级循环矩阵的集合, 易见 $A+B\in V$ 及 $kA\in V$ $(\forall k\in \mathbf{F})$, 故 V 是 $\mathbf{F}^{n\times n}$ 的子空间. 不难看出, V 的一个基底为 I_n, P, P^2, $\cdots$, P^{n-1}. ▮

注 5.1 例 5.26 中求 $|A|$ 还有下面的方法.

设 ε 为本原 n 次单位根,

$$B=\begin{pmatrix}1 & 1 & 1 & \cdots & 1\\ 1 & \varepsilon & \varepsilon^2 & \cdots & \varepsilon^{n-1}\\ 1 & \varepsilon^2 & \varepsilon^4 & \cdots & \varepsilon^{2(n-1)}\\ \vdots & \vdots & \vdots & & \vdots\\ 1 & \varepsilon^{n-1} & \varepsilon^{2(n-1)} & \cdots & \varepsilon^{(n-1)^2}\end{pmatrix},$$

则有 $|A||B|=|AB|=f(1)f(\varepsilon)\cdots f(\varepsilon^{n-1})|B|$, 因为 $|B|$ 是范德蒙德行列式 $(\neq 0)$, 故 $|A|=f(1)f(\varepsilon)\cdots f(\varepsilon^{n-1})$.

习 题 5

1. 设多项式 $f(x)$ 对任意 a,b 都满足 $f(a+b)=f(a)+f(b)$, 求 $f(x)$.

2. 求多项式 $f(x)$, 使其适合 $f(x^2)-f(x)f(x+1)=0$.

3. 设 $a_1,\cdots,a_n$ 为实数, 求证 $\dfrac{1}{x+a_1}+\cdots+\dfrac{1}{x+a_n}=0$ 全为实根.

4. 设 $f(x)$ 为 $2n$ 次多项式, $f(0)=f(2)=\cdots=f(2n)=0$, $f(1)=f(3)=\cdots=f(2n-1)=2$, $f(2n+1)=-126$, 求 n.

5. 设 $f(x)$, $g(x)$ 为数域 $\mathbf{F}$ 上的多项式, 试证当 m 为正整数时, $f^m(x)\mid g^m(x)\Leftrightarrow f(x)\mid g(x)$.

6. 设 a,b,c 互不相等, 解下列方程组:

$$\begin{cases}\dfrac{x}{a^3}-\dfrac{y}{a^2}+\dfrac{z}{a}=1,\\ \dfrac{x}{b^3}-\dfrac{y}{b^2}+\dfrac{z}{b}=1,\\ \dfrac{x}{c^3}-\dfrac{y}{c^2}+\dfrac{z}{c}=1.\end{cases}$$

7. 证明 $x^d-1\mid x^n-1\Leftrightarrow d\mid n$.

8. 设 $f(x)$ 为整系数多项式, 求证不存在三个不同的整数 a, b, c, 使得 $f(a)=b$, $f(b)=c$, $f(c)=a$ 同时成立.

9. 求证 $f(x)=x^5-x^2+1$ 在有理数域上不可约.

10. 设 $f(x)$ 为整系数多项式, 若当 x 取三个不同整数时, 其绝对值均为 1, 试证 $f(x)$ 无整数根.

11. 设 $f(x)=(x-a_1)(x-a_2)\cdots(x-a_n)-1$, $a_i\ (i=1,\cdots,n)$ 为 n 个不同的整数, 求证 $f(x)$ 不能分解为两个次数大于 0 的整系数多项式的积.

12. 设 $f(x)$ 为整系数多项式, 若 $f(0)$, $f(1)$ 均为奇数, 则 $f(x)$ 无整数根.

13. 设 $f(x)=x^4-6x^3+ax^2-bx+2$ 有 4 个实根, 证明这些根中至少有一个小于 1.

14. 设 $f(x)$ 为实系数多项式, 则对一切实数 x, $f(x)\geqslant 0$ 的充要条件是存在实系数多项式 $g(x)$, $h(x)$, 使得 $f(x)=g^2(x)+h^2(x)$.

15. 设 $f(x), g(x)\in \mathbf{F}[x]$, 证明 $(f(x),g(x))=1$ 的充要条件是

$$(f(x)+g(x),f(x)g(x))=1.$$

16. 设

$$\deg f_1(x)=n,\quad \deg f_2(x)=m,\quad (f_1(x),f_2(x))=1,$$
$$\deg r_1(x)<n,\quad \deg r_2(x)<m,$$

证明存在一个次数小于 $n+m$ 的多项式 $g(x)$, 使得 $f_1(x)$ 除 $g(x)$ 所得的余式为 $r_1(x)$, $f_2(x)$ 除 $g(x)$ 所得的余式为 $r_2(x)$.

17. 设 $f(x)\in\mathbf{F}[x]$ 且 $\deg f(x)>0$, $p(x)$ 为 $\mathbf{F}$ 上的不可约多项式, 证明 $f(x)=p^k(x)$ 当且仅当对 $\mathbf{F}[x]$ 中的任意多项式 $g(x)$, 必有 $(f(x),g(x))=1$ 或存在正整数 m, 使得 $f(x)\mid g^m(x)$.

18. 设非零的 $f_i(x)\in\mathbf{F}[x]\ (i=1,2,3)$, 证明存在 $g_i(x), h_i(x)\in\mathbf{F}[x]\ (i=1,2,3)$, 使得

$$(f_1(x),f_2(x),f_3(x))=\begin{vmatrix} f_1(x) & f_2(x) & f_3(x)\\ g_1(x) & g_2(x) & g_3(x)\\ h_1(x) & h_2(x) & h_3(x)\end{vmatrix}.$$

19. 设 $f(x)=a_0x^n+\cdots+a_n$ 是整系数多项式, 若有素数 p, 使得

$$p\nmid a_0,\quad p\mid a_{k+1},\cdots,a_n,\quad p^2\nmid a_n,$$

求证在有理数域上 $f(x)$ 有次数 $\geqslant n-k$ 的不可约因式.

20. 证明不存在整系数多项式 $f(x)$, 对 m 个互不相同的整数 $a_1,\cdots,a_m$, 使其满足 $f(a_i)=a_{i+1}\ (i=1,2\cdots,m)$, 其中 $a_{m+1}=a_1$.

21. 设数域 $\mathbf{F}$ 上的非零多项式 $g(x)$ 有复数根 $\alpha\neq 0$, 而 m 为正整数, 证明:

(1) 存在数域 $\mathbf{F}$ 上的不可约多项式 $p(x)$, 使得 $p(\alpha)=0$;

(2) 存在数域 $\mathbf{F}$ 上多项式 $f(x)$, 使得 $x^m\mid f(x)$ 且 $f(\alpha)=1$.

22. $f(x)$ 是次数大于 0 的复系数多项式, A 是 n 阶复方阵, $g(x)$ 是以 A 为根的次数最低的多项式, 求证:

(1) 若 $(f(x),g(x))=d(x)$, 则秩 $d(A)=$ 秩 $f(A)$;

(2) $f(A)$ 可逆 $\Leftrightarrow (f(x),g(x))=1$;

(3) 当 $f(A)$ 可逆时, 其逆矩阵是 A 的多项式.

23. 设 p 为素数, $f(x)=\sum\limits_{j=1}^{p-1}x^j$, $g(x)=1+\sum\limits_{j=1}^{p-1}x^{\mathrm{C}_p^j+j}$, 求证 $f(x)\mid g(x)$, 其中 C_p^j 为组合数.

24. 设 $\alpha_1, \cdots, \alpha_n$ 是首项系数为 1 的 n 次实系数多项式 $f(x)$ 的根, 试证 α_i 是 $f(x)$ 的重根的充要条件是 $x-\alpha_i \mid D(x)$, 其中

$$D(x)=\begin{vmatrix} \alpha_1 & x & x & \cdots & x \\ x & \alpha_2 & x & \cdots & x \\ x & x & \alpha_3 & \cdots & x \\ \vdots & \vdots & \vdots & \ddots & \vdots \\ x & x & \cdots & x & \alpha_n \end{vmatrix}.$$

25. 若 a, b 是方程 $x^4+x^3=1$ 的两个不同的根, 证明 ab 是方程 $x^6+x^4+x^3-x^2-1=0$ 的根.

26. 求证当 $n \geqslant 2$ 时, $\sqrt[n]{2}$ 为无理数.

27. 决定多项式 $f(x)$ 的指数 m, n, p, 使得 $g(x) \mid f(x)$.

(1) $f(x)=x^{2m}+x^m+1, g(x)=x^2+x+1$;

(2) $f(x)=x^{3m}+x^{3n+1}+x^{3p+2}, g(x)=x^4+x^2+1$;

(3) $f(x)=(1-x)^m+x^m+1, g(x)=x^2-x+1$.

28. 设 x_1, x_2, x_3 为方程 $x^3-6x^2+ax+a=0$ 的三根, 并且 $(x_1-1)^3+(x_2-2)^3+(x_3-3)^3=0$, 求实数 a.

29. 求证实系数多项式 $f(x)=x^5+ax^4+bx^3+c\ (c \neq 0)$ 至少有两个虚根.

30. 求多项式 $f(x)=(x+1)^n-x^n-1=0$ 有重根的条件.

31. 求证方程 $x^{n+1}-x^n-1=0$ 有模为 1 的根的充要条件是 $6 \mid n+2$.

32. 求出所有正整数对 (m, n), 使得 $1+x^n+x^{2n}+\cdots+x^{mn}$ 能被 $1+x+x^2+\cdots+x^m$ 整除.

33. 设数域 $\mathbf{F}$ 上多项式 $f(x, y)$ 关于 x 的次数不超过 n, 关于 y 的次数不超过 m, 设有两组互不相同的数 $a_i(i=0,1,\cdots,n)$ 和 $b_j(j=0,1,\cdots,m)$, 使得 $f(a_i, b_j)=0$ 对一切 i, j 成立, 证明 $f(x, y) \equiv 0$.

34. 设 $f(x)$ 在数域 $\mathbf{F}$ 上不可约, 证明:

(1) 若 $\mathbf{F}$ 上多项式 $g(x)$ 与 $f(x)$ 在复数域内有公共根, 则 $f(x)|g(x)$;

(2) 若复数域中某非零元 c 和 c^{-1} 都是 $f(x)$ 的根, 则 $f(x)$ 的任意非零根的倒数仍为根.

35. 设 $f(x)=x^3+3x^2+3$, 对某复数 α 有 $f(\alpha)=0$, 定义 $\mathbf{Q}[\alpha]=\{a_0+a_1\alpha+a_2\alpha^2|a_0, a_1, a_2 \in \mathbf{Q}\}$, 其中 $\mathbf{Q}$ 为有理数域, 又 $0 \neq \beta \in \mathbf{Q}[\alpha]$, 求证 $\beta^{-1} \in \mathbf{Q}[\alpha]$.

36. 证明有理系数的不可约多项式 $f(x)$ 在复数域内必无重根.

37. 设有理系数多项式 $f(x)$ 不可约且次数为奇数, a 与 b 是 $f(x)$ 的两个不同复根, 证明 $a+b$ 不是有理数.

38. 设 $0 \neq q(x) \in \mathbf{F}[x]$, 证明对任意 $f(x) \in \mathbf{F}[x]$, 存在非负整数 m 及多项式 $a_0(x), \cdots, a_m(x)$, 使得 $f(x)=a_m(x)q^m(x)+\cdots+a_1q(x)+a_0(x)$, 并且如果 $a_i(x) \equiv 0$ 或 $\deg a_i(x)<\deg q(x)$ $(\forall 0 \leqslant i \leqslant m)$, 则上述表达式是唯一的.

39. 若对多项式 $f(x)$ 有 $f(x)=f(x-c)$ 对某个非零数 c 恒成立, 证明 $f(x)$ 是常数.

40. 如果实系数多项式 $f(x)$ 对任意有理数 c 有 $f(c)$ 是有理数, 试证 $f(x)$ 是有理系数多项式.

41. 设 $f(x), g(x)$ 均为次数大于零的整系数多项式, 并且互素, 证明不可能有无限多个不同的整数 k, 使得 $g(k)|f(k)$.

42. 设 $f_1(x), \cdots, f_s(x)$ 两两互素且 $r_1(x), \cdots, r_s(x)$ 给定, 证明存在 $f(x)$, 使其被每个 $f_i(x)$ 除所得的余式恰是 $r_i(x)$ $(i=1, \cdots, s)$.

43. 证明除 $m=0,1,-2$ 外, 多项式 $f(x)=x^5+mx-1$ 在有理数域上不可约 (其中 m 为整数).

44. 设 A, D 为方阵, 并且对任意自然数 n 有 $\begin{vmatrix} nI+A & B \\ C & D \end{vmatrix}=0$, 证明 $|D|=0$.

45. 设 A, B, C 均为奇异二阶矩阵, 并且任意两个矩阵之和也是奇异的, 证明 $A+B+C$ 奇异.

46. 设 $A(\lambda)$ 为复数域上关于 λ 的多项式矩阵, 证明 $A(\lambda)$ 可逆当且仅当 $A(c)$ 对所有的复数 c 均可逆.

47. 求出使 $(x-1)f(x+1)-(x+2)f(x)=0$ 的所有多项式 $f(x)$.

48. 设 $\sum\limits_{i=0}^{n-1} x^i P_i(x^n)=P(x^n)$, 其中 $P(x)$ 及 $P_i(x)$ $(i=0,1,\cdots,n-1)$ 均为实系数多项式且 $(x-1)|P(x)$. 求证:

(1) $P_0(1)=0$;

(2) $P_i(x)=0, 1 \leqslant i \leqslant n-1$;

(3) $P(x)=0$.

第6讲　向量组的初等变换方法

对矩阵 $A_{m\times n}$ 进行初等变换实际上是对矩阵的行或列进行的, 即对 $\mathbf{F}^m$ 或 $\mathbf{F}^n$ 中的向量进行的.

现在对一般向量空间中的有限个抽象向量构成的有序组来考虑如下三种初等变换 (这种提法尚未在其他书籍和文献中见到):

(1) 倍法变换: 把组中某向量扩大 λ 倍 $(\lambda\neq 0)$;

(2) 消法变换: 把组中某向量乘以 μ 加于组中另一向量;

(3) 换法变换: 交换组中两向量的位置.

定理 6.1　若对向量组 $\{\alpha_1, \cdots, \alpha_t\}$ 进行一系列初等变换得 $\{\beta_1, \cdots, \beta_t\}$, 则两向量组等价.

证明　只需注意到初等变换的可逆性. ∎

定理 6.2 (替换定理)　设 $\alpha_1,\cdots,\alpha_r$ 是线性无关组, 并且可由 $\beta_1,\cdots,\beta_s$ 线性表出, 则 $r\leqslant s$, 并且存在 $\beta_{j_1},\cdots,\beta_{j_{s-r}}$, 使得 $\beta_1,\cdots,\beta_s$ 可经初等变换化为 $\alpha_1,\cdots,\alpha_r$, $\beta_{j_1},\cdots,\beta_{j_{s-r}}$.

证明　由题设知 $\alpha_1=k_1\beta_1+\cdots+k_s\beta_s$, 因为 $\alpha_1\neq 0$, 故存在某个 $k_i\neq 0$, 不妨设 $k_1\neq 0$, 则经一系列初等变换, 可将 $\beta_1,\cdots,\beta_s$ 化为 $\alpha_1,\beta_2,\cdots,\beta_s$ (将 β_1 乘以 k_1, 再将 $\beta_2,\cdots,\beta_s$ 分别乘以 $k_2,\cdots,k_s$ 加于 $k_1\beta_1$), 由定理 6.1 知, $\alpha_1,\beta_2,\cdots,\beta_s$ 与 $\beta_1,\cdots,\beta_s$ 等价. 再设 $\alpha_2=l_1\alpha_1+l_2\beta_2+\cdots+l_s\beta_s$, 因为 α_1 与 α_2 线性无关, 故 $l_2,\cdots,l_s$ 不全为零. 不妨设 $l_2\neq 0$, 于是仍有一系列初等变换可将 $\alpha_1,\beta_2,\cdots,\beta_s$ 化为 $\alpha_1,\alpha_2,\beta_3,\cdots,\beta_s$.

若 $r>s$, 则重复上面的过程可得 $\alpha_1,\cdots,\alpha_s$ 与 $\beta_1,\cdots,\beta_s$ 等价, 从而 α_r 可由 $\alpha_1,\cdots,\alpha_s$ 线性表出. 这与 $\alpha_1,\cdots,\alpha_s,\cdots,\alpha_r$ 线性无关矛盾, 故 $r\leqslant s$. 再重复上面的过程可得结论. ∎

定理 6.3　所含向量个数有限且相同的等价的向量组必可经一系列初等变换互化.

证明　设 $\alpha_1,\cdots,\alpha_t$ 及 $\beta_1,\cdots,\beta_t$ 等价, 不妨设 $\alpha_1,\cdots,\alpha_r$ 及 $\beta_1,\cdots,\beta_r$ 分别为两向量组的极大无关组. 由定理 6.2 知, 可经一系列初等变换将 $\beta_1,\cdots,\beta_t$ 化为 $\alpha_1,\cdots,\alpha_r,\beta_{j_1},\cdots,\beta_{j_{t-r}}$, 由于 $\beta_{j_1},\cdots,\beta_{j_{t-r}}$ 可由 $\alpha_1,\cdots,\alpha_r$ 线性表出, 故可经一系列消法变换化 $\alpha_1,\cdots,\alpha_r,\beta_{j_1},\cdots,\beta_{j_{t-r}}$ 为 $\alpha_1,\cdots,\alpha_r,0,\cdots,0$. 又 $\alpha_{r+1},\cdots,\alpha_t$ 均可由 $\alpha_1,\cdots,\alpha_t$ 线性表出, 故可经一系列消法变换将 $\alpha_1,\cdots,\alpha_r,0,\cdots,0$ 化为 $\alpha_1,\cdots,\alpha_t$. 于是定理得证. ∎

例 6.1　向量 $\alpha_1, \cdots, \alpha_t$ 线性无关, 证明 $\alpha_1, \alpha_2 + k_1\alpha_1, \alpha_3 + k_2\alpha_1, \cdots, \alpha_{t-1} + k_{t-2}\alpha_1, \alpha_t + k_{t-1}\alpha_1$ 线性无关, $\alpha_1, \alpha_1 + \alpha_2, \alpha_2 + \alpha_3, \cdots, \alpha_{t-1} + \alpha_t$ 线性无关.

证明　$\{\alpha_1, \cdots, \alpha_t\}$ 经一系列消法变换可化为 $\{\alpha_1, \alpha_2 + k_1\alpha_1, \alpha_3 + k_2\alpha_1, \cdots, \alpha_t + k_{t-1}\alpha_1\}$. 又可经一次消法变换将 $\{\alpha_1, \alpha_1 + \alpha_2, \cdots, \alpha_{t-1} + \alpha_t\}$ 化为 $\{\alpha_1, \alpha_2, \alpha_2 + \alpha_3, \cdots, \alpha_{t-1} + \alpha_t\}$, 再经一次消法变换可化为 $\{\alpha_1, \alpha_2, \alpha_3, \cdots, \alpha_{t-1} + \alpha_t\}$, 如此继续, 可化为 $\{\alpha_1, \cdots, \alpha_t\}$. 由定理 6.1 知, 它们分别等价, 从而秩相等, 于是结论得证. ∎

例 6.2　向量 $\alpha_1 + \alpha_2, \alpha_2 + \alpha_3, \alpha_3 + \alpha_1$ 线性无关当且仅当 $\alpha_1, \alpha_2, \alpha_3$ 线性无关.

证明　将向量组 $\{\alpha_1, \alpha_2, \alpha_3\}$ 中的 α_1 分别加于 α_2, α_3 得 $\{\alpha_1, \alpha_1+\alpha_2, \alpha_1+\alpha_3\}$, 再将 α_1 乘以 -2 得 $\{-2\alpha_1, \alpha_1 + \alpha_2, \alpha_1 + \alpha_3\}$, 将 $\alpha_1 + \alpha_2$ 和 $\alpha_1 + \alpha_3$ 加于 $-2\alpha_1$ 得 $\{\alpha_2 + \alpha_3, \alpha_1 + \alpha_2, \alpha_1 + \alpha_3\}$, 由定理 6.1 得 $\{\alpha_2 + \alpha_3, \alpha_1 + \alpha_2, \alpha_1 + \alpha_3\}$ 与 $\{\alpha_1, \alpha_2, \alpha_3\}$ 等价, 故秩相等, 于是结论成立. ∎

习　题　6

1. 若秩 $\{\alpha_1, \alpha_2, \alpha_3\} = 3$, 秩 $\{\alpha_1, \alpha_2, \alpha_3, \alpha_4\} = 3$, 秩 $\{\alpha_1, \alpha_2, \alpha_3, \alpha_4, \alpha_5\} = 4$, 证明秩 $\{\alpha_1, \alpha_2, \alpha_3, \alpha_5 - \alpha_4\} = 4$.

2. 若秩为 r 的向量组 $\{\alpha_1, \cdots, \alpha_m\}$ 可由它的一个部分组 $\{\alpha_{i_1}, \cdots, \alpha_{i_r}\}$ 线性表出, 证明 $\{\alpha_{i_1}, \cdots, \alpha_{i_r}\}$ 是 $\{\alpha_1, \cdots, \alpha_m\}$ 的一个极大无关组.

3. 设 $\beta = \sum\limits_{i=1}^{t} \alpha_i \ (t > 1)$, 则 $\{\alpha_1, \cdots, \alpha_t\}$ 与 $\{\beta - \alpha_1, \cdots, \beta - \alpha_t\}$ 的秩相等.

4. 设向量组 $u_1, \cdots, u_k$ 的秩不小于 2, $u_1 \neq 0$, 证明存在向量 $v_2, \cdots, v_k$, 使得 $u_1, \cdots, u_k$ 与 $u_1, v_2, \cdots, v_k$ 等价, 并且 $u_1, v_i \ (\forall i = 2, \cdots, k)$ 线性无关.

第7讲　多项式矩阵的初等变换方法

7.1 基础知识

一、多项式矩阵的初等变换

多项式矩阵的初等变换也有三种，倍法变换、换法变换与数字矩阵相同，而消法变换则变成“某行 (列) 乘以多项式 $f(\lambda)$ 加于另一行 (列)”，消法阵为 $T_{ij}(f(\lambda))$ $(i \neq j)$.

二、多项式矩阵与数字矩阵有类似的性质

设 $A(\lambda)=(a_{ij}(\lambda))_{m\times n}$，其中 $a_{ij}(\lambda)$ 为数域 $\mathbf{F}$ 上的多项式，则

(1) $A(\lambda)$ 可逆 $\Leftrightarrow |A(\lambda)|=a$，其中 a 为 $\mathbf{F}$ 中的非零数;

(2) $A(\lambda)$ 的秩即为 $|A(\lambda)|$ 中非零子式的最高阶数;

(3) 可逆的多项式矩阵 $A(\lambda)$ 可以写成初等矩阵的乘积;

(4) 多项式矩阵 $A(\lambda)$ 在初等变换下的**等价标准形**为

$$\left(\begin{array}{ccc|c} d_1(\lambda) & & & \\ & \ddots & & 0 \\ & & d_r(\lambda) & \\ \hline & 0 & & 0 \end{array}\right),$$

即存在可逆矩阵 $P(\lambda)$ 和 $Q(\lambda)$，使得

$$A(\lambda)=P(\lambda)\left(\begin{array}{ccc|c} d_1(\lambda) & & & \\ & \ddots & & 0 \\ & & d_r(\lambda) & \\ \hline & 0 & & 0 \end{array}\right)Q(\lambda),$$

其中 $d_i(\lambda)$ 为首项系数为 1 的多项式，并且 $d_i(\lambda)\big|d_{i+1}(\lambda)$ $(i=1,\cdots,r-1)$.

上式中的 $d_1(\lambda),\cdots,d_r(\lambda)$ 称为 $A(\lambda)$ 的**不变因子**，$A(\lambda)$ 的k **阶子式的最大公因式**称为 $A(\lambda)$ 的k **阶行列式因子**. 显然，

$$d_1(\lambda)=D_1(\lambda),\quad d_i(\lambda)=\frac{D_i(\lambda)}{D_{i-1}(\lambda)},\ i=2,\cdots,r,$$

或者

$$D_k(\lambda)=\prod_{j=1}^{k} d_j(\lambda),\quad k=1,\cdots,r.$$

7.2 应　　用

一、用初等变换方法求多项式 $f_1(\lambda),\cdots,f_t(\lambda)$ 的最大公因式

方法 7.1　将 $(\,f_1(\lambda)\quad f_2(\lambda)\quad\cdots\quad f_t(\lambda)\,)'$ 经初等行变换化为

$$(\,d(\lambda)\quad 0\quad\cdots\quad 0\,)',$$

则 $d(\lambda)$ 即为 $f_1(\lambda),\cdots,f_t(\lambda)$ 的最大公因式.

原理 7.1　只需说明对 $(\,f_1(\lambda)\quad f_2(\lambda)\quad\cdots\quad f_t(\lambda)\,)'$ 施行一次初等行变换不改变 $f_1(\lambda),\cdots,f_t(\lambda)$ 的最大公因式即可 (请读者自己完成).

例 7.1　设 $f_1(\lambda)=2\lambda^4-\lambda^3+3\lambda^2-\lambda+1$, $f_2(\lambda)=4\lambda^4+7\lambda^2-2\lambda+3$, $f_3(\lambda)=2\lambda^4+\lambda^3-2\lambda^2+2\lambda-1$, 求 $f_1(\lambda), f_2(\lambda), f_3(\lambda)$ 的最大公因式.

解

$$\begin{aligned}\begin{pmatrix}f_1(\lambda)\\ f_2(\lambda)\\ f_3(\lambda)\end{pmatrix}&\to\begin{pmatrix}f_1(\lambda)\\ f_2(\lambda)-2f_1(\lambda)\\ f_3(\lambda)-f_1(\lambda)\end{pmatrix}=\begin{pmatrix}f_1(\lambda)\\ 2\lambda^3+\lambda^2+1\\ 2\lambda^3-5\lambda^2+3\lambda-2\end{pmatrix}\\ &\to\begin{pmatrix}f_1(\lambda)\\ 2\lambda^3+\lambda^2+1\\ -6\lambda^2+3\lambda-3\end{pmatrix}\to\begin{pmatrix}f_1(\lambda)\\ 2\lambda^3+\lambda^2+1\\ 2\lambda^2-\lambda+1\end{pmatrix}\\ &\to\begin{pmatrix}f_1(\lambda)\\ 2\lambda^2-\lambda+1\\ 2\lambda^2-\lambda+1\end{pmatrix}\to\begin{pmatrix}2\lambda^2-\lambda+1\\ f_1(\lambda)\\ 0\end{pmatrix}\\ &\to\begin{pmatrix}2\lambda^2-\lambda+1\\ 0\\ 0\end{pmatrix}.\end{aligned}$$

最后一步是由第一行乘以 $-(\lambda^2+1)$ 加到第二行得到的, 故 $2\lambda^2-\lambda+1$ 为 $f_1(\lambda), f_2(\lambda), f_3(\lambda)$ 的最大公因式. ∎

二、求 n 阶数字矩阵的特征值与特征向量

方法 7.2

(1) 将 $\begin{pmatrix}\lambda I_n-A\\ I_n\end{pmatrix}$ 经列变换化为

$$B(\lambda)=\begin{pmatrix}f_1(\lambda) & & 0\\ & \ddots & \\ * & & f_n(\lambda)\\ & Q(\lambda) & \end{pmatrix},$$

求得每个 $f_i(\lambda)=0\ (i=1,\cdots,n)$ 在数域 $\mathbf{F}$(复数域 $\mathbf{C}$) 中的全部解即为 A 的全部特征值 (特征根).

(2) 对于 A 的任何一个特征值 (根)λ_0, 用列初等变换化 $B(\lambda_0)$ 为如下形式:

$$\begin{pmatrix} M & 0 & \cdots & 0 \\ N & x_1 & \cdots & x_s \end{pmatrix},$$

其中 M 为列满秩的 n 行矩阵.

(3) $L(x_1,\ \cdots,\ x_s)$ 中的非零向量为 A 的属于 λ_0 的全部特征向量.

原理 7.2　由秩 $(\lambda I_n-A)=n$ 和用初等变换化标准形理论知, 步骤 (1) 可实现, 并且 $f_i(\lambda)\neq 0\ (i=1,\cdots,n)$. 步骤 (1) 中的初等列变换将 λI_n-A 化为

$$\begin{pmatrix} f_1(\lambda) & & 0 \\ & \ddots & \\ * & & f_n(\lambda) \end{pmatrix},$$

而初等变换不改变 $|\lambda I_n-A|=0$ 的根, 故 A 的特征值 (特征根) 为每个 $f_i(\lambda)=0\ (i=1,\cdots,n)$ 在数域 $\mathbf{F}$(复数域 $\mathbf{C}$) 中的全部根.

步骤 (2) 中将 $B(\lambda_0)$ 经初等列变换化为

$$\begin{pmatrix} M & 0 & \cdots & 0 \\ N & x_1 & \cdots & x_s \end{pmatrix},$$

联系步骤 (1) 可看成是将 $\begin{pmatrix} \lambda_0 I_n-A \\ I_n \end{pmatrix}$ 经初等列变换化为

$$\begin{pmatrix} M & 0 & \cdots & 0 \\ N & x_1 & \cdots & x_s \end{pmatrix}.$$

由例 1.13 的方法 2 知, $x_1,\cdots,x_s$ 是线性方程组 $(\lambda_0 I_n-A)x=0$ 的一个基础解系, 故 $L(x_1,\ \cdots,\ x_s)$ 中的非零向量为 A 的属于 λ_0 的全部特征向量.

例 7.2　求矩阵 A 的特征值与特征向量, 其中

$$A=\begin{pmatrix} -1 & -2 & 6 \\ -1 & 0 & 3 \\ -1 & -1 & 4 \end{pmatrix}.$$

解

$$\begin{pmatrix} \lambda I_3-A \\ I_3 \end{pmatrix}=\begin{pmatrix} \lambda+1 & 2 & -6 \\ 1 & \lambda & -3 \\ 1 & 1 & \lambda-4 \\ 1 & 0 & 0 \\ 0 & 1 & 0 \\ 0 & 0 & 1 \end{pmatrix}$$

$$
\to \begin{pmatrix} 2 & 0 & 0 \\ \lambda & -3+3\lambda & 1-\dfrac{1}{2}\lambda(\lambda+1) \\ 1 & \lambda-1 & 1-\dfrac{1}{2}(\lambda+1) \\ 0 & 0 & 1 \\ 1 & 3 & -\dfrac{1}{2}(\lambda+1) \\ 0 & 1 & 0 \end{pmatrix}
\to \begin{pmatrix} 2 & 0 & 0 \\ \lambda & -3+3\lambda & \lambda^2+\lambda-2 \\ 1 & \lambda-1 & \lambda-1 \\ 0 & 0 & -2 \\ 1 & 3 & \lambda+1 \\ 0 & 1 & 0 \end{pmatrix}
$$

$$
\to \begin{pmatrix} 2 & 0 & 0 \\ \lambda & -3+3\lambda & 0 \\ 1 & \lambda-1 & -\dfrac{1}{3}(\lambda-1)^2 \\ 0 & 0 & -2 \\ 1 & 3 & -1 \\ 0 & 1 & -\dfrac{1}{3}(\lambda+2) \end{pmatrix}
\to \begin{pmatrix} 2 & 0 & 0 \\ \lambda & -3+3\lambda & 0 \\ 1 & \lambda-1 & (\lambda-1)^2 \\ 0 & 0 & 6 \\ 1 & 3 & 3 \\ 0 & 1 & \lambda+2 \end{pmatrix},
$$

于是 A 的特征值为 $\lambda=1$, 并且

$$
B(1)=\begin{pmatrix} 2 & 0 & 0 \\ 1 & 0 & 0 \\ 1 & 0 & 0 \\ 0 & 0 & 6 \\ 1 & 3 & 3 \\ 0 & 1 & 3 \end{pmatrix},
$$

由此易见, A 的属于特征值 1 的特征向量为

$$
k_1(0\quad 3\quad 1)'+k_2(6\quad 3\quad 3)',
$$

其中 k_1, k_2 不同时为零. ∎

三、求复矩阵的若尔当标准形及其过渡矩阵

求复矩阵的若尔当标准形可对 $\lambda I_n - A$ 进行初等变换, 化为对角形后求出初等因子, 写出各若尔当块, 然后可得若尔当标准形. 但是这种方法并不知道相似过渡矩阵. 下面给出同时求若尔当标准形和过渡矩阵的一种方法, 其原理如下:

引理 7.1 设 $\begin{pmatrix} \lambda I_n - A \\ I_n \end{pmatrix}$ 经初等变换化为

$$\begin{pmatrix} \varphi_1(\lambda) & & 0 \\ & \ddots & \\ 0 & & \varphi_n(\lambda) \\ & Q(\lambda) & \end{pmatrix},$$

其中初等行变换仅在前 n 行进行. 设 $Q(\lambda)$ 的第 i 列为 $q_i(\lambda)$, 如果 $\varphi_i(\lambda)$ 含初等因子 $(\lambda-\lambda_0)^t$, 则

$$\begin{aligned} & A\begin{pmatrix} q_i(\lambda_0) & \dfrac{q_i'(\lambda_0)}{1!} & \cdots & \dfrac{q_i^{(t-1)}(\lambda_0)}{(t-1)!} \end{pmatrix} \\ = & \begin{pmatrix} q_i(\lambda_0) & \dfrac{q_i'(\lambda_0)}{1!} & \cdots & \dfrac{q_i^{(t-1)}(\lambda_0)}{(t-1)!} \end{pmatrix}\begin{pmatrix} \lambda_0 & 1 & & \\ & \lambda_0 & \ddots & \\ & & \ddots & 1 \\ & & & \lambda_0 \end{pmatrix}. \end{aligned}$$

证明 由题设知, 存在可逆矩阵 $P(\lambda)$, $Q(\lambda)$, 使得

$$P(\lambda)(\lambda I_n - A)Q(\lambda) = \mathrm{diag}\left(\varphi_1(\lambda), \cdots, \varphi_n(\lambda)\right),$$

于是

$$P(\lambda)(\lambda I_n - A)q_i(\lambda) = \begin{pmatrix} 0 & \cdots & 0 & \varphi_i(\lambda) & 0 & \cdots & 0 \end{pmatrix}'. \tag{7.1}$$

由幂级数展开知

$$q_i(\lambda) = q_i(\lambda_0) + \frac{q_i'(\lambda_0)}{1!}(\lambda-\lambda_0) + \frac{q_i''(\lambda_0)}{2!}(\lambda-\lambda_0)^2 + \cdots.$$

将此式代入式 (7.1) 左端得

$$\begin{aligned} & P(\lambda)\left[(\lambda_0 I_n - A) + (\lambda-\lambda_0)I_n\right]q_i(\lambda) \\ = & P(\lambda)(\lambda_0 I_n - A)\left[q_i(\lambda_0) + \frac{q_i'(\lambda_0)}{1!}(\lambda-\lambda_0) + \cdots\right] \\ & + P(\lambda)(\lambda-\lambda_0)\left[q_i(\lambda_0) + \frac{q_i'(\lambda_0)}{1!}(\lambda-\lambda_0) + \cdots\right] \\ = & P(\lambda)\Big\{(\lambda_0 I_n - A)q_i(\lambda_0) + \left[(\lambda_0 I_n - A)q_i'(\lambda_0) + q_i(\lambda_0)\right](\lambda-\lambda_0) \end{aligned}$$

$$+\left[(\lambda_0 I_n - A)\frac{q_i''(\lambda_0)}{2!} + q_i'(\lambda_0)\right](\lambda-\lambda_0)^2 + \cdots \Big\}.$$

由式 (7.1) 知, 上式左端向量的各分量都含公因子 $(\lambda-\lambda_0)^t$, 故上式右端也应如此. 但 $P(\lambda)$ 为初等矩阵的积, 显然, 初等变换不改变向量各分量所含公因子的情况, 故

$$\begin{aligned}
&(\lambda_0 I_n - A)q_i(\lambda_0) = 0,\\
&(\lambda_0 I_n - A)q_i'(\lambda_0) + q_i(\lambda_0) = 0,\\
&\cdots\cdots\\
&(\lambda_0 I_n - A)\frac{q_i^{(t-1)}(\lambda_0)}{(t-1)!} + \frac{q_i^{(t-2)}(\lambda_0)}{(t-2)!} = 0.
\end{aligned}$$

这恰说明

$$\begin{aligned}
&A\begin{pmatrix} q_i(\lambda_0) & \dfrac{q_i'(\lambda_0)}{1!} & \cdots & \dfrac{q_i^{(t-1)}(\lambda_0)}{(t-1)!}\end{pmatrix}\\
=&\begin{pmatrix} q_i(\lambda_0) & \dfrac{q_i'(\lambda_0)}{1!} & \cdots & \dfrac{q_i^{(t-1)}(\lambda_0)}{(t-1)!}\end{pmatrix}\begin{pmatrix} \lambda_0 & 1 & & \\ & \lambda_0 & \ddots & \\ & & \ddots & 1 \\ & & & \lambda_0 \end{pmatrix},
\end{aligned}$$

即引理成立. ▮

注 7.1　引理 7.1 取自文献 [2].

例 7.3　求例 7.2 中 A 的若尔当标准形及过渡矩阵.

解　用初等变换,

$$\begin{aligned}
\begin{pmatrix} \lambda I_3 - A \\ I_3 \end{pmatrix} &\to \begin{pmatrix} 2 & 0 & 0 \\ \lambda & 3\lambda-3 & 0 \\ 1 & \lambda-1 & (\lambda-1)^2 \\ 0 & 0 & 6 \\ 1 & 3 & 3 \\ 0 & 1 & \lambda+2 \end{pmatrix}\\
&\to \begin{pmatrix} 1 & 0 & 0 \\ 0 & \lambda-1 & 0 \\ 0 & 0 & (\lambda-1)^2 \\ 0 & 0 & 6 \\ 1 & 3 & 3 \\ 0 & 1 & \lambda+2 \end{pmatrix},
\end{aligned}$$

于是由引理,

$$q_2(1) = (0\quad 3\quad 1)',\quad q_3(1) = (6\quad 3\quad 3)',\quad q_3'(1) = (0\quad 0\quad 1)',$$

故

$$A=\begin{pmatrix}0&6&0\\3&3&0\\1&3&1\end{pmatrix}\begin{pmatrix}1&0&0\\0&1&1\\0&0&1\end{pmatrix}\begin{pmatrix}0&6&0\\3&3&0\\1&3&1\end{pmatrix}^{-1}.\quad \blacksquare$$

习　题　7

1. 用初等变换方法求最大公因式.

(1) $f_1(x)=x^4+3x^3-x^2-4x-3$, $f_2(x)=3x^3+10x^2+2x-3$, $f_3(x)=x^3+4x^2+4x+3$;

(2) $f(x)=3x^3+2x^2+3x+2$, $g(x)=3x^2-x-2$.

2. 用 λ 矩阵初等变换方法求如下矩阵的特征值和特征向量:

(1) $\begin{pmatrix}-2&1&1\\0&2&0\\-4&1&3\end{pmatrix}$;

(2) $\begin{pmatrix}1&2&2\\2&1&2\\2&2&1\end{pmatrix}$.

3. 求下列矩阵的若尔当标准形及相应的过渡矩阵:

(1) $\begin{pmatrix}-4&2&10\\-4&3&7\\-3&1&7\end{pmatrix}$;

(2) $\begin{pmatrix}0&3&3\\-1&8&6\\2&-14&-10\end{pmatrix}$;

(3) $\begin{pmatrix}1&2&3&4\\&1&2&3\\&&1&2\\&&&1\end{pmatrix}$.

第 8 讲　线性方程组用于证明的方法

线性方程组既是线性代数要解决的基本问题之一, 又是处理线性代数问题的一个强有力的工具. 因此, 在解决各种问题中, 树立线性方程组的观点十分重要. 许多问题从线性方程组的角度去观察往往可以得到一种思路.

8.1 基础知识

设 A 为数域 $\mathbf{F}$ 上的 $m \times n$ 矩阵, x 为未知的 n 维列向量, b 为 m 维列向量, 则 $Ax = b$ 代表一个线性方程组.

一、解的情况的分类

(1) $Ax = b$ 有解 $\Leftrightarrow$ 秩 $A =$ 秩 $(A\quad b) \Leftrightarrow b$ 是 A 的各列的线性组合.

(2) $Ax = b$ 有唯一解 $\Leftrightarrow$ 秩 $A =$ 秩 $(A\quad b) = n$.

(3) $Ax = b$ 有无穷多解 $\Leftrightarrow$ 秩 $A =$ 秩 $(A\quad b) < n$.

(4) $Ax = 0$ 有非零解 $\Leftrightarrow$ 秩 $A < n \Leftrightarrow A$ 各列线性相关.

(5) $Ax = 0$ 只有零解 $\Leftrightarrow$ 秩 $A = n \Leftrightarrow A$ 各列线性无关.

特别地, 当 $m = n$ 时,

(6) $Ax = b$ 有唯一解 $\Leftrightarrow A$ 可逆 $\Leftrightarrow |A| \neq 0 \Leftrightarrow Ax = 0$ 只有零解.

此时, 解可由克拉默法则表示

$$x = A^{-1}b \quad 或 \quad x_i = \frac{|A(i \to b)|}{|A|},\ i = 1, \cdots, n,$$

其中 $A(i \to b)$ 表示 A 的第 i 列换上 b, 其余列不动所得的矩阵.

(7) $Ax = b$ 有无穷多解 $\Rightarrow A$ 奇异 $\Leftrightarrow |A| = 0 \Leftrightarrow Ax = 0$ 有非零解.

二、解的结构

(1) 齐次线性方程组 $A_{m\times n}x = 0$ 的解构成 $\mathbf{F}^n$ 的一个子空间, 称为 $Ax = 0$ 的**解空间**, 解空间的基底称为 $Ax = 0$ 的**基础解系**, 并且解空间的维数 $= n-$ 秩 A.

(2) $Ax = b$ (非齐次线性方程组) 的解不构成子空间, 其结构式通解为

$$x = k_1\eta_1 + \cdots + k_{n-r}\eta_{n-r} + \xi, \quad k_i \in \mathbf{F},\ i = 1, \cdots, n-r,$$

其中 $\eta_1, \cdots, \eta_{n-r}$ 为**导出方程组**$Ax = 0$ 的基础解系, ξ 为 $Ax = b$ 的一个特解, $k_1, \cdots, k_{n-r}$ 为 $\mathbf{F}$ 中的任意数.

8.2 应用举例

一、解的存在性条件的应用

例 8.1 证明对于行满秩的 $A_{m\times n}$, 存在矩阵 B, 使得 $AB=I_m$.

证明 要找的 B 显然为 $n\times m$ 矩阵, 设其各列依次为 $b_1,\cdots,b_m$. 由 $AB=I_m$ 知 $A(b_1\ \ \cdots\ \ b_m)=I_m$, 于是所求的 $b_i\ (i=1,\cdots,m)$ 恰为 $Ax=e_i$ 的解. 因为 $m\geqslant$ 秩 $(A\ \ e_i)\geqslant$ 秩 $A=m$, 从而秩 $A=$ 秩 $(A\ \ e_i)$, 即 $Ax=e_i$ 有解. ∎

例 8.2 设 $0\neq b\in \mathbf{F}^n$, $a\in\mathbf{F}^m$, 证明存在 $m\times n$ 矩阵 A, 使得 $Ab=a$.

证明 设 $a=(a_1\ \ \cdots\ \ a_m)'$, 由 $b\neq 0$ 得秩 $b'=$ 秩 $(b'\ \ a_i)=1\ (i=1,\cdots,m)$, 于是 $b'x=a_i\ (i=1,\cdots,m)$ 有解 x_i. 令 $A=(x_1\ \ \cdots\ \ x_m)'$, 则 $b'A'=b'(x_1\ \ \cdots\ \ x_m)=(a_1\ \ \cdots\ \ a_m)=a'$, 即 $Ab=a$ 存在. ∎

例 8.3 秩 $(AB)=$ 秩 $A\Leftrightarrow$ 存在 C, 使得 $A=ABC$.

证明 设 A 的按列分块为 $(a_1\ \ \cdots\ \ a_n)$, 则

$$\begin{aligned}&\text{存在 } C,\ \text{使得 } A=ABC\\ \Leftrightarrow\ & ABx=a_i\ (\forall 1\leqslant i\leqslant n)\ \text{有解}\\ \Leftrightarrow\ & \text{秩}\,(AB)=\text{秩}\,(AB\ \ a_i)\ (\forall 1\leqslant i\leqslant n)\\ \Leftrightarrow\ & a_i\ (1\leqslant i\leqslant n)\ \text{是 } AB \text{ 各列的线性组合}\\ \Leftrightarrow\ & \text{秩}(AB)=\text{秩}(AB\ \ A)=\text{秩}(0\ \ A)=\text{秩}A.\end{aligned}$$ ∎

注 8.1 例 8.3 也可由注 1.6 直接得到.

二、解的唯一性条件的应用 —— 矩阵奇异与非奇异的一种判定方法

例 8.4 若对 n 阶矩阵 A, 总有 $\operatorname{tr}(A^k)=0\ (k=1,\cdots,n)$, 证明 A 为幂零矩阵.

证明 设 A 的所有非零互异特征根为 $\lambda_1,\cdots,\lambda_t$, 并且重数分别为 $x_1,\cdots,x_t$, 于是由 $\operatorname{tr}A=\operatorname{tr}(A^2)=\cdots=\operatorname{tr}(A^t)=0$ 知 $Bx=0$, 其中

$$B=\begin{pmatrix}\lambda_1&\lambda_2&\cdots&\lambda_t\\ \lambda_1^2&\lambda_2^2&\cdots&\lambda_t^2\\ \vdots&\vdots&&\vdots\\ \lambda_1^t&\lambda_2^t&\cdots&\lambda_t^t\end{pmatrix}.$$

因为 $|B|=\prod\limits_{i=1}^{t}\lambda_i\cdot\prod\limits_{t\geqslant i>j\geqslant 1}(\lambda_i-\lambda_j)\neq 0$, 故方程组 $Bx=0$ 只有零解, 即 $x_1=\cdots=x_t=0$, 于是 A 的全部特征根都为零, 因而存在 n 阶可逆矩阵 T, 使得

$$A=T\begin{pmatrix}0&*&\cdots&*\\ \vdots&\ddots&\ddots&\vdots\\ \vdots&&\ddots&*\\ 0&\cdots&\cdots&0\end{pmatrix}T^{-1}.$$

故存在适当的 m, 使得 $A^m=0$, 即 A 为幂零矩阵. ▮

例 8.5　设 $x_1,\cdots,x_s$ 为分别属于 A 的不同特征值 $\lambda_1,\cdots,\lambda_s$ 的特征向量, 证明 $x_1,\cdots,x_s$ 线性无关.

证明　设

$$k_1x_1+k_2x_2+\cdots+k_sx_s=0,$$

以 $A, A^2,\cdots,A^{s-1}$ 分别乘上式的两端得

$$\begin{cases}\lambda_1k_1x_1+\cdots+\lambda_sk_sx_s=0,\\ \qquad\cdots\cdots\\ \lambda_1^{s-1}k_1x_1+\cdots+\lambda_s^{s-1}k_sx_s=0.\end{cases}$$

设 $x_k=(x_{k1}\quad x_{k2}\quad\cdots\quad x_{kn})'\ (k=1,2,\cdots,s)$, 则

$$B\begin{pmatrix}k_1x_{1i}\\ \vdots\\ k_sx_{si}\end{pmatrix}=0,\quad i=1,2,\cdots,n,$$

其中 $B=\begin{pmatrix}1&\cdots&1\\ \lambda_1&\cdots&\lambda_s\\ \vdots&&\vdots\\ \lambda_1^{s-1}&\cdots&\lambda_s^{s-1}\end{pmatrix}$. 由 $Bx=0$ 只有零解知

$$k_1x_{1i}=\cdots=k_sx_{si}=0,\quad i=1,2,\cdots,n,$$

于是 $k_1x_1=\cdots=k_sx_s=0$. 因为 $x_1,\cdots,x_s$ 为特征向量, 故均非零, 从而 $k_1=\cdots=k_s=0$, 即 $x_1,\cdots,x_s$ 线性无关. ▮

例 8.6　设 A 是方阵, B 是行满秩矩阵, 并且 $AB=B$, 证明 $A=I$.

证明　由 $AB=B$ 得 $B'(A'-I)=0$, 故 $A'-I$ 的各列均为线性方程组 $B'x=0$ 的解. 但 B 行满秩, 从而 B' 列满秩, $B'x=0$ 只有零解, 故 $A'-I=0$, 即 $A=I$. ▮

例 8.7　设 n 阶复矩阵 $A=(a_{ij})$**严格对角占优**, 即

$$|a_{ii}|>\sum_{\substack{j=1\\ j\neq i}}^{n}|a_{ij}|,\quad i=1,\cdots,n,$$

则 A 非奇异.

证明　用反证法. 若 A 奇异, 则方程组 $Ax=0$ 有非零解 $x=(x_1\quad\cdots\quad x_n)'$. 设 $|x_k|=\max\limits_j|x_j|$, 则由 $a_{k1}x_1+\cdots+a_{kn}x_n=0$ 得

$$-a_{kk}x_k=\sum_{\substack{j=1\\ j\neq k}}^{n}a_{kj}x_j.$$

两边取模、利用三角不等式有 $|a_{kk}||x_k| \leqslant \sum\limits_{\substack{j=1\\j\neq k}}^{n} |a_{kj}||x_j|$, 于是

$$|a_{kk}| \leqslant \sum_{\substack{j=1\\j\neq k}}^{n} |a_{kj}|\frac{|x_j|}{|x_k|} \leqslant \sum_{\substack{j=1\\j\neq k}}^{n} |a_{kj}|,$$

与 A 严格对角占优矛盾. ▮

例 8.8 设 α, β 为 n 维非零列向量, A 为 n 阶可逆矩阵, 证明 $B = (\beta' A^{-1}\alpha)A - \alpha\beta'$ 为奇异矩阵.

证明 只需证明 $Bx = 0$ 有非零解. 事实上,

$$\begin{aligned} B(A^{-1}\alpha) &= (\beta' A^{-1}\alpha)A \cdot A^{-1}\alpha - \alpha\beta' \cdot A^{-1}\alpha \\ &= (\beta' A^{-1}\alpha) \cdot \alpha - (\beta' A^{-1}\alpha) \cdot \alpha = 0. \end{aligned}$$ ▮

例 8.9 设 A 是元素都为 0, 1 的 n 阶矩阵, A 每行 1 的个数都是 k, 并且 $0 < k < n$. 如果将 A 的元素 0 都换为 1, 元素 1 都换为 0 后得矩阵 B, 证明 A 可逆当且仅当 B 可逆.

证明 **必要性** 反证法. 设 B 不可逆, 则 $Bx = 0$ 有非零解 $x = (x_1 \ \cdots \ x_n)'$. 显然, $B = J - A$, 其中$J = \begin{pmatrix} 1 & \cdots & 1 \\ \vdots & & \vdots \\ 1 & \cdots & 1 \end{pmatrix}$, 于是 $(J - A)x = 0$, 从而 $Ax = Jx = (\tilde{x} \ \cdots \ \tilde{x})'$, 其中 $\tilde{x} = \sum\limits_{i=1}^{n} x_i$, 即

$$A\begin{pmatrix} \dfrac{x_1}{\tilde{x}} & \cdots & \dfrac{x_n}{\tilde{x}} \end{pmatrix}' = (1 \ \cdots \ 1)'. \tag{8.1}$$

另一方面, 因为 A 每行的元素和为 k, 故

$$A\begin{pmatrix} \dfrac{1}{k} & \cdots & \dfrac{1}{k} \end{pmatrix}' = (1 \ \cdots \ 1)'. \tag{8.2}$$

由 A 可逆知, $Ax = (1 \ \cdots \ 1)'$ 有唯一解, 再由 (8.1) 和 (8.2) 得

$$A\begin{pmatrix} \dfrac{x_1}{\tilde{x}} - \dfrac{1}{k} & \cdots & \dfrac{x_n}{\tilde{x}} - \dfrac{1}{k} \end{pmatrix}' = (0 \ \cdots \ 0)'.$$

由 A 可逆知, $Ax = 0$ 只有零解, 故

$$\frac{x_1}{\tilde{x}} = \cdots = \frac{x_n}{\tilde{x}} = \frac{1}{k},$$

从而 $1 = \dfrac{x_1 + \cdots + x_n}{\tilde{x}} = \dfrac{n}{k}$, 即 $n = k$, 与 $k < n$ 矛盾, 故 B 可逆.

充分性 证明类似于必要性. ▮

例 8.10　设 $D=\operatorname{diag}(d_1,\ \cdots,\ d_n)$ 且 $d_i>0\ (i=1,\cdots,n)$, A 为实反对称矩阵, 证明 $D+A$ 非奇异.

证明　用反证法. 若 $A+D$ 奇异, 则 $(D+A)x=0$ 有非零解

$$x_0=(\,x_1\quad\cdots\quad x_n\,)',$$

故 $0=x_0'(D+A)x_0=x_0'Dx_0+x_0'Ax_0$. 由 A 反对称知 $(x_0'Ax_0)'=-x_0'Ax_0$, 于是 $x_0'Ax_0=0$(因为 $x_0'Ax_0$ 是数), 从而 $x_0'Dx_0=0$, 即 $\sum\limits_{i=1}^{n}d_ix_i^2=0$, 矛盾, 故 $D+A$ 非奇异. ∎

例 8.11　设 A 为实方阵且 $A'A$ 的特征值全小于 1, 证明 $I-A$ 可逆.

证明　用反证法. 假设 $I-A$ 奇异, 则 $(I-A)x=0$ 有非零解 x_0, 于是 $x_0=Ax_0$, 两边取长度得 $|x_0|=|Ax_0|$, 从而 $|x_0|^2=|Ax_0|^2$, 即 $x_0'x_0=x_0'A'Ax_0$, 于是

$$x_0'(I-A'A)x_0=0,\quad x_0\neq 0. \tag{8.3}$$

另一方面, 设 $A'A$ 的特征值为 $\lambda_1,\cdots,\lambda_n$, 则存在正交矩阵 Q, 使得

$$A'A=Q\operatorname{diag}(\lambda_1,\ \cdots,\ \lambda_n)Q^{-1},$$

于是 $I-A'A=Q\operatorname{diag}(1-\lambda_1,\ \cdots,\ 1-\lambda_n)Q^{-1}$. 由 $\lambda_i<1\ (i=1,\cdots,n)$ 得 $I-A'A$ 正定, 这与式 (8.3) 矛盾, 故 $I-A$ 可逆. ∎

例 8.12　设 A,D 均 n 阶实对称矩阵, A 的大于或等于 1 的特征值的个数为 s, D 的特征值都小于 1, 证明秩 $(A-D)\geqslant s$.

证明 1　设 $A=Q'\operatorname{diag}(\lambda_1,\ \cdots,\ \lambda_n)Q$, 其中 Q 为正交矩阵且 $\lambda_i\geqslant 1\,(1\leqslant i\leqslant s)$, 再设 $A-D=Q'(\operatorname{diag}(\lambda_1,\ \cdots,\ \lambda_n)-D_1)Q\overset{\text{记}}{=}Q'BQ$. 设 B_1 为 B 的前 s 列, 于是只需证 B_1 列满秩, 这等价于证明 $B_1x=0$ 只有零解, 又等价于对任意的 $0\neq x=(\,x_1\quad\cdots\quad x_s\quad 0\quad\cdots\quad 0\,)'\in\mathbf{R}^n$ 均有 $Bx\neq 0$.

事实上, 若 $Bx=0$ 有解 $x_0=(\,x_1\quad\cdots\quad x_s\quad 0\quad\cdots\quad 0\,)'\neq 0$, 则

$$\operatorname{diag}(\lambda_1,\ \cdots,\ \lambda_n)x_0=D_1x_0,$$

于是

$$x_0'D_1x_0=x_0'\operatorname{diag}(\lambda_1,\ \cdots,\ \lambda_n)x_0=\sum_{i=1}^{s}\lambda_ix_i^2.$$

再应用 $\lambda_i\geqslant 1\ \ (1\leqslant i\leqslant s)$ 得

$$x_0'D_1x_0\geqslant |x_0|^2. \tag{8.4}$$

另一方面, 因 D 的特征值均小于 1, 故 I_n-D 正定, 从而 I_n-D_1 正定, 于是 $x_0'(I_n-D_1)x_0>0$, 这与 (8.4) 矛盾.

证明 2　因为 D 的特征值均小于 1, 故 $I-D$ 正定, 于是存在可逆矩阵 C, 使得 $I-D=C'C$, 从而

$$A-D=(I-D)+(A-I)=C'C+(A-I)=C'[I+(C^{-1})'(A-I)C^{-1}]C.$$

再由 A 的大于等于 1 的特征值为 s 个知, $I+(C^{-1})'(A-I)C^{-1}$ 的正特征值大于等于 s 个, 故秩 $(A-D)\geqslant s$. ▮

三、齐次方程组 $\boldsymbol{Ax=0}$ 的解空间及其维数公式的应用

例 8.13　线性方程组 $A_{m\times n}x=0$ 的解都是 $B_{s\times n}x=0$ 的解且秩 $A=$ 秩 B 的充要条件是 $Ax=0$ 与 $Bx=0$ 同解.

证明　充分性显然, 下证必要性.

因为秩 $A=$ 秩 B, 故 $n-$ 秩 $A=n-$ 秩 B, 于是 $Ax=0$ 与 $Bx=0$ 的解空间的维数一致. 又 $Ax=0$ 的解都是 $Bx=0$ 的解, 故 $Ax=0$ 的解空间的基也是 $Bx=0$ 的解空间的基, 从而 $Ax=0$ 的解空间与 $Bx=0$ 的解空间一致, 即 $Ax=0$ 与 $Bx=0$ 同解. ▮

例 8.14　证明秩 $(AB)=$ 秩 B 的充要条件是 $ABx=0$ 与 $Bx=0$ 同解.

证明　充分性由例 8.13 得到, 下证必要性.

因为 $Bx=0$ 的解显然是 $ABx=0$ 的解, 且秩 $(AB)=$ 秩 B, 由例 8.13 得证. ▮

例 8.15　设 A 为 n 阶方阵, 证明秩 $A^n=$ 秩 A^{n+1}.

证明　由例 8.14, 只需证 $A^nx=0$ 与 $A^{n+1}x=0$ 同解. 若不然, 则存在 x_0, 使得 $A^nx_0\neq 0$ 且 $A^{n+1}x_0=0$.

设 $k_0x_0+k_1Ax_0+\cdots+k_nA^nx_0=0$, 以 A^n 左乘上式两端得 $k_0A^nx_0=0$, 应用 $A^nx_0\neq 0$ 推出 $k_0=0$, 于是 $k_1Ax_0+\cdots+k_nA^nx_0=0$. 再以 A^{n-1} 左乘两端又可推出 $k_1=0,\cdots\cdots$, 类似地, 可推出 $k_2=\cdots=k_n=0$. 故 $x_0, Ax_0, \cdots, A^nx_0$ 线性无关, 这与 $n+1$ 个 n 维向量必线性相关矛盾, 于是 $A^nx=0$ 与 $A^{n+1}x=0$ 同解. ▮

例 8.16　设 A 为实矩阵, 证明秩 $A'A=$ 秩 $A=$ 秩 (AA').

证明　由例 8.14, 只需证 $A'Ax=0$ 与 $Ax=0$ 同解. $Ax=0$ 的解显然是 $A'Ax=0$ 的解; 反之, 设 $A'Ax_0=0$, 则 $x_0'A'Ax_0=0$, 即 $(Ax_0, Ax_0)=0$, 从而 $Ax_0=0$, 这证明了 $A'Ax=0$ 的解均是 $Ax=0$ 的解, 故秩 $A'A=$ 秩 A. 同理, 可证秩 $AA'=$ 秩 A'. 再由秩 $A'=$ 秩 A, 结论得证. ▮

例 8.17　设 $A_{n\times m}B_{m\times p}=0$, 秩 $A=n$, $n+p>m$, 证明 B 的各列线性相关.

证明　B 的各列显然为 $Ax=0$ 的解, 但 $Ax=0$ 的解空间的维数 $=m-n<p$, 从而秩 $B<p$, 故 B 的各列线性相关. ▮

例 8.18　设 A 为 n 阶实对称矩阵, $S_A=\{x\in\mathbf{R}^n|\,x'Ax=0\}$, 证明 S_A 是 $\mathbf{R}^n$ 的子空间 $\Leftrightarrow A$ 半正定或半负定.

证明　**充分性**　设 A 半正定, 则存在 B, 使得 $A = B'B$. 任取 $x \in S_A$, 则 $x'B'Bx = 0$, 即 $(Bx, Bx) = 0$, 从而 $Bx = 0$. 进一步有 $Ax = 0$, 即 S_A 为 $Ax = 0$ 的解空间的子集; 反之, $Ax = 0$ 的任一解显然属于 S_A, 故 S_A 就是 $Ax = 0$ 的解空间, 即 S_A 是 $\mathbf{R}^n$ 的子空间. 若 A 是半负定, 证明类似.

必要性　用反证法. 若 A 既不是半正定的, 也不是半负定的, 则必有正惯性指数 $p \geqslant 1$ 且负惯性指数 $q \geqslant 1$. 不妨设

$$A = P'\mathrm{diag}(1,\ -1,\ \cdots)P,$$

其中 P 为可逆矩阵. 令

$$y = P^{-1}(1\quad 1\quad 0\quad \cdots\quad 0)',\quad z = P^{-1}(1\quad -1\quad 0\quad \cdots\quad 0)',$$

则 $y'Ay = z'Az = 0$, 于是 $y, z \in S_A$. 由 S_A 是子空间得 $y+z \in S_A$, 即 $(y+z)'A(y+z) = 0$, 与事实矛盾, 故结论成立. ∎

例 8.19　设 n 元实二次型 $f(x_1, \cdots, x_n)$ 的正、负惯性指数分别为 p 和 q, 并且 $p \geqslant q$, 证明存在 q 维子空间 W, 使得

$$f(x) = 0,\quad \forall x \in W.$$

证明　由题设知, 存在可逆线性变换 $x = Ty$, 使得 $f(x_1, \cdots, x_n) = y_1^2 + \cdots + y_p^2 - y_{p+1}^2 - \cdots - y_{p+q}^2$. 令

$$\begin{cases} y_i - y_{p+i} = 0, & i = 1, 2, \cdots, q, \\ y_j = 0, & j = q+1, \cdots, p, p+q+1, \cdots, n. \end{cases}$$

易见, 此方程组系数矩阵的秩为 $n-q$, 从而其解空间 W 的维数为 q, 即有 q 维子空间 W, 使得其中的 y 均满足 $f(x_1, \cdots, x_n) = y_1^2 + \cdots + y_p^2 - y_{p+1}^2 - \cdots - y_{p+q}^2 = 0$. 此时 $x \in T(W)$, 仍有 $f(x_1, \cdots, x_n) = 0$, $T(W)$ 仍为 q 维子空间. 结论得证. ∎

四、非齐次方程组 $Ax = b$ 解的结构的应用

例 8.20　若 $Ax = a$ 与 $Bx = b$ 有解且同解, 证明 $Ax = 0$ 与 $Bx = 0$ 同解.

证明　设 η 为 $Ax = 0$ 的任意解, ξ 为 $Ax = a$ 的特解, 则 $\eta + \xi$ 仍为 $Ax = a$ 的解, 故 ξ 和 $\eta + \xi$ 是 $Bx = b$ 的解, 于是 $B\eta = B(\eta + \xi) - B\xi = b - b = 0$, 即 η 为 $Bx = 0$ 的解; 反之, 易证 $Bx = 0$ 的任意解均为 $Ax = 0$ 的解, 故同解. ∎

例 8.21　已知四元非齐次线性方程组 $Ax = b$ 的系数矩阵的秩为 3, 它的三个解向量 $\alpha_1, \alpha_2, \alpha_3$ 满足 $\alpha_1 + \alpha_2 = (1\quad 1\quad 0\quad 2)'$, $\alpha_2 + \alpha_3 = (1\quad 0\quad 1\quad 3)'$, 试写出 $Ax = b$ 的通解.

解　因为秩 $A = 3$, 故 $Ax = 0$ 的基础解系含一个向量. 由 $\alpha_1, \alpha_2, \alpha_3$ 是 $Ax = b$ 的解知, $\alpha_3 - \alpha_1$ 是 $Ax = 0$ 的解且 $\dfrac{\alpha_1 + \alpha_2}{2}$ 是 $Ax = b$ 的解, 于是 $Ax = b$ 的通解表达

式为

$$
\begin{aligned}
x &= \frac{\alpha_1+\alpha_2}{2}+k(\alpha_3-\alpha_1)\\
&= \begin{pmatrix}\frac{1}{2} & \frac{1}{2} & 0 & 1\end{pmatrix}'+k(0\quad -1\quad 1\quad 1)', \quad k \text{ 任意.} \ \blacksquare
\end{aligned}
$$

习 题 8

1. 用方程组的观点证明秩 $AB \leqslant \min\{$ 秩 A, 秩 $B\}$.

2. 设 A 为列满秩矩阵, 证明存在 B, 使得 $BA = I$.

3. 若 $A+qB+q^2C+q^3D=0$ 对 $m\times n$ 矩阵 A, B, C, D 及数域 $\mathbf{F}$ 中 4 个不同的 q 值成立, 证明 $A=B=C=D=0$.

4. 若 $1+x+\cdots+x^{n-1}$ 能整除 $f_1(x^n)+xf_2(x^n)+\cdots+x^{n-2}f_{n-1}(x^n)$, 证明每个 $f_i(x)$ 的所有系数和都是零.

5. A^* 表示 n 阶矩阵 A 的伴随矩阵, 证明:

$$
\text{秩}A^* = \begin{cases} n, & \text{秩 } A = n, \\ 1, & \text{秩 } A = n-1, \\ 0, & \text{秩 } A < n-1. \end{cases}
$$

6. 若秩 (AB) = 秩 B, 证明秩 (ABC) = 秩 (BC).

7. 设 $DAB = DAC$, 秩 (DA) = 秩 A, 证明 $AB = AC$.

8. 设 A 为实反对称矩阵, 证明 $I - A^2$ 可逆.

9. 设 A 实对称矩阵, 证明 $I + \mathrm{i}A$ 非奇异, 其中 i 为虚数单位.

10. 设 $A_{n\times r}$ 列满秩, $B_{r\times n}$ 行满秩, 如果 A 的列空间与 $Bx=0$ 的解空间的直和为 $\mathbf{F}^n$, 证明 BA 可逆.

11. 如果 $Ax \neq 0$ 对 $\mathbf{F}^n$ 的一个 s 维子空间的所有非零向量 x 都成立, 证明秩 $A \geqslant s$.

12. 证明实数域上的线性方程组 $A'Ax = A'b$ 总有解.

13. 证明 $Ax = b$ 有解 $\Leftrightarrow A'x = 0$ 的每个解都是 $b'x = 0$ 的解.

14. 设 n 阶矩阵 A 有 n 个互异的特征值, 证明与 A 可交换的矩阵可表为 A 的多项式.

15. 若实二次型 $f(x) = f(x_1,\cdots,x_n)$ 的正、负惯性指数分别为 p, q 且 $1 < p, q < n$, 证明存在 $\mathbf{F}^n$ 的子空间 V_1, V_2, V_3 两两正交且维数分别为 p, q, $n-p-q$, 同时对 V_1 中的一切非零向量 α 均有 $f(\alpha) > 0$, 对 V_2 中的一切非零向量 α 均有 $f(\alpha) < 0$, 对 V_3 中的一切向量 α 均有 $f(\alpha) = 0$.

16. 如果线性方程组 $Ax = 0$ 的解都是 $Bx = 0$ 的解, 证明存在矩阵 C, 使得 $B = CA$.

17. 证明下列命题等价:

(1) $A_{m\times n}x = 0$ 与 $B_{m\times n}x = 0$ 同解;

(2) 存在矩阵 C 和 D, 使得 $A = CB$ 且 $B = DA$;

(3) 存在可逆矩阵 P, 使得 $PB = A$.

18. 设 A 为 $m\times n$ 矩阵, B 为 $s\times n$ 矩阵且 $s < m$. 又设方程组 $Ax = a$ 及 $Bx = b$ 均有解, 则它们同解的充要条件是存在列满秩矩阵 P, 使得 $P(B\quad b) = (A\quad a)$.

19. 设 $A_{m\times n}B_{n\times p}=0$, 证明秩 $A+$ 秩 $B\leqslant n$.

20. 设 $A'B+CA+A'DA$ 正定, 证明 A 可逆.

21. 设 B_1 和 B_2 为列数相同的实矩阵, 证明

$$\text{秩}\begin{pmatrix} B_1'B_1 & B_2' & B_1' \\ B_2 & 0 & 0 \end{pmatrix} = \text{秩}\begin{pmatrix} B_1'B_1 & B_2' \\ B_2 & 0 \end{pmatrix}.$$

22. 设 A 为 n 阶整数矩阵, 并且线性方程组 $Ax=b$ 对任意 n 元整数列 b 都有唯一整数解, 证明 $|A|=\pm 1$.

23. 数域 $\mathbf{F}$ 上的线性方程组 $Ax=b$ 有第 j 个未知数均为零的解的充要条件是什么?

24. 设 A,B 均为 $(n-1)\times n$ $(n>1)$ 矩阵, 并且秩都是 $n-1$. 用 $\alpha_i(\beta_i)$ 表示 $A(B)$ 中划去第 i $(i=1,\cdots,n)$ 列所得的 $n-1$ 阶子式. 如果 $Ax=0$ 与 $Bx=0$ 同解, 证明 $(\alpha_1,\cdots,\alpha_n)$ 与 $(\beta_1,\cdots,\beta_n)$ 成比例.

第 9 讲　利用等价分解的方法

9.1　几何背景

等价分解从矩阵方法来看, 可由矩阵的初等变换得出, 从线性代数的空间理论来看, 实际上是不同基下线性映射的矩阵之间的关系.

设 σ 是数域 $\mathbf{F}$ 上 n 维线性空间 V 到 m 维线性空间 W 的线性映射, 即 $\sigma(\lambda x+\mu y)=\lambda\sigma(x)+\mu\sigma(y)$ 对任意 $x,\ y\in V$ 和 $\lambda,\ \mu\in\mathbf{F}$ 都成立.

设 $\varepsilon_1,\cdots,\varepsilon_n$ 和 $\varepsilon_1',\cdots,\varepsilon_n'$ 是 V 的两组基, $\eta_1,\cdots,\eta_m$ 和 $\eta_1',\cdots,\eta_m'$ 是 W 的两组基. 若

$$\sigma(\varepsilon_1\quad\cdots\quad\varepsilon_n)=(\eta_1\quad\cdots\quad\eta_m)A,$$

则称σ **在两组基** $\varepsilon_1,\cdots,\varepsilon_n$ **和** $\eta_1,\cdots,\eta_m$ **下的矩阵为** A. 设

$$\sigma(\varepsilon_1'\quad\cdots\quad\varepsilon_n')=(\eta_1'\quad\cdots\quad\eta_m')B.$$

如上形式记法的意义及运算性质参见文献 [3]. 不妨设

$$(\varepsilon_1'\quad\cdots\quad\varepsilon_n')=(\varepsilon_1\quad\cdots\quad\varepsilon_n)R,$$

$$(\eta_1'\quad\cdots\quad\eta_m')=(\eta_1\quad\cdots\quad\eta_m)P,$$

于是

$$\sigma(\varepsilon_1\quad\cdots\quad\varepsilon_n)R=(\eta_1\quad\cdots\quad\eta_m)PB,$$

即

$$\sigma(\varepsilon_1\quad\cdots\quad\varepsilon_n)=(\eta_1\quad\cdots\quad\eta_m)PBR^{-1},$$

故 $A=PBR^{-1}$. 令 $Q=R^{-1}$ 得 $A=PBQ$, 这就表明 $A,\ B$ 两矩阵是相抵的. 要说明等价分解成立, 只需说明可以适当地选择基底, 使得 σ 在某两组基下的矩阵为 $\begin{pmatrix}I_r & 0\\ 0 & 0\end{pmatrix}$.

事实上, 类似于线性变换, 可以证明

$$\dim\,(\ker\sigma)+\dim\,(\mathrm{Im}\sigma)=n.$$

设 $\dim\,(\mathrm{Im}\sigma)=r$, 取 $\ker\sigma$ 的基 $\varepsilon_{r+1},\cdots,\varepsilon_n$, 将其扩充成 V 的基 $\varepsilon_1,\cdots,\varepsilon_r,\varepsilon_{r+1},\cdots,\varepsilon_n$, 记 $\eta_1=\sigma(\varepsilon_1),\cdots,\eta_r=\sigma(\varepsilon_r)$, 易见 $\eta_1,\cdots,\eta_r$ 线性无关. 事实上, 设 $\sum\limits_{i=1}^{r}k_i\eta_i=0$,

即 $\sigma\left(\sum_{i=1}^{r}k_i\varepsilon_i\right)=0$, 从而 $\sum_{i=1}^{r}k_i\varepsilon_i\in\ker\sigma$, 于是 $\sum_{i=1}^{r}k_i\varepsilon_i=k_{r+1}\varepsilon_{r+1}+\cdots+k_n\varepsilon_n$. 由 $\varepsilon_1,\cdots,\varepsilon_n$ 是基知 $k_1=\cdots=k_r=0$, 故 $\eta_1,\cdots,\eta_r$ 线性无关. 将其扩充成 W 的基 $\eta_1,\cdots,\eta_r,\eta_{r+1},\cdots,\eta_m$, 于是有

$$\sigma(\varepsilon_1\quad\cdots\quad\varepsilon_n)=(\eta_1\quad\cdots\quad\eta_m)\begin{pmatrix}I_r & 0\\ 0 & 0\end{pmatrix},$$

此即说明等价分解 $A=P\begin{pmatrix}I_r & 0\\ 0 & 0\end{pmatrix}Q$ 成立.

分解中 r 的唯一性证明参见文献 [4].

9.2 应　　用

一、解决与秩相关的问题

等价分解主要反映了秩这个不变量, 因此, 无论题目的条件和结论有明显或隐含秩的说法, 都可以将某些矩阵的等价分解写出来探讨解答.

例 9.1　设 $A_{m\times n}, B_{n\times p}$ 为实矩阵, 证明秩 $(ABB')=$ 秩 (AB).

证明　设 $A=P\begin{pmatrix}I_r & 0\\ 0 & 0\end{pmatrix}Q, B=M\begin{pmatrix}I_s & 0\\ 0 & 0\end{pmatrix}N$, 其中 P, Q, M, N 都为可逆矩阵, 于是

$$\begin{aligned}秩(AB)&=秩\left(P\begin{pmatrix}I_r & 0\\ 0 & 0\end{pmatrix}Q\cdot M\begin{pmatrix}I_s & 0\\ 0 & 0\end{pmatrix}N\right)\\&=秩\left(\begin{pmatrix}I_r & 0\\ 0 & 0\end{pmatrix}\begin{pmatrix}\Delta_1 & \Delta_2\\ \Delta_3 & \Delta_4\end{pmatrix}\begin{pmatrix}I_s & 0\\ 0 & 0\end{pmatrix}\right)\\&=秩\begin{pmatrix}\Delta_1 & 0\\ 0 & 0\end{pmatrix}=秩\ \Delta_1,\end{aligned}$$

其中 Δ_1 为 QM 的左上角 $r\times s$ 子矩阵. 又

$$\begin{aligned}秩\ (ABB')&=秩\left(P\begin{pmatrix}I_r & 0\\ 0 & 0\end{pmatrix}Q\cdot M\begin{pmatrix}I_s & 0\\ 0 & 0\end{pmatrix}N\cdot N'\begin{pmatrix}I_s & 0\\ 0 & 0\end{pmatrix}M'\right)\\&=秩\left(\begin{pmatrix}\Delta_1 & 0\\ 0 & 0\end{pmatrix}\begin{pmatrix}D_1 & D_2\\ D_3 & D_4\end{pmatrix}\begin{pmatrix}I_s & 0\\ 0 & 0\end{pmatrix}\right)\\&=秩\begin{pmatrix}\Delta_1\cdot D_1 & 0\\ 0 & 0\end{pmatrix},\end{aligned}$$

其中 D_1 为 NN' 的 s 阶顺序主子阵, 故 D_1 正定, 从而 D_1 可逆, 故秩 $(\Delta_1D_1)=$ 秩 Δ_1, 结论得证 (当然, 本题还可用例 8.16 的结果去证). ∎

例 9.2　设 $A\in\mathbf{F}^{m\times m}, B\in\mathbf{F}^{n\times n}, C\in\mathbf{F}^{m\times n}$ 满足秩 $C=r>0, AC=CB$, 证明 A, B 至少有 r 个公共特征根.

证明 设 $C = P\begin{pmatrix} I_r & 0 \\ 0 & 0 \end{pmatrix}Q$, 其中 P, Q 可逆. 由 $AC = CB$ 得

$$AP\begin{pmatrix} I_r & 0 \\ 0 & 0 \end{pmatrix}Q = P\begin{pmatrix} I_r & 0 \\ 0 & 0 \end{pmatrix}QB,$$

即

$$P^{-1}AP\begin{pmatrix} I_r & 0 \\ 0 & 0 \end{pmatrix} = \begin{pmatrix} I_r & 0 \\ 0 & 0 \end{pmatrix}QBQ^{-1}.$$

设 $P^{-1}AP = \begin{pmatrix} A_1 & A_2 \\ A_3 & A_4 \end{pmatrix}$, $QBQ^{-1} = \begin{pmatrix} B_1 & B_2 \\ B_3 & B_4 \end{pmatrix}$, 其中 A_1 和 B_1 为 r 阶方阵. 由上得

$$\begin{pmatrix} A_1 & 0 \\ A_3 & 0 \end{pmatrix} = \begin{pmatrix} B_1 & B_2 \\ 0 & 0 \end{pmatrix},$$

由此推出 $A_1 = B_1$, $A_3 = 0$, $B_2 = 0$, 从而

$$P^{-1}AP = \begin{pmatrix} A_1 & A_2 \\ 0 & A_4 \end{pmatrix}, \quad QBQ^{-1} = \begin{pmatrix} A_1 & 0 \\ B_3 & B_4 \end{pmatrix},$$

于是

$$|\lambda I - A| = |\lambda I - A_1||\lambda I - A_4|, \quad |\lambda I - B| = |\lambda I - A_1||\lambda I - B_4|,$$

故结论成立. ∎

例 9.3 若矩阵 $A_{m\times n}B_{n\times p}C_{p\times q}$ 的秩对一切秩 1 的 B 总为 1, 证明 A 为列满秩且 C 为行满秩.

证明 用反证法证明 A 列满秩. 若 A 非列满秩, 设 $A = P\begin{pmatrix} I_r & 0 \\ 0 & 0 \end{pmatrix}Q$, 其中 P, Q 为可逆矩阵, 则

$$ABC = P\begin{pmatrix} I_r & 0 \\ 0 & 0 \end{pmatrix}QBC.$$

令 $QB = E_{np}$, 则 $ABC = P \cdot 0 \cdot C = 0$, 矛盾. 同理, 可证 C 行满秩. ∎

例 9.4 设秩 $A_{n\times n} =$ 秩 $B_{n\times n}$, $BA = A$, 证明 $B^2 = B$.

证明 由秩 $A =$ 秩 $B = n$ 易推出 $B = I_n$, 结论得到; 若秩 $A =$ 秩 $B = 0$, 则易推出 $B = 0$, 结论得到; 若 $0 <$ 秩 $A =$ 秩 $B < n$, 则设 $B = P\begin{pmatrix} I_r & 0 \\ 0 & 0 \end{pmatrix}Q$, $A = M\begin{pmatrix} I_r & 0 \\ 0 & 0 \end{pmatrix}N$, 于是

$$P\begin{pmatrix} I_r & 0 \\ 0 & 0 \end{pmatrix}QM\begin{pmatrix} I_r & 0 \\ 0 & 0 \end{pmatrix}N = M\begin{pmatrix} I_r & 0 \\ 0 & 0 \end{pmatrix}N,$$

从而

$$QP\begin{pmatrix} I_r & 0 \\ 0 & 0 \end{pmatrix}QM\begin{pmatrix} I_r & 0 \\ 0 & 0 \end{pmatrix} = QM\begin{pmatrix} I_r & 0 \\ 0 & 0 \end{pmatrix}.$$

令 $QM=\begin{pmatrix} C_1 & C_2 \\ C_3 & C_4 \end{pmatrix}$, $QP=\begin{pmatrix} D_1 & D_2 \\ D_3 & D_4 \end{pmatrix}$, 其中 C_1, D_1 为 r 阶方阵. 由上式

$$\begin{aligned}
&\begin{pmatrix} D_1 & D_2 \\ D_3 & D_4 \end{pmatrix}\begin{pmatrix} I_r & 0 \\ 0 & 0 \end{pmatrix}\begin{pmatrix} C_1 & C_2 \\ C_3 & C_4 \end{pmatrix}\begin{pmatrix} I_r & 0 \\ 0 & 0 \end{pmatrix} \\
=&\begin{pmatrix} C_1 & C_2 \\ C_3 & C_4 \end{pmatrix}\begin{pmatrix} I_r & 0 \\ 0 & 0 \end{pmatrix},
\end{aligned}$$

从而

$$\begin{pmatrix} D_1 & 0 \\ D_3 & 0 \end{pmatrix}\begin{pmatrix} C_1 & 0 \\ 0 & 0 \end{pmatrix}=\begin{pmatrix} C_1 & 0 \\ C_3 & 0 \end{pmatrix},$$

即

$$\begin{pmatrix} D_1 \\ D_3 \end{pmatrix}\cdot C_1=\begin{pmatrix} C_1 \\ C_3 \end{pmatrix}.$$

由秩 $\begin{pmatrix} C_1 \\ C_3 \end{pmatrix}=r$ 知, 秩 $C_1\geqslant r$, 故 C_1 可逆, 于是由 $D_1C_1=C_1$ 得 $D_1=I_r$, 从而

$$\begin{aligned}
B&=P\begin{pmatrix} I_r & 0 \\ 0 & 0 \end{pmatrix}Q=P\begin{pmatrix} I_r & 0 \\ 0 & 0 \end{pmatrix}QP\cdot P^{-1} \\
&=P\begin{pmatrix} I_r & 0 \\ 0 & 0 \end{pmatrix}\begin{pmatrix} I_r & D_2 \\ D_3 & D_4 \end{pmatrix}P^{-1} \\
&=P\begin{pmatrix} I_r & D_2 \\ 0 & 0 \end{pmatrix}P^{-1},
\end{aligned}$$

故 $B^2=P\begin{pmatrix} I_r & D_2 \\ 0 & 0 \end{pmatrix}^2P^{-1}=P\begin{pmatrix} I_r & D_2 \\ 0 & 0 \end{pmatrix}P^{-1}=B$. ∎

例 9.5　证明秩 $A=r\Leftrightarrow A$ 能写成 r 个秩 1 矩阵之和且不能写成小于 r 个秩 1 矩阵之和.

证明　**必要性**　首先由等价分解有

$$\begin{aligned}
A&=P\begin{pmatrix} I_r & 0 \\ 0 & 0 \end{pmatrix}Q \\
&=PE_{11}Q+\cdots+PE_{rr}Q.
\end{aligned}$$

又如果 $A=B_1+\cdots+B_t$, 秩 $B_i=1\,(1\leqslant i\leqslant t<r)$, 则由秩 $A=$ 秩 $(B_1+\cdots+B_t)\leqslant$ 秩 $B_1+\cdots+$ 秩 $B_t=t<r$, 得出矛盾.

充分性　设 A 为秩 s, 则由必要性的证明, A 能写成 s 个秩 1 矩阵之和且不能写成小于 s 个秩 1 矩阵之和, 但由已知, A 能写成 r 个秩 1 矩阵之和且不能写成小于 r 个秩 1 矩阵之和, 故 $r=s$. ∎

二、关于矩阵分解

例 9.6　证明:

(1) $A_{n\times n}$ 可写成幂等矩阵与可逆矩阵之积;

(2) $A_{n\times n}$ 可写成对称矩阵与可逆矩阵之积.

证明　设 $A=P\begin{pmatrix} I_r & 0 \\ 0 & 0 \end{pmatrix}Q$, 于是

(1) $A=P\begin{pmatrix} I_r & 0 \\ 0 & 0 \end{pmatrix}P^{-1}\cdot PQ$. 令 $P\begin{pmatrix} I_r & 0 \\ 0 & 0 \end{pmatrix}P^{-1}=M$ 和 $PQ=N$, 易见 M 幂等, N 可逆.

(2) $A=P\begin{pmatrix} I_r & 0 \\ 0 & 0 \end{pmatrix}P'\cdot P'^{-1}Q$. 令 $P\begin{pmatrix} I_r & 0 \\ 0 & 0 \end{pmatrix}P'=M$ 和 $P'^{-1}Q=N$, 易见 M 对称, N 可逆. ∎

例 9.7　证明 $A_{n\times n}$ 可写成 $P\begin{pmatrix} M \\ 0 \end{pmatrix}P^{-1}$, 其中秩 $A=$ 秩 $M=M$ 的行数.

证明

$$\begin{aligned} A&=P\begin{pmatrix} I_r & 0 \\ 0 & 0 \end{pmatrix}Q=P\begin{pmatrix} I_r & 0 \\ 0 & 0 \end{pmatrix}QP\cdot P^{-1} \\ &=P\begin{pmatrix} I_r & 0 \\ 0 & 0 \end{pmatrix}\begin{pmatrix} M \\ N \end{pmatrix}P^{-1}=P\begin{pmatrix} M \\ 0 \end{pmatrix}P^{-1}, \end{aligned}$$

其中 M 为 QP 的前 r 行, 故秩为 r. ∎

例 9.8　(1) 设 A 列满秩, 则有 $A=P\begin{pmatrix} I \\ 0 \end{pmatrix}$, 其中 P 可逆;

(2) 设 A 行满秩, 则有 $A=(I\quad 0)Q$, 其中 Q 可逆.

证明　(1) 由等价分解,

$$A=P_1\begin{pmatrix} I \\ 0 \end{pmatrix}Q=P_1\begin{pmatrix} Q \\ 0 \end{pmatrix}=P_1\begin{pmatrix} Q & 0 \\ 0 & I \end{pmatrix}\begin{pmatrix} I \\ 0 \end{pmatrix}.$$

令 $P_1\begin{pmatrix} Q & 0 \\ 0 & I \end{pmatrix}=P$, 结论得证.

类似地可证明 (2). ∎

三、关于等式和方程

例 9.9　设 $B_{n\times m}$ 的秩为 m, 证明存在 $A_{m\times n}$, 使得 $AB=I_m$.

证明　由例 9.8, 设 $B=P\begin{pmatrix} I_m \\ 0 \end{pmatrix}$, 取 $A=(I_m\quad 0)P^{-1}$, 易见 $A\cdot B=I_m$. ∎

例 9.10　解矩阵方程组 $AXA=A$, $XAX=X$.

解　设

$$A = P\begin{pmatrix} I_r & 0 \\ 0 & 0 \end{pmatrix}Q, \quad X = Q^{-1}\begin{pmatrix} Y_1 & Y_2 \\ Y_3 & Y_4 \end{pmatrix}P^{-1},$$

于是由已知有

$$\begin{cases} \begin{pmatrix} I_r & 0 \\ 0 & 0 \end{pmatrix}\begin{pmatrix} Y_1 & Y_2 \\ Y_3 & Y_4 \end{pmatrix}\begin{pmatrix} I_r & 0 \\ 0 & 0 \end{pmatrix} = \begin{pmatrix} I_r & 0 \\ 0 & 0 \end{pmatrix}, \\ \begin{pmatrix} Y_1 & Y_2 \\ Y_3 & Y_4 \end{pmatrix}\begin{pmatrix} I_r & 0 \\ 0 & 0 \end{pmatrix}\begin{pmatrix} Y_1 & Y_2 \\ Y_3 & Y_4 \end{pmatrix} = \begin{pmatrix} Y_1 & Y_2 \\ Y_3 & Y_4 \end{pmatrix}. \end{cases}$$

由上面两式得 $Y_1 = I_r$, $Y_3Y_2 = Y_4$, 故

$$X = Q^{-1}\begin{pmatrix} I_r & Y_2 \\ Y_3 & Y_3Y_2 \end{pmatrix}P^{-1}, \quad Y_2,\ Y_3 \text{ 任意}. \blacksquare$$

习　题　9

1. 用本讲方法解答习题 8 第 19 题.

2. 设 A 为 $m \times n$ 矩阵, B 为 $n \times p$ 矩阵, 证明秩 $AB \geqslant$ 秩 $A+$ 秩 $B - n$.

3. 设 A, B 为同型矩阵且秩 $A = r$, 秩 $B = s$, 证明秩 $A+$ 秩 $B =$ 秩 $(A+B)$ 的充要条件是存在可逆矩阵 P 和 Q, 使得

$$A = P\begin{pmatrix} I_r & 0 \\ 0 & 0 \end{pmatrix}Q, \quad B = P\begin{pmatrix} 0 & 0 \\ 0 & I_s \end{pmatrix}Q,$$

其中 $r+s$ 不超过矩阵 A 的行数及列数 (参见文献 [5]).

4. 设 A 为对称矩阵, 证明存在列满秩矩阵 P, 使得 $A = PA_1P'$, 其中 A_1 为可逆矩阵.

5. 设 G 为非零矩阵 A 的一个广义逆, 即 $AGA = A$, 证明存在可逆矩阵 P 和 Q, 使得

$$A = P\begin{pmatrix} I_r & 0 \\ 0 & 0 \end{pmatrix}Q \quad \text{且} \quad G = Q^{-1}\begin{pmatrix} I_s & 0 \\ 0 & 0 \end{pmatrix}P^{-1}.$$

6. 设 $A \neq B$ 均为 n 阶矩阵, 证明:

(1) 存在正整数 t 和 n 阶矩阵 $C_0, C_1, \cdots, C_t$, 使得 $C_0 = A, C_t = B$, 并且 $C_1 - C_0$, $C_2 - C_1, \cdots, C_t - C_{t-1}$ 均秩 1;

(2) 秩 $(A-B)$ 是 (1) 中最小的 t.

7. 如果 A 是 n 阶矩阵且 $ABA = A$ 有唯一的解 B, 证明 $BAB = B$.

第10讲　矩阵合同及相关方法

10.1　几何背景

一、不同基下双线性函数的度量矩阵

设 $f(x,\ y)$ 是数域 $\mathbf{F}$ 上线性空间 V 的双线性函数, 即

$$\begin{aligned}&f(a_1x_1+a_2x_2,\ b_1y_1+b_2y_2)\\=&\,a_1b_1f(x_1,\ y_1)+a_1b_2f(x_1,\ y_2)+a_2b_1f(x_2,\ y_1)\\&+a_2b_2f(x_2,\ y_2),\quad \forall a_1,a_2,b_1,b_2\in\mathbf{F},\ \forall x_1,x_2,y_1,y_2\in V.\end{aligned}$$

如果 V 的维数为 n, 基为 $\varepsilon_1,\ \cdots,\ \varepsilon_n$, 在 V 中任取 $x=x_1\varepsilon_1+\cdots+x_n\varepsilon_n$, $y=y_1\varepsilon_1+\cdots+y_n\varepsilon_n$, 则

$$f(x,\ y)=\sum_{i,j=1}^{n}f(\varepsilon_i,\ \varepsilon_j)x_iy_j=X'AY,$$

其中 $X=(x_1\cdots x_n)'$, $Y=(y_1\cdots y_n)'$, $A=(f(\varepsilon_i,\ \varepsilon_j))_{n\times n}$. 称$A$ **为双线性函数** $f(x,\ y)$ **在基** $\varepsilon_1,\cdots,\ \varepsilon_n$ **下的度量矩阵**. 容易证明, 当 $\varepsilon_1,\cdots,\ \varepsilon_n$ 选定时, 可建立双线性函数 $f(x,\ y)$ 与其度量矩阵 A 之间的一一对应.

现在, 当基底改变时即设 $(\varepsilon_1\ \ \cdots\ \ \varepsilon_n)C=(\eta_1\ \ \cdots\ \ \eta_n)$, 则

$$f(x,\ y)=X'AY=X_1'(C'AC)Y_1,$$

其中 $X=CX_1$, $Y=CY_1$, 于是 $f(x,\ y)$ 在基 $\eta_1,\cdots,\ \eta_m$ 下的度量矩阵 $B=C'AC$. 这说明双线性函数在不同基下的度量矩阵是合同的. 因此, 寻找适当的基使其度量矩阵有简单形状是一个有意义和价值的问题. 下面的**合同分解**正说明了这种矩阵的简单形状, 其中对称矩阵对应对称双线性函数, 反对称矩阵对应反对称双线性函数.

(1) 对称矩阵

$$A=C'\mathrm{diag}(a_1,\ \cdots,\ a_n)C.$$

注 10.1　此分解式也可写成

$$A=C'\mathrm{diag}(\lambda_1I_{j_1},\ \cdots,\ \lambda_tI_{j_t})C,\quad \lambda_1,\ \cdots,\ \lambda_t\ \text{互异}$$

(请读者说明理由).

(2) 反对称矩阵

$$A=C'\mathrm{diag}(A_1,\ \cdots,\ A_1,\ 0)C,$$

其中 $A_1 = \begin{pmatrix} 0 & 1 \\ -1 & 0 \end{pmatrix}$.

(3) 实对称矩阵

$$A = C'\text{diag}(I_p,\ -I_q,\ 0)C = Q'\text{diag}(\lambda_1,\ \cdots,\ \lambda_n)Q,$$

其中 Q 为正交矩阵, $\lambda_1, \cdots, \lambda_n$ 为 A 的特征值.

二、不同基下二次型的度量矩阵

称 $f(x,\ x) = \sum\limits_{i,j=1}^{n} a_{ij}x_ix_j = X'AX\,(A' = A)$ 为**二次型**, 其中 A 为该**二次型的矩阵**. 类似于前面的讨论, 也有一个适当选基底使矩阵简单的问题. 其实这是通常二次曲线和二次曲面方程化简问题的推广.

10.2　应　　用

一、从矩阵出发和从型出发的两条思路

由于对称矩阵与二次型、对称矩阵与对称双线性函数的一一对应关系, 在处理有关问题时, 自然有两条思路. 例如, 实二次型惯性定理可有以下两种叙述:

(1) 经可逆线性变换, 实二次型 $f(x_1,\ \cdots,\ x_n) = x'Ax$ 化成平方和, 其中正、负项个数由 f 唯一确定;

(2) 实对称矩阵 A 合同于 $\text{diag}(I_p,\ -I_q,\ 0)$, 其中 p, q 由 A 唯一确定.

证明惯性定理也可以有两种思路: 一种是从型的值来考虑, 一种是从矩阵的合同来考虑. 下面介绍一种从矩阵出发的方法.

证明　设 A 同时合同于 $\text{diag}(I_p, -I_q, 0)$ 和 $\text{diag}(I_{p_1}, -I_{q_1}, 0)$. 不妨设 $p \leqslant p_1$, 故存在可逆矩阵 M, 使得

$$M\text{diag}(I_p,\ -I_q,\ 0)M' = \text{diag}(I_{p_1},\ -I_{q_1},\ 0).$$

令 $(M_1\quad M_2\quad M_3)$ 为 M 的前 p_1 行, 其中 M_1 为 $p_1 \times p$ 矩阵, M_2 为 $p_1 \times q$ 矩阵, 从而

$$(M_1\quad M_2\quad M_3)\begin{pmatrix} I_p & & \\ & -I_q & \\ & & 0 \end{pmatrix}\begin{pmatrix} M_1' \\ M_2' \\ M_3' \end{pmatrix} = I_{p_1},$$

即

$$M_1M_1' - M_2M_2' = I_{p_1},$$

从而

$$M_1M_1' = M_2M_2' + I_{p_1} = (I_{p_1}\quad M_2)\begin{pmatrix} I_{p_1} \\ M_2' \end{pmatrix}.$$

由此式右端知, M_1M_1' 正定, 但秩 $(M_1M_1') \leqslant$ 秩 $M_1 \leqslant p$, 而秩 $(M_1M_1') = p_1$, 故 $p_1 \leqslant p$, 即 $p = p_1$. 又因为合同不改变矩阵的秩, 所以 $p + q = p_1 + q_1$, 故又有 $q_1 = q$.

又如, 实对称正定的充要条件就是从各种角度叙述的.

(1) 对任意的 $x \neq 0$ 有 $f(x_1, \cdots, x_n) = x'Ax > 0$;

(2) $f(x_1, \cdots, x_n)$ 经可逆线性变换化成的标准形中正项个数为 n;

(3) A 合同于 I_n;

(4) 存在可逆矩阵 C, 使得 $A = C'C$;

(5) 存在满列秩的矩阵 $D_{m\times n}$, 使得 $A = D'D$;

(6) A 的特征值全为正数;

(7) A 的各阶顺序主子式全大于 0;

(8) A 的所有主子式全大于 0;

(9) A 的各阶主子式之和大于 0;

(10) A 半正定且 $|A| \neq 0$;

例 10.1　求 A 正定的条件, 其中

$$A = \begin{pmatrix} 1+a_n^2 & a_1 & 0 & \cdots & 0 & a_n \\ a_1 & 1+a_1^2 & a_2 & \ddots & & 0 \\ 0 & a_2 & 1+a_2^2 & \ddots & \ddots & \vdots \\ \vdots & \ddots & \ddots & \ddots & \ddots & 0 \\ 0 & & 0 & \ddots & 1+a_{n-2}^2 & a_{n-1} \\ a_n & 0 & \cdots & 0 & a_{n-1} & 1+a_{n-1}^2 \end{pmatrix}.$$

解 1　看 A 对应的二次型 $f(x_1, \cdots, x_n) = x'Ax$, 易见

$$\begin{aligned} f(x_1, \cdots, x_n) &= (1+a_n^2)x_1^2 + \sum_{i=1}^{n-1}(1+a_i^2)x_{i+1}^2 \\ &\quad + 2a_nx_1x_n + \sum_{i=1}^{n-1} 2a_ix_ix_{i+1} \\ &= (x_1+a_1x_2)^2 + \cdots + (x_{n-1}+a_{n-1}x_n)^2 \\ &\quad + (x_n+a_nx_1)^2, \end{aligned}$$

因其值非负, 故 $f(x_1, \cdots, x_n)$ 半正定, 于是

$$\begin{aligned} A\text{正定} &\Leftrightarrow \text{由 } f(x_1, \cdots, x_n) = 0 \text{ 能推出 } x = 0 \\ &\Leftrightarrow \begin{cases} x_1 + a_1x_2 = 0, \\ \quad \cdots\cdots \\ x_{n-1} + a_{n-1}x_n = 0, \\ x_n + a_nx_1 = 0 \end{cases} \text{只有零解} \end{aligned}$$

$$\Leftrightarrow \text{系数矩阵} B=\begin{pmatrix} 1 & a_1 & 0 & \cdots & 0 \\ 0 & 1 & \ddots & & \vdots \\ \vdots & \ddots & \ddots & \ddots & 0 \\ 0 & & \ddots & 1 & a_{n-1} \\ a_n & 0 & \cdots & 0 & 1 \end{pmatrix} \text{可逆}.$$

解得 A 正定的充要条件是 $1+(-1)^{n-1}a_1\cdots a_n\neq 0$.

解 2　易见 $A=B'B$, 其中 B 与解 1 中同, 从而 A 正定 $\Leftrightarrow$ B 可逆 $\Leftrightarrow$ $1+(-1)^{n-1}a_1\cdots a_n\neq 0$. ▌

例 10.2　α,β 为实 n 维非零列向量, 求 $\alpha\beta'+\beta\alpha'$ 的正负惯性指数.

解 1　设 $P\alpha=(1\ \ 0\ \ \cdots\ \ 0)'$, $P\beta=(b_1\ \ \cdots\ \ b_n)'$, 则

$$P(\alpha\beta'+\beta\alpha')P'=\begin{pmatrix} 2b_1 & (\,b_2\ \ \cdots\ \ b_n\,) \\ \begin{pmatrix} b_2 \\ \vdots \\ b_n \end{pmatrix} & 0 \end{pmatrix}.$$

若 $b_i=0\ (\forall 2\leqslant i\leqslant n)$, 由 $b\neq 0$ 知 $b_1\neq 0$, 故存在可逆矩阵 M, 使得 $MP(\alpha\beta'+\beta\alpha')P'M'=\begin{pmatrix} \varepsilon & 0 \\ 0 & 0 \end{pmatrix}$, 其中 $\varepsilon=\pm 1$, 即正负惯性指数分别为 1, 0 或 0, 1; 若存在 i, 使得 $b_i\neq 0(i\geqslant 2)$, 易见存在可逆矩阵 N, 使得 $NP(\alpha\beta'+\beta\alpha')P'N'=\operatorname{diag}(1,\ -1,\ 0)$, 此时正负惯性指数均为 1.

解 2　考虑下面的二次型:

$$\begin{aligned} f(x_1,\ \cdots,\ x_n)&=x'(\alpha\beta'+\beta\alpha')x=x'\alpha\beta'x+x'\beta\alpha'x=2(x'\alpha)(\beta'x) \\ &=2(a_1x_1+\cdots+a_nx_n)(b_1x_1+\cdots+b_nx_n). \end{aligned}$$

当 α,β 线性相关时, 不妨设 $\beta=k\alpha$ 且 $a_1\neq 0$, 由上式得 $f(x_1,\ \cdots,\ x_n)=2k(a_1x_1+\cdots+a_nx_n)^2$, 令

$$y_1=a_1x_1+\cdots+a_nx_n,\quad y_2=x_2,\quad \cdots,\quad y_n=x_n,$$

则 f 的秩为 1, 即正负惯性指数分别为 1, 0 或 0, 1; 当 α,β 线性无关时, 不妨设

$$\begin{vmatrix} a_1 & a_2 \\ b_1 & b_2 \end{vmatrix}\neq 0,$$

令

$$y_1 = a_1x_1 + \cdots + a_nx_n, \quad y_2 = b_1x_1 + \cdots + b_nx_n, \quad y_3 = x_3, \quad \cdots, \quad y_n = x_n,$$

则

$$f(x_1, \cdots, x_n) = y_1y_2 = z_1^2 - z_2^2,$$

于是 f 的正负惯性指数均为 1. ∎

例 10.3　实二次型

$$f(x_1, \cdots, x_n) = \sum_{i-1}^{n}(a_{i1}x_1 + \cdots + a_{in}x_n)^2,$$

证明二次型的秩等于 $A = (a_{ij})_{n\times n}$ 的秩.

证明 1　易见

$$f(x_1, \cdots, x_n) = \sum_{i=1}^{n} x'\alpha_i\alpha_i'x = x'\left(\sum_{i=1}^{n}\alpha_i\alpha_i'\right)x,$$

其中 $\alpha_i = (a_{i1}\cdots a_{in})'$, $x = (x_1\cdots x_n)'$, 从而 f 的矩阵为

$$\sum_{i=1}^{n}\alpha_i\alpha_i' = (\alpha_1 \quad \cdots \quad \alpha_n)\begin{pmatrix}\alpha_1' \\ \vdots \\ \alpha_n'\end{pmatrix} = A'A,$$

故由例 8.16 得证.

证明 2　显然, $f(x_1, \cdots, x_n)$ 半正定, 设 A 的秩为 r. 不妨设$\begin{vmatrix} a_{11} & \cdots & a_{1r} \\ \vdots & & \vdots \\ a_{r1} & \cdots & a_{rr}\end{vmatrix} \neq 0$,

即 $\alpha_1, \cdots, \alpha_r$(见证明 1) 线性无关且 $\alpha_{r+1}, \cdots, \alpha_n$ 可由 $\alpha_1, \cdots, \alpha_r$ 线性表出. 令

$$\begin{cases} y_1 = a_{11}x_1 + \cdots + a_{1n}x_n, \\ \qquad \cdots\cdots \\ y_r = a_{r1}x_1 + \cdots + a_{rn}x_n, \\ y_{r+1} = x_{r+1}, \\ \qquad \cdots\cdots \\ y_n = x_n, \end{cases}$$

则

$$\begin{aligned} f(x_1, \cdots, x_n) &= y_1^2 + \cdots + y_r^2 + g(y_1, \cdots, y_r) \\ &= \phi(y_1, \cdots, y_r, 0, \cdots, 0) = h(y_1, \cdots, y_r). \end{aligned}$$

于是 g 为半正定二次型, h 为正定二次型, 故 h 的矩阵 B 的秩为 r, 从而 $\phi(y_1, \cdots, y_r, 0, \cdots, 0)$ 的矩阵 $\mathrm{diag}(B, 0)$ 的秩为 r, 再由可逆线性变换化简二次型过程中秩不变, 故 f 的秩也为 r. ∎

例 10.4　设实二次型 $f(x_1,\cdots,x_n)$ 和 $g(x_1,\cdots,x_n)$ 半正定, 则 $f(x_1,\cdots,x_n)+g(x_1,\cdots,x_n)$ 亦然.

证明 1　对任意 $x=(x_1\ \ \cdots\ \ x_n)'$ 都有 $x'f(x_1,\cdots,x_n)x\geqslant 0$ 及 $x'g(x_1,\cdots,x_n)x\geqslant 0$, 于是 $x'[f(x_1,\cdots,x_n)+g(x_1,\cdots,x_n)]x\geqslant 0$, 故结论成立.

证明 2　设 $f(x_1,\cdots,x_n)$ 的矩阵是 A, $g(x_1,\cdots,x_n)$ 的矩阵是 B. 因为 A 和 B 半正定, 故可设 $A=C'C$, $B=D'D$, 其中 C, D 为 n 阶矩阵, 因而 $A+B=C'C+D'D=(C'\ \ D')\begin{pmatrix}C\\D\end{pmatrix}$, 这说明 $A+B$ 半正定. ▮

二、正交合同的应用

正交合同即实对称矩阵 $A=Q'\mathrm{diag}(\lambda_1,\cdots,\lambda_n)Q$, 这个分解集中反映了特征值, 同时因过渡矩阵为正交矩阵, 故不少问题便于解决.

例 10.5　实对称矩阵 A 的最大 (小) 特征值等于 $x'Ax$ 的最大 (小) 值, x 取 $\mathbf{R}^n$ 中的单位向量.

证明　首先, 设 $A=Q'\mathrm{diag}(\lambda_1,\cdots,\lambda_n)Q$, 其中 $\lambda_1,\cdots,\lambda_n$ 为 A 的特征值且 $\lambda_1\geqslant\cdots\geqslant\lambda_n$, 于是 $x'Ax=(Qx)'\mathrm{diag}(\lambda_1,\cdots,\lambda_n)Qx$. 令

$$Qx=(y_1\ \ \cdots\ \ y_n)',$$

则 $\sum\limits_{i=1}^{n}y_i^2=|Qx|^2=|x|^2=1$, 于是 $x'Ax=\lambda_1y_1^2+\cdots+\lambda_ny_n^2\leqslant\lambda_1\sum\limits_{i=1}^{n}y_i^2=\lambda_1$. 又设 x_0 是 A 的属于 λ_1 的单位特征向量, 则 $Ax_0=\lambda_1x_0$, $|x_0|=1$, 于是 $x_0'Ax_0=x_0'\lambda_1x_0=\lambda_1|x_0|^2=\lambda_1$, 故 $\lambda_1=\max\limits_{|x|=1}x'Ax$. 同理, $\lambda_n=\min\limits_{|x|=1}x'Ax$. ▮

例 10.6　n 阶实对称矩阵 A 的第一行乘一个正数不改变其正特征值的个数.

证明　设 $B=\mathrm{diag}(k,\ I_{n-1})A$, 其中 $k>0$, 则

$$\begin{aligned}&\mathrm{diag}\left(\frac{1}{\sqrt{k}},\ I_{n-1}\right)B\mathrm{diag}(\sqrt{k},\ I_{n-1})\\ =&\mathrm{diag}(\sqrt{k},\ I_{n-1})A\mathrm{diag}(\sqrt{k},\ I_{n-1})=C.\end{aligned}$$

右端 C 合同于 A, 因而 C 与 A 的正惯性指数相同, 故 C 与 A 的正特征值的个数一致. 再由 B 与 C 相似知, B 与 A 的正特征值的个数相同. ▮

例 10.7　设 A 是实对称 (半) 正定矩阵, 证明存在唯一的实对称 (半) 正定矩阵 B, 使得 $A=B^2$.

证明　若 A 实对称半正定, 则可设

$$A=Q\mathrm{diag}(\lambda_1,\cdots,\lambda_r,0,\cdots,0)Q',$$

其中 $\lambda_i>0\ (1\leqslant i\leqslant r)$, Q 是正交矩阵. 令

$$B=Q\mathrm{diag}\left(\sqrt{\lambda_1},\cdots,\sqrt{\lambda_r},0,\cdots,0\right)Q',$$

则 $A=B^2$.

设实对称半正定矩阵 B_1 与 B_2 满足

$$A=B_1^2=B_2^2,$$

$$Q_1B_1Q_1'=\mathrm{diag}(\mu_1,\ \cdots,\ \mu_n),$$
$$Q_2B_2Q_2'=\mathrm{diag}(\beta_1,\ \cdots,\ \beta_n),$$

其中 $\mu_i\geqslant 0, \beta_i\geqslant 0\ (i=1,2,\cdots,n)$, 则 $\mu_i=\beta_i\ (i=1,\cdots,n)$, 故

$$Q_1'\mathrm{diag}(\mu_1^2,\ \cdots,\ \mu_n^2)Q_1=Q_2'\mathrm{diag}(\mu_1^2,\ \cdots,\ \mu_n^2)Q_2.$$

不妨设

$$Q_1Q_2'\begin{pmatrix}\mu_1^2I & & \\ & \ddots & \\ & & \mu_t^2I\end{pmatrix}=\begin{pmatrix}\mu_1^2I & & \\ & \ddots & \\ & & \mu_t^2I\end{pmatrix}Q_1Q_2',$$

其中 $\mu_1^2,\cdots,\mu_t^2$ 互不相等, 从而

$$Q_1Q_2'=\mathrm{diag}(\Delta_1,\ \cdots,\ \Delta_t),$$

其中 $\Delta_1,\cdots,\Delta_t$ 为与 $\mu_1^2I,\cdots,\mu_t^2I$ 分别同阶的正交矩阵, 于是

$$\begin{aligned}B_2&=Q_2'\begin{pmatrix}\mu_1I & & \\ & \ddots & \\ & & \mu_tI\end{pmatrix}Q_2\\&=Q_1'(Q_1Q_2')\begin{pmatrix}\mu_1I & & \\ & \ddots & \\ & & \mu_tI\end{pmatrix}(Q_1Q_2')'Q_1\\&=Q_1'\begin{pmatrix}\mu_1I & & \\ & \ddots & \\ & & \mu_tI\end{pmatrix}Q_1=B_1.\end{aligned}$$

若 A 实对称正定, 证明类似. ▮

例 10.8 设 A, B 实对称且 A 正定, 则 AB 相似于对角矩阵.

证明 由例 10.7 知, 存在实对称正定矩阵 C, 使得 $A=C^2$, 从而 $AB=C^2B=C(CBC)C^{-1}$. 由 C 对称知, CBC 实对称, 于是存在正交矩阵 P, 使得 $P^{-1}CBCP$ 为对角矩阵, 故 AB 相似于对角矩阵. ▮

例 10.9 设 A 是 n 阶实对称矩阵, 证明秩 $A=n$ 当且仅当存在矩阵 B, 使得 $AB+B'A$ 正定.

证明 1 取 $B=A^{-1}$ 可得必要性, 下证充分性. 令 $AB+B'A=P'P$, 其中 P 可逆, 从而 $P'^{-1}AP^{-1}\cdot PBP^{-1}+P'^{-1}B'P'\cdot P'^{-1}AP^{-1}=I_n$. 这说明可设 $AB+B'A=I_n$,

又设 $QAQ' = \mathrm{diag}(\lambda_1, \cdots, \lambda_n)$, 其中 Q 为正交矩阵, $\lambda_1, \cdots, \lambda_n$ 为 A 的特征值. 于是 $QAQ' \cdot QBQ' + QB'Q' \cdot QAQ' = I_n$, 从而

$$\begin{pmatrix} \lambda_1 & & \\ & \ddots & \\ & & \lambda_n \end{pmatrix} QBQ' + (QBQ')' \begin{pmatrix} \lambda_1 & & \\ & \ddots & \\ & & \lambda_n \end{pmatrix} = I_n.$$

若存在 i, 使得 $\lambda_i = 0$, 则上式左端 (i, i) 位置为 0, 但右端为 1, 矛盾, 故对任意 i 有 $\lambda_i \neq 0$, 于是 A 可逆.

证明 2 令 $B = A$ 可得必要性, 下证充分性. 由 $AB+B'A$ 正定得 $x'(AB+B'A)x > 0$ 对一切 $x \neq 0$ 都成立, 即 $(Ax)'Bx + x'B'(Ax) > 0$ 对一切 $x \neq 0$ 都成立, 所以 $Ax = 0$ 无非零解, 故 A 可逆. ∎

例 10.10 证明若 A, B 实对称半正定, 则 $\mathrm{tr}A \cdot \mathrm{tr}B \geqslant \mathrm{tr}(AB)$.

证明 设 $A = Q\mathrm{diag}(\lambda_1, \cdots, \lambda_n)Q'$, 其中 Q 为正交矩阵, λ_1 为 A 的最大特征值, 则

$$\begin{aligned} \mathrm{tr}(AB) &= \mathrm{tr}\left(Q\mathrm{diag}(\lambda_1, \cdots, \lambda_n)Q'B\right) \\ &\cdot \mathrm{tr}\left(\mathrm{diag}(\lambda_1, \cdots, \lambda_n)Q'BQ\right) \\ &= \sum_{i=1}^{n} \lambda_i b_{ii} \leqslant \lambda_1 \mathrm{tr}B \\ &\leqslant \left(\sum_{i=1}^{n} \lambda_i\right) \cdot \mathrm{tr}B = \mathrm{tr}A \cdot \mathrm{tr}B, \end{aligned}$$

其中 $b_{11}, \cdots, b_{nn}$ 为 $Q'BQ$ 的对角元 (参见文献 [6]). ∎

三、同时合同对角化及应用

例 10.11 A 实对称正定, B 实对称, 则存在可逆矩阵 P, 使得 $P'AP$ 和 $P'BP$ 同为对角矩阵.

证明 首先令可逆矩阵 C, 使得 $C'AC = I_n$, 而 $C'BC$ 仍为实对称, 故存在正交矩阵 Q, 使得 $Q'C'BCQ$ 为对角矩阵, 此时 $Q'C'ACQ = I_n$. 令 $P = CQ$, 结论得证. ∎

例 10.12 A, B 均为实对称半正定矩阵, 则存在可逆矩阵 P, 使得 $P'AP$ 和 $P'BP$ 同时为对角矩阵.

证明 由例 10.4 知, $A + B$ 为半正定, 故可设 $C'(A+B)C = \mathrm{diag}(I_r, 0)$. 又设 $C'AC = \begin{pmatrix} A_1 & A_2 \\ A_2' & A_3 \end{pmatrix}$, 则

$$C'BC = \begin{pmatrix} I_r - A_1 & -A_2 \\ -A_2' & -A_3 \end{pmatrix},$$

于是 $-A_3$ 半正定, 但 A_3 半正定, 故 $A_3 = 0$, 这推出 $A_2 = 0$(见注 10.2). 设 $Q'A_1Q = \Lambda$ (对角矩阵), 则

$$\operatorname{diag}(Q',\ I_{n-r})C'AC\operatorname{diag}(Q,\ I_{n-r}) = \operatorname{diag}(\Lambda,\ 0),$$

$$\operatorname{diag}(Q',\ I_{n-r})C'BC\operatorname{diag}(Q,\ I_{n-r}) = \operatorname{diag}(I_r - \Lambda,\ 0).$$

令 $P = C\operatorname{diag}(Q,\ I_{n-r})$, 结论得证. ▮

注 10.2 若 $A = (a_{ij})_{n\times n} = \begin{pmatrix} A_1 & A_2 \\ A_2' & 0 \end{pmatrix}$ 实对称半正定, 其中 A_1 为 r 阶矩阵, 则 $A_2 = 0$. 事实上, 任取 $1 \leqslant i \leqslant r$, $r+1 \leqslant j \leqslant n$, $x \in \mathbf{R}$, 则 $(e_i + xe_j)'A(e_i + xe_j) = a_{ii} + 2xa_{ij}$. 由 A 实对称半正定得 $a_{ii} + 2xa_{ij} \geqslant 0\,(\forall x)$, 由 x 的任意性得 $a_{ij} = 0$ 对所有的 $1 \leqslant i \leqslant r$ 和 $r+1 \leqslant j \leqslant n$ 都成立, 故 $A_2 = 0$.

例 10.13 设 P, Q 实对称正定, 证明:

(1) $\frac{1}{2}(P+Q) \geqslant 2(P^{-1} + Q^{-1})^{-1}$;

(2) $\frac{1}{2}(P+Q) \geqslant P^{\frac{1}{2}}(P^{-\frac{1}{2}}QP^{-\frac{1}{2}})^{\frac{1}{2}}P^{\frac{1}{2}}$,

其中 “$A \geqslant B$” 即 $A - B$ 实对称半正定.

证明 (1) 由例 10.11 知, 存在可逆矩阵 C, 使得

$$C^{-1'}PC^{-1} = I_n, \quad C^{-1'}QC^{-1} = \operatorname{diag}(a_1,\ \cdots,\ a_n),$$

于是

$$\begin{aligned} \text{左端} &= \frac{1}{2}\left(C'C + C'\operatorname{diag}(a_1,\ \cdots,\ a_n)C\right) \\ &= C'\frac{1}{2}\left(I_n + \operatorname{diag}(a_1,\ \cdots,\ a_n)\right)C, \\ \text{右端} &= 2(C^{-1}C'^{-1} + C^{-1}\operatorname{diag}(a_1,\ \cdots,\ a_n)^{-1}C'^{-1})^{-1} \\ &= 2C'\left(I_n + \operatorname{diag}(a_1,\ \cdots,\ a_n)^{-1}\right)^{-1}C. \end{aligned}$$

要证原式, 只需证明 $\frac{1+a_i}{2} \geqslant 2(1 + a_i^{-1})^{-1}$, 此即算术平均大于调和平均.

(2) 左端 $= \frac{1}{2}P^{\frac{1}{2}}\left(I_n + P^{-\frac{1}{2}}QP^{-\frac{1}{2}}\right)P^{\frac{1}{2}}$, 对比右端, 只需证明当 M 正定时, $\frac{1}{2}(I_n + M) \geqslant M^{\frac{1}{2}}$. 事实上, 令 $M = P'\operatorname{diag}(\lambda_1,\ \cdots,\ \lambda_n)P$, 其中 P 为正交矩阵, 则只需证明

$$\frac{1}{2}P'(I_n + \operatorname{diag}(\lambda_1,\ \cdots,\ \lambda_n))P \geqslant P'\operatorname{diag}\left(\sqrt{\lambda_1},\ \cdots,\ \sqrt{\lambda_n}\right)P,$$

这归结为只证 $1 + \lambda_i \geqslant 2\sqrt{\lambda_i}$, 这是显然的. ▮

例 10.14 若 $A \geqslant B \geqslant 0$, 证明:

(1) $|A| \geqslant |B|$;

(2) 秩 $A \geqslant$ 秩 B.

证明　由例 10.12 知, 存在可逆矩阵 P, 使得 $P'AP = \mathrm{diag}(a_1, \cdots, a_n)$ 且 $P'BP = \mathrm{diag}(b_1, \cdots, b_n)$, 其中 $a_i \geqslant 0$, $b_i \geqslant 0$ $(i = 1, \cdots, n)$. 再由 $A \geqslant B$ 得 $a_i \geqslant b_i$ $(i = 1, \cdots, n)$, 故结论成立. ▮

例 10.15　设 A 是 n 阶实矩阵, C 实对称正定, 若存在实对称正定矩阵 B, 使得 $AB + BA' = -C$, 证明 A 的特征值的实部必全小于 0.

证明　由例 10.11 知, 存在可逆矩阵 P, 使得 $P'BP = I_n$, $P'CP = \mathrm{diag}(c_1, \cdots, c_n)$, 其中 $c_1, \cdots, c_n$ 均为正数, 则条件 $AB + BA' = -C$ 化为

$$P'AP'^{-1} + (P'AP'^{-1})' = \mathrm{diag}(-c_1, \cdots, -c_n).$$

故不妨设对实矩阵 A 有 $A + A' = \mathrm{diag}(-c_1, \cdots, -c_n)$.

任取 A 的特征值 λ, 设 $x = (x_1 \quad \cdots \quad x_n)'$ 是其相应的单位特征向量, 则 $Ax = \lambda x$, 于是 $\overline{x}'Ax = \lambda$ 且 $\overline{Ax}' = \overline{\lambda}\overline{x}'$, 从而 $\overline{x}'(A + A')x = \lambda + \overline{\lambda}$, 故 λ 的实部 $\dfrac{\lambda + \overline{\lambda}}{2} = -\sum\limits_{i=1}^{n} c_i|x_i|^2 < 0$, 即 A 的特征值实部均小于 0. ▮

例 10.16　设 A, B 均为 n 阶实对称矩阵, A 正定, B 的正、负惯性指数分别为 p 和 q, $|A - \lambda B| = 0$ 的根全小于 1, 求 $A - B$ 的正、负惯性指数.

解　由例 10.11, 不妨设 $A = I_n$, $B = \mathrm{diag}(\mu_1, \cdots, \mu_p, -\mu_{p+1}, \cdots, -\mu_{p+q}, 0, \cdots, 0)$, 其中 $\mu_i > 0$ $(i = 1, \cdots, p + q)$, 则

$$|A - \lambda B| = \prod_{i=1}^{p}(1 - \lambda\mu_i) \cdot \prod_{j=p+1}^{p+q}(1 + \lambda\mu_j).$$

由 $|A - \lambda B| = 0$ 的根全小于 1 得 $\mu_i > 1\,(i = 1, \cdots, p)$, 故 $A - B$ 的正、负惯性指数分别为 $n - p$ 和 p. ▮

例 10.17　设 A 实对称正定, B 实对称半正定, 证明

$$\mathrm{tr}(BA^{-1})\mathrm{tr}A \geqslant \mathrm{tr}B.$$

证明　由例 10.11 知, 存在可逆矩阵 C, 使得 $C'AC = I_n$, $C'BC = \mathrm{diag}(\lambda_1, \cdots, \lambda_n)$, 于是 $C'BC \cdot C^{-1}A^{-1}C'^{-1} = \mathrm{diag}(\lambda_1, \cdots, \lambda_n)$, 从而 $\mathrm{tr}(BA^{-1}) = \sum\limits_{i=1}^{n}\lambda_i$, 故只需证明 $\left(\sum\limits_{i=1}^{n}\lambda_i\right)\mathrm{tr}A_1 \geqslant \mathrm{tr}\big(A_1\mathrm{diag}(\lambda_1, \cdots, \lambda_n)\big)$, 其中 $A_1 = (C'C)^{-1}$. 事实上, 这可由 A 的对角元均为非负数得到. ▮

例 10.18　设 A, B 均实对称半正定, 证明若 $A^2 - B^2$ 半正定, 则 $A - B$ 半正定.

证明　由例 10.12 知, 存在可逆矩阵 C, 使得 $A = C'\mathrm{diag}(a_1, \cdots, a_n)C \triangleq C'\Lambda_1 C$, $B = C'\mathrm{diag}(b_1, \cdots, b_n)C \triangleq C'\Lambda_2 C$, 则

$$A^2 - B^2 = C' (\Lambda_1 C'C\Lambda_1 - \Lambda_2 C'C\Lambda_2) C$$

实对称半正定, 于是上式右端中间矩阵的对角元 $(a_1^2 - b_1^2)c_1, \cdots, (a_n^2 - b_n^2)c_n$ 均为非负数, 其中 $c_1, \cdots, c_n$ 为 $C'C$ 的对角元. 又因为 $C'C$ 实对称正定且 A 和 B 均半正定, 所以 $a_i - b_i \geqslant 0\ (\forall i)$, 从而 $A - B = C'\mathrm{diag}(a_1 - b_1, \cdots, a_n - b_n)C$ 半正定. ▮

例 10.19　若 $A, B, A-B$ 均实对称半正定, 则存在 X, 使得 $B = AX$.

证明　由例 10.12 知, 存在可逆矩阵 C, 使得 $A = C'\mathrm{diag}(a_1, \cdots, a_n)C \triangleq C'\Lambda_1 C$, $B = C'\mathrm{diag}(b_1, \cdots, b_n)C \triangleq C'\Lambda_2 C$. 因为 $A - B$ 半正定, 故若 $a_i = 0$, 则 $b_i = 0$, 于是秩 $A =$ 秩 $(A\quad B)$. 再应用注 1.6 知, $AX = B$ 有解. ▮

例 10.20　设 A, B 均实对称半正定, 证明 $A - B$ 半正定的充要条件是存在 X, 使得 $B = AX$ 且 $A(A-B)A$ 半正定.

证明　**必要性**　由例 10.19 显然.

充分性　由例 10.12 知, 存在可逆矩阵 C, 使得

$$A = C'\mathrm{diag}(a_1, \cdots, a_n)C,$$

$$B = C'\mathrm{diag}(b_1, \cdots, b_n)C.$$

因为 $AX = B$ 有解, 故秩 $A =$ 秩 $(A\quad B)$, 于是若 $a_i = 0$, 则 $b_i = 0\ (i = 1, \cdots, n)$, 因而不妨设 $A = C'\mathrm{diag}(A_1, 0)C$, $B = C'\mathrm{diag}(B_1, 0)C$, 其中 A_1 为 r 阶可逆的对角矩阵, B_1 和 A_1 为同阶对角矩阵, 故

$$\begin{aligned} &A(A-B)A \\ =&\ C'\begin{pmatrix} A_1 & \\ & 0 \end{pmatrix} C \cdot C' \begin{pmatrix} A_1 - B_1 & \\ & 0 \end{pmatrix} C \cdot C' \begin{pmatrix} A_1 & \\ & 0 \end{pmatrix} C \\ =&\ C'\left[\begin{pmatrix} A_1MA_1MA_1 & \\ & 0 \end{pmatrix} - \begin{pmatrix} A_1MB_1MA_1 & \\ & 0 \end{pmatrix}\right] C, \end{aligned}$$

其中 M 为 CC' 的 r 阶顺序主子阵. 由 $A(A-B)A$ 半正定知

$$A_1MA_1MA_1 - A_1MB_1MA_1$$

半正定, 从而 $A_1 - B_1$ 半正定, 即 $A - B$ 半正定. ▮

四、合同块变换的应用

根据所研究问题的需要, 灵活运用合同块初等变换方法, 常使问题的解决相当简洁.

例 10.21　设 A, C 均为对称矩阵, 证明当 A 可逆时,

$$\begin{pmatrix} A & B \\ B' & C \end{pmatrix} \quad 与 \quad \begin{pmatrix} A & 0 \\ 0 & C - B'A^{-1}B \end{pmatrix}$$

合同.

证明　由下式易见：

$$\begin{pmatrix} I & 0 \\ -B'A^{-1} & I \end{pmatrix}\begin{pmatrix} A & B \\ B' & C \end{pmatrix}\begin{pmatrix} I & -A^{-1}B \\ 0 & I \end{pmatrix}$$
$$=\begin{pmatrix} A & 0 \\ 0 & C-B'A^{-1}B \end{pmatrix}. \quad \blacksquare$$

例 10.22　设 $M=\begin{pmatrix} A & B \\ B' & C \end{pmatrix}$ 实对称正定, $M^{-1}=\begin{pmatrix} D & F \\ F' & G \end{pmatrix}$, 其中 A, D 同阶, 证明 $|A|\ |D|\geqslant 1$, 并且等号成立的充要条件是 $B=0$.

证明　由 $MM^{-1}=I$ 知

$$AD+BF'=I, \tag{10.1}$$

$$AF+BG=0. \tag{10.2}$$

因为 M 正定, 于是 M^{-1}, A, C 均正定, 进而 D 和 G 也正定. 由 (10.2) 得 $AFG^{-1}=-B$, 将其代入 (10.1) 得

$$AD=I+AFG^{-1}F'.$$

应用例 10.8 及其证明, 则 $AFG^{-1}F'$ 相似于对角矩阵 $\mathrm{diag}(\lambda_1, \cdots, \lambda_n)$, 并且对角元均非负, 故

$$AD\sim \mathrm{diag}(1+\lambda_1, \cdots, 1+\lambda_n).$$

易见

$$|A|\ |D|=\prod_{i=1}^{n}(1+\lambda_i)\geqslant 1 \text{ 且等号成立 } \Leftrightarrow \lambda_1=\cdots=\lambda_n=0,$$

于是

$$\text{等号成立 } \Leftrightarrow FG^{-1}F'=0 \Leftrightarrow F=0 \Leftrightarrow B=0. \quad \blacksquare$$

例 10.23　设 $M=\begin{pmatrix} A & B \\ B' & C \end{pmatrix}$ 实对称正定, 则 $|M|\leqslant |A|\ |C|$ 且等号成立的充要条件是 $B=0$.

证明　由例 10.21 知,

$$M \text{ 正定 } \Leftrightarrow A \text{ 和 } C-B'A^{-1}B \text{ 均正定且 } |M|=|A|\ |C-B'A^{-1}B|.$$

设 $C-B'A^{-1}B=D$, 则 $C=D+B'A^{-1}B$, 由同时对角化易证 $|C|\geqslant |D|+|B'A^{-1}B|\geqslant |D|$, 并且等号成立 $\Leftrightarrow B'A^{-1}B=0$, 于是 $|M|=|A|\ |D|\leqslant |A|\ |C|$, 并且等号成立的充要条件是 $B=0$. $\blacksquare$

例 10.24　设实矩阵 $A=(a_{ij})_{n\times n}$, 证明 $|A|\leqslant \sqrt{\prod_{i=1}^{n}\sum_{j=1}^{n}a_{ij}^2}$ 且等号成立的充要条件是 A 的各列正交.

证明 首先由例 10.23 及数学归纳法可知, 若 $C=(c_{ij})_{n\times n}$ 实对称正定, 则 $|C|\leqslant c_{11}\cdots c_{nn}$, 并且等号成立 $\Leftrightarrow C$ 为对角矩阵.

若 AA' 不可逆, 则 $|AA'|=0$, 即 $|A|=0$, 结论成立; 若 AA' 可逆, 则正定, 于是 $|A|^2=|AA'|\leqslant\prod_{i=1}^{n}\sum_{j=1}^{n}a_{ij}^2$, 并且等号成立 $\Leftrightarrow AA'$ 为对角矩阵 (即 A 的各列两两正交), 从而结论成立. ▮

例 10.25 设 A, B 为同阶实方阵, 并且 $I-AA'$ 和 $I-BB'$ 正定, 证明 $|I-AA'|\cdot|I-BB'|\leqslant|I-AB'|^2$.

证明 令 $M=\begin{pmatrix}I-AA' & I-AB'\\ I-BA' & I-BB'\end{pmatrix}$, 易见 M 合同于

$$\begin{pmatrix}I-AA' & 0\\ 0 & (I-BB')-(I-BA')(I-AA')^{-1}(I-AB')\end{pmatrix}. \tag{10.3}$$

另一方面, 易见

$$\begin{pmatrix}I & 0\\ -I & I\end{pmatrix}M\begin{pmatrix}I & -I\\ 0 & I\end{pmatrix}=\begin{pmatrix}I-AA' & A(A-B)'\\ (A-B)A' & -(A-B)(A-B)'\end{pmatrix},$$

从而 M 合同于

$$\operatorname{diag}(I-AA',\ -(A-B)(A-B)'-(A-B)A'(I-AA')^{-1}A(A-B)'). \tag{10.4}$$

比较 (10.3) 和 (10.4) 两式知

$$(I-BB')-(I-BA')(I-AA')^{-1}(I-AB')\leqslant 0,$$

即

$$(I-BA')(I-AA')^{-1}(I-AB')-(I-BB')\geqslant 0.$$

再应用例 10.14, 结论得证. ▮

五、用正定结果解决半正定问题

如果 A 是实对称半正定矩阵, 则显然对 $t>0$ 有 $tI+A$ 为实对称正定矩阵. 再根据实对称正定矩阵的某些结果, 利用 $t\to 0$ 可得到关于 A 的一些结果.

例 10.26 若 A 实对称半正定, 证明 A 的伴随矩阵 A^* 也实对称半正定.

证明 由 A 半正定知, 对一切 $t>0$ 有 $B=A+tI$ 正定, 于是存在可逆矩阵 C, 使得 $B=C'C$, 从而

$$B^*=|B|B^{-1}=|B|C^{-1}C'^{-1}=\sqrt{|B|}C^{-1}\cdot\sqrt{|B|}C^{-1\prime},$$

故 B^* 正定, 即 $(A+tI)^*$ 正定.

设 $(tI+A)_{ij}$ 为 $tI+A$ 的 (i,j) 位置的代数余子式, 故 $(tI+A)^*$ 的 (i,j) 位置是 $(tI+A)_{ji}$. 显然, 它是 t 的多项式函数, 于是 $\lim\limits_{t\to 0}(tI+A)_{ji}=A_{ji}$.

设 $g(t)$ 是 $(tI+A)^*$ 的任意一个 i 阶主子式, 则 $g(t)$ 是 t 的多项式, 于是 $\lim\limits_{t\to 0}g(t)=g(0)$ 是 A^* 的相应的 i 阶主子式. 再由 $(tI+A)^*$ 正定知 $g(t)>0$, 故 $g(0)\geqslant 0$, 即 A^* 的所有各阶主子式都大于或等于零, 所以 A^* 半正定. ▮

例 10.27　设 $A=\begin{pmatrix} A_1 & A_2 \\ A_2' & A_3 \end{pmatrix}$ 为实对称半正定矩阵, 证明

$$\mathrm{tr}(A_2'A_2)\leqslant \mathrm{tr}A_1\mathrm{tr}A_3.$$

证明 1　定义 $A(t)=tI_n+A$, 其中 $t>0$, 则 $A(t)$ 为正定矩阵. 由例 10.21 知, $tI+A_3-A_2'(tI+A_1)^{-1}A_2$ 正定, 则

$$\mathrm{tr}(tI+A_3)-\mathrm{tr}(A_2'(tI+A_1)^{-1}A_2)>0. \tag{10.5}$$

注意到 $tI+A_1$ 正定且 A_2A_2' 半正定, 应用例 10.17 得

$$\mathrm{tr}(A_2A_2'(tI+A_1)^{-1})\cdot\mathrm{tr}(tI+A_1)\geqslant\mathrm{tr}(A_2A_2'). \tag{10.6}$$

再由 (10.5) 和 (10.6) 两式及 $\mathrm{tr}(A_2'(tI+A_1)^{-1}A_2)=\mathrm{tr}(A_2A_2'\cdot(tI+A_1)^{-1})$ 得 $\mathrm{tr}(tI+A_3)\mathrm{tr}(tI+A_1)\geqslant\mathrm{tr}(A_2A_2')=\mathrm{tr}(A_2'A_2)$. 令 $t\to 0$, 结论得证.

证明 2　设

$$A=B'B=\begin{pmatrix} C \\ D \end{pmatrix}\begin{pmatrix} C' & D' \end{pmatrix}=\begin{pmatrix} CC' & CD' \\ DC' & DD' \end{pmatrix},$$

于是问题归结为证明 $\mathrm{tr}(CC')\cdot\mathrm{tr}(DD')\geqslant\mathrm{tr}(DC'CD')$, 即

$$\mathrm{tr}(CC')\cdot\mathrm{tr}(DD')\geqslant\mathrm{tr}(D'D\cdot C'C).$$

这可由例 10.10 得到 (参见文献 [7]). ▮

例 10.28　设 A, B 均实对称半正定, $AB=BA$, 证明 AB 实对称半正定.

证明　(1) 若 A, B 均正定, 则存在可逆矩阵 C 和 D, 使得 $A=C'C$ 且 $B=D'D$, 于是 $AB=C'C\cdot D'D\sim DC'C\cdot D'=DC'\cdot(DC')'$ 正定, 故 AB 的特征值均为正数. 再由 $AB=BA$ 知, AB 对称, 故 AB 正定.

(2) 若 A, B 不全正定, 则 $A+tI$ 和 $B+tI$ $(t>0)$ 均正定. 由 (1) 知, $C=(A+tI)(B+tI)$ 正定. 易见, AB 的任一个主子阵 $+t\cdot A$ 的相应主子阵 $+t\cdot B$ 的相应主子阵 $+t^2I$ 均是 C 的主子阵, 故为正定矩阵, 从而 C 的任意一个主子式均大于 0. 令 $t\to 0$, 则 AB 的任一个主子式均为非负数. ▮

习　题　10

1. 设 A, B 为实矩阵, 证明 $\sigma_{\max}(AB)\leqslant\sigma_{\max}(A)\sigma_{\max}(B)$, 其中 $\sigma_{\max}(\cdot)$ 表示矩阵的最大奇异值.

2. 设 A, B 均为 n 阶实对称半正定矩阵, $n \geqslant 2$, 证明:

(1) $|A+B| \geqslant |A|+|B|$;

(2) $|A+B| \geqslant 2|A|^{\frac{1}{2}}|B|^{\frac{1}{2}}$.

3. 设 A, B 为 n 阶实对称矩阵且 A 正定, B 半正定, 证明 $A-B$ 半正定的充要条件是 BA^{-1} 的所有特征值均小于或等于 1.

4. 设 A 实对称正定, B 实对称, 证明 $A+B$ 正定的充要条件是 BA^{-1} 的特征值全大于 -1.

5. 设 A, C 均为对称矩阵, 证明当 C 可逆时,

$$\begin{pmatrix} A & B \\ B' & C \end{pmatrix} \quad 与 \quad \begin{pmatrix} A-BC^{-1}B' & 0 \\ 0 & C \end{pmatrix}$$

合同.

6. (1) 设 A, B 均为 n 阶实对称半正定矩阵, 证明 $A \circ B$ 仍实对称半正定, 其中 $A \circ B = (a_{ij}) \circ (b_{ij}) = (a_{ij}b_{ij})$;

(2) 设 A, B 均为 n 阶实对称正定矩阵, 证明 $A \circ B$ 仍实对称正定.

7. 设 A, B 为 n 阶实对称矩阵且 A 正定、B 半正定, 试证 AB 的特征值均非负.

8. 设 $BQ=C$, 其中 B, C 为实对称正定矩阵, Q 为正交矩阵, 求证 $B=C$.

9. 实对称半正定矩阵 $C=\begin{pmatrix} C_1 & C_2 \\ C_3 & C_4 \end{pmatrix}$, 其中 C_1 为 r 阶方矩阵, 求证矩阵方程 $C_1X=C_2$ 有解.

10. 设 A 为 n 阶实矩阵, $A'A$ 的最大与最小特征值分别为 λ_1, λ_n, 证明对 A 的任意特征根 μ 有 $\sqrt{\lambda_n} \leqslant |\mu| \leqslant \sqrt{\lambda_1}$.

11. 设实矩阵 $A=(a_1,\cdots,a_n)'(a_1,\cdots,a_n)$, 并且 $\sum\limits_{i=1}^{n} a_i^2=1$, 证明 $|I_n-2A|=-1$.

12. 设 A, B 为 n 阶实对称矩阵, 其中 A 半正定, λ_n 为 B 的最小特征值, 证明 $\mathrm{tr}AB \geqslant \lambda_n \mathrm{tr}A$.

13. A, B 为 n 阶实对称矩阵, A 正定, AB 实对称正定, 证明 $AB=BA$, 其中 B 正定.

14. 设 A 实对称正定且 $\begin{pmatrix} A & M \\ M' & A \end{pmatrix}$ 可逆, 同时有 $\begin{pmatrix} A & M \\ M' & A \end{pmatrix}^{-1} = \begin{pmatrix} A & N \\ N' & A \end{pmatrix}$, 证明 $A-I$ 实对称半正定.

15. 设 A, B, C 均为秩 1 实对称矩阵且 $A=B+C$, 证明 A, B 线性相关.

16. 设 A, B, C 为 n 阶对称矩阵且

$$A=\begin{pmatrix} A_1 & 0 \\ 0 & 0 \end{pmatrix}, \quad B=\begin{pmatrix} B_1 & 0 \\ 0 & 0 \end{pmatrix}, \quad C=\begin{pmatrix} C_1 & C_2 \\ C_2' & C_3 \end{pmatrix},$$

其中 A_1, B_1, C_1 同阶且 $A_1 \neq B_1$. 又 $C-A$ 和 $C-B$ 的秩都是 1, 证明 $C=\begin{pmatrix} C_1 & 0 \\ 0 & 0 \end{pmatrix}$.

17. 设 A 为 n 阶实对称半正定矩阵, B 为 n 阶实矩阵, 并且 $AB+BA=0$, 求证 $AB=BA=0$.

18. 设 A 为 n 阶实对称矩阵, λ 为最大特征值, 求证 $\dfrac{1}{n}\sum\limits_{i,j=1}^{n} a_{ij} \leqslant \lambda$.

19. 设 A 为 n 阶实对称正定矩阵, x 为实 n 元列, 求证 $0 \leqslant x'(A+xx')^{-1}x \leqslant 1$.

第11讲 相似不变量分析方法

11.1 基础知识

一、矩阵相似的几何背景

设 V 为数域 $\mathbf{F}$ 上的 n 维线性空间, 又设 σ 为 V 的线性变换, σ 在基 $\varepsilon_1, \cdots, \varepsilon_n$ 下的矩阵为 A, σ 在基 $\eta_1, \cdots, \eta_n$ 下的矩阵为 B, 即

$$\sigma(\varepsilon_1 \ \cdots \ \varepsilon_n) = (\varepsilon_1 \ \cdots \ \varepsilon_n)A,$$
$$\sigma(\eta_1 \ \cdots \ \eta_n) = (\eta_1 \ \cdots \ \eta_n)B.$$

又设 $(\eta_1 \ \cdots \ \eta_n) = (\varepsilon_1 \ \cdots \ \varepsilon_n)P$, 即 P 为从基 $\varepsilon_1, \cdots, \varepsilon_n$ 到基 $\eta_1, \cdots, \eta_n$ 的过渡矩阵. 显然, P 可逆, 于是

$$\sigma(\varepsilon_1 \ \cdots \ \varepsilon_n)P = (\varepsilon_1 \ \cdots \ \varepsilon_n)PB,$$
$$(\varepsilon_1 \ \cdots \ \varepsilon_n)AP = (\varepsilon_1 \ \cdots \ \varepsilon_n)PB,$$
$$A = PBP^{-1},$$

称上述 A 与 B 之间的关系为**相似**, 即**A 与 B 相似 $\Leftrightarrow V$ 存在两组基, σ 在此两组基下的矩阵分别为 A 和 B.**

例 11.1 σ 为 $n\ (\geqslant 1)$ 维线性空间 V 的线性变换, 如果 $\mathrm{Im}\sigma = \ker\sigma$, 求 V 的一组基, 使得 σ 在该基下的矩阵有简单形状.

解 1 取象空间的一组基 $\varepsilon_1, \cdots, \varepsilon_r$, 显然有 $\eta_1, \cdots, \eta_r$, 使得 $\varepsilon_1 = \sigma(\eta_1), \cdots, \varepsilon_r = \sigma(\eta_r)$, 容易证明 $\varepsilon_1, \cdots, \varepsilon_r, \eta_1, \cdots, \eta_r$ 线性无关. 事实上, 设 $k_1\varepsilon_1 + \cdots + k_r\varepsilon_r + l_1\eta_1 + \cdots + l_r\eta_r = 0$, 于是

$$k_1\sigma(\varepsilon_1) + \cdots + k_r\sigma(\varepsilon_r) + l_1\sigma(\eta_1) + \cdots + l_r\sigma(\eta_r) = 0.$$

由 $\mathrm{Im}\sigma = \ker\sigma$ 知 $\sigma(\varepsilon_1) = \cdots = \sigma(\varepsilon_r) = 0$, 故

$$l_1\varepsilon_1 + \cdots + l_r\varepsilon_r = 0,$$

从而 $l_1 = \cdots = l_r = 0$, 进一步, $k_1 = \cdots = k_r = 0$.

由维数公式

$$\dim(\mathrm{Im}\sigma) + \dim(\ker\sigma) = n$$

知 $n = 2r$, 于是 $\varepsilon_1, \cdots, \varepsilon_r, \eta_1, \cdots, \eta_r$ 是 V 的一组基. 设在此基下 σ 的矩阵为 A, 即

$$\sigma(\varepsilon_1 \ \cdots \ \varepsilon_r \ \eta_1 \ \cdots \ \eta_r) = (\varepsilon_1 \ \cdots \ \varepsilon_r \ \eta_1 \ \cdots \ \eta_r)A,$$

易见

$$A = \begin{pmatrix} 0 & I_r \\ 0 & 0 \end{pmatrix}. \ \blacksquare$$

二、相似不变量

$$
\begin{aligned}
A \text{ 与 } B \text{ 相似} &\Leftrightarrow \lambda I - A \text{ 与 } \lambda I - B \text{ 等价}\\
&\Leftrightarrow A,B \text{ 有相同的不变因子组}\\
&\Leftrightarrow A,B \text{ 有相同的行列式因子组}\\
&\Leftrightarrow A,B \text{ 有相同的初等因子组}\\
&\Leftrightarrow A,B \text{ 有相同的相似标准形.}
\end{aligned}
$$

由上可知, 一个方阵的不变因子组、行列式因子组、初等因子组都是相似不变量, 并且根据这些不变量分别可以决定矩阵的相似分类.

方阵还有其他的相似不变量, 如矩阵的特征多项式 (含矩阵的迹、行列式、特征根等)、最小多项式、矩阵的秩等. 当然, 这些不变量并不能完全确定矩阵的分类, 但有时也可以帮助确定矩阵的类型和矩阵的不相似. 如果再伴有其他条件, 有时也可以确定矩阵的相似. 总之, 对矩阵的相似不变量的分析是十分重要的. 首先给出例 11.1 的另外一种解法.

解 2 由 $\mathrm{Im}\sigma = \ker\sigma$ 可知 $\sigma^2 x = 0\ (\forall x \in V)$, 即 $\sigma^2 = 0$. 又由维数公式知 $n = 2r$, 故 σ 的矩阵的秩为 r. 由若尔当标准形知, σ 在某基下有矩阵 $\mathrm{diag}(J_1, \cdots, J_r)$ 且 $J_1 = \cdots = J_r = \begin{pmatrix} 0 & 1 \\ 0 & 0 \end{pmatrix}$. 不难看出, 此结果与解 1 的结果是彼此相似的. ∎

注 11.1 例 11.1 的解 2 就是由秩这个不变量及标准形确定的相似分类.

11.2 应　　用

一、由相似不变量确定相似

例 11.2 设 A 的不变因子是 $1, \cdots, 1, d_1(\lambda), \cdots, d_s(\lambda)$, 则 A 相似于 $N = \mathrm{diag}(N_1, \cdots, N_s)$, 其中 $N_1, \cdots, N_s$ 有如下形式:

$$
N_i = \begin{pmatrix}
0 & 0 & \cdots & 0 & -a_{im_i} \\
1 & 0 & \cdots & 0 & -a_{i\ m_i-1} \\
0 & \ddots & & \vdots & \vdots \\
\vdots & & \ddots & 0 & -a_{i2} \\
0 & \cdots & 0 & 1 & -a_{i1}
\end{pmatrix} \text{或一阶块.}
$$

证明 只需证明 $\lambda I - N_i$ 有不变因子 $1, \cdots, 1, d_i(\lambda)$, 其中 $d_i(\lambda) = \lambda^{m_i} + a_{i1}\lambda^{m_i-1} + \cdots + a_{i\ m_i}$. 事实上, 不难看出, N_i 的 m_i 阶行列式因子是 $d_i(\lambda)$, 而其余各阶行列式因子都是 1. ∎

注 11.2 例 11.2 中的 N 称为**有理标准形**(见文献 [8]).

例 11.3　求证 A' 与 A 相似.

证明　不难看出, A' 与 A 的各阶行列式因子相同. ∎

例 11.4　设 σ 为线性空间 $\mathbf{F}^{n\times n}$ 的线性变换, 定义如下:

$$\sigma(A)=A',\quad \forall A\in\mathbf{F}^{n\times n},$$

求 σ 的矩阵的若尔当标准形.

解　易见 $\sigma^2=1$, σ 的最小多项式是 λ^2-1, 它是互素的一次式的乘积, 故 σ 的矩阵相似于对角矩阵. 由于特征值为 ±1, 故只需确定 1 和 -1 的个数. 由于属于特征值 1 和 -1 的特征子空间的维数分别为 n 阶对称矩阵和 n 阶反对称矩阵空间的维数, 它们分别为 $\dfrac{n(n+1)}{2}$ 和 $\dfrac{n(n-1)}{2}$, 故 σ 的矩阵的若尔当标准形为

$$J=\begin{pmatrix} I_{\frac{n(n+1)}{2}} & 0\\ 0 & -I_{\frac{n(n-1)}{2}}\end{pmatrix}.$$ ∎

注 11.3

$$\begin{aligned} A_{n\times n}\text{相似于对角矩阵} &\Leftrightarrow A\text{ 的初等因子都是一次的}\\ &\Leftrightarrow A\text{ 的最小多项式是互素的一次式之积}\\ &\Leftrightarrow A\text{ 有 } n \text{ 个线性无关的特征向量.}\end{aligned}$$

例 11.5　设 n 阶矩阵 A 的最后一个不变因子是 n 次的, 求证 A 的若尔当标准形中不同若尔当块的对角线上的元素不同.

证明　由最后一个不变因子是 n 次的可知, 其他不变因子都是 1, 故初等因子均产生于最后一个不变因子的分解式中, 并且各初等因子互素, 其对应的不同若尔当块上的对角线元素自然是不同的. ∎

例 11.6　设 n 阶矩阵 A 与 B 相似, 证明它们的伴随矩阵 A^* 与 B^* 相似.

分析　如果 A 与 B 均可逆, 则容易证明结论成立; 如果 A 与 B 不可逆, 则应有充分小的正数 t, 使得 $A+tI$ 与 $B+tI$ 相似且可逆, 从而 $(A+tI)^*$ 与 $(B+tI)^*$ 相似. 由此推出 λ 矩阵 $\lambda I+(A+tI)^*$ 与 $\lambda I+(B+tI)^*$ 等价. 这又推出 $(A+tI)^*$ 与 $(B+tI)^*$ 的各级行列式因子相同. 当 $t\to0$ 时得 A^* 与 B^* 的各级行列式因子相同, 于是可知 A^* 与 B^* 相似. ∎

例 11.7　设 A 是 n 阶幂零矩阵, 证明 $\mathrm{e}^A\triangleq\displaystyle\sum_{k=0}^{\infty}\frac{1}{k!}A^k$ 与 $I+A$ 相似.

分析　设 A 的若尔当标准形 $J=\mathrm{diag}(J_1,\cdots,J_s)$, 其中 $J_1,\cdots,J_s$ 为若尔当块. 由于 A 幂零, 可设 $A^m=0$, 故 $J_1,\cdots,J_s$ 对角线上均为 0. 由此可知, $I+A$ 有若尔当标准形 $\mathrm{diag}(I+J_1,\cdots,I+J_s)$. 另一方面, 由 $\mathrm{e}^A=\displaystyle\sum_{k=0}^{\infty}\frac{1}{k!}A^k$ 相似于

$$\sum_{k=0}^{m-1}\frac{1}{k!}J^k=\sum_{k=0}^{m-1}\frac{1}{k!}\mathrm{diag}(J_1^k,\cdots,J_s^k)=\mathrm{diag}\left(\sum_{k=0}^{m-1}\frac{1}{k!}J_1^k,\cdots,\sum_{k=0}^{m-1}\frac{1}{k!}J_s^k\right).$$

往证 $\sum_{k=0}^{m-1}\frac{1}{k!}J_i^k$ 与 $I+J_i$ $(i=1,\cdots,s)$ 相似. 事实上, 设 $J_i=\begin{pmatrix}0&1&&&\\&0&1&&\\&&\ddots&\ddots&\\&&&\ddots&1\\&&&&0\end{pmatrix}$,

经计算易见,

$$\sum_{k=0}^{m-1}\frac{1}{k!}J_i^k=\sum_{k=0}^{t_i-1}\frac{1}{k!}J_i^k=\begin{pmatrix}1&1&\frac{1}{2!}&\cdots&\frac{1}{(t_i-1)!}\\&1&\ddots&\ddots&\vdots\\&&\ddots&\ddots&\frac{1}{2!}\\&&&\ddots&1\\&&&&1\end{pmatrix}.$$

它显然与 $I+J_i$ 相似 (它们有相同的初等因子 $(\lambda-1)^{t_i}$). ▮

例 11.8 设三阶矩阵 A 与 A^2 相似, 求 A 的所有可能的若尔当标准形.

分析 设 A 的特征值为 $\lambda_1,\lambda_2,\lambda_3$, 则 A^2 的特征值应为 $\lambda_1^2,\lambda_2^2,\lambda_3^2$, 这两个组应是一样的 (相同者, 重数也相同). 由此可能出现以下三种情形:

(1) $\lambda_i=\lambda_i^2\ (\forall i)$;

(2) $\lambda_i^2=\lambda_j,\lambda_j^2=\lambda_i(i\neq j)$, $\lambda_k^2=\lambda_k$;

(3) $\lambda_i^2=\lambda_j,\lambda_j^2=\lambda_k,\lambda_k^2=\lambda_i\,(i,j,k$ 互不同).

由情形 (1) 可知 $\lambda_i=0,1$; 由情形 (2) 可知 $\lambda_i=\frac{-1+\sqrt{3}\mathrm{i}}{2}\triangleq\omega,\omega^2$, $\lambda_k=0,1$; 由情形 (3) 可知 $\lambda_i^7=1$, 则 $\lambda_i=\cos\frac{2\pi}{7}+\mathrm{i}\sin\frac{2\pi}{7}\triangleq\delta,\delta^2,\delta^3,\cdots,\delta^6,1$.

由上面的讨论易知, A 的若尔当标准形可能为以下各类型:

$$\begin{pmatrix}0&&\\&0&\\&&0\end{pmatrix},\ \begin{pmatrix}1&&\\&1&\\&&1\end{pmatrix},\ \begin{pmatrix}0&&\\&0&\\&&1\end{pmatrix},\ \begin{pmatrix}0&&\\&1&\\&&1\end{pmatrix},$$

$$\begin{pmatrix}0&&\\&1&1\\&&1\end{pmatrix},\ \begin{pmatrix}1&&\\&1&1\\&&1\end{pmatrix},\ \begin{pmatrix}1&1&\\&1&1\\&&1\end{pmatrix},$$

$$\begin{pmatrix}1&&\\&\omega&\\&&\omega^2\end{pmatrix},\ \begin{pmatrix}0&&\\&\omega&\\&&\omega^2\end{pmatrix},\ \begin{pmatrix}\delta&&\\&\delta^2&\\&&\delta^4\end{pmatrix},\ \begin{pmatrix}\delta^3&&\\&\delta^5&\\&&\delta^6\end{pmatrix}.$$ ▮

例 11.9　设 $J=\begin{pmatrix}0&1&&&\\&0&1&&\\&&\ddots&\ddots&\\&&&\ddots&1\\&&&&0\end{pmatrix}_{n\times n}$, 当 $n=9,10$ 时, 求 J^3 的若尔当标准形.

分析　当 $n=10$ 时, 取 J^3 的第 1, 4,7,10 行及列构成 $J_1\triangleq\begin{pmatrix}0&1&&\\&0&1&\\&&0&1\\&&&0\end{pmatrix}$. 再取 J^3 的第 2, 5, 8 行及列构成 $J_2\triangleq\begin{pmatrix}0&1&\\&0&1\\&&0\end{pmatrix}$. 同样取第 3, 6, 9 行及列也构成 J_2, 则 J^3 的若尔当标准形为 $\mathrm{diag}(J_1,J_2,J_2)$.

当 $n=9$ 时, 由同样的方法可知, J^3 相似于 $\mathrm{diag}(J_2,J_2,J_2)$. ▮

二、由相似解决不变量及相关问题

例 11.10　设 λ 为 n 维线性空间 V 的线性变换 σ 的任意特征值, 如果 $\alpha\in V$ 且 $\alpha,\sigma\alpha,\cdots,\sigma^{n-1}\alpha$ 线性无关, 试证特征子空间 V_λ 的维数必为 1.

证明　因为 $\dim V_\lambda=n-$ 秩 $(\lambda I-A)$ 是相似不变量, 其中 A 为 σ 在某基下的矩阵. 现在若令 σ 在基 $\alpha,\sigma\alpha,\cdots,\sigma^{n-1}\alpha$ 下的矩阵为 A, 则有 $A=\begin{pmatrix}0&a\\I_{n-1}&b\end{pmatrix}$. 不难看出, 秩 $(\lambda I-A)=n-1$, 从而结论得证. ▮

例 11.11　求证 n 阶矩阵 A 的最小多项式与 A 的最后一个不变因子相同.

证明　相似标准形是相似不变量, 设 $A=PJP^{-1}$, 其中 $J=\mathrm{diag}(J_1,\cdots,J_t)$, $J_1,\cdots,J_t$ 为若尔当块. 由于最小多项式 $f(\lambda)$ 为相似不变量, 故

$$f(\lambda)=[f_1(\lambda),\cdots,f_t(\lambda)],$$

其中 $f_i(\lambda)$ 为 J_i 的最小多项式. 显然, $f_i(\lambda)$ 均为一次式的幂, 故 $f(\lambda)$ 应为最多个数的互素一次式的最高次幂的乘积. 这恰是 A 的最后一个不变因子. ▮

例 11.12　设 σ 为 n 维线性空间 V 的一个线性变换, λ 为其一个特征值, 试证对任意一组不全为零的数 $k_1,\cdots,k_n$ 都存在一组基 $\varepsilon_1,\cdots,\varepsilon_n$, 使得 $\alpha=\sum\limits_{i=1}^{n}k_i\varepsilon_i$ 是 σ 的属于 λ 的特征向量.

分析　特征向量不是相似不变量, 但是与相似有具体关系. 设 σ 在基 $\eta_1, \cdots, \eta_n$ 下的矩阵为 B 且 $Bx=\lambda x\ (x\neq 0)$, 又设 σ 在 $\varepsilon_1, \cdots, \varepsilon_n$ 下的矩阵为 A, $(\eta_1\ \cdots\ \eta_n)P=(\varepsilon_1\ \cdots\ \varepsilon_n)$. 于是 $B=PAP^{-1}$, 从而 $PAP^{-1}x=\lambda x$, 即 $A(P^{-1}x)=\lambda(P^{-1}x)$. 现在的问题是如何找 P, 使得 $P^{-1}x=\alpha_1$, 即 $P\alpha_1=x$, 其中 $\alpha_1=(k_1\ \ \cdots\ \ k_n)$. 这个 P 是可求的. 事实上, 由 x 可扩充为 $\mathbf{F}^n$ 的一组基 $x, x_2, \cdots, x_n$, α_1 可扩充为 $\mathbf{F}^n$ 的一组基 $\alpha_1, \alpha_2, \cdots, \alpha_n$, 取 $P=(x\ \ x_2\ \ \cdots\ \ x_n)(\alpha_1\ \ \alpha_2\ \ \cdots\ \ \alpha_n)^{-1}$ 即可. ∎

例 11.13　A, B 均为 n 阶矩阵, A 有 n 个不同的特征值 $\lambda_1, \cdots, \lambda_n$, 则 A 的特征向量恒为 B 的特征向量的充要条件是 $AB=BA$.

证明　设 $A\alpha_i=\lambda_i\alpha_i\ (\alpha_i\neq 0, \forall i)$. 显然, $\alpha_1, \cdots, \alpha_n$ 线性无关. 由 A 的特征向量恒为 B 的特征向量知 $B\alpha_i=\mu_i\alpha_i\ (\forall i)$, 从而

$$
\begin{aligned}
AB&=(\alpha_1\ \ \cdots\ \ \alpha_n)\begin{pmatrix}\lambda_1 & & \\ & \ddots & \\ & & \lambda_n\end{pmatrix}(\alpha_1\ \ \cdots\ \ \alpha_n)^{-1}\\
&\quad\times(\alpha_1\ \ \cdots\ \ \alpha_n)\begin{pmatrix}\mu_1 & & \\ & \ddots & \\ & & \mu_n\end{pmatrix}(\alpha_1\ \ \cdots\ \ \alpha_n)^{-1}\\
&=(\alpha_1\ \ \cdots\ \ \alpha_n)\begin{pmatrix}\lambda_1\mu_1 & & \\ & \ddots & \\ & & \lambda_n\mu_n\end{pmatrix}(\alpha_1\ \ \cdots\ \ \alpha_n)^{-1}\\
&=BA.
\end{aligned}
$$

反之, 由 $A\alpha_i=\lambda_i\alpha_i$, A 的属于 λ_i 的特征子空间 V_{λ_i} 的维数是 1. 因为 $AB=BA$,

$$
AB\alpha_i=BA\alpha_i=B(\lambda_i\alpha_i)=\lambda_i B\alpha_i,
$$

即 $B\alpha_i\in V_{\lambda_i}$, 故有 $B\alpha_i=\mu_i\alpha_i$, 即 α_i 为 B 的特征向量. ∎

例 11.14　证明存在可逆矩阵 P, 使得所有复 n 级循环矩阵 A 均满足 PAP^{-1} 是对角矩阵.

证明　设 $\varepsilon_k=\cos\dfrac{2k\pi}{n}+\mathrm{i}\sin\dfrac{2k\pi}{n}\ (k=0,1,\cdots,n-1)$,

$$
A=\begin{pmatrix}a_1 & a_2 & \cdots & a_n\\ a_n & a_1 & \cdots & a_{n-1}\\ \vdots & \vdots & & \vdots\\ a_2 & a_3 & \cdots & a_1\end{pmatrix},
$$

$$
f(x)=a_1+a_2x+\cdots+a_nx^{n-1}.
$$

容易验证

$$A\begin{pmatrix}1\\ \varepsilon_k\\ \vdots\\ \varepsilon_k^{n-1}\end{pmatrix}=f(\varepsilon_k)\begin{pmatrix}1\\ \varepsilon_k\\ \vdots\\ \varepsilon_k^{n-1}\end{pmatrix},\quad k=0,1,\cdots,n-1.$$

令

$$P=\begin{pmatrix}1 & 1 & \cdots & 1\\ 1 & \varepsilon_1 & \cdots & \varepsilon_{n-1}\\ \vdots & \vdots & & \vdots\\ 1 & \varepsilon_1^{n-1} & \cdots & \varepsilon_{n-1}^{n-1}\end{pmatrix},$$

则 $A=P\mathrm{diag}(f(1),f(\varepsilon_1),\cdots,f(\varepsilon_{n-1}))P^{-1}$ 对任意循环矩阵 A 都成立. ▮

例 11.15　设 A 是 n 阶实矩阵, 其特征根都是实数, 又 $AA'=A'A$, 证明 A 是实对称矩阵.

分析　由于 A 的特征根均为实数, 容易由归纳法证明, A 实相似于上三角矩阵. 再由 QR 分解知, A 正交相似于上三角矩阵. 最后由 $AA'=A'A$, 经计算可得 A 正交相似于对角矩阵, 从而 A 为实对称矩阵. ▮

例 11.16　设 A,B 分别为 n 阶和 m 阶复矩阵, 证明矩阵方程 $AX=XB$ 只有零解的充分必要条件是 A,B 无公共特征值.

证明　**必要性**　用反证法. 假定 A,B 有公共特征值 λ, 则 A 与 B' 也有公共特征值 λ, 故可设

$$A=P\begin{pmatrix}\lambda & \alpha\\ 0 & A_1\end{pmatrix}P^{-1},\quad B=Q\begin{pmatrix}\lambda & 0\\ \beta & B_1\end{pmatrix}Q^{-1},$$

于是 $AX=XB$ 有非零解 $PE_{11}Q^{-1}$, 矛盾.

充分性　设 A 与 B 的特征多项式分别为 $f(\lambda),g(\lambda)$, 因为 A 与 B 无公共特征值, 故 $(f(\lambda),g(\lambda))=1$, 从而存在多项式 $p(\lambda)$ 和 $q(\lambda)$, 使得 $f(\lambda)p(\lambda)+g(\lambda)q(\lambda)=1$. 将 A 代入, 应用哈密顿–凯莱定理知, $g(A)q(A)=I$, 这意味着 $g(A)$ 可逆. 若 $AX=XB$ 有解 C, 则 $AC=CB$. 由此不难看出, $g(A)C=Cg(B)=0$. 再由 $g(A)$ 可逆知 $C=0$. ▮

三、若尔当标准形的应用

例 11.17　设 5 阶矩阵 A 的初等因子是 $(\lambda+1)^2,(\lambda-2)^2,\lambda$; 6 阶矩阵 B 的初等因子是 $(\lambda-1)^3,(\lambda+1)^3$, 求线性空间 $V=\{X|AX=XB\}$ 的维数.

分析　由初等因子写出 A 和 B 的若尔当标准形. 设

$$A=P\begin{pmatrix}J_1 & & \\ & J_2 & \\ & & J_3\end{pmatrix}P^{-1},\quad B=Q\begin{pmatrix}\Sigma_1 & \\ & \Sigma_2\end{pmatrix}Q^{-1},$$

其中

$$J_1 = \begin{pmatrix} -1 & 1 \\ & -1 \end{pmatrix}, \quad \Sigma_2 = \begin{pmatrix} -1 & 1 & \\ & -1 & 1 \\ & & -1 \end{pmatrix},$$

于是 $AX = XB$, 即

$$P \begin{pmatrix} J_1 & & \\ & J_2 & \\ & & J_3 \end{pmatrix} P^{-1}X = XQ \begin{pmatrix} \Sigma_1 & \\ & \Sigma_2 \end{pmatrix} Q^{-1}.$$

令

$$P^{-1}XQ = \begin{pmatrix} X_{11} & X_{12} \\ X_{21} & X_{22} \\ X_{31} & X_{32} \end{pmatrix},$$

则易见 $J_iX_{ij} = X_{ij}\Sigma_j\,(i = 1,2,3, j = 1,2)$.

由例 11.16 知, $X_{11} = 0, X_{21} = 0, X_{22} = 0, X_{31} = 0$, $X_{32} = 0$. 下面只需求出 X_{12} 中任意变动的参数个数. 事实上, 由 $J_1X_{12} = X_{12}\Sigma_2$ 得

$$\begin{pmatrix} 0 & 1 \\ & 0 \end{pmatrix} \begin{pmatrix} x_{11} & x_{12} & x_{13} \\ x_{21} & x_{22} & x_{23} \end{pmatrix} = \begin{pmatrix} x_{11} & x_{12} & x_{13} \\ x_{21} & x_{22} & x_{23} \end{pmatrix} \begin{pmatrix} 0 & 1 & \\ & 0 & 1 \\ & & 0 \end{pmatrix},$$

从而

$$X_{12} = \begin{pmatrix} 0 & x_{12} & x_{13} \\ 0 & 0 & x_{12} \end{pmatrix}.$$

由上面知, X 中任意变动参数为 2 个, 故 $\dim V = 2$. ▮

例 11.18 求解矩阵方程 $(X + I_3)^2(X - 2I_3) = 0$

解 只需考虑 X 的若尔当标准形, 即确定 X 的全部初等因子. 由方程可知, X 有化零多项式 $f(\lambda) = (\lambda+1)^2(\lambda-2)$, 设 X 的最小多项式为 $g(\lambda)$, 于是可得 $f(X) = 0 \Leftrightarrow g(\lambda)|f(\lambda)$. 由此, $g(\lambda)$ 有以下可能:

(1) $(\lambda+1)^2(\lambda-2)$;

(2) $(\lambda+1)^2$;

(3) $(\lambda+1)(\lambda-2)$;

(4) $\lambda-2$;

(5) $\lambda+1$.

从而得 X 的初等因子组有以下可能:

(1) $(\lambda+1)^2, \lambda-2$;

(2) $(\lambda+1)^2, \lambda+1$;

(3) $\lambda+1, \lambda+1, \lambda-2$;

(4) $\lambda+1, \lambda-2, \lambda-2$;

(5) $\lambda-2, \lambda-2, \lambda-2$;

(6) $\lambda+1, \lambda+1, \lambda+1$.

从而原方程的解可表示为 $X=TX_iT^{-1}$, 其中 T 为任意三阶可逆矩阵,

$$X_1=\begin{pmatrix}-1 & 1 & \\ & -1 & \\ & & 2\end{pmatrix},\quad X_2=\begin{pmatrix}-1 & 1 & \\ & -1 & \\ & & -1\end{pmatrix},\quad X_3=\begin{pmatrix}-1 & & \\ & -1 & \\ & & 2\end{pmatrix},$$

$$X_4=\begin{pmatrix}-1 & & \\ & 2 & \\ & & 2\end{pmatrix}T^{-1},\quad X_5=2I_3,\quad X_6=-I_3. \blacksquare$$

例 11.19　证明任意复方阵相似于对称矩阵 (此题选自文献 [9]).

分析　只需证明每一个若尔当块均酉相似于对称矩阵. 设

$$N=\begin{pmatrix}0 & 1 & & \\ & \ddots & \ddots & \\ & & \ddots & 1 \\ & & & 0\end{pmatrix}_{t\times t},\quad Q=\begin{pmatrix} & & 1 \\ & \iddots & \\ 1 & & \end{pmatrix},$$

若尔当块 $J=\lambda I+N$, 易见

$$QNQ=N',\quad NQ=\begin{pmatrix} & & 1 & 0 \\ & \iddots & \iddots & \\ 1 & \iddots & & \\ 0 & & & \end{pmatrix},\ QN=\begin{pmatrix} & & & 0 \\ & & \iddots & 1 \\ & \iddots & \iddots & \\ 0 & 1 & & \end{pmatrix}.$$

令 $U=\dfrac{1}{\sqrt{2}}(I_t+\mathrm{i}Q)$, 易验证 $U\overline{U'}=I_t$, 即 U 为酉矩阵. 设 $\lambda=a+b\mathrm{i}$, 其中 a,b 为实数, 经计算可得

$$UJU^{-1}=\frac{1}{2}\begin{pmatrix}2a & 1 & & \\ 1 & 2a & \ddots & \\ & \ddots & \ddots & 1 \\ & & 1 & 2a\end{pmatrix}+\frac{\mathrm{i}}{2}\left(2bI_t+\begin{pmatrix} & & -1 & 0 \\ & \iddots & \iddots & 1 \\ -1 & \iddots & \iddots & \\ 0 & 1 & & \end{pmatrix}\right). \blacksquare$$

例 11.20　n 阶矩阵 A 的特征多项式 $f(\lambda)=g(\lambda)h(\lambda)$, 并且 $(g(\lambda),h(\lambda))=1$, 证明: 秩 $g(A)=\deg h(\lambda)$ 且秩 $h(A)=\deg g(\lambda)$.

分析　由条件和结论, 只需考虑 A 的若尔当标准形, 不妨设 $A=\begin{pmatrix}J_1 & \\ & J_2\end{pmatrix}$, 其中

J_1 为 $g(\lambda)$ 的根对应的所有若尔当块的直和, J_2 为 $h(\lambda)$ 的所有根对应的若尔当块的直和. 于是由哈密顿–凯莱定理知, $g(J_1)h(J_1)=0, g(J_2)h(J_2)=0$. 由 $(g(\lambda),h(\lambda))=1$ 知, $h(J_1)$ 和 $g(J_2)$ 均为可逆矩阵. 由此推出 $g(J_1)=0$ 和 $h(J_2)=0$, 从而 $h(A)=\mathrm{diag}(h(J_1),h(J_2))=\mathrm{diag}(h(J_1),0), g(A)=\mathrm{diag}(g(J_1),g(J_2))=\mathrm{diag}(0,g(J_2))$. 易见结论成立. ∎

例 11.21 对于给定的方阵 A, 求使得 $f(A)$ 相似于对角矩阵的、次数 $(\geqslant 1)$ 最低的、首项系数是 1 的多项式 $f(x)$.

解 设 A 的最小多项式是 $g(x)$, 则 $f'(x)=a(g(x),g'(x))$ 对适当的 a 成立. 事实上, 可看若尔当标准形, 设 A 的若尔当标准形 $J=\mathrm{diag}(J_1,\cdots,J_t)$, 则 $f(A)$ 相似于 $f(J)=\mathrm{diag}(f(J_1),\cdots,f(J_t))$. 注意到 (参见文献 [10])

$$f(J_i)=\begin{pmatrix} f(\lambda_i) & \dfrac{f'(\lambda_i)}{1!} & \cdots & \dfrac{f^{(s_i-1)}(\lambda_i)}{(s_i-1)!} \\ & \ddots & \ddots & \vdots \\ & & \ddots & \dfrac{f'(\lambda_i)}{1!} \\ & & & f(\lambda_i) \end{pmatrix},$$

$f(A)$ 相似于对角矩阵 $\Leftrightarrow f(J_i)=f(\lambda_i)I_{s_i}\ (1\leqslant i\leqslant t)$

$\Leftrightarrow f'(\lambda_i)=\cdots=f^{(s_i-1)}(\lambda_i)=0\ (i=1,\cdots,t)$

$\Leftrightarrow$ 每个不同的 λ_i 恰为 $f'(x)$ 的 s_i-1 重根 (这要求对不同特征值的最大阶数的若尔当块成立即可)

$\Leftrightarrow f'(\lambda)=a(g(\lambda),g'(\lambda))$ 对某非零常数 a 成立.

于是先求 A 的最小多项式 $g(\lambda)$, 再积分求 $\int(g(\lambda),g'(\lambda))\mathrm{d}\lambda$, 并乘一个适当的常数可得 $f(\lambda)$. ∎

习 题 11

1. n 阶实方阵 A 的特征多项式

$$f(\lambda)=(\lambda-\lambda_1)^{r_1}\cdots(\lambda-\lambda_t)^{r_t}[(\lambda-a_1)^2+b_1^2]^{s_1}\cdots[(\lambda-a_k)^2+b_k^2]^{s_k},$$

其中 $b_i\neq 0\ (\forall i)$, $(\lambda-\lambda_1)^{r_1}, \cdots, (\lambda-\lambda_t)^{r_t}$, $[(\lambda-a_1)^2+b_1^2]^{s_1}, \cdots, [(\lambda-a_k)^2+b_k^2]^{s_k}$ 为 A 的初等因子组, 求 A 的实相似标准形.

2. 设矩阵 A 相似于对角矩阵 $D=\mathrm{diag}(\lambda_1,\cdots,\lambda_n)$, 试证存在循环矩阵 B, 使得 A 与 B 相似.

3. 设 n 阶矩阵 A, B, C 满足 $C=AB-BA$ 且 C 与 A, B 可交换, 试证 C 是幂零矩阵.

4. 设 A 的特征根全为实数, 求证 A 的所有一阶主子式之和与所有二阶主子式之和均为零的充要条件是 A 的特征根全为零.

5. 设 $A^k=I$, 其中 k 为正整数, 求证 A 相似于对角矩阵, 并且有 $\mathrm{tr}(A^{-1})=\overline{\mathrm{tr}A}$.

6. 任一 n 阶方阵均可表为一个纯量矩阵与一个迹为 0 的矩阵之和, 试证之.

7. 求证 A 的任意特征根均是其最小多项式的根.

8. 证明:

(1) 二阶矩阵 A 与 B 相似当且仅当它们的最小多项式相等;

(2) 三阶矩阵 A 与 B 相似当且仅当它们的最小多项式相等且特征多项式也相等;

(3) 四阶矩阵即使最小多项式相等, 特征多项式相等也未必相似.

9. 设 $b_1, \cdots, b_n$ 是正数且 $\sum\limits_{i=1}^{n} b_i = 1, A = (a_{ij})$ 是 n 阶矩阵,

$$a_{ij} = \begin{cases} 1 - b_i, & j = i, \\ -\sqrt{b_i b_j}, & j \neq i, \end{cases}$$

求秩 A.

10. 设 σ, τ 为 n 维线性空间 V 的线性变换, 并且各自有特征向量组成的基. 试证 $\sigma\tau = \tau\sigma$ 的充要条件是 V 中存在一个基, 其中每个基向量都是 σ 与 τ 的公共特征向量.

11. 试证 n 阶复矩阵 A 相似于对角矩阵的充要条件是对 A 的任一特征根 λ 有秩 $(\lambda I - A) = n - k$, 其中 k 为特征根 λ 的重数.

12. n 阶复矩阵 A 的特征多项式 $f(\lambda)$ 满足 $(f(\lambda), f'(\lambda)) = d(\lambda)$, $h(\lambda) = f(\lambda)/d(\lambda)$, 证明 A 相似于对角矩阵 $\Leftrightarrow h(A) = 0$.

13. $A_{n\times n}$ 的特征多项式与最小多项式相等, 试证存在 B, 使得 $AB = BA \Leftrightarrow$ 存在次数 $\leqslant n - 1$ 的多项式 $f(x)$, 使得 $B = f(A)$.

14. 当 A_1, A_2, B_1 与 B_2 为数域 $\mathbf{F}$ 上 n 阶矩阵, 并且 A_1, A_2 可逆时, 试证 λ 矩阵 $\lambda A_1 + B_1$ 与 $\lambda A_2 + B_2$ 等价当且仅当 $(\,A_1 \quad B_1\,)$ 与 $(\,A_2 \quad B_2\,)$ 在 $\mathbf{F}$ 上等价.

15. 求 $\begin{pmatrix} I_n & I_n \\ I_n & 0 \end{pmatrix}$ 的若尔当标准形.

16. 设固定的正整数 $n \geqslant 3$, 令 $P = \{n$ 阶矩阵 $A | A^{n-1} = 0$, 但 $A^{n-2} \neq 0\}$, 证明 P 中的矩阵彼此相似.

17. 设 A 幂零且秩为 r, 若正整数 $k > r$, 证明 $A^k = 0$.

18. 求可逆矩阵 P, 使得 $A' = PAP^{-1}$.

19. 求解矩阵方程 $(X - I_4)^3 (X + 2I_4) = 0$.

20. 设

$$A = \operatorname{diag}\left(\begin{pmatrix} 1 & 1 \\ 0 & 1 \end{pmatrix}, \begin{pmatrix} 2 & 1 \\ 0 & 2 \end{pmatrix} \right),$$

求首项系数为 1 的、最低次数的多项式 $f(x)$, 使得 $f(A)$ 相似于对角矩阵.

21. 设 4 阶矩阵 A 的初等因子为 $(\lambda-3)^3, \lambda+1$; 5 阶矩阵 B 的初等因子为 $(\lambda-3)^2, (\lambda-1)^3$, 令 V 为矩阵方程 $AX = XB$ 的解空间, 求 $\dim V$.

22. 设 A, B 为二阶复矩阵, 证明 A 与 B 酉相似当且仅当下述三条同时成立:

(1) $\operatorname{tr} A = \operatorname{tr} B$;

(2) $\operatorname{tr}(A^2) = \operatorname{tr}(B^2)$;

(3) $\mathrm{tr}(A^*A) = \mathrm{tr}(B^*B)$,

其中 A^* 为 A 的共轭转置矩阵.

23. 设 J 如例 11.9, 当 $n = 45$ 时, 求 J^7 的若尔当标准形.

24. 设 A, B 为 n 阶矩阵, 并且 $A^l = I, A^{l-1}B^{l-1} + \cdots + AB + I = 0$, 其中 l 为正整数. 求证 B 相似于对角矩阵.

第12讲　矩阵相似的扩域方法

矩阵相似的概念实际上是与数域紧密联系的. 设 A, B 为数域 $\mathbf{F}$ 上 n 阶方阵, 如果存在 $\mathbf{F}$ 上的可逆矩阵 P, 使得 $PAP^{-1} = B$, 则称 A, B 在 $\mathbf{F}$ 上相似.

设 $\mathbf{F}_1, \mathbf{F}_2$ 均为数域且 $\mathbf{F}_1 \subset \mathbf{F}_2$, 即 $\mathbf{F}_2$ 是 $\mathbf{F}_1$ 的扩域. 如果 A, B 为 $\mathbf{F}_1$ 上的 n 阶矩阵, 当然也可看成 $\mathbf{F}_2$ 上的矩阵, 于是就有"**若在 $\mathbf{F}_1$ 上相似, 则在 $\mathbf{F}_2$ 上必相似**" 这样的结论. 这个结论的逆命题是否正确? 为解决问题, 先证如下:

引理 12.1　设 $f(x)$ 与 $g(x)$ 为数域 $\mathbf{F}_1$ 上的多项式, $(f(x),\ g(x))_{\mathbf{F}}$ 为 $\mathbf{F}$ 上 $f(x)$ 与 $g(x)$ 的首项系数为 1 的最大公因式, $\mathbf{F}_2$ 为 $\mathbf{F}_1$ 的扩域, 则

$$(f(x),\ g(x))_{\mathbf{F}_1} = (f(x),\ g(x))_{\mathbf{F}_2}.$$

证明　已经知道, 求两个多项式 $f(x)$ 和 $g(x)$ 的最大公因式可以用辗转相除法, 而辗转相除法的过程无非对 $f(x)$ 和 $g(x)$ 的系数进行加、减、乘、除运算. 由于 $f(x)$, $g(x)$ 都是 $\mathbf{F}_1$ 上的多项式, 所以运算结果 $(f(x),\ g(x))_{\mathbf{F}_1}$ 和 $(f(x),\ g(x))_{\mathbf{F}_2}$ 都是 $\mathbf{F}_1$ 上的多项式. 再由首项系数是 1 的最大公因式是唯一的, 故结论得证. ∎

由此可得下面的重要结论.

定理 12.1　设 $\mathbf{F}_2$ 是数域 $\mathbf{F}_1$ 的扩域, A 和 B 均是 $\mathbf{F}_1$ 上的 n 阶方阵, 则 A 与 B 在 $\mathbf{F}_1$ 上相似 $\Leftrightarrow$ A 与 B 在 $\mathbf{F}_2$ 上相似.

证明　**必要性**　显然.

充分性　已经知道, A 与 B 在 $\mathbf{F}_2$ 上相似的充要条件是 A 与 B 有相同的行列式因子, 即 $|\lambda I - A|$ 与 $|\lambda I - B|$ 有相同的各阶子式的最大公因式. 由引理 12.1 可知, 这些行列式因子是 $\mathbf{F}_1$ 上的多项式, 从而说明 A 与 B 在 $\mathbf{F}_1$ 上相似. ∎

定理 12.1 给出了一个处理相似问题的扩域方法, 即研究两个矩阵在 $\mathbf{F}_1$ 上的相似问题可转化为研究它们在 $\mathbf{F}_1$ 的扩域上的相似问题. 由于最大的数域是复数域, 而复数域上的相似问题由若尔当标准形理论已彻底解决, 这样就相当方便了. 下面举例说明.

例 12.1　设 A 为数域 $\mathbf{F}$ 上的 n 阶方阵, 则存在上三角矩阵 B 与 A 在 $\mathbf{F}$ 上相似 $\Leftrightarrow$ A 的特征根全属于 $\mathbf{F}$.

证明　**必要性**　设 $PAP^{-1} = B$, 其中 B 为 $\mathbf{F}$ 上的上三角矩阵, P 为 $\mathbf{F}$ 上的可逆矩阵, 于是 $|\lambda I - B| = |\lambda I - A|$, 由此可知, A 的特征根即为 B 的对角线的各元素, 它们当然在数域 $\mathbf{F}$ 中.

充分性　由 A 的特征根都在 $\mathbf{F}$ 中可知, A 的若尔当标准形 J 为 $\mathbf{F}$ 上的矩阵, 即 A 与 J 在复数域 $\mathbf{C}$ 上相似, 而 J 显然是 $\mathbf{F}$ 上的上三角矩阵. ∎

例 12.2 设 A, B 为数域 $\mathbf{F}$ 上的同阶方阵, $M=\begin{pmatrix} A & 0 \\ 0 & A \end{pmatrix}$, $N=\begin{pmatrix} B & 0 \\ 0 & B \end{pmatrix}$. 若 M 与 N 在 $\mathbf{F}$ 上相似, 试证 A 与 B 在 $\mathbf{F}$ 上相似.

证明 由定理 12.1, 只需证 A 与 B 在复数域 $\mathbf{C}$ 上相似, 进而只需证 A 与 B 的若尔当标准形相同. 设 A 的若尔当标准形中的全部若尔当块分别为 $J_1, J_2, \cdots, J_t$, B 的若尔当标准形中的全部若尔当块为 $\Delta_1, \Delta_2, \cdots, \Delta_s$, 则 M 与 N 的全部若尔当块分别为 $J_1, \cdots, J_t, J_1, \cdots, J_t$ 和 $\Delta_1, \cdots, \Delta_s, \Delta_1, \cdots, \Delta_s$. 由于 M 与 N 在 $\mathbf{C}$ 上相似, 它们的若尔当块应完全一致, 从而可知 $J_1, \cdots, J_t$ 与 $\Delta_1, \cdots, \Delta_s$ 两组完全一致, 这说明 A 与 B 在复数域上相似. 由定理 12.1, A 与 B 在 $\mathbf{F}$ 上相似. ▮

例 12.3 设 A 为数域 $\mathbf{F}$ 上的 n 阶幂零矩阵且秩 $A=n-1$, 证明 A 与如下矩阵相似:

$$\begin{pmatrix} 0 & 1 & 0 & \cdots & 0 \\ \vdots & \ddots & \ddots & \ddots & \vdots \\ \vdots & & \ddots & \ddots & 0 \\ \vdots & & & \ddots & 1 \\ 0 & \cdots & \cdots & \cdots & 0 \end{pmatrix}.$$

证明 由 A 幂零知, 存在自然数 k, 使得 $A^k=0$. 设 λ 是 A 的任意一个特征根且 x 是其相应的一个特征向量, 则 $Ax=\lambda x$, 由此, 用 A^{k-1} 左乘上式得 $A^k x=\lambda^k x$, 即 $\lambda^k x=0$. 由于 $x\neq 0$ 得 $\lambda^k=0$, 即 $\lambda=0$, 故 A 的若尔当标准形由对角线上的元素全为零的若尔当块构成. 由于秩 $A=n-1$, 所以 A 只有一个若尔当块, 结论得证. ▮

例 12.4 设 A 为数域 $\mathbf{F}$ 上 n 阶矩阵, 其特征根全为 1, 试证对任意自然数 k 有 A^k 与 A 在 $\mathbf{F}$ 上相似 (见文献 [11]).

证明 由定理 12.1, 问题转化为讨论 A 与 A^k 在复数域 $\mathbf{C}$ 上的相似问题, 即证明 A 与 A^k 有完全一致的若尔当标准形.

设 A 的若尔当标准形中的全部若尔当块为 $J_1, \cdots, J_t$, 由 A 的特征根全为 1 知, 对任意 $i=1,\cdots,t$ 有 $J_i=(1)$ 或

$$J_i=\begin{pmatrix} 1 & 1 & 0 & \cdots & 0 \\ 0 & \ddots & \ddots & \ddots & \vdots \\ \vdots & \ddots & \ddots & \ddots & 0 \\ \vdots & & \ddots & \ddots & 1 \\ 0 & \cdots & \cdots & 0 & 1 \end{pmatrix}_{n_i\times n_i},$$

于是只需证 $J_i^k=\begin{pmatrix} 1 & k & * & \cdots & * \\ 0 & \ddots & \ddots & \ddots & \vdots \\ \vdots & \ddots & \ddots & \ddots & * \\ \vdots & & \ddots & \ddots & k \\ 0 & \cdots & \cdots & 0 & 1 \end{pmatrix}$ 与 J_i 相似.

易见, J_i^k 的 n_i 阶行列式因子 $D_{n_i}(\lambda)=(\lambda-1)^{n_i}$, n_i-1 阶行列式因子 $D_{n_i-1}(\lambda)=1$. 事实上, $\lambda I-J_i^k$ 的 n_i-1 阶子式有

$$g_1(\lambda)=\begin{vmatrix} -k & * & \cdots & \cdots & * \\ \lambda-1 & \ddots & \ddots & & \vdots \\ 0 & \ddots & \ddots & \ddots & \vdots \\ \vdots & \ddots & \ddots & \ddots & * \\ 0 & \cdots & 0 & \lambda-1 & -k \end{vmatrix}=(-k)^{n_i-1}+(\lambda-1)\cdot h(\lambda),$$

$$g_2(\lambda)=\begin{vmatrix} \lambda-1 & -k & * & \cdots & * \\ 0 & \ddots & \ddots & \ddots & \vdots \\ \vdots & \ddots & \ddots & \ddots & * \\ \vdots & & \ddots & \ddots & -k \\ 0 & \cdots & \cdots & 0 & \lambda-1 \end{vmatrix}=(\lambda-1)^{n_i-1}.$$

由于 $g_1(1)\neq 0$, 故 $\lambda-1$ 不能整除 $g_1(\lambda)$, 从而 $(g_1(\lambda),\ g_2(\lambda))=1$, 于是 $D_{n_i-1}(\lambda)=1$. 这样, J_i^k 的行列式因子与 J_i 完全一致, 于是 J_i 与 J_i^k 相似. ▮

例 12.5　设数域 $\mathbf{F}$ 上二阶方阵 A 的行列式值为 1, 并且 A 不与 $\pm\begin{pmatrix}1 & a\\ 0 & 1\end{pmatrix}$ 相似, 证明与 A 在 $\mathbf{F}$ 上相似且交换的二阶矩阵至多两个.

证明　由 A 的行列式为 1, 可设 A 有特征根 λ 和 λ^{-1}. 显然, $\lambda\neq\pm1$. 若不然, A 有若尔当标准形 $\pm\begin{pmatrix}1 & a\\ 0 & 1\end{pmatrix}$, 于是由定理 12.1 知, A 在 $\mathbf{F}$ 上与 $\pm\begin{pmatrix}1 & a\\ 0 & 1\end{pmatrix}$ 相似, 这与题设矛盾, 故 $\lambda\neq\lambda^{-1}$, A 在复数域 $\mathbf{C}$ 上与对角矩阵 $\mathrm{diag}(\lambda,\ \lambda^{-1})$ 相似, 记 $A=P\begin{pmatrix}\lambda & 0\\ 0 & \lambda^{-1}\end{pmatrix}P^{-1}$, P 为可逆矩阵, $B=P\begin{pmatrix}b_1 & b_2\\ b_3 & b_4\end{pmatrix}P^{-1}$, 由 B 与 A 可交换且与 A 相似可推出

$$B=P\begin{pmatrix}\lambda & 0\\ 0 & \lambda^{-1}\end{pmatrix}P^{-1}\quad\text{或}\quad B=P\begin{pmatrix}\lambda^{-1} & 0\\ 0 & \lambda\end{pmatrix}P^{-1},$$

即在 $\mathbf{F}$ 上与 A 可交换且相似的二阶矩阵至多有两个. ▮

习　题　12

1. 设 $\begin{pmatrix}A & 0\\ 0 & B\end{pmatrix}$ 在数域 $\mathbf{F}$ 上相似于对角矩阵, A, B 为方阵, 证明 A 和 B 均在 $\mathbf{F}$ 上相似于对角矩阵.

2. 设 A 为数域 $\mathbf{F}$ 上的对合矩阵, 即 $A^2 = I_n$ 且 $A \neq \pm I_n$, 证明 A 在 $\mathbf{F}$ 上相似于 $\mathrm{diag}(I_r, -I_{n-r})$.

3. 设 A 为数域 $\mathbf{F}$ 上秩为 r $(0 < r < n)$ 的 n 阶幂等矩阵, 即 $A^2 = A$, 证明 A 在 $\mathbf{F}$ 上相似于 $\mathrm{diag}(I_r, 0)$.

4. 设 A 为数域 $\mathbf{F}$ 上的 n 阶立方幂等矩阵, 即 $A^3 = A$, 证明 A 在 $\mathbf{F}$ 上相似于对角矩阵, 对角线上为 $1, -1, 0$.

5. A 为数域 $\mathbf{F}$ 上的 n 阶矩阵且 0 为其 k 重特征值, 证明秩 $A^k = n - k$.

6. 数域 $\mathbf{F}_2$ 为 $\mathbf{F}_1$ 的扩域, 设 A 和 b 分别为 $\mathbf{F}_1$ 上的 $m \times n$ 矩阵和 $m \times 1$ 矩阵, 证明线性方程组 $Ax = b$ 在 $\mathbf{F}_1$ 上有解当且仅当 $Ax = b$ 在 $\mathbf{F}_2$ 上有解.

7. 设 A, B 为数域 $\mathbf{F}_1$ 上的 $m \times n$ 矩阵, $\mathbf{F}_2$ 是 $\mathbf{F}_1$ 的扩域, 证明 A, B 在 $\mathbf{F}_1$ 上等价 (相抵) 当且仅当 A, B 在 $\mathbf{F}_2$ 上等价.

8. 设 A, B 为数域 $\mathbf{F}_1$ 上的 n 阶对称矩阵, $\mathbf{F}_2$ 为 $\mathbf{F}_1$ 的扩域, 举例说明 A, B 在 $\mathbf{F}_2$ 上合同, 但在 $\mathbf{F}_1$ 上未必合同.

9. 设数域 $\mathbf{F}$ 上的 n 阶矩阵 A 满足 $A^2 = 0$, 证明 A 在 $\mathbf{F}$ 上相似于

$$\begin{pmatrix} 0_r & I_r & 0 \\ 0 & 0 & 0 \\ 0 & 0 & 0 \end{pmatrix}_{n\times n}.$$

第 13 讲　标准形方法的思想内涵

线性代数以大量篇幅讲述了矩阵的各种标准形, 如等价 (相抵) 标准形、合同标准形、相似标准形等. 标准形的思想究竟是什么呢? 我们认为有以下几点:

13.1　分类的思想

集合可以按等价关系进行分类, 而各种标准形正是按特定的等价关系 (自反、对称、传递性) 进行分类的最简代表元. 例如, 实对称矩阵按合同关系分类, 从标准形以 $\pm 1, 0$ 为元素的对角矩阵上看一目了然; 若尔当标准形是复矩阵按相似关系分类的结果, 两个矩阵是否相似, 只需看其标准形是否一致. 又如, 两个 n 阶矩阵是否相抵, 只需看标准形中的 r(即矩阵的秩) 即可. 有了这种思想, 在研究某些问题中, 也可以考虑进行适当分类, 找到相应的类代表 (即标准形), 以使问题获得很好的解决.

例 13.1　写出秩 3 的 4 阶矩阵的若尔当标准形的所有不同类型.

解　(1) $\begin{pmatrix} 0 & 1 & & \\ & 0 & 1 & \\ & & 0 & 1 \\ & & & 0 \end{pmatrix}$;

(2) $\begin{pmatrix} 0 & 1 & & \\ & 0 & 1 & \\ & & 0 & \\ & & & a \end{pmatrix}$;

(3) $\begin{pmatrix} a & 1 & & \\ & a & & \\ & & 0 & 1 \\ & & & 0 \end{pmatrix}$;

(4) $\begin{pmatrix} a & 1 & & \\ & a & 1 & \\ & & a & 0 \\ & & & 0 \end{pmatrix}$;

(5) $\begin{pmatrix} a & 1 & & \\ & a & & \\ & & b & \\ & & & 0 \end{pmatrix}$;

(6) $\begin{pmatrix} 0 & 1 & & \\ & 0 & & \\ & & a & \\ & & & b \end{pmatrix}$;

(7) $\begin{pmatrix} a & & & \\ & b & & \\ & & c & \\ & & & 0 \end{pmatrix}$,

其中 a, b, c 均非零. ▮

例 13.2　将下列矩阵按相似分类:

$$\begin{pmatrix} 0 & 1 \\ 1 & 0 \end{pmatrix},\quad \begin{pmatrix} 1 & 3 \\ 0 & 1 \end{pmatrix},\quad \begin{pmatrix} -1 & 0 \\ 1 & 1 \end{pmatrix},\quad \begin{pmatrix} 1 & 0 \\ 2 & 1 \end{pmatrix},$$

$$\begin{pmatrix} -1 & 2 \\ 0 & 1 \end{pmatrix},\quad \begin{pmatrix} 3 & -2 \\ 2 & -1 \end{pmatrix},\quad \begin{pmatrix} 2 & 1 \\ -3 & -2 \end{pmatrix},\quad \begin{pmatrix} -1 & -2 \\ 2 & 3 \end{pmatrix}.$$

解　$\begin{pmatrix} 0 & 1 \\ 1 & 0 \end{pmatrix}, \begin{pmatrix} -1 & 0 \\ 1 & 1 \end{pmatrix}, \begin{pmatrix} -1 & 2 \\ 0 & 1 \end{pmatrix}, \begin{pmatrix} 2 & 1 \\ -3 & -2 \end{pmatrix}$ 的特征值均为 1 和 -1, 故它们都与 $\begin{pmatrix} 1 & 0 \\ 0 & -1 \end{pmatrix}$ 相似, 应为一类.

另外 4 个矩阵的特征值都是 1(二重), 而此种情形的若尔当标准形只有两类：一类是 I_2, 一类是$\begin{pmatrix} 1 & 1 \\ 0 & 1 \end{pmatrix}$. 显然, 与 I_2 相似者只有 I_2 自身, 故这 4 个矩阵同属一类.

▮

例 13.3　n 阶实对称矩阵按合同分类, 共有多少类?

解　因为 n 固定, 故类的个数由正、负惯性指数 p 和 q 来确定, 但 $0 \leqslant p+q \leqslant n$. p 的取值有 $n+1$ 种可能性, 即 $p = 0, 1, 2, \cdots, n$, 每个 p 值对应的 q 的可能取值种数分别为 $n+1, n, n-1, \cdots, 2, 1$, 故共有类数

$$\sum_{i=1}^{n+1} i = \frac{(n+1)(n+2)}{2}.\quad ▮$$

例 13.4　设 A 为四阶矩阵, 其元素不是 0 就是 1, A 的每行元素的和为 2, 每列元素的和也为 2, 证明 $|A| = 0$.

证明　由于对矩阵的换法变换不改变行列式值的非零性, 故看此种矩阵在一系列对换下的标准形, 只有如下两种:

(1) $\begin{pmatrix} 1 & 1 & 0 & 0 \\ 1 & 1 & 0 & 0 \\ 0 & 0 & 1 & 1 \\ 0 & 0 & 1 & 1 \end{pmatrix}$;

(2) $\begin{pmatrix} 1 & 1 & 0 & 0 \\ 1 & 0 & 1 & 0 \\ 0 & 1 & 0 & 1 \\ 0 & 0 & 1 & 1 \end{pmatrix}$,

分别计算其行列式可得结论. ▮

注 13.1　例 13.4 若不设计标准形, 逐一计算此种行列式, 显然十分繁琐, 并且容易遗漏.

例 13.5　若 n 阶方阵 H 的元素为 ± 1 且 $HH' = nI_n$, 则称 H 为**Hadamard 矩阵**, 证明当 H 是 Hadamard 矩阵且当 $n > 2$ 时, $4 \mid n$.

证明　显然, $HQ \cdot Q'H' = nI_n$, 其中 Q 为置换矩阵和对角元为 ± 1 的对角矩阵的乘法生成的矩阵. 此时, HQ 仍是 Hadamard 矩阵, 可适当地选择 Q, 使得 HQ 的形状规整 (标准形思想!). 首先调动列, 适当右乘 $D_i(-1)$, 使得 H 化成第 1 行全为 1 的形状, 再调动使第 2 行前边为 1, 后边为 -1, 仿此法使第 3 行对应第 2 行中 1 和 -1 的部分再分别分为两部分, 即

第 1 行　$1 \ \cdots\cdots\cdots\cdots \ 1 \quad 1 \ \cdots\cdots\cdots \ \cdots \ 1 \quad \alpha,$

第 2 行　$1 \ \cdots\cdots\cdots\cdots \ 1 \ -1 \ \cdots\cdots\cdots\cdots \ -1 \quad \beta,$

第 3 行　$1 \ \cdots \ 1 \ -1 \ \cdots \ -1 \quad 1 \ \cdots \ 1 \ -1 \ \cdots \ -1 \quad \gamma.$

显然, Hadamard 矩阵的不同行正交, 即 $(\alpha,\ \beta) = 0$, $(\beta,\ \gamma) = 0$, $(\alpha,\ \gamma) = 0$. 设第 3 行的 4 部分中 1 和 -1 的个数顺次分别为 x, y, z, u, 则有

$$\begin{cases} x + y + z + u = n, \\ x + y - z - u = 0, \\ x - y + z - u = 0, \\ x - y - z + u = 0, \end{cases}$$

四式相加得 $4x = n$, 即 $4 \mid n$. ▮

13.2　不变量的思想

每一种矩阵标准形都和矩阵一定的不变量相联系, 如相抵标准形中的 r 实际上就是相抵不变量矩阵的秩, 特征多项式为相似不变量等. 由此, 凡与这些不变量有关的问题就可以用相应的标准形来解决.

例 13.6　证明幂等矩阵的秩等于该矩阵的迹.

分析　矩阵的秩和迹均为相似不变量, 可考虑相似标准形.

证明　设 A 幂等, 即 $A^2 = A$. 因为 A 是数域上的矩阵, 故 A 也可看成复矩阵 (详见第 12 讲). 由若尔当标准形的结论, A 相似于 $J = \mathrm{diag}(J_1,\ \cdots,\ J_t)$, 其中 $J_1, \cdots, J_t$ 为若尔当块. 由相似不改变幂等性知 $J_i^2 = J_i\ (1 \leqslant i \leqslant t)$, 实际计算得到 J_i 只

能是一阶块 1 或 0, 即 J 为对角线上为 1 或 0 的对角矩阵, 于是 $\mathrm{tr}A=$ 秩 A, 再由相似不改变迹和秩, 结论得证. ▮

例 13.7 证明实对称矩阵 $A=(a_{ij})_{n\times n}$ 的最大特征值不小于 a_{11}.

分析 由于特征值是相似不变量, 故考虑相似标准形.

证明 1 设 A 的最大特征值为 λ_1, 由 A 的正交相似标准形知, $\lambda_1 I_n-A$ 半正定, 故 $e_1'(\lambda_1 I_n-A)e_1\geqslant 0$, 即 $\lambda_1\geqslant a_{11}$.

证明 2 设 A 的特征值为 $\lambda_1\geqslant\cdots\geqslant\lambda_n$, 则存在正交矩阵 $Q=(q_{ij})$, 使得 $A=Q'\mathrm{diag}(\lambda_1,\ \cdots,\ \lambda_n)Q$, 于是

$$\begin{aligned}a_{11}&=\begin{pmatrix}q_{11}&\cdots&q_{n1}\end{pmatrix}\begin{pmatrix}\lambda_1&&\\&\ddots&\\&&\lambda_n\end{pmatrix}\begin{pmatrix}q_{11}\\ \vdots\\ q_{n1}\end{pmatrix}\\&=\lambda_1 q_{11}^2+\lambda_2 q_{21}^2+\cdots+\lambda_n q_{n1}^2\leqslant\lambda_1.\end{aligned}$$ ▮

13.3 简化的思想

每种标准形都是该等价类的最简形式, 在研究与该类相关的问题时, 设法以标准形代替之, 常能收到简化、明了的功效.

例 13.8 给出 $A_{m\times n}\cdot B_{n\times m}$ 的特征多项式与 BA 的特征多项式的关系.

解 设 A 的等价分解式为 $P\begin{pmatrix}I_r&0\\0&0\end{pmatrix}Q$, 其中 P, Q 为可逆矩阵, 则

$$AB=P\begin{pmatrix}I_r&0\\0&0\end{pmatrix}QB$$

相似于 $\begin{pmatrix}I_r&0\\0&0\end{pmatrix}QBP$, $BA=BP\begin{pmatrix}I_r&0\\0&0\end{pmatrix}Q$ 相似于 $QBP\begin{pmatrix}I_r&0\\0&0\end{pmatrix}$. 令

$$QBP=\begin{pmatrix}B_1&B_2\\B_3&B_4\end{pmatrix},$$

其中 B_1 为 r 阶方阵, 于是 AB 相似于 $\begin{pmatrix}B_1&B_2\\0&0\end{pmatrix}$, BA 相似于 $\begin{pmatrix}B_1&0\\B_3&0\end{pmatrix}$. 显然, $|\lambda I-AB|=|\lambda I-B_1|\lambda^{m-r}$ 且 $|\lambda I-BA|=|\lambda I-B_1|\lambda^{n-r}$, 故

$$\lambda^n|\lambda I-AB|=\lambda^m|\lambda I-BA|.$$

设 $m>n$, 则 $|\lambda I-AB|=\lambda^{m-n}|\lambda I-BA|$. ▮

例 13.9 设 $A_{n\times n}\neq 0$, 证明秩 $A=1$ 当且仅当对任意可逆矩阵 B, $B+A$ 和 $B-A$ 中至少有一个可逆.

证明　必要性　设 A 的等价分解为 $P\text{diag}(1,\ 0)Q$, 不失一般性, 研究 $\text{diag}(1,\ 0)$ 和 $B=(b_{ij})_{n\times n}$ 的情形即可.

用反证法. 若 $B\pm A$ 均不可逆, 则

$$\begin{vmatrix} b_{11}\pm 1 & b_{12} & \cdots & b_{1n} \\ b_{21} & b_{22} & \cdots & b_{2n} \\ \vdots & \vdots & & \vdots \\ b_{n1} & b_{n2} & \cdots & b_{nn} \end{vmatrix} = |B\pm A| = 0,$$

从而

$$|B| + \begin{vmatrix} \pm 1 & b_{12} & \cdots & b_{1n} \\ 0 & b_{22} & \cdots & b_{2n} \\ \vdots & \vdots & & \vdots \\ 0 & b_{n2} & \cdots & b_{nn} \end{vmatrix} = |B| \pm \begin{vmatrix} 1 & b_{12} & \cdots & b_{1n} \\ 0 & b_{22} & \cdots & b_{2n} \\ \vdots & \vdots & & \vdots \\ 0 & b_{nn} & \cdots & b_{nn} \end{vmatrix} = 0,$$

故 $|B|=0$, 矛盾.

充分性　用反证法. 若秩 $A\neq 1$, 不妨设 $A=P\text{diag}(I_r,\ 0)Q$, 其中 $r>1$. 令 $B=P\text{diag}(1,\ -1,\ 1,\ \cdots,\ 1)Q$, 则 $|B+A|=|B-A|=0$, 矛盾. ▮

13.4　分解的思想

一个矩阵的某种标准形与矩阵本身都有一个联系的表达式, 这个表达式可以看成矩阵按乘法的分解式. 例如,

等价分解：$A=P\begin{pmatrix} I_r & 0 \\ 0 & 0 \end{pmatrix}Q$,

合同分解式：$A=P'\text{diag}(a_1,\ \cdots,\ a_n)P$,

相似于若尔当标准形的分解式：$A=P\text{diag}(J_1,\ \cdots,\ J_t)P^{-1}$,

……

由这些基本的分解式可以得到要求的其他分解式. 也就是说, 要得到矩阵的一种分解, 可以从某些联系标准形的分解式出发来考虑.

例 13.10　证明**秩分解**, 即将 $m\times n$ 矩阵 A 写成 $A=BC$, 其中 B 为秩 r 的 $m\times r$ 矩阵, C 为秩 r 的 $r\times n$ 矩阵, 而 r 为 A 的秩.

证明　由 A 的等价分解式 $A=P\begin{pmatrix} I_r & 0 \\ 0 & 0 \end{pmatrix}Q$ 有 $A=P\begin{pmatrix} I_r \\ 0 \end{pmatrix}\cdot(I_r\quad 0)Q$. 令 $B=P\begin{pmatrix} I_r \\ 0 \end{pmatrix}$, $C=(I_r\quad 0)Q$, 则 $A=B\cdot C$. 由于 P, Q 为可逆矩阵, 易见秩 $B=$ 秩 $C=r$. ▮

例 13.11　证明**奇异值分解式**, 即实 $m\times n$ 矩阵 A 可以写成

$$A=U\begin{pmatrix}\begin{pmatrix}\sigma_1 & & \\ & \ddots & \\ & & \sigma_r\end{pmatrix} & 0\\ 0 & 0\end{pmatrix}V,$$

其中 U,V 为正交矩阵, $\sigma_1,\cdots,\sigma_r$ 为 $A'A$ 的非零特征值的算术平方根 (见文献 [12]).

证明　因为 $A'A$ 为实对称矩阵, 由正交相似对角矩阵定理知, 存在正交矩阵 Q, 使得

$$Q^{-1}A'AQ=\operatorname{diag}(\sigma_1^2,\ \cdots,\ \sigma_r^2,\ 0,\ \cdots,\ 0).$$

令 $M=\operatorname{diag}(\sigma_1^{-1},\ \cdots,\ \sigma_r^{-1},\ 1,\ \cdots,\ 1)$, 易见

$$M'Q'A'AQM=\operatorname{diag}(I_r,\ 0).$$

令 $AQM=B=(B_1\quad B_2)$, 其中 B_1 为 $m\times r$ 矩阵, B_2 为 $m\times(n-r)$ 矩阵, 于是 $B'B=\operatorname{diag}(I_r,\ 0)$, 即

$$\begin{pmatrix}B_1'\\ B_2'\end{pmatrix}(B_1\quad B_2)=\begin{pmatrix}I_r & 0\\ 0 & 0\end{pmatrix},$$

由此推出 $B_1'B_1=I_r$, $B_2'B_2=0$. 由后一式知, $B_2=0$. 由前一式知, B_1 的各列标准正交, 则存在 B_3, 使得 $U=(B_1\quad B_3)$ 为正交矩阵, 故

$$AQM=(B_1\quad 0)=U\begin{pmatrix}I_r & 0\\ 0 & 0\end{pmatrix}.$$

令 $Q^{-1}=V$, 则有

$$A=U\begin{pmatrix}I_r & 0\\ 0 & 0\end{pmatrix}M^{-1}Q^{-1}=U\begin{pmatrix}\begin{pmatrix}\sigma_1 & & \\ & \ddots & \\ & & \sigma_r\end{pmatrix} & 0\\ 0 & 0\end{pmatrix}V.\quad\blacksquare$$

例 13.12　**Fitting 分解**, 即数域 $\mathbf{F}$ 上的 n 阶方阵 A 在 $\mathbf{F}$ 上有如下分解:

$$A=P\begin{pmatrix}D & 0\\ 0 & N\end{pmatrix}P^{-1},$$

其中 P,D 为可逆矩阵, N 为幂零矩阵.

证明　对阶数 n 应用数学归纳法. 当 $n=1$ 时, 显然. 假定阶数小于 n 时成立, 看 n 阶矩阵 A, 如果 A 可逆或 A 幂零, 则显然成立. 若不然, 设 A 有等价分解 $A=P_1\begin{pmatrix}I_r & 0\\ 0 & 0\end{pmatrix}Q$, 从而 $A=P_1\begin{pmatrix}I_r & 0\\ 0 & 0\end{pmatrix}QP_1\cdot P_1^{-1}=P_1\begin{pmatrix}A_1 & B\\ 0 & 0\end{pmatrix}P_1^{-1}$, 其中 A_1

为 $r(r<n)$ 阶方阵. 由归纳假设, A_1 有 Fitting 分解, 记 $A_1 = P_2\begin{pmatrix} A_2 & 0 \\ 0 & N_1 \end{pmatrix}P_2^{-1}$, 于是

$$A = P_1\begin{pmatrix} P_2 & 0 \\ 0 & I \end{pmatrix}\begin{pmatrix} A_2 & 0 & B_1 \\ 0 & N_1 & B_2 \\ 0 & 0 & 0 \end{pmatrix}\begin{pmatrix} P_2^{-1} & 0 \\ 0 & I \end{pmatrix}P_1^{-1}$$

$$= P\begin{pmatrix} D & 0 \\ 0 & N \end{pmatrix}P^{-1},$$

其中

$$P = P_1\begin{pmatrix} P_2 & 0 \\ 0 & I \end{pmatrix}\begin{pmatrix} I & 0 & A_2^{-1}B_1 \\ 0 & I & 0 \\ 0 & 0 & I \end{pmatrix}, \quad D = A_2, \quad N = \begin{pmatrix} N_1 & B_2 \\ 0 & 0 \end{pmatrix},$$

由于 N_1 幂零, 易证 N 幂零. ∎

注 13.2　一般 Fitting 分解的证明都利用空间方法, 本讲给出的矩阵证法尚未在有关文献中看到.

例 13.13　任意复方阵均可写成两对称矩阵之积, 并且其中之一是非奇异的.

分析　$A = CB$, 其中 C, B 为对称矩阵且 C 可逆, 等价于 $C^{-1}A = B$ 对称, 即 $DA = (DA)' = A'D' = A'D$, 其中 $D = C^{-1}$. 由于所谈为复矩阵, 故可考虑复矩阵特有的相似标准形, 设 $A = TJT^{-1}$, 其中 J 为 A 的若尔当标准形, 则 $DA = A'D$ 等价于 $DTJT^{-1} = T^{-1\prime}J'T'D$, 即 $T'DTJ = J'T'DT$. 记 $T'DT = H$, 上述就是要找一可逆对称的 H, 使得 $HJ = J'H$. 设 $J = \mathrm{diag}(J_1, \cdots, J_t)$, 其中 $J_1, \cdots, J_t$ 为诸若尔当块, 于是可令 $H = \mathrm{diag}(H_1, \cdots, H_t)$, 其中 H_i 为与 J_i 同阶的矩阵 $\begin{pmatrix} & & 1 \\ & \cdot^{\cdot^{\cdot}} & \\ 1 & & \end{pmatrix}$, 易验证 $HJ = J'H$ 成立. ∎

习　题　13

1. 求反对称矩阵的合同标准形.
2. 若 $ABA = 0$, 则 $\mathrm{tr}(AB) = 0$.
3. 设 $M = \begin{pmatrix} A & B \\ 0 & 0 \end{pmatrix} \in \mathbf{F}_2^{n\times n}$, $\mathbf{F}_1 \subset \mathbf{F}_2$, 若 $A \sim A_0 \in \mathbf{F}_1^{r\times r}$, 证明 $M \sim M_0 \in \mathbf{F}_1^{n\times n}$.
4. 设 $A = BC$, $B' = B$, $C^2 = I_n$, 试证与 A 合同的 A_1 也可以写成一对称矩阵与一对合矩阵之积.
5. 证明反对称矩阵能写成一对称矩阵与对合矩阵之积.
6. 证明在秩分解 $A = BC$ 中可以要求 B 或 C 是 A 的子阵.

7. 任意复方阵 A 均可写成 $B+C$, 其中 B 相似于对角矩阵, C 是幂零矩阵.

8. A 相似于对角矩阵的充要条件是对每个特征根 λ_i 都有秩 $(\lambda_i I - A) =$ 秩 $(\lambda_i I - A)^2$.

9. (**Schur 定理**) 试证任意复方阵都酉相似于上三角矩阵.

10. 设 A 为秩 r 的 n 阶幂等矩阵, 试证对于 $1 < s \leqslant n-r$ 的任意整数 s, 存在 n 阶矩阵 B, 使得 $AB = BA = 0$ 且 $(A+B)^{s+1} = (A+B)^s \neq (A+B)^{s-1}$.

11. 设 A, B 为 n 阶实对称矩阵, 秩 $(A+\lambda B) = 1$ 对任意数 λ 都成立, 证明 $B = 0$.

12. 设 A 是 n 阶实矩阵, 证明 A 相似于实对称半正定矩阵当且仅当 A 是两个实对称半正定矩阵之积.

13. σ 为 n 维线性空间的线性变换, $p(\lambda)$ 和 $q(\lambda)$ 是数域 $\mathbf{F}$ 上互素的不可约多项式, 并且其积是 σ 的最小多项式, 证明存在 σ 不变子空间 V_1 和 V_2, 使得 $V = V_1 \oplus V_2, \sigma|_{V_1}$ 的最小多项式是 $p(\lambda), \sigma|_{V_2}$ 的最小多项式是 $q(\lambda)$.

14. n 阶矩阵 A 满足条件 $A^p = 0$ 且 $A^{p-1} \neq 0$, 求 $Ax = 0$ 的线性无关解的个数的最大值和最小值.

第 14 讲　从特殊情形入手探讨证明思路

在数学证明中, 如果结论为一般性的, 当解题思路难寻时, 可以考察一些特殊情形, 往往从中可以得到启发. 研究某些特殊情形可能是分类讨论的开始; 对某些有代表性的特殊情形的解决往往是解决问题的关键, 因为它与一般性只有一步之遥; 由于一般性寓于特殊性之中, 在对某些特殊情形的研讨中, 往往能类比得到一般性的证明方法; 在某些问题中, 已知条件给出了一般性的断言, 其实可以选择有利于证明的某些特款加以推导, 逐次实现证明的结论. 以下举例说明:

一、选择具有代表性的特殊

例 14.1　如果方阵 A 的每行元素的和及每列元素的和都是 0, 证明各位置的代数余子式相等.

分析　如果能证明同一行各位置的代数余子式彼此相等, 当然也可类似地证明同一列各位置的代数余子式彼此相等, 这样通过传递性就证明了结论. 显然, 可以选择具有代表性的特殊情形来证. 设 A_{1i} 为 A 的 $(1,i)$ 位置的代数余子式, A 去掉第一行所得矩阵的第 i 列为 a_i, 易见 $A_{11}=\begin{vmatrix}a_2 & \cdots & a_n\end{vmatrix}$, 将 A_{11} 的各列加于 i 列得

$$\begin{aligned}A_{11}&=\begin{vmatrix}a_2 & \cdots & a_{i-1} & \sum_{j=2}^{n}a_j & a_{i+1} & \cdots & a_n\end{vmatrix}\\&=\begin{vmatrix}a_2 & \cdots & a_{i-1} & -a_1 & a_{i+1} & \cdots & a_n\end{vmatrix}\\&=-\begin{vmatrix}a_2 & \cdots & a_{i-1} & a_1 & a_{i+1} & \cdots & a_n\end{vmatrix}\\&=(-1)\cdot(-1)^{i-2}\begin{vmatrix}a_1 & a_2 & \cdots & a_{i-1} & a_{i+1} & \cdots & a_n\end{vmatrix}\\&=A_{1i},\end{aligned}$$

其中第二个等号由 A 每行的和为 0 得到, 第三、四个等号由行列式的性质得到. ▮

例 14.2　设 $f(x_1,\cdots,x_n)=f(x)=x'Ax$ 为实二次型, n 维向量 α 和 β 满足 $f(\alpha)>0$, $f(\beta)<0$, 试证存在 n 维向量 η 和 γ 线性无关且 $f(\eta)=f(\gamma)=0$.

分析　考虑经可逆线性变换 $x=Cy$ 化 $f(x)$ 为标准形 $f(x)=y_1^2-y_2^2+\cdots=g(y)$. 如果对 y 的二次型 $g(y)$ 有线性无关的两个向量 η_1,γ_1, 使得 $g(\eta_1)=g(\gamma_1)=0$, 由此显然可找到符合结论要求的 $\beta=C\beta_1$, $\gamma=C\gamma_1$, 故只需研究具有代表性的特殊的二次型 $g(y)=y_1^2-y_2^2+\cdots$. 显然, 可令 $\beta_1=(1\quad 1\quad 0\quad\cdots\quad 0)'$, $\gamma_1=(1\quad -1\quad 0\quad\cdots\quad 0)'$.

需指出的是标准形中有正、负项的原因如下：由 $f(\beta)<0$ 知, $f(x)$ 非半正定, 即标准形中有负项; 由 $f(\alpha)>0$ 知, $f(x)$ 非半负定, 即标准形中有正项. ∎

二、研究某些特殊是分类讨论的开始

例 14.3 A 为方阵, $AC=CA$, 证明

$$\begin{vmatrix} A & B \\ C & D \end{vmatrix} = |AD-CB|.$$

分析 先解决容易解决的 A 可逆的情形. 利用初等块变换得

$$\begin{aligned}\begin{vmatrix} A & B \\ C & D \end{vmatrix} &= \begin{vmatrix} A & B \\ 0 & D-CA^{-1}B \end{vmatrix} = |A|\left|D-CA^{-1}B\right| \\ &= \left|A(D-CA^{-1}B)\right| = \left|AD-ACA^{-1}B\right| \\ &= |AD-CB|,\end{aligned}$$

其中最后一步是由 $AC=CA$ 得出的.

要把问题彻底解决, 还需讨论 A 不可逆的情形. 事实上, 存在一正数 t, 使得 $A+tI$ 可逆 (由若尔当标准形可知), 于是

$$\begin{vmatrix} A+tI & B \\ C & D \end{vmatrix} = |(A+tI)D-CB|.$$

由于这是一个 t 的多项式的等式, 故当 $t\to 0$ 时仍然成立, 这样便得到了要证的结论. ∎

例 14.4 设向量 $\alpha_1, \cdots, \alpha_k (k\geqslant 2)$ 线性相关, 试证存在不全为 0 的一组数 $\lambda_1, \cdots, \lambda_k$, 使得对所有 β 均有 $\alpha_1+\lambda_1\beta, \cdots, \alpha_k+\lambda_k\beta$ 线性相关.

分析 由于每一向量组所含向量的个数仍为 k 个, 所以有一种特殊情形, 即当秩 $\{\alpha_1, \cdots, \alpha_k\}\leqslant k-2$ 时, 结论是显然的. 于是按分类讨论, 只需证明

$$秩\{\alpha_1, \cdots, \alpha_k\}=k-1$$

的情形.

此时, 不妨设 $\alpha_1, \cdots, \alpha_{k-1}$ 线性无关, 并且 $\alpha_k=a_1\alpha_1+\cdots+a_{k-1}\alpha_{k-1}$, 显然, 只要 $\alpha_k+\lambda_k\beta=a_1(\alpha_1+\lambda_1\beta)+\cdots+a_{k-1}(\alpha_{k-1}+\lambda_{k-1}\beta)$ 即可. 由此易见, 只需

$$\lambda_k\beta=a_1\lambda_1\beta+\cdots+a_{k-1}\lambda_{k-1}\beta, \quad \forall\beta,$$

从而令 $\lambda_k=a_1\lambda_1+\cdots+a_{k-1}\lambda_{k-1}$ 即可, 其中 $\lambda_1, \cdots, \lambda_{k-1}$ 任意选取. ∎

三、将特殊情形的证法推广到一般

例 14.5　如果 $\mathrm{tr}A=0$, 试证 A 相似于对角线全为 0 的矩阵.

分析　例 14.5 的证明方法不易得, 不妨先考虑最简单的 A 为二阶的情形. 设 $A=\begin{pmatrix} a & b \\ c & d \end{pmatrix}$. 如果 $a=0$, 由 $\mathrm{tr}A=0$ 知 $A=\begin{pmatrix} 0 & b \\ c & 0 \end{pmatrix}$, 结论成立; 如果 $a\neq 0$, 能否通过相似变为上述情形呢?

(1) 若 $c\neq 0$,

$$\begin{pmatrix} 1 & x \\ 0 & 1 \end{pmatrix}\begin{pmatrix} a & b \\ c & d \end{pmatrix}\begin{pmatrix} 1 & -x \\ 0 & 1 \end{pmatrix}=\begin{pmatrix} a+xc & * \\ * & * \end{pmatrix},$$

只需取 $x=c^{-1}a$.

(2) 若 $b\neq 0$, 证明类似于 (1).

(3) 若 $c=0$ 且 $b=0$, 则 $A=\begin{pmatrix} a & 0 \\ 0 & -a \end{pmatrix}$, 再通过相似变为情形 (1), 具体实现见下式:

$$\begin{pmatrix} 1 & 0 \\ 1 & 1 \end{pmatrix}\begin{pmatrix} a & 0 \\ 0 & -a \end{pmatrix}\begin{pmatrix} 1 & 0 \\ -1 & 1 \end{pmatrix}=\begin{pmatrix} a & 0 \\ 2a & -a \end{pmatrix}.$$

上述对二阶矩阵的证明方法, 很容易利用数学归纳法推广到一般 n 阶矩阵的情形. 事实上, 设 $A=(a_{ij})_{n\times n}$.

(1) 若 $a_{21},\cdots,a_{n1}$ 不全为 0, 不妨设 $a_{21}\neq 0$, 于是

$$\begin{pmatrix} 1 & -\dfrac{a_{11}}{a_{21}} & 0 \\ 0 & 1 & 0 \\ 0 & 0 & I_{n-2} \end{pmatrix} A \begin{pmatrix} 1 & \dfrac{a_{11}}{a_{21}} & 0 \\ 0 & 1 & 0 \\ 0 & 0 & I_{n-2} \end{pmatrix}=\begin{pmatrix} 0 & * \\ * & A_1 \end{pmatrix},$$

显然, $\mathrm{tr}A_1=0$. 由归纳假设有 $BA_1B^{-1}=\begin{pmatrix} 0 & & * \\ & \ddots & \\ * & & 0 \end{pmatrix}$, 从而

$$\begin{pmatrix} 1 & 0 \\ 0 & B \end{pmatrix}\begin{pmatrix} 0 & * \\ * & A_1 \end{pmatrix}\begin{pmatrix} 1 & 0 \\ 0 & B^{-1} \end{pmatrix}=\begin{pmatrix} 0 & & * \\ & \ddots & \\ * & & 0 \end{pmatrix}.$$

(2) 若 $a_{12},\cdots,a_{1n}$ 不全为 0, 证明类似于 (1).

(3) 若 $a_{21}=\cdots=a_{n1}=a_{12}=\cdots=a_{1n}=0$ 且 $a_{11},\cdots,a_{nn}$ 不全相等, 不妨设 $a_{11}\neq a_{22}$,

$$\begin{pmatrix} 1 & 0 & 0 \\ 1 & 1 & 0 \\ 0 & 0 & I_{n-2} \end{pmatrix} A \begin{pmatrix} 1 & 0 & 0 \\ -1 & 1 & 0 \\ 0 & 0 & I_{n-2} \end{pmatrix}=\begin{pmatrix} * & * & * \\ a_{11}-a_{22} & * & * \\ * & * & * \end{pmatrix},$$

这化为情形 (1).

(4) 若 $a_{21}=\cdots=a_{n1}=a_{12}=\cdots=a_{1n}=0$ 且 $a_{11}=\cdots=a_{nn}$, 则由 $\mathrm{tr}A=0$ 得 A 就是对角线上全为零的矩阵. ▮

例 14.6　数域 $\mathbf{F}$ 上 n 维线性空间 V 中有真子空间 $V_1,\cdots,V_m$, 试证存在 $x\in V$ 且 $x\notin V_1\bigcup\cdots\bigcup V_m$.

分析　问题比较复杂, 不妨先研究 $m=1,2$ 的情形. 当 $m=1$ 时, 显然. 当 $m=2$ 时, 若 $V_1\subseteq V_2$ 或 $V_2\subseteq V_1$, 结论显然; 否则, 取 $x_1\in V_1$ 且 $x_1\notin V_2$, 再取 $x_2\in V_2$ 且 $x_2\notin V_1$, 容易证明 x_1+x_2 满足要求. 事实上, 若 $x_1+x_2\in V_1$, 又因为 $x_1\in V_1$, 这推出 $x_2\in V_1$, 与 x_2 的选取矛盾, 故 $x_1+x_2\notin V_1$. 同理, $x_1+x_2\notin V_2$.

这个证明 $m=2$ 的情形的方法能否适用于多个的情形? 若存在 i, 使得

$$V_i\subseteq V_1\bigcup\cdots\bigcup V_{i-1}\bigcup V_{i+1}\bigcup\cdots\bigcup V_m, \tag{14.1}$$

则为 $m-1$ 的情形, 由归纳假设知结论成立. 若对任意的 i, (14.1) 均不成立, 则取 $x_1\in V_1$ 且 $x_1\notin V_2\bigcup\cdots\bigcup V_m$(否则, 由归纳法可证), 类似地, 取 $x_2\in V_2\bigcup\cdots\bigcup V_m$ 且 $x_2\notin V_1$, 注意到数域中元素个数的无限性, 可用反证法证明. 存在 $k\in\mathbf{F}$, 使得 $x_2+kx_1\notin V_1\bigcup\cdots\bigcup V_m$(对于每个 i, 至多有一个 $k_i\in\mathbf{F}$, 使得 $x_2+k_ix_1\in V_i$). ▮

例 14.7　设 α 是欧氏空间 V 的一个非零向量, $\alpha_1,\cdots,\alpha_r\in V$ 且 $(\alpha,\alpha_i)>0(i=1,2,\cdots,r)$, 当 $i\neq j$ 时有 $(\alpha_i,\alpha_j)\leqslant 0$, 试证 $\alpha_1,\cdots,\alpha_r$ 线性无关.

分析　在研究 $r=1,2,3$ 的特殊情形之后, 可给出如下归纳法的证明: 当 $r=1$ 时, 由 $(\alpha,\alpha_1)>0$ 知 $\alpha_1\neq 0$, 结论显然. 若 $r-1$ 时, 结论成立, 即 $\alpha_1,\cdots,\alpha_{r-1}$ 线性无关. 现在看 r 的情形, 如果 $\alpha_1,\cdots,\alpha_r$ 线性相关, 不妨设存在数 $k_1,\cdots,k_{r-1}$, 使得 $\alpha_r=k_1\alpha_1+\cdots+k_{r-1}\alpha_{r-1}$, 于是由 $0<(\alpha,\alpha_r)=k_1(\alpha,\alpha_1)+\cdots+k_{r-1}(\alpha,\alpha_{r-1})$ 可知, $k_1,\cdots,k_{r-1}$ 中必有正数. 令 $\alpha_r=\sum\limits_{k_i>0}k_i\alpha_i+\sum\limits_{k_i<0}k_i\alpha_i$, 记右端前一项为 β, 后一项为 γ, 可以证明 $\beta\neq 0$. 事实上, 若不然, 则 $\beta=0$, 由 $\alpha_r\neq 0$ 知, $\gamma\neq 0$ 且 $0<(\alpha,\alpha_r)=(\alpha,\gamma)<0$, 矛盾.

现在, $(\beta,\alpha_r)=(\beta,\beta)+(\beta,\gamma)=(\beta,\beta)+\left(\sum\limits_{k_i>0}k_i\alpha_i,\sum\limits_{k_i<0}k_i\alpha_i\right)>0$, 另一方面, $(\beta,\alpha_r)=\left(\sum\limits_{k_i>0}k_i\alpha_i,\alpha_r\right)\leqslant 0$, 这与前面矛盾, 故 $\alpha_1,\cdots,\alpha_r$ 线性无关. ▮

例 14.8　试证不存在 $n(>0)$ 次整系数多项式, 当 x 取自然数时, $f(x)$ 均为素数.

分析　先看 $n=1$ 的情形. 取 $f(x)=a_0x+a_1$, 如果 $f(1)$ 不是素数, 证毕; 如果 $f(1)$ 是素数, 能否对任意自然数 m 都有 $f(m)$ 是素数呢? 注意到 $f(m+1)=a_0(1+m)+a_1=a_0m+f(1)$, 取 $m=f(1)$ 得 $f(1+m)=f(1)(a_0+1)$. 因为 $a_0\neq 0$,

故 $a_0+1\neq 1$, 从而 $f(1+m)$ 非素数. 这说明 $f(x)=a_0x+a_1$ 对任意自然数 m, $f(m)$ 不可能都是素数.

对于 $n>1$ 的情形, 将上面 $n=1$ 的方法稍加改造可证. 事实上, 设 $f(x)=a_0x^n+a_1x^{n-1}+\cdots+a_n$, 如果 $f(1)$ 非素数, 得证; 若不然,

$$f(m+1)=a_0(1+m)^n+\cdots+a_n=f(1)+g(m)m,$$

取 $m=f(1)$, 则 $f(1+m)=f(1)\Big(1+g[f(1)]\Big)$, 于是只需证 $g[f(1)]\neq 0$; 不然, 若 $g[f(1)]=0$, 则改令 $m=cf(1)$, 则 $f(1+m)=f(1)\Big(1+cg[cf(1)]\Big)$, 易见, 总存在自然数 c, 使得 $g[cf(1)]\neq 0$, 这是因为 $g(x)$ 只有有限个根. ∎

例 14.9　设 A,B 为 n 阶矩阵, 如果秩 $(AB)=$ 秩 (BA) 对任意 B 成立, 证明 $A=0$ 或 A 可逆.

证明　用反证法, 假定 $A\neq 0$ 且 A 不可逆, 可设 $A=P\begin{pmatrix}I_r & \\ & 0\end{pmatrix}Q$, 其中 $0<r<n$, P,Q 为可逆矩阵. 现在取 $B=Q^{-1}E_{r+11}P^{-1}$, 易见 $AB=0$, 但 $BA=Q^{-1}E_{r+11}Q\neq 0$, 与已知矛盾, 故结论成立. ∎

四、充分使用已知条件中的特款

例 14.10　设 A 为 n 阶矩阵, x, y 为 n 维列向量, 如果由 $y'Ax=0$ 可推出 $x'Ay=0$, 试证 A 为对称矩阵或反对称矩阵.

证明　设 $A=(a_{ij})_{n\times n}$.

(1) 若存在不同的 i 和 j, 使得 $a_{ij}=0$. 取 $y=e_i$, $x=e_j$, 则 $e_i'Ae_j=a_{ij}=0$, 于是 $e_j'Ae_i=0$, 从而 $a_{ji}=0$, 即 $a_{ij}=a_{ji}$.

(2) 若存在不同的 i 和 j, 使得 $a_{ij}\neq 0$ 且 $a_{ii}\neq 0$. 令 $c=-a_{ii}a_{ij}^{-1}$, 则 $e_i'A(e_i+ce_j)=0$, 于是 $(e_i+ce_j)'Ae_i=0$, 即

$$a_{ii}-a_{ii}a_{ij}^{-1}a_{ji}=0,$$

从而 $a_{ij}=a_{ji}$.

(3) 若存在不同的 i 和 j, 使得 $a_{ij}\neq 0$ 且 $a_{jj}\neq 0$. 证明类似于 (2).

(4) 若存在不同的 i 和 j, 使得 $a_{ij}\neq 0$ 且 $a_{ii}=a_{jj}=0$. 令 $x=-a_{ij}^{-1}a_{ji}$, 则 $(e_i+e_j)'A(e_i+xe_j)=0$, 于是 $(e_i+xe_j)'A(e_i+e_j)=0$, 即

$$a_{ij}-a_{ji}^2a_{ij}^{-1}=0,$$

从而 $a_{ij}^2=a_{ji}^2$, 即 $a_{ij}=\pm a_{ji}$.

(5) 若存在不同的 i 和 j, 使得 $a_{ij}=-a_{ji}\neq 0$, 则必有 $a_{qp}=-a_{pq}(\forall p,q\notin\{i,j\})$.

事实上, 任取不同的 k 和 l, 使得 $k,l \notin \{i,j\}$. 令 $y_k = -a_{ij}^{-1}a_{kj}$, 则 $(y_k e_i + e_k)'Ae_j = 0$, 于是 $e_j'A(y_k e_i + e_k) = 0$, 即 $-a_{ij}^{-1}a_{kj}a_{ji} + a_{jk} = 0$, 从而

$$a_{jk} = -a_{kj}.$$

同理,

$$a_{il} = -a_{li}. \tag{14.2}$$

若 $a_{kl} = a_{lk} \neq 0$, 令 $z_{kl} = -a_{kl}^{-1}a_{il}$, 则 $(e_i + z_{kl}e_k)'Ae_l = 0$, 于是 $e_l'A(e_i + z_{kl}e_k) = 0$, 即 $a_{li} + z_{kl}a_{lk} = 0$, 由 (14.2) 得 $a_{il} = a_{li} = 0$. 同理, $a_{kj} = a_{jk} = 0$, 从而 $(e_j + e_l)'A(e_i - a_{lk}^{-1}a_{ji}e_k) = 0$, 这可推出 $(e_i - a_{lk}^{-1}a_{ji}e_k)'A(e_j + e_l) = 0$, 即 $a_{ij} - a_{lk}^{-1}a_{ji}a_{kl} = 0$, 于是 $a_{ij} = a_{ji}$, 矛盾.

由以上 5 种情况的讨论可知, A 为对称矩阵或反对称矩阵. ∎

例 14.11 设 $\mathbf{F}^{n\times n}$ 为数域 $\mathbf{F}$ 上 n 阶矩阵空间, T 为 $\mathbf{F}^{n\times n}$ 的一个线性变换, 如果

$$T(XY) = T(X)Y + XT(Y), \quad \forall X, Y \in \mathbf{F}^{n\times n}, \tag{14.3}$$

试给出 T 的表达式形式.

解 取 $X = Y = I_n$, 由式 (14.3) 可推出 $T(I_n) = 0$. 再由 $T(E_{ii}) = T(E_{ii}\cdot E_{ii}) = T(E_{ii})E_{ii} + E_{ii}T(E_{ii})$ 可推出

$$T(E_{ii}) = \sum_{j\neq i} z_{ij}(E_{ji} + E_{ij}).$$

任取 $i \neq j$, 由

$$0 = T(E_{ii}\cdot E_{jj}) = T(E_{ii})E_{jj} + E_{ii}T(E_{jj})$$

可推出 $T(E_{ii})$ 与 $T(E_{jj})$ 的 (i,j) 位置互为相反数. 同理, $T(E_{ii})$ 与 $T(E_{jj})$ 的 (j,i) 位置互为相反数.

令 $C = (c_1 \ \cdots \ c_n)$, 其中 $c_1, \cdots, c_n$ 分别表示 $T(E_{11}), \cdots, T(E_{nn})$ 的第 $1, \cdots, n$ 列. 于是在式 (14.3) 中, 取 $X = Y = E_{ii}$ 得到

$$T(E_{ii}) = CE_{ii} - E_{ii}C, \quad \forall i. \tag{14.4}$$

任取 $j \neq i$, 在式 (14.3) 中, 取 $X = E_{ii}, Y = E_{ij}$ 得

$$T(E_{ij}) = T(E_{ii})E_{ij} + E_{ii}T(E_{ij}),$$

由此推出 $T(E_{ij})$ 除 i 行 j 列外的元素均为 0 且第 j 列为 c_i. 同理, $T(E_{ij})$ 的第 i 行为 C 的第 j 行, 因而

$$T(E_{ij}) = CE_{ij} - E_{ij}C, \quad \forall i \neq j. \tag{14.5}$$

令 $X=(x_{ij})_{n\times n}$, 由 (14.4) 和 (14.5) 两式及 T 为 $\mathbf{F}^{n\times n}$ 的线性变换得

$$\begin{aligned}T(X)&=\sum_{i,j=1}^{n}x_{ij}T(E_{ij})=\sum_{i,j=1}^{n}x_{ij}(CE_{ij}-E_{ij}C)\\&=C\left(\sum_{i,j=1}^{n}x_{ij}E_{ij}\right)-\left(\sum_{i,j=1}^{n}x_{ij}E_{ij}\right)C\\&=CX-XC,\quad\forall X\in\mathbf{F}^{n\times n}.\end{aligned}$$

习　题　14

1. 如果对一切 n 维列向量 x 有 $x'Ax=0$, 试证 A 为反对称矩阵.

2. 设

$$\begin{aligned}\alpha_{11}&=(\,a_{11}+1\quad a_{12}\quad\cdots\quad a_{1n}\,),\\\alpha_{12}&=(\,a_{11}-1\quad a_{12}\quad\cdots\quad a_{1n}\,),\\&\cdots\cdots\\\alpha_{k1}&=(\,a_{k1}\quad\cdots\quad a_{kk}+1\quad\cdots\quad a_{kn}\,),\\\alpha_{k2}&=(\,a_{k1}\quad\cdots\quad a_{kk}-1\quad\cdots\quad a_{kn}\,),\end{aligned}$$

试证存在 k 个向量 $\alpha_{1j_1},\cdots,\alpha_{kj_k}$ 线性无关, 其中 j_i 不是 1 就是 2.

3. 设 $A_1,\cdots,A_r$ 均为 n 阶矩阵且 $A_1A_2\cdots A_r=0$, 试证 $\sum\limits_{i=1}^{r}$ 秩$A_i\leqslant(r-1)n$.

4. 设 $f(x)$ 为整系数多项式, 试证 $f(1),f(2),\cdots,f(n),\cdots$ 的分解式中所有素因子的集合不是有限集.

5. 设 $P_1,\cdots,P_k,Q_1,\cdots,Q_k$ 均为 n 阶方阵, 并且对任意 i,j 都有 $P_iQ_j=Q_jP_i$, 秩 $P_i=$ 秩 (P_iQ_i), 试证秩 $(P_1\cdots P_k)=$ 秩 $(P_1\cdots P_kQ_1\cdots Q_k)$.

6. 试证对上三角幂等矩阵 A, 必存在可逆上三角矩阵 P, 使得 PAP^{-1} 为对角矩阵, 并且对角线上为 1 或 0.

7. 设向量组 $\alpha_1,\cdots,\alpha_t$ 的秩为 r, 又设 $\alpha_{i_1},\cdots,\alpha_{i_m}$ 为其子组, 试证该子组的秩不小于 $r-t+m$.

8. 设秩 $\begin{pmatrix}A&B\\C&D\end{pmatrix}=A$ 的阶数 $=D$ 的阶数, 试证 $|A|\,|D|=|B|\,|C|$.

9. 试证 $(AB)^*=B^*A^*$, 其中 A^* 为 A 的伴随矩阵.

10. 试证实对称正定矩阵与实反对称矩阵的和的行列式大于 0.

11. A 为 n 阶实对称矩阵, σ 为 $\mathbf{R}^{n\times n}$ 的线性变换 $\sigma X=AX+XA(\forall X\in\mathbf{R}^{n\times n})$, 证明 σ 的矩阵相似于对角矩阵.

12. 设 V 是数域 $\mathbf{F}$ 上 n 维线性空间, $V_1,\cdots,V_t$ 是 V 的非平凡子空间, 证明存在 V 的一组基不属于 $\bigcup\limits_{i=1}^{t}V_i$.

13. 设 x, y 为 n 元列向量, A 为 n 阶方阵, 求证

$$\begin{vmatrix} A & y \\ x' & 0 \end{vmatrix} = -x'A^*y.$$

14. 设 A 为 $m\times n$ 矩阵, 若对所有的 $n\times m$ 矩阵 B 均有 $\mathrm{tr}(AB)=0$, 求证 $A=0$.

15. 设 A 为 n 阶实矩阵, $\sigma(A)=\sum\limits_{i,j=1}^{n}a_{ij}^2$, 试证 A 为正交矩阵当且仅当对任意的 n 阶实矩阵 B 有 $\sigma(ABA')=\sigma(B)$.

16. 设 n 阶实矩阵的迹为零, 求证存在正交矩阵 Q, 使得 QAQ' 的对角元全为 0.

17. 设 A 是 n 阶可逆实对称矩阵, 证明 A 正定当且仅当对所有正定矩阵 B 都有 AB 的迹为正数.

18. 任给互异的复数 a,b 以及复数 a_0,a_1,a_2,b_0,b_1,b_2, 求证存在多项式 $f(x)$, 使得 $f^{(i)}(a)=a_i, f^{(i)}(b)=b_i (i=0,1,2)$.

第15讲　运用基底的方法

一个线性空间 V 的基底其实就是线性空间 V 的最小生成集. 容易证明, 它是线性空间 V 中线性无关的向量构成的一个子集合 Γ, 同时 V 中的任意向量都可以由 Γ 中的有限个向量线性表出. 通俗地说, 基底就是线性空间的骨架, 这个线性空间是可以由它的基底线性生成的. 当然, 对于不同的空间来说, 基底可能由有限个向量构成, 也可能由无限个向量构成. 此外, 同一个线性空间可以有许多基底. 例如, 由数域 $\mathbf{F}$ 上所有一元多项式构成的空间 $\mathbf{F}[x]$ 有基底 $1, x, x^2, \cdots, x^n, \cdots$, 又有基底 $1, x+1, (x+1)^2, \cdots, (x+1)^n, \cdots$. 显然, 同一线性空间的不同基底是可以互相线性表出的.

线性空间 V 的不同基底所含向量的个数是相同的, 这个数称为线性空间 V 的维数, 记为 $\dim V$. 因此, 知道线性空间的一个基底也就知道了它的维数.

运用基底还可以建立相同维数线性空间之间的同构. 特别地, 把 n 维线性空间的问题转化为列向量空间 $\mathbf{F}^n$ 的相应问题.

对于一个线性映射或线性变换来说, 它由基的象完全确定. 还可以求出一个线性变换在一组基下的矩阵, 从而把线性变换和矩阵相互转化. 由此可知, 运用基底解决线性代数问题的方法十分重要, 以下举例说明 (见文献 [13]).

一、选取基底解决子空间问题

例 15.1　设 A 为数域 $\mathbf{F}$ 上一个 n 阶矩阵, 令 $V = \{f(A) \mid f(x) \in \mathbf{F}[x]\}$, 试证 V 是 $\mathbf{F}$ 上一个线性空间, 并求 $\dim V$.

分析　容易看出, V 由 $I, A, A^2, \cdots$ 线性生成. 由于 $V \subset \mathbf{F}^{n\times n}$, 故 V 是有限维的. 现在设 $I, A, A^2, \cdots, A^{t-1}$ 线性无关, 并且 $I, A, A^2, \cdots, A^{t-1}, A^t$ 线性相关 (这个正整数总是存在的). 下面证明 $\dim V = t$. 事实上, 有不全为 0 的 $a_0, a_1, \cdots, a_t \in \mathbf{F}$, 使得 $\sum\limits_{i=0}^{t} a_i A^i = 0$. 显然, $a_t \neq 0$, 令 $f(x) = \dfrac{1}{a_t}\sum\limits_{i=0}^{t} a_i x^i$, 则 $f(A) = 0$ 且 $f(x)$ 为 A 的最小多项式. 于是对任意 $g(A) \in V$ 有 $g(x) = f(x)g(x) + r(x)$, 其中 $r(x) = 0$ 或 $\deg r(x) < \deg f(x) = t$, 从而 $g(A) = r(A)$, 而 $r(A)$ 可由 $I, A, A^2, \cdots, A^{t-1}$ 唯一线性表出, 故 $I, A, A^2, \cdots, A^{t-1}$ 是 V 的基底且 $\dim V = t = \deg f(x)$. ∎

例 15.2　设 σ 为 n 维欧氏空间 V 的正交变换, W 为 σ 不变子空间, 试证 $W^{\perp}$ 也是 σ 不变子空间, W 和 $W^{\perp}$ 又是 σ^{-1} 不变子空间.

证明　设 $\alpha_1, \cdots, \alpha_r$ 为 W 的标准正交基, $\alpha_{r+1}, \cdots, \alpha_n$ 为 $W^{\perp}$ 的标准正交基,

从而 $\alpha_1, \cdots, \alpha_n$ 为 V 的标准正交基. 由正交变换把标准正交基变为标准正交基知, $\sigma\alpha_1, \cdots, \sigma\alpha_r, \cdots, \sigma\alpha_n$ 是标准正交基. 由 W 为 σ 不变子空间, 故 $\sigma\alpha_1, \cdots, \sigma\alpha_r$ 是 W 的标准正交基. 由 $\sigma\alpha_{r+1}, \cdots, \sigma\alpha_n$ 与 $\sigma\alpha_1, \cdots, \sigma\alpha_r$ 正交知, $\sigma\alpha_{r+1}, \cdots, \sigma\alpha_n$ 是 $W^{\perp}$ 的标准正交基, 即 $\sigma W^{\perp} \subset W^{\perp}$, $W^{\perp}$ 为 σ 不变子空间.

对任意 $y \in W$, 由 $(\sigma^{-1}y, W^{\perp}) = (y, \sigma W^{\perp}) = (y, W^{\perp}) = 0$ 可知 $\sigma^{-1}y \in W$, 这说明 W 为 σ^{-1} 不变子空间. 又由 σ^{-1} 也为正交变换及前面的证明知, $W^{\perp}$ 为 σ^{-1} 不变子空间. ∎

例 15.3　设 σ 为线性空间 V 到 V' 的线性映射, 并且 V 为有限维, 试证存在 V 的子空间 W 和 V' 的子空间 W', 使得 $W \cong W'$ 且 $V = \ker\sigma \oplus W$, 其中 $\ker\sigma = \{x \in V | \sigma x = 0\}$ 为 σ 的核空间.

证明　如果 $\ker\sigma = \{0\}$, 则可令 $W = V$, $W' = \mathrm{Im}\sigma = \{\sigma x | x \in V\}$, 易见结论成立. 如果 $\ker\sigma \neq \{0\}$, 设 $\ker\sigma$ 的一个基是 $\alpha_1, \cdots, \alpha_r$, 扩充为 V 的基 $\alpha_1, \cdots, \alpha_r, \cdots, \alpha_n$. 令 $W = L(\alpha_{r+1}, \cdots, \alpha_n)$, $W' = L(\sigma\alpha_{r+1}, \cdots, \sigma\alpha_n)$, 为证 $W \cong W'$, 只需证 $\sigma\alpha_{r+1}, \cdots, \sigma\alpha_n$ 线性无关. 事实上, 设 $\sum\limits_{i=r+1}^{n} k_i\sigma\alpha_i = 0$, 则

$$\sigma\left(\sum_{i=r+1}^{n} k_i\alpha_i\right) = 0,$$

这说明 $\sum\limits_{i=r+1}^{n} k_i\alpha_i \in \ker\sigma$, 因此有 $\sum\limits_{i=r+1}^{n} k_i\alpha_i = k_1\alpha_1 + \cdots + k_r\alpha_r$, 再由 $\alpha_1, \cdots, \alpha_r, \cdots, \alpha_n$ 线性无关可得 $k_{r+1} = \cdots = k_n = 0$, 即 $\alpha_{r+1}, \cdots, \alpha_n$ 线性无关. ∎

例 15.4　设 n 阶矩阵 A 有 n 个不同的特征值 $\lambda_1, \cdots, \lambda_n$, 试证 A 的不变子空间的个数恰为 2^n.

证明　设 $A\varepsilon_i = \lambda_i\varepsilon_i (\varepsilon_i \neq 0, i = 1, \cdots, n)$, 由于属于不同特征值的特征向量是线性无关的, 故 $\varepsilon_1, \cdots, \varepsilon_n$ 是 $\mathbf{F}^n$ 的基底. 设 A 的任意一个不变子空间为 W, 如果 $W \neq \{0\}$, 则 W 中的任意向量 α 均可由 $\varepsilon_1, \cdots, \varepsilon_n$ 线性表出, 如果只写出非零项, 则可设 $\alpha = k_1\varepsilon_{i_1} + \cdots + k_t\varepsilon_{i_t}$, 其中 $k_1, \cdots, k_t$ 均非 0. 由 W 为 A 的不变子空间, 可记

$$\alpha = k_1\varepsilon_{i_1} + \cdots + k_t\varepsilon_{i_t} \in W,$$

$$A\alpha = k_1\lambda_{i_1}\varepsilon_{i_1} + \cdots + k_t\lambda_{i_t}\varepsilon_{i_t} \in W,$$

$$\cdots\cdots$$

$$A^{t-1}\alpha = k_1\lambda_{i_1}^{t-1}\varepsilon_{i_1} + \cdots + k_t\lambda_{i_t}^{t-1}\varepsilon_{i_t} \in W,$$

即

$$(\alpha, A\alpha, \cdots, A^{t-1}\alpha) = (k_1\varepsilon_{i_1}, \cdots, k_t\varepsilon_{i_t})\begin{pmatrix} 1 & \lambda_{i_1} & \cdots & \lambda_{i_1}^{t-1} \\ 1 & \lambda_{i_2} & \cdots & \lambda_{i_2}^{t-1} \\ \vdots & \vdots & & \vdots \\ 1 & \lambda_{i_t} & \cdots & \lambda_{i_t}^{t-1} \end{pmatrix}.$$

由上可得

$$(k_1\varepsilon_{i_1}, \cdots, k_t\varepsilon_{i_t}) = (\alpha, A\alpha, \cdots, A^{t-1}\alpha)\begin{pmatrix} 1 & \lambda_{i_1} & \cdots & \lambda_{i_1}^{t-1} \\ 1 & \lambda_{i_2} & \cdots & \lambda_{i_2}^{t-1} \\ \vdots & \vdots & & \vdots \\ 1 & \lambda_{i_t} & \cdots & \lambda_{i_t}^{t-1} \end{pmatrix}^{-1},$$

从而可得 $\varepsilon_{i_1}, \cdots, \varepsilon_{i_t} \in W$.

由上面的论证可知, W 的基底必可由 $\{\varepsilon_1, \cdots, \varepsilon_n\}$ 的某个非空子集生成. 反之, $\{\varepsilon_1, \cdots, \varepsilon_n\}$ 的任意一个非空子集均生成 A 的一个不变子空间. 因此, A 的不同不变子空间共 2^n 个. ▮

二、由基底线性表出待定向量

例 15.5　设 $A = (a_{ij})$ 为已知的 n 阶实方阵, 证明在 n 维欧氏空间 V 中, 存在向量 $u_1, \cdots, u_n$ 和 $v_1, \cdots, v_n$, 使得 $a_{ij} = (v_i, u_j)$ 对 $i, j = 1, \cdots, n$ 成立.

证明　取 $u_1, \cdots, u_n$ 为 V 中的标准正交基, 再取 $v_i = x_{i1}u_1 + \cdots + x_{in}u_n (i = 1, \cdots, n)$. 由 $(v_i, u_j) = a_{ij}$ 知 $(x_{i1}u_1 + \cdots + x_{in}u_n, u_j) = a_{ij}$, 于是求出 $x_{ij} = a_{ij}$, 这说明满足条件的 $v_i (i = 1, \cdots, n)$ 是存在的. ▮

例 15.6　设 $f(\alpha, \beta)$ 是 n 维欧氏空间 V 上的一个双线性函数, 证明存在 V 的线性变换 σ, 使得 $f(\alpha, \beta) = (\alpha, \sigma\beta) (\forall \alpha, \beta \in V)$.

分析　固定 β, 则 $f(\alpha, \beta)$ 为 V 上的线性函数, 记为 $\phi_\beta(\alpha)$. 如果能证明 $\phi_\beta(\alpha) = (\alpha, \gamma_\beta)$, 其中 γ_β 为 V 中由 β 唯一确定的某一向量, 再令 $\sigma(\beta) = \gamma_\beta (\forall \beta \in V)$, 易见 σ 为 V 的变换且容易证明 σ 为线性的. 事实上, 对任意 $\alpha \in V$ 有

$$\begin{aligned}(\alpha, \gamma_{\beta_1+\beta_2}) &= \phi_{\beta_1+\beta_2}(\alpha) = f(\alpha, \beta_1 + \beta_2) \\ &= f(\alpha, \beta_1) + f(\alpha, \beta_2) = \phi_{\beta_1}(\alpha) + \phi_{\beta_2}(\alpha) \\ &= (\alpha, \gamma_{\beta_1}) + (\alpha, \gamma_{\beta_2}) = (\alpha, \gamma_{\beta_1} + \gamma_{\beta_2}),\end{aligned}$$

这说明 $\gamma_{\beta_1+\beta_2} = \gamma_{\beta_1} + \gamma_{\beta_2}$, 即 $\sigma(\beta_1 + \beta_2) = \sigma(\beta_1) + \sigma(\beta_2) (\forall \beta_1, \beta_2 \in V)$. 类似地, 可以证明 $\sigma(k\beta_1) = k\sigma(\beta_1) (\forall k \in \mathbf{R}, \beta_1 \in V)$.

现在证明对每一个 β 存在唯一确定的 γ_β, 使得 $\phi_\beta(\alpha) = (\alpha, \gamma_\beta)$. 用待定系数法,

令 $\gamma_\beta = x_1\varepsilon_1 + \cdots + x_n\varepsilon_n$, 其中 $\varepsilon_1, \cdots, \varepsilon_n$ 为 V 的标准正交基, 易见

$$\begin{cases} \phi_\beta(\varepsilon_1) = (\varepsilon_1, \gamma_\beta) = x_1(\varepsilon_1, \varepsilon_1) + \cdots + x_n(\varepsilon_1, \varepsilon_n) = x_1, \\ \phi_\beta(\varepsilon_2) = (\varepsilon_2, \gamma_\beta) = x_1(\varepsilon_2, \varepsilon_1) + \cdots + x_n(\varepsilon_2, \varepsilon_n) = x_2, \\ \quad \cdots\cdots \\ \phi_\beta(\varepsilon_n) = (\varepsilon_n, \gamma_\beta) = x_1(\varepsilon_n, \varepsilon_1) + \cdots + x_n(\varepsilon_n, \varepsilon_n) = x_n, \end{cases}$$

即 γ_β 可由 $x_1, \cdots, x_n$ 的如上取值唯一确定, 于是

$$\begin{aligned} \phi_\beta(\alpha) &= \phi_\beta\left(\sum_{i=1}^n k_i\varepsilon_i\right) = \sum_{i=1}^n k_i\phi_\beta(\varepsilon_i) = \sum_{i=1}^n k_i(\varepsilon_i, \gamma_\beta) \\ &= \left(\sum_{i=1}^n k_i\varepsilon_i, \gamma_\beta\right) = (\alpha, \gamma_\beta), \quad \forall \alpha = \sum_{i=1}^n k_i\varepsilon_i \in V. \quad \blacksquare \end{aligned}$$

例 15.7 设 $f(\alpha, \beta)$ 为 n 维线性空间 V 上的对称双线性函数. 设 K 是 V 的一个真子空间, 证明对 $\xi \notin K$ 必有 $0 \neq \eta \in K + L(\xi)$, 使得 $f(\eta, \alpha) = 0(\forall \alpha \in K)$, 其中 $L(\xi)$ 为由 ξ 生成的子空间.

证明 如果 K 中存在 $0 \neq \eta$, 使得 $f(\eta, K) = 0$, 则证明完成; 否则, f 可看成 K 上的非退化双线性函数, 取 K 的正交基 $\varepsilon_1, \cdots, \varepsilon_r$, 为求出 η, 可令 $\eta = \xi + x_1\varepsilon_1 + \cdots + x_r\varepsilon_r$, 然后待定求出 $x_1, \cdots, x_r$ 即可. 事实上, 由 $f(\eta, \alpha) = 0(\forall \alpha \in K)$ 有 $f(\xi + x_1\varepsilon_1 + \cdots + x_r\varepsilon_r, \varepsilon_i) = 0(i = 1, \cdots, r)$, 由上可求出 $x_i = -\dfrac{f(\xi, \varepsilon_i)}{f(\varepsilon_i, \varepsilon_i)}(i = 1, \cdots, r)$. 注意: 由于 $f|_K$ 是非退化的, 故对正交基 $\varepsilon_1, \cdots, \varepsilon_r$ 来说有 $f(\varepsilon_i, \varepsilon_i) \neq 0(i = 1, \cdots, r)$. $\blacksquare$

三、通过基底进行转化

例 15.8 设 V 是复数域上的 n 维线性空间, σ 为其上的线性变换, 将 V 看成实数域上的线性空间 V_0, 同时 σ 也可看成 V_0 的线性变换 σ_0, 求证 $\det\sigma_0 = |\det\sigma|^2$.

证明 设 V 的基 $u_1, \cdots, u_n$, σ 在此基下的矩阵为 A, 即

$$\sigma(u_1, \cdots, u_n) = (u_1, \cdots, u_n)A.$$

易见, V_0 有基 $u_1, \cdots, u_n, \mathrm{i}u_1, \cdots, \mathrm{i}u_n$(请读者自己验证). 设 $A = B + \mathrm{i}C$, 其中 i 为虚数单位, B, C 为实数矩阵. 易见

$$\sigma_0(u_1, \cdots, u_n, \mathrm{i}u_1, \cdots, \mathrm{i}u_n) = (u_1, \cdots, u_n, \mathrm{i}u_1, \cdots, \mathrm{i}u_n)\begin{pmatrix} B & -C \\ C & B \end{pmatrix},$$

于是

$$\begin{aligned} \det\sigma_0 &= \left|\begin{pmatrix} B & -C \\ C & B \end{pmatrix}\right| = \left|\begin{pmatrix} B + \mathrm{i}C & -C + \mathrm{i}B \\ C & B \end{pmatrix}\right| = \left|\begin{pmatrix} B + \mathrm{i}C & 0 \\ C & B - \mathrm{i}C \end{pmatrix}\right| \\ &= \det(A) \cdot \det(\overline{A}) = \det(A) \cdot \overline{\det(A)} = |\det(A)|^2 = |\det\sigma|^2. \quad \blacksquare \end{aligned}$$

例 15.9　设 n 维线性空间 V 的线性变换 σ 有 $n+1$ 个特征向量 $\alpha_1,\cdots,\alpha_{n+1}$, 并且其中任意 n 个都是线性无关的, 求证 σ 为数乘变换.

分析　设特征向量 $\alpha_1,\cdots,\alpha_{n+1}$ 相应的特征值为 $\lambda_1,\cdots,\lambda_{n+1}$. 选择基底, 将问题转化为矩阵, 则以 $\alpha_1,\cdots,\alpha_{n+1}$ 中任意 n 个为基将得到 $n+1$ 个对角矩阵, 并且它们彼此相似, 从而它们的迹是相等的, 即

$$\left(\sum_{i=1}^{n+1}\lambda_i\right)-\lambda_j=\left(\sum_{i=1}^{n+1}\lambda_i\right)-\lambda_k,\quad \forall j\neq k,$$

所以 $\lambda_j=\lambda_k(\forall j\neq k)$, 故 σ 在如此选择的基下的矩阵是数量矩阵, 从而 σ 为数乘变换. ▮

注 15.1　下面给出例 15.7 的另外一种证法, 它运用基底将问题转化为矩阵.

证明　若 f 在 K 上退化, 则结论显然; 若 f 在 K 上非退化, 则有基, 使得度量矩阵 A_1 是可逆的. 扩充该基成为 $K+L(\xi)$ 的基, 设 f 在此基上的度量矩阵是 $A=\begin{pmatrix}A_1 & b\\ b' & c\end{pmatrix}$, 由 A_1 可逆易见, A 合同于 $B=\mathrm{diag}(A_1,c-b'A_1^{-1}b)$. 由 B 右上角的零矩阵知, 存在 $0\neq\eta$, 使得 $f(\eta,K)=0$. ▮

例 15.10　设 $A=\begin{pmatrix}1 & x & x^2 & \cdots & x^n\\ & 1 & \mathrm{C}_2^1x & \cdots & \mathrm{C}_n^1x^{n-1}\\ & & 1 & \ddots & \vdots\\ & & & \ddots & \mathrm{C}_n^{n-1}x\\ & & & & 1\end{pmatrix}$, 求 A^{-1}.

解　设 $\mathbf{F}[t]_n$ 表示数域 $\mathbf{F}$ 上次数不超过 n 的多项式全体和零多项式所构成的线性空间, 将 A 看成 $\mathbf{F}[t]_n$ 中由基 $1,t,\cdots,t^n$ 到基 $1,x+t,\cdots,(x+t)^n$ 的基底过渡矩阵. 即 $(1,x+t,\cdots,(x+t)^n)=(1,t,\cdots,t^n)A$, 从而 $(1,x+t,\cdots,(x+t)^n)A^{-1}=(1,t,\cdots,t^n)$, 即 A^{-1} 为从基 $1,x+t,\cdots,(x+t)^n$ 到基 $1,t,\cdots,t^n$ 的基底过渡矩阵. 令 $x+t=s$, 则 $t=s-x$. 于是若写 $A=\Delta_n(x)$, 则 $A^{-1}=\Delta_n(-x)$. ▮

四、由基的象确定线性映射

例 15.11　求 $\mathbf{F}[x]$ 到 $\mathbf{F}$ 的线性函数 σ, 使得对于常数 $a\in\mathbf{F}$ 有 $\sigma(f(x)\cdot g(x))=f(a)\sigma(g(x))+g(a)\sigma(f(x))(\forall f(x),g(x)\in\mathbf{F}[x])$.

解　当 $f(x)=g(x)=1$ 时, 显然有 $\sigma(1)=\sigma(1)+\sigma(1)$, 故 $\sigma(1)=0$. 再设 $\sigma(x)=b$, 下面运用归纳法, 往证 $\sigma(x^n)=na^{n-1}b(\forall n\geqslant 2)$. 由 $\sigma(f(x)\cdot g(x))=f(a)\sigma(g(x))+g(a)\sigma(f(x))$ 可算得 $\sigma(x^2)=\sigma(x\cdot x)=f(a)\sigma(x)+g(a)\sigma(x)=2a\sigma(x)=2ab$. 假定 $n-1$ 成立, 即 $\sigma(x^{n-1})=(n-1)a^{n-2}b$, 则 $\sigma(x^n)=\sigma(x\cdot x^{n-1})=a\sigma(x^{n-1})+a^{n-1}\sigma(x)=a(n-1)a^{n-2}b+a^{n-1}b=na^{n-1}b$. 这说明对任意 $n\geqslant 2$ 都有 $\sigma(x^n)=na^{n-1}b$, 从而由基的象可定此线性映射是 $\sigma(f(x))=bf'(a)$. ▮

例 15.12 设 V_1 和 V_2 为 n 维线性空间 V 的两个子空间且其维数和为 n, 证明必存在一个线性变换 σ, 使得 V_1 为 σ 的象空间 $\mathrm{Im}\sigma$, V_2 为 σ 的核空间 $\ker\sigma$.

分析 构造一个线性变换 σ 主要是先确定其在某组基下的象, 再进行线性扩充就得到线性变换了. 事实上, 对任意 $x=\sum\limits_{i=1}^{n}x_i\varepsilon_i$, 定义 $\sigma\left(\sum\limits_{i=1}^{n}x_i\varepsilon_i\right)=\sum\limits_{i=1}^{n}x_i\sigma(\varepsilon_i)$, 不难验证, σ 是线性的.

为满足 $\ker\sigma=V_2$, 只需在 V_2 中取基 $\varepsilon_1,\cdots,\varepsilon_r$, 并令

$$\sigma(\varepsilon_i)=0,\quad i=1,\cdots,r.$$

将 $\varepsilon_1,\cdots,\varepsilon_r$ 扩充为 V 的基

$$\varepsilon_1,\cdots,\varepsilon_r,\varepsilon_{r+1},\cdots,\varepsilon_n,$$

为使 $\mathrm{Im}\sigma=V_1$, 自然让 $\varepsilon_{r+1},\cdots,\varepsilon_n$ 的象 $\sigma(\varepsilon_{r+1}),\cdots,\sigma(\varepsilon_n)$ 为 V_1 的一组基即可. ▮

注 15.2 例 15.12 可由矩阵形式给出, 下面举一具体例子: 求 4 阶矩阵 A, 使得线性方程组 $Ax=0$ 的解空间为 $L(\alpha_1,\alpha_2)$, A 的值域为 $L(\alpha_3,\alpha_4)$, 其中

$$\alpha_1=(1\quad 2\quad 1\quad 0)',$$

$$\alpha_2=(1\quad -1\quad 4\quad 3)',$$

$$\alpha_3=(3\quad -2\quad 0\quad 2)',$$

$$\alpha_4=(0\quad 1\quad -2\quad 1)'.$$

可解其如下：令

$$A\begin{pmatrix}1&1&0&0\\2&-1&0&0\\1&4&1&0\\0&3&0&1\end{pmatrix}=\begin{pmatrix}0&0&3&0\\0&0&-2&1\\0&0&0&-2\\0&0&2&1\end{pmatrix},$$

则

$$A=\begin{pmatrix}-9&3&3&0\\4&-1&-2&1\\4&-2&0&-2\\-8&3&2&1\end{pmatrix}.$$

例 15.13 已知 n 维线性空间 V 的两个线性变换 σ_1 和 σ_2 满足 $\ker\sigma_1\subseteq\ker\sigma_2$, 证明存在 V 的一个线性变换 σ, 使得 $\sigma_2=\sigma\sigma_1$.

分析 1　为使 $\sigma_2=\sigma\sigma_1$, 只需对 V 的一组基 $\varepsilon_1,\cdots,\varepsilon_n$, 令

$$\sigma_2(\varepsilon_i)=\sigma(\sigma_1(\varepsilon_i)),\quad \forall i=1,\cdots,n.$$

不妨设 $\varepsilon_1,\cdots,\varepsilon_n$ 中的 $\varepsilon_{r+1},\cdots,\varepsilon_n$ 为 $\ker\sigma_1$ 的基, 由条件 $\ker\sigma_1\subseteq\ker\sigma_2$ 知, 上述等式当 $i=r+1,\cdots,n$ 时成立. 为确定 σ, 应确定 σ 对某组基的象, 易证 $\sigma_1(\varepsilon_1),\cdots,\sigma_1(\varepsilon_r)$ 线性无关, 将其扩充为 V 的基 $\sigma_1(\varepsilon_1),\cdots,\sigma_1(\varepsilon_r),\eta_{r+1},\cdots,\eta_n$. 由此, 可定义

$$\sigma(\sigma_1(\varepsilon_1))=\sigma_2(\varepsilon_1),\cdots,\sigma(\sigma_1(\varepsilon_r))=\sigma_2(\varepsilon_r),\sigma(\eta_{r+1})=0,\cdots,\sigma(\eta_n)=0$$

(其实 $\sigma(\eta_i),i=r+1,\cdots,n$ 的象可任意选取). ∎

分析 2　例 15.13 化为矩阵问题应是"如果线性方程组 $Ax=0$ 的解都是 $Bx=0$ 的解, 则存在矩阵 C, 使得 $B=CA$", 其证法见习题答案与提示习题 8 的第 16 题.

∎

注 15.3　如果条件是 $\ker\sigma_1=\ker\sigma_2$, 则结论可加强为"存在可逆线性变换 σ, 使得 $\sigma_2=\sigma\sigma_1$".

此时, 只需稍改分析 1 即可. 不难看出, $\sigma_2(\varepsilon_1),\cdots,\sigma_2(\varepsilon_r)$ 线性无关, 将其也扩充为 V 的基 $\sigma_2(\varepsilon_1),\cdots,\sigma_2(\varepsilon_r),\alpha_{r+1},\cdots,\alpha_n$, 于是 σ 可由 $\sigma_1(\varepsilon_1),\cdots,\sigma_1(\varepsilon_r),\eta_{r+1},\cdots,\eta_n$ 及上述基确定.

如果从分析 2 来看, 则等价于"已知 $B=CA$ 和 $A=DB$, 证明存在可逆矩阵 M, 使得 $B=MA$", 其证法见习题答案与提示习题 8 的第 17 题.

习　题　15

1. 设 λ 为矩阵 AB 与 BA 的非零特征根, 证明矩阵 AB 的属于 λ 的特征子空间 W_λ 与矩阵 BA 的属于 λ 的特征子空间 V_λ 的维数相同.

2. 设 W 是 n 维线性空间 V 的非平凡子空间, 证明存在无穷多个子空间 S, 使得 $V=W\oplus S$.

3. 设多元多项式空间 $\mathbf{F}[x_1,\cdots,x_n]$ 中所有次数不超过 m 的多项式和零多项式构成的子空间为 W, 求 $\dim W$.

4. 设 σ 是线性空间 V 的线性变换, $\lambda_1,\cdots,\lambda_s$ 为 σ 的不同特征值, 并且 $\alpha_1,\cdots,\alpha_s$ 为相应的特征向量, 又设 $\alpha=\alpha_1+\cdots+\alpha_s$, 试确定子空间 $V=\{f(\sigma)\alpha|f(x)\in\mathbf{F}[x]\}$ 的维数.

5. 令 $V=\{f(x)|f(1)=0,f(x)\in\mathbf{R}[x]_{n-1}\}$, 其中 $\mathbf{R}[x]_n$ 为实系数次数不超过 n 的多项式和零多项式的空间, 求证 V 是 $\mathbf{R}[x]_{n-1}$ 的子空间, 并求其维数.

6. 设 φ 是 n 维线性空间 V 上的实二次型, 又 $V=V_1\oplus V_2$, 其中 V_1,V_2 的维数小于 n. 若 φ 在 V_1 上正定, 在 V_2 上负定, 试证二次型 φ 的符号差 $=\dim V_1-\dim V_2$.

7. 将例 15.7 中的 $f(\alpha,\beta)$ 改为反对称双线性函数, 证明同样的结论 (用两种方法).

8. 设 V 是 n 维欧氏空间, $\alpha_1,\cdots,\alpha_n$ 是 V 的基. 又设 $c_1,\cdots,c_n$ 是任意给定的一组实数, 试证 V 中存在唯一的向量 α, 使得 $(\alpha,\alpha_j)=c_j(j=1,\cdots,n)$.

9. 证明 $A=\begin{pmatrix} 1 & \frac{1}{2} & \frac{1}{3} & \cdots & \frac{1}{n+1} \\ \frac{1}{2} & \frac{1}{3} & \frac{1}{4} & \cdots & \frac{1}{n+2} \\ \vdots & \vdots & \vdots & & \vdots \\ \frac{1}{n+1} & \frac{1}{n+2} & \frac{1}{n+3} & \cdots & \frac{1}{2n+1} \end{pmatrix}$ 是实对称正定矩阵.

10. 设 σ_1, σ_2 为 n 维线性空间 V 的两个线性变换且 $\mathrm{Im}\sigma_1 \subseteq \mathrm{Im}\sigma_2$, 证明存在线性变换 σ, 使得 $\sigma_1=\sigma_2\sigma$. 若条件变为 $\mathrm{Im}\sigma_1=\mathrm{Im}\sigma_2$, 则存在可逆线性变换 σ, 使得 $\sigma_1=\sigma_2\sigma$.

11. 设 V 是数域 $\mathbf{F}$ 上的 n 维线性空间, $\mathrm{Hom}V$ 是 V 上所有线性变换组成的线性空间, 令 $\sigma \in \mathrm{Hom}V, C_\sigma=\{\tau \in \mathrm{Hom}V|\sigma\tau=\tau\sigma\}$, 试确定 $\mathrm{Hom}V$ 上的一个线性变换 φ, 使得 $\ker\varphi=C_\sigma$.

12. 设 V_1, V_2 是 n 维线性空间 V 的两个非平凡子空间且 $V=V_1\oplus V_2$, σ 为 V 的线性变换, 试证 σ 可逆 $\Leftrightarrow V=\sigma(V_1)\oplus\sigma(V_2)$.

13. 设 σ 是 n 维线性空间 V 的线性变换, 证明存在 V 的基 $\alpha_1, \cdots, \alpha_n$, 基 $\beta_1, \cdots, \beta_n$ 及非负整数 r, 使得对任意的 $\xi=\sum\limits_{i=1}^{n} k_i\alpha_i$ 有 $\sigma(\xi)=\sum\limits_{i=1}^{r} k_i\beta_i$, 其中 k_i 为数域中的数.

第16讲　利用子空间的方法

一、利用不变子空间对矩阵进行相似简化

设 V 是数域 $\mathbf{F}$ 上一个 n 维线性空间, 如果 V 的一个线性变换 σ 有一个不变子空间 W, 那么容易证明, 存在一个基, 使得 σ 在该基下的矩阵为 $\begin{pmatrix} A & B \\ 0 & C \end{pmatrix}$. 也就是说, σ 的矩阵可以相似于如上简单块阵. 如果条件进一步加强, 即设 $V = V_1 \oplus V_2$, 而 V_1 和 V_2 都是 σ 的不变子空间, 易见 σ 的矩阵可以相似于对角块阵 $\mathrm{diag}(A_1, A_2)$.

因此, 对方阵相似简化的一个常用方法是选择相应线性变换的不变子空间, 并尽可能地将 V 按不变子空间进行直和分解.

例 16.1　设 σ 为 n 维线性空间 V 的线性变换, 则 σ 在一组基 $\varepsilon_1, \cdots, \varepsilon_n$ 下的矩阵为

$$\begin{pmatrix} A_1 & & * \\ & \ddots & \\ 0 & & A_t \end{pmatrix},$$

其中 $A_1, \cdots, A_t$ 均为方阵 $\Leftrightarrow$ 存在 σ 的不变子空间 $V_1, \cdots, V_{t-1}$, 使得 $0 \subsetneq V_1 \subsetneq V_2 \subsetneq \cdots \subsetneq V_{t-1} \subsetneq V$.

证明　令 $V_i = L(\varepsilon_1, \cdots, \varepsilon_{r_i})(i = 1, \cdots, t-1)$, 可得必要性. 为证充分性, 可先在 V_1 中取基 $\varepsilon_1, \cdots, \varepsilon_{r_1}$, 然后扩充成 V_2 的基 $\varepsilon_1, \cdots, \varepsilon_{r_2}$, 再扩充成 V_3 的基得 $\varepsilon_1, \cdots, \varepsilon_{r_3}$, 如此继续, 最终有基 $\varepsilon_1, \cdots, \varepsilon_n$. ∎

例 16.2　设 A 与 B 是可交换的 n 阶复矩阵, 试证 A, B 可同时相似于上三角矩阵.

分析　要解决如上问题, 可对应考虑相应的可交换的线性变换 σ 和 τ, 首先要证明它们有公共的特征向量. 设 σ 的某一特征子空间 $V_\lambda = \{x \in V | \sigma x = \lambda x\}$, 易证 V_λ 是 τ 的不变子空间. 事实上, 任取 $x \in V_\lambda$, 则 $\sigma(\tau(x)) = \sigma\tau(x) = \tau\sigma(x) = \tau(\lambda x) = \lambda\tau(x)$. 现在考虑 τ 在 V_λ 上的限制变换 $\tau|_{V_\lambda}$. 它是 V_λ 的线性变换, 必存在特征向量 $y \in V_\lambda$, 即 $\tau|_{V_\lambda}(y) = \mu y$, 从而 $\tau(y) = \mu y$, 即 y 是 σ 和 τ 的公共特征向量.

现在应用数学归纳法解决原问题. 当 $n = 1$ 时, 显然. 对 $n \geqslant 2$, 假定 $n-1$ 成立, 看 n 的情形. 从 y 出发, 选择 V 的基可使 σ 和 τ 的矩阵分别为 $\begin{pmatrix} \lambda & a \\ 0 & A_1 \end{pmatrix}$ 和 $\begin{pmatrix} \mu & b \\ 0 & B_1 \end{pmatrix}$. 由于 A_1 和 B_1 仍然可交换, 故可用归纳假设, A_1 与 B_1 同时相似于上三

角矩阵, 从而结论得证. ∎

例 16.3 Fitting 分解的空间证明方法 (见例 13.12).

分析 1 设 V 为 n 维线性空间, σ 为 V 的线性变换, 问题变为找出 σ 不变子空间 V_1 和 V_2, 使得 $V=V_1\oplus V_2$ 且 $\sigma|_{V_1}$ 是 V_1 的可逆线性变换, $\sigma|_{V_2}$ 是 V_2 的幂零线性变换.

注意到 $\mathrm{Im}\sigma\supset\mathrm{Im}\sigma^2\supset\cdots$, 则必存在 m, 使得 $\mathrm{Im}\sigma^m=\mathrm{Im}\sigma^{m+1}$, 此时, 易见

$$\mathrm{Im}\sigma^m=\mathrm{Im}\sigma^k,\quad \forall k\geqslant m.$$

由于 $\dim(\mathrm{Im}\sigma^m)=\dim(\mathrm{Im}\sigma^{m+1})$, 从而

$$\dim(\ker\sigma^m)=n-\dim(\mathrm{Im}\sigma^m)=n-\dim(\mathrm{Im}\sigma^{m+1})=\dim(\ker\sigma^{m+1}),$$

而 $\ker\sigma^m\supset\ker\sigma^{m+1}$, 故 $\ker\sigma^m=\ker\sigma^{m+1}$, 进而 $\ker\sigma^m=\ker\sigma^k(\forall k\geqslant m)$.

令 $V_1=\ker\sigma^m$, $V_2=\mathrm{Im}\sigma^m$, 往证 $V=V_1\oplus V_2$. 只需证 $V_1\bigcap V_2=\{0\}$, 设 $x\in V_1\bigcap V_2$, 则有 $x=\sigma^m y$ 和 $\sigma^{2m}y=\sigma^m x=0$, 这意味着 $y\in\ker\sigma^{2m}=\ker\sigma^m$, 故 $\sigma^m y=0$, 于是 $x=0$.

由于 $\sigma\cdot\sigma^m x=0\Rightarrow x\in\ker\sigma^{m+1}=\ker\sigma^m\Rightarrow\sigma^m x=0$, 这说明 $\sigma|_{V_2}$ 是单射, 则 $\sigma|_{V_2}$ 为双射, 即可逆变换.

任取 $y\in V_1$, 易见 $(\sigma|_{V_1})^m(y)=\sigma^m(y)=0$, 即 $\sigma|_{V_1}$ 是幂零的. 这样 Fitting 分解得证. ∎

分析 2 由分析 1, 由于 $\dim V_1+\dim V_2=n$, 从直和条件出发, 只需证明 $V=V_1+V_2$.

对任意的 $x\in V$, 由于 $\mathrm{Im}\sigma^m=\mathrm{Im}\sigma^{2m}$, 则有 $\sigma^m x=\sigma^{2m}y$, 易见 $x=\sigma^m y+(x-\sigma^m y),\sigma^m y\in\mathrm{Im}\sigma^m$, 而 $\sigma^m(x-\sigma^m y)=0$, 即 $x-\sigma^m y\in\ker\sigma^m$, 即 $V=V_1+V_2$.

证 $\sigma|_{V_2}$ 可逆也可往证 $\sigma|_{V_2}$ 是双射, 由于 $\mathrm{Im}\sigma^m=\mathrm{Im}\sigma^{m+1}$, 故对任意的 $\sigma^m x\in V_2$ 有 $\sigma^m x=\sigma^{m+1}y=\sigma(\sigma^m y)$, 这正说明 $\sigma|_{V_2}$ 是满射. ∎

例 16.4 设 A 为 n 阶实矩阵, 试证 A 实相似于例 16.1 中形式的矩阵, 其中 $A_1,\cdots,A_t$ 为一阶或二阶实方阵.

分析 解决此问题, 仍可用例 16.1 中的方法, 当 A 有实特征值时, 必存在实特征向量, 然后用归纳法易证. 当 A 无实特征值时, 必有成对的虚特征值, 此时, 只需证明 A 作为线性变换有一个二维不变子空间, 然后用归纳法即可. 事实上, 设 $Az=(\lambda+\mu\mathrm{i})z, A\overline{z}=(\lambda-\mu\mathrm{i})\overline{z}$, 其中 $0\neq z\in\mathbf{C}^n,\lambda,\mu\in\mathbf{R}$, $\mu\neq0$. 设 $z=u+\mathrm{i}\overline{v}$, 其中 $u,v\in\mathbf{R}^n$. 由上面两式可得 $Au=\lambda u-\mu v, Av=\lambda v+\mu u$. 现在, 易见 $L(u,v)$ 是 A 的不变子空间, 还需说明 u,v 线性无关. 若不然, u,v 实线性相关, 则 $z=u+\mathrm{i}v$ 与 $\overline{z}=u-\mathrm{i}v$ 复线性相关, 但由于 z 与 $\overline{z}$ 是属于不同特征值 $\lambda+\mu\mathrm{i}$ 和 $\lambda-\mu\mathrm{i}$ 的特征向量, 从而应是复线性无关的, 这得出矛盾. ∎

例 16.5　试证 n 阶实反对称矩阵 A 正交相似于如下标准形:

$$\mathrm{diag}\left(\begin{pmatrix} 0 & a_1 \\ -a_1 & 0 \end{pmatrix}, \cdots, \begin{pmatrix} 0 & a_t \\ -a_t & 0 \end{pmatrix}, 0, \cdots, 0\right).$$

分析　将 A 考虑成 $\mathbf{R}^n$ 的线性变换. 首先, 证明 A 的特征根为 0 和纯虚数. 事实上, 设 $Az = \lambda z(0 \neq z \in \mathbf{C}^n)$, 于是 $\overline{z}'Az = \lambda\overline{z}'z$, $\overline{z}'A'z = \overline{\lambda}\overline{z}'z$, 从而 $(\lambda + \overline{\lambda})\overline{z}'z = 0$, 所以 $\lambda + \overline{\lambda} = 0$, 可得 $\lambda = a\mathrm{i}(a \in \mathbf{R})$.

现在设

$$Az = a\mathrm{i}z, A\overline{z} = -a\mathrm{i}\overline{z}, \quad 0 \neq z \in \mathbf{C}^n, a \neq 0.$$

令 $z = u + \mathrm{i}v$, 其中 $u, v \in \mathbf{R}^n$, 则 $Au = -av$, $Av = au$. 易见 u, v 为 $\mathbf{R}$ 线性无关. 令 $W = L(u, v)$, 则 W 为 A 不变子空间. 利用施密特正交化方法使 $(u, v) = (\varepsilon_1, \varepsilon_2)T$, 其中 $\varepsilon_1, \varepsilon_2$ 为标准正交向量组, T 为二阶上三角矩阵, 故

$$A(\varepsilon_1, \varepsilon_2)T = (\varepsilon_1, \varepsilon_2)T\begin{pmatrix} 0 & a \\ -a & 0 \end{pmatrix},$$

从而

$$A(\varepsilon_1, \varepsilon_2) = (\varepsilon_1, \varepsilon_2)T\begin{pmatrix} 0 & a \\ -a & 0 \end{pmatrix}T^{-1}.$$

将 $\varepsilon_1, \varepsilon_2$ 扩充成 $\mathbf{R}^n$ 的标准正交基 $\varepsilon_1, \cdots, \varepsilon_n$, 则有

$$A(\varepsilon_1, \cdots, \varepsilon_n) = (\varepsilon_1, \cdots, \varepsilon_n)\begin{pmatrix} T\begin{pmatrix} 0 & a \\ -a & 0 \end{pmatrix}T^{-1} & B \\ 0 & A_1 \end{pmatrix}.$$

由 $(\varepsilon_1, \cdots, \varepsilon_n)$ 为正交矩阵知 $B = 0$, A_1 反对称, $T\begin{pmatrix} 0 & a \\ -a & 0 \end{pmatrix}T^{-1} = \begin{pmatrix} 0 & a_1 \\ -a_1 & 0 \end{pmatrix}$, 然后对 A_1 用归纳假设可证. 如果 A 只有零特征值, 则有由特征向量构成的一维不变子空间, 用归纳法也容易证明. ▮

二、利用子空间的维数关系解决矩阵秩的问题

设 σ 为 n 维线性空间 V 到 m 维线性空间 W 的线性映射, 已经知道下列维数公式成立:

$$\dim(\mathrm{Im}\sigma) + \dim(\ker\sigma) = n = \dim V. \tag{16.1}$$

如果又有 W 到 p 维线性空间 L 的线性映射 τ, 则有

$$\dim(\mathrm{Im}(\tau\sigma)) + \dim(\ker\tau \bigcap \mathrm{Im}\sigma) = \dim(\mathrm{Im}\sigma). \tag{16.2}$$

理由如下: 把 $\mathrm{Im}(\tau\sigma)$ 看成 $\mathrm{Im}(\tau|_{\mathrm{Im}\sigma})$, 其中 $\tau|_{\mathrm{Im}\sigma} : \mathrm{Im}\sigma \to L$. 于是由式 (16.1) 应有

$$\dim(\mathrm{Im}(\tau|_{\mathrm{Im}\sigma})) + \dim(\ker(\tau|_{\mathrm{Im}\sigma})) = \dim(\mathrm{Im}\sigma).$$

注意 $\ker(\tau|_{\mathrm{Im}\sigma}) = \ker\tau \bigcap \mathrm{Im}\sigma$ 可得式 (16.2).

例 16.6 证明关于矩阵秩的如下公式：

$$秩\ (BA) \geqslant 秩\ A+ 秩\ B-m,$$

其中 m 为 B 的列数.

证明 由式 (16.2) 可得 $\dim(\mathrm{Im}(\tau\sigma)) \geqslant \dim(\mathrm{Im}\sigma) - \dim(\ker\tau)$. 再由式 (16.1) 得

$$\dim(\ker\tau) = m - \dim(\mathrm{Im}\tau).$$

设 σ, τ 相应的矩阵为 A, B, 注意到象空间的维数等于相应阵的秩, 则可得结论. ∎

例 16.7 设 $S = \{Ax|Bx = 0\}$, 其中 A, B 分别为 $m \times n$ 矩阵和 $p \times n$ 矩阵, 试证 S 作为 $\mathbf{F}^m$ 的子空间的维数是秩 $\begin{pmatrix} A \\ B \end{pmatrix}-$ 秩 B.

证明 将 S 看成 A 限制作用于 $\ker B$ 的映射的象空间, 即 $S = \mathrm{Im}(A|_{\ker B})$. 反复使用式 (16.1) 应有

$$\begin{aligned}
\dim S &= \dim(\mathrm{Im}(A|_{\ker B})) = \dim(\ker B) - \dim(\ker(A|_{\ker B})) \\
&= n - 秩 B - \dim(\ker B \bigcap \ker A) \\
&= n - 秩 B - \dim\left(\ker\begin{pmatrix} A \\ B \end{pmatrix}\right) \\
&= \dim\left(\mathrm{Im}\begin{pmatrix} A \\ B \end{pmatrix}\right) - 秩 B \\
&= 秩\begin{pmatrix} A \\ B \end{pmatrix} - 秩 B. \quad ∎
\end{aligned}$$

例 16.8 设 n 阶可逆矩阵 $A = \begin{pmatrix} A_1 & A_2 \\ A_3 & A_4 \end{pmatrix}$, 其中 A_1 为 $(n-k) \times k$ 矩阵, $A^{-1} = \begin{pmatrix} B_1 & B_2 \\ B_3 & B_4 \end{pmatrix}$, B_1 为 $k \times (n-k)$ 矩阵, $B_2 = 0$, 试证秩 $A_2 = n - 2k$.

证明 由 $AA^{-1} = I_n$ 和 $B_2 = 0$ 得

$$A_2B_4 = 0, \quad A_4B_4 = I_k. \tag{16.3}$$

又由 $A^{-1}A = I_n$ 知

$$B_3A_2 + B_4A_4 = I_{n-k}. \tag{16.4}$$

为证明结论, 只需证 $A_2x = 0$ 的解空间 W 的维数是 k (注意: 由 (16.1) 知 $n-k \geqslant k$). 这归结为建立 W 到线性空间 $\mathbf{F}^k$ 的一个同构映射 σ. 事实上, 可令 σ 如下:

$$\sigma(\alpha) = A_4\alpha, \quad \forall \alpha \in W.$$

这显然是 W 到 $\mathbf{F}^k$ 的线性映射. 下面先证明 σ 是单射. 事实上, 如果 $\sigma(\alpha)=0$, 即 $A_4\alpha=0$. 由 $\alpha\in W$ 又知 $A_2\alpha=0$. 这样由 (16.4) 得 $\alpha=(B_3A_2+B_4A_4)\alpha=B_3A_2\alpha+B_4A_4\alpha=0$, 即 $\ker\sigma=0$, σ 为单射.

最后证明 σ 是满射, 任取 $\beta\in\mathbf{F}^k$, 只需证明 $\beta=A_4\alpha$ 有解 $\alpha\in W$ 即可. 实际上, 由 (16.3) 知 $\beta=I\beta=A_4B_4\beta$. 令 $B_4\beta=\alpha$, 则由 (16.3), 易见 $A_2\alpha=A_2B_4\beta=0$, 这意味着 $\alpha\in W$. ▮

三、构造子空间解决问题

例 16.9　设秩 $A=$ 秩 (AB), 试证存在矩阵 C, 使得 $A=ABC$.

证明　由秩 $A=$ 秩 (AB), 将 A,B 看成线性变换可知 $\dim(\mathrm{Im}A)=\dim(\mathrm{Im}(AB))$. 又因为 $\mathrm{Im}(AB)\subset\mathrm{Im}A$ 是显然的, 故 $\mathrm{Im}(AB)=\mathrm{Im}A$. 这样一来, A 的各列均可写成 AB 各列的线性组合, 所以可以找到 C, 使得 $A=ABC$. ▮

例 16.10　设 A 是 n 阶实对称矩阵, $\alpha\neq 0$ 是一个 n 维实列向量, 试证明存在一个多项式 $f(\lambda)$, 使得 $f(A)\alpha$ 是 A 的一个特征向量.

分析　易见, 由 $\alpha,A\alpha,\cdots,A^t\alpha,\cdots$ 生成的子空间 W 是 A 的不变子空间. 要找的 $f(A)\alpha$ 是 W 中的向量. 由于 A 为实对称矩阵, 故 A 的特征值全为实数, 故 $A|_W$ 必有特征值及相应的特征向量 $x\in W$, 于是 x 可表示为 $\alpha,A\alpha,\cdots,A^t\alpha,\cdots$ 中的有限项的一个线性组合, 即 $a_0\alpha+a_1A\alpha+\cdots+a_sA^s\alpha=x$. 令 $a_0+a_1\lambda+\cdots+a_s\lambda^s=f(\lambda)$, 则有 $x=f(A)\alpha$ 是 A 的特征向量. ▮

例 16.11　设 A 是 n 阶实对称矩阵且秩为 s, 又设 x 为实 n 元列且 $x'Ax\neq 0$, $B=A-(x'Ax)^{-1}Axx'A$, 试证秩 $B=s-1$.

分析　由于 $Axx'A$ 显然是秩 1 的矩阵, 故只需证秩 $B<$ 秩 A. 这可转化为线性方程组 $Ay=0$ 与 $By=0$ 的解空间的包含关系. 现在首先证明 $Ay=0$ 的解都是 $By=0$ 的解. 事实上, 若 $Ay=0$, 则 $By=Ay-(x'Ax)^{-1}Axx'Ay=0-0=0$. 然后再证明确有 $By=0$ 的解不是 $Ay=0$ 的解. 事实上, 对于题设的 x 来说, 显然, $Ax\neq 0$(否则, 与 $x'Ax\neq 0$ 矛盾), 但有

$$Bx=Ax-(x'Ax)^{-1}Axx'Ax=Ax-(x'Ax)^{-1}Ax(x'Ax)=0. \quad ▮$$

例 16.12　设 $\alpha_1,\cdots,\alpha_s$ 均为非零的 n 维列向量, 试证存在数 $c_1,\cdots,c_s$ 均不为 0, 使得

$$\text{秩}\left\{\begin{pmatrix}\alpha_1\\c_1\end{pmatrix},\cdots,\begin{pmatrix}\alpha_s\\c_s\end{pmatrix}\right\}=\text{秩}\ \{\alpha_1,\cdots,\alpha_s\}.$$

分析　考虑如下 s 个子空间: $V_i=\{x\in\mathbf{F}^n|\alpha_i'x=0\}(\forall i=1,2,\cdots,s)$. 条件

$$\text{秩}\left\{\begin{pmatrix}\alpha_1\\c_1\end{pmatrix},\cdots,\begin{pmatrix}\alpha_s\\c_s\end{pmatrix}\right\}=\text{秩}\ \{\alpha_1,\cdots,\alpha_s\}$$

相当于矩阵 $\begin{pmatrix} \alpha_1 & \cdots & \alpha_s \\ c_1 & \cdots & c_s \end{pmatrix}$ 的最后一行可由前 n 行线性表出, 即存在 $x_1, \cdots, x_n$, 使得

$$(x_1 \quad \cdots \quad x_n)(\alpha_1 \quad \cdots \quad \alpha_s) = (c_1 \quad \cdots \quad c_s).$$

由于要求 $c_1 \neq 0, \cdots, c_s \neq 0$, 即要求存在 $x = \begin{pmatrix} x_1 \\ \vdots \\ x_n \end{pmatrix}$, 使得 $x \notin V_i (i = 1, \cdots, s)$, 即 $x \notin V_1 \bigcup \cdots \bigcup V_s$, 这归结为例 14.6. ▮

例 16.13 把复数域 $\mathbf{C}$ 看成有理数域 $\mathbf{Q}$ 上的无限维空间, 求线性变换 $\sigma : z \rightarrow \overline{z} (\forall z \in \mathbf{C})$ 的特征值与特征向量.

分析 对于有限维空间上的线性变换, 求特征值与特征向量的问题可变为求特征多项式的根及解线性方程组的问题. 但对于无限维空间, 这不太好用. 其实问题变成求有限数 λ, 使得 $\sigma(z) = \overline{z} = \lambda z$. 令 $z = a + bi$, 则有 $a - bi = \lambda(a + bi)$, 从而 $\lambda a = a, b = -\lambda b$, 于是 $\lambda = 1, z = a \neq 0$ 或 $\lambda = -1, z = bi \neq 0$, 故当特征值为 1 时, 特征子空间 $V_1 = \mathbf{R}$; 当特征值 -1 时, 特征子空间 $V_{-1} = \mathbf{R}\mathrm{i}$. 相应的特征向量分别为 $\mathbf{R}^*$ 和 $\mathbf{R}^*\mathrm{i}$ 中的数. ▮

习 题 16

1. 设 n 阶复矩阵 $A_1, \cdots, A_t$ 互相交换, 证明它们有公共的特征向量, 进一步, 它们可同时相似于上三角矩阵.

2. 设 σ 为 4 维欧氏空间 V 的正交变换且 σ 无实特征值, 试证存在一组标准正交基, 在该基下, σ 的矩阵是 $\mathrm{diag}(A_1, A_2)$, 其中 A_1, A_2 为正交矩阵.

3. 设 σ 是 n 维欧氏空间的正交变换, 则存在一组标准正交基, 使得 σ 在基下的矩阵是 $\mathrm{diag}(A_1, \cdots, A_t)$, 其中 A_i 为一阶或二阶正交矩阵.

4. 试证矩阵秩的如下不等式：

$$秩(AB) + 秩(BC) \leqslant 秩(ABC) + 秩B.$$

5. 设 A, B 分别为 $m \times n$ 矩阵和 $n \times m$ 矩阵, 试证

$$ABA = A \Leftrightarrow 秩A + 秩(I - BA) = n.$$

6. 设 A, B 均 $m \times n$ 实矩阵, C 是 $B'x = 0$ 解空间的基构成的矩阵. 若 A, B 的列空间交为零, 试证秩 $A =$ 秩 $(C'A)$.

7. 设 n 阶可逆矩阵 $A = \begin{pmatrix} A_1 & A_2 \\ A_3 & A_4 \end{pmatrix}$, A_1 是 $p \times q$ 矩阵. 又设 $A^{-1} = \begin{pmatrix} B_1 & B_2 \\ B_3 & B_4 \end{pmatrix}$, B_1 是 $q \times p$ 矩阵, 试证线性方程组 $A_2 x = 0$ 的解空间 V 与 $B_2 y = 0$ 的解空间 W 有相同的维数.

8. 设 A, B 分别为实 $m\times n$ 矩阵和 $m\times s$ 矩阵, 求证矩阵方程 $A'Ax=A'B$ 对 x 有解.

9. 设 A 为 $m\times n$ 矩阵, B 为 $n\times p$ 矩阵, V_0 是 $ABx=0$ 的解空间, 令 $BV_0=\{Bx|x\in V_0\}$, 求证 $\dim BV_0=$ 秩 $B-$ 秩 (AB).

10. 设 V 是数域 F 上 n 维线性空间, V^* 是其对偶空间, $f_1,\cdots,f_s$ 为 V^* 中的非零向量, 证明存在 α, 使得 $f_i(\alpha)\neq 0(i=1,\cdots,s)$.

11. 设 V_1 和 V_2 为数域 $\mathbf{F}$ 上 n 维线性空间 V 的两个非平凡子空间, $\dim V_1=\dim V_2$, 证明存在子空间 W, 使得 $V=V_1\oplus W=V_2\oplus W$.

12. $\mathbf{C}$ 看成 $\mathbf{Q}$ 上的线性空间, 其上线性变换 $\sigma z=z+\overline{z}$, 求 σ 的特征值和特征向量.

13. 设 $V_1,\cdots,V_t$ 是无限维线性空间 V 的非平凡子空间, 试证存在 V 的无限多个线性无关的向量, 它们都不在 $V_1,\cdots,V_t$ 中.

14. 设 n 阶矩阵 A 与 B 可交换, 求证秩 $(A+B)\leqslant$ 秩 $A+$ 秩 $B-$ 秩 (AB).

第17讲 关于存在性问题证明的思考

在线性代数中, 往往需要证明满足某种条件的数、矩阵、向量、子空间、线性变换等的存在性和不存在性, 这就是所谓的存在性问题. 存在性问题是数学问题中相当重要的一类. 众所熟知的代数基本定理 (次数为 $n(>0)$ 的复多项式必存在根)、因式分解定理、各种矩阵分解定理、方程组解的存在定理等都是存在性命题, 甚至向量线性相关的定义也是存在性叙述.

怎样证明存在性问题呢? 这里提出以下几种思路供参考.

1. *用反证法*

设法证明不存在或存在将导致矛盾. 有时可能设计一种程序, 按此程序进行下去, 存在性可解决; 否则, 将导致矛盾.

2. *把要证明存在的某种元素确实地找出来*

怎样找? 这常常依赖于对问题的深入分析和综合. 不妨假设已经找到, 分析其适合的性质、表现形式、与其他对象间的关系, 发现要找的元素应具有的形式或发现可逐步找到它的某一程序. 有时可通过反演技巧和待定系数的方法解决.

3. *将问题归结为已知的存在性命题*

许多存在性问题的证明可归结或转化为已知的存在性命题, 所以在分析证明思路时, 应有意识地向某些熟知的存在性命题靠拢, 促其向该方向转化.

某些存在性证明最终可能归结为最简单的存在性结论. 例如, 自然数的任意子集存在着最小数, $n+1$ 个球放入 n 个抽屉中必有某一抽屉放至少两个球 (抽屉原理) 等. 又如, 多项式 $f(x)$ 与 $g(x)$ 的最大公因式 $(f(x),\ g(x))$ 的存在性归结为辗转相除法的可终结性, 即多项式次数不断降低这一步骤的有限性; 因式分解定理的证明也归结为多项式次数不断降低这一步骤的有限性. 前者给出了 $(f(x),\ g(x))$ 的一种求法, 而后者并未给出因式分解的方法.

例 17.1 证明 n 维线性空间 V 的 r 个线性无关的向量 $\varepsilon_1, \cdots, \varepsilon_r$ $(r<n)$ 可扩充成 V 的基底.

证明 1 如果存在 ε_{r+1} 不能由 $\varepsilon_1, \cdots, \varepsilon_r$ 线性表出, 则 $\varepsilon_1, \cdots, \varepsilon_r, \varepsilon_{r+1}$ 线性无关. 将这种步骤继续下去, 经有限步骤可完成证明.

如果如上的 ε_{r+1} 找不到, 这就意味着任意 V 中的向量均可由 $\varepsilon_1, \cdots, \varepsilon_r$ 线性表出, 这意味着 V 的维数不超过 r, 从而小于 n, 与题设矛盾.

证明 2　V 中总存在基 $\eta_1, \cdots, \eta_n$, 这是一个熟知的存在性命题. 将 $\varepsilon_1, \cdots, \varepsilon_r$ 换进去, 使得 $\varepsilon_1, \cdots, \varepsilon_r, \eta_{r+1}, \cdots, \eta_n$ 与 $\eta_1, \cdots, \eta_n$ 等价 (详见替换定理, 即定理 6.2), 从而完成了证明.

证明 3　由同构, 可将此问题转化为 $\mathbf{F}^n$ 上的问题, 设 $\alpha_1, \cdots, \alpha_r$ 为 $\mathbf{F}^n$ 中线性无关的向量, $A = (\alpha_1 \ \ \cdots \ \ \alpha_r)$, 由等价分解知, 存在可逆矩阵 P, 使得 $A = P\begin{pmatrix} I_r \\ 0 \end{pmatrix}$. 令 $B = P\begin{pmatrix} 0 \\ I_{n-r} \end{pmatrix} = (\beta_1 \ \ \cdots \ \ \beta_{n-r})$, 于是 $(A \ \ B) = P\begin{pmatrix} I_r & 0 \\ 0 & I_{n-r} \end{pmatrix} = P$, 这证明了 $\alpha_1, \cdots, \alpha_r, \beta_1, \cdots, \beta_{n-r}$ 为 $\mathbf{F}^n$ 的基.

证明 4　A 与证明 3 中相同, 设 A 的某一非零 r 阶子式占据 $i_1, \cdots, i_r$ 行, 其余各行的行标变为 $j_1, \cdots, j_{n-r}$, 易见 $\alpha_1, \cdots, \alpha_r, e_{j_1}, \cdots, e_{j_{n-r}}$ 为 $\mathbf{F}^n$ 的基. 事实上, 令 $B = (\alpha_1 \ \ \cdots \ \ \alpha_r \ \ e_{j_1} \ \ \cdots \ \ e_{j_{n-r}})$, 易见 $|B| \neq 0$. ▮

注 17.1　证明 1 是反证法的思路, 证明 2 将问题转化为替换定理 (这实质上给出了一种方法), 证明 3 和证明 4 将其转化为列向量, 借助可逆矩阵的构造完成.

例 17.2　设 $m \times n$ 矩阵 A 的秩为 m, A 的行经一系列任意初等行变换所得的全部向量构成的集合 Σ 中, 向量的分量 0 的最大个数为 $p\ (\geqslant m-1)$, 试证 A 中任取 $p+1$ 列必有 m 列线性无关.

证明　用反证法. 设 A 的某 $p+1$ 列构成的矩阵 B 中, 无 m 列线性无关, 则秩 $B < m$, 于是经初等行变换, 可将 B 化为最后一行为 0 的矩阵, 即 $\begin{pmatrix} B_1 \\ 0 \end{pmatrix}$, 从而 A 可经一系列初等行变换和列对换化为 $\begin{pmatrix} B_1 & * \\ 0 & * \end{pmatrix}$, 即存在可逆矩阵 P 和置换矩阵 Q, 使得 $PA = \begin{pmatrix} B_1 & * \\ 0 & * \end{pmatrix}Q$. 因为 PA 的各行都在 Σ 中且 $\begin{pmatrix} B_1 & * \\ 0 & * \end{pmatrix}Q$ 的各行中 0 的个数与 $\begin{pmatrix} B_1 & * \\ 0 & * \end{pmatrix}$ 的相同, 这说明 Σ 中存在至少 $p+1$ 个分量为 0 的向量 (PA 的最后一行), 与 p 最大矛盾. ▮

例 17.3　证明对 n 阶矩阵 A 必有自然数 k, 使得秩 $A^k =$ 秩 A^{k+1}.

证明　由于秩 $A \geqslant$ 秩 $A^2 \geqslant \cdots \geqslant$ 秩 $A^m \geqslant \cdots$, 而秩 A 是有限数, 故上述式中不能总取大于号, 必存在 k, 使得秩 $A^k =$ 秩 A^{k+1}. ▮

例 17.4　$m+1$ 个人读 m 种书, 每人至少读一种, 证明这 $m+1$ 个人中可找到人员不交叉的甲、乙两组人, 甲组人所读书涉及的种类与乙组人所读书涉及的种类是一致的.

分析　设 $A=(a_{ij})_{(m+1)\times m}$, 其中

$$a_{ij}=\begin{cases}1, & 第i人读第j种书,\\ 0, & 第i人未读第j种书,\end{cases}\qquad i=1,\cdots,m+1,\ j=1,\cdots,m.$$

问题转化为在 A 中找到两组行向量 $\alpha_{i_1},\cdots,\alpha_{i_t}$ 和 $\beta_{j_1},\cdots,\beta_{j_s}$, 使得 $\{i_1,\ \cdots,\ i_t\}\bigcap\{j_1,\ \cdots,\ j_s\}=\varnothing$ 且 $\alpha_{i_1}+\cdots+\alpha_{i_t}$ 和 $\beta_{j_1}+\cdots+\beta_{j_s}$ 两向量的非 0 分量的位置完全一样. 这也可转化为寻找正数 $k_1,\ \cdots,\ k_t,\ l_1,\ \cdots,\ l_s$, 使得 $k_1\alpha_{i_1}+\cdots+k_t\alpha_{i_t}$ 和 $l_1\beta_{j_1}+\cdots+l_s\beta_{j_s}$ 两向量的非 0 分量相等, 因而只需证明存在正数 $k_1,\cdots,k_t,l_1,\cdots,l_s$, 使得 $k_1\alpha_{i_1}+\cdots+k_t\alpha_{i_t}-l_1\beta_{j_1}-\cdots-l_s\beta_{j_s}=0$.

事实上, 因为 A 为 $m+1$ 行 m 列的矩阵, 所以 A 的 $m+1$ 个行向量是线性相关的, 故存在不全为 0 的数 $\delta_1,\cdots,\delta_{m+1}$, 使得 $\delta_1\alpha_1+\cdots+\delta_{m+1}\alpha_{m+1}=0$, 其中 $\alpha_1,\cdots,\alpha_{m+1}$ 为 A 的各行. 显然, $\delta_1,\cdots,\delta_{m+1}$ 中至少有两个非零; 否则, 存在某个 i, 使得 $\delta_i\alpha_i=0$, 与 $\delta_i\neq 0$ 和 $\alpha_i\neq 0$ 矛盾. ∎

注 17.2　这是一个比较难的问题, 解决它的关键是经过深入分析和转化, 将其归结为"向量组线性相关"这一存在性结论.

例 17.5　设 A 是正交矩阵, $A+I$ 非奇异, 证明存在实反对称矩阵 S, 使得 $A=(I-S)(I+S)^{-1}$.

分析　从 S 适合的 $A=(I-S)(I+S)^{-1}$ 反演解得 $A(I+S)=I-S$, 即 $(A+I)S=I-A$, 于是 $S=(A+I)^{-1}(I-A)$ 满足 $A=(I-S)(I+S)^{-1}$, 现在只需证明 S 反对称和 $I+S$ 的可逆性. 事实上, $S'=(I-A)'[(A+I)^{-1}]'=(I-A^{-1})(A^{-1}+I)^{-1}=(A^{-1}+I)^{-1}-A^{-1}(A^{-1}+I)^{-1}=A(I+A)^{-1}-(I+A)^{-1}=-(I-A)(I+A)^{-1}=-S$, 其中第二个等号成立是因为 A 是正交矩阵. 设方程组 $(I+S)x=0$, 于是 $x'(I+S)x=0$, 从而 $x'x=0$, 进一步得 $x=0$, 这证明了 $I+S$ 的可逆性. ∎

注 17.3　这是用反演技巧解决存在性的一个典型例子.

例 17.6　设 $f(x)$ 是 n 元实二次型, $f(\alpha)>0$, $f(\beta)<0$, 证明存在线性无关的 η, γ, 使得 $f(\eta)=0$, $f(\gamma)=0$.

分析　一个自然的想法是 η,γ 应取自形为 $k\alpha+\beta$ 的向量 (待定系数法). $f(k\alpha+\beta)=0$, 即 $(k\alpha+\beta)'A(k\alpha+\beta)=0$, 从而

$$k^2\alpha'A\alpha+2k\alpha'A\beta+\beta'A\beta=0,$$

故两个不同实数 k 的存在性等价于 $(2\alpha'A\beta)^2-4f(\alpha)f(\beta)>0$, 这由 $f(\alpha)>0$ 和 $f(\beta)<0$ 得到. ∎

注 17.4　例 17.6 另一种解法见例 14.2.

例 17.7　设 $f(\alpha,\beta)=f_1(\alpha)f_2(\beta)(\forall\alpha,\beta\in V)$ 是数域 $\mathbf{F}$ 上线性空间 V 上的对称双线性函数, 其中 $f_1(\alpha),f_2(\beta)$ 为线性函数, 试证存在 $\mathbf{F}$ 中 $\lambda\neq 0$ 和线性函数 g, 使得 $f(\alpha,\beta)=\lambda g(\alpha)g(\beta)(\forall\alpha,\beta\in V)$.

证明　由 f 是对称双线性函数知, $f_1(\alpha)f_2(\beta)=f_1(\beta)f_2(\alpha)(\forall\alpha,\beta\in V)$. 如果存在 α_0, 使得 $f_1(\alpha_0)\neq 0$ 且 $f_2(\alpha_0)\neq 0$, 则令 $\lambda=f_1(\alpha_0)^{-1}f_2(\alpha_0)$, 于是有 $f_2(\beta)=f_1(\alpha_0)^{-1}f_2(\alpha_0)f_1(\beta)=\lambda f_1(\beta)$. 再令 $g=f_1$, 则

$$f(\alpha,\beta)=f_1(\alpha)f_2(\beta)=g(\alpha)\lambda f_1(\beta)=\lambda g(\alpha)g(\beta)$$

且易见 $\lambda\neq 0$.

如果不存在 α_0, 使得 $f_1(\alpha_0)\neq 0$ 且 $f_2(\alpha_0)\neq 0$, 即对任意 $\alpha\in V$ 有 $f(\alpha,\alpha)=f_1(\alpha)f_2(\alpha)=0$, 此时

$$f(\alpha,\beta)=\frac{1}{2}(f(\alpha+\beta,\alpha+\beta)-f(\alpha,\alpha)-f(\beta,\beta))=0,\quad \forall\alpha,\beta\in V.$$

令 $g=0$, 则结论成立. ▮

例 17.8　设 V 为数域 $\mathbf{F}$ 上 $n(\geqslant 1)$ 维线性空间, 任意给定不小于 n 的自然数 m, 证明存在 m 个 V 中的向量, 使得其中任意 n 个向量线性无关.

分析 1　因为 V 与 $\mathbf{F}^n$ 同构, 故可将问题转化到 $\mathbf{F}^n$ 中. 令

$$\begin{aligned}\alpha_1&=(1\quad 2\quad 2^2\quad \cdots\quad 2^{n-1})',\\ \alpha_2&=(1\quad 3\quad 3^2\quad \cdots\quad 3^{n-1})',\\ &\cdots\cdots\\ \alpha_m&=(1\quad (m+1)\quad (m+1)^2\quad \cdots\quad (m+1)^{n-1})',\end{aligned}$$

易见其中任意 n 个向量构成的矩阵 $(\alpha_{i_1}\quad\cdots\quad\alpha_{i_n})$ 的行列式为范德蒙德行列式, 故值非 0, 从而可逆, 即行向量组 $\alpha_{i_1},\cdots,\alpha_{i_n}$ 线性无关.

分析 2　当 $m=n$ 时, 问题由一组基解决; 当 $m>n$ 时, 可在一组基上逐个填加向量, 问题归结为已知的一个存在性问题. 先设 $\varepsilon_1,\cdots,\varepsilon_n$ 为 V 的基, 其中任意 $n-1$ 个基向量生成的子空间为 $n-1$ 维, 这样的子空间共 n 个, 设为 $V_1,\cdots,V_n$. 由例 14.6 知, 存在 $\beta\in V$, 使得 $\{\beta,\ \varepsilon_2,\ \cdots,\ \varepsilon_n\}$, $\{\varepsilon_1,\ \beta,\ \varepsilon_3,\ \cdots,\ \varepsilon_n\}$, $\cdots$, $\{\varepsilon_1,\ \cdots,\ \varepsilon_{n-1},\ \beta\}$ 均为线性无关组. 再看 $\varepsilon_1,\cdots,\varepsilon_n,\beta$ 的任意 $n-1$ 个生成的 C_{n+1}^2 个非平凡子空间, 其外仍有 γ, 于是又可得 $\varepsilon_1,\cdots,\varepsilon_n,\beta,\gamma$ 中任意 n 个线性无关, 照此法进行, 最终可得 m 个向量满足要求. ▮

例 17.9　设 A, B, AB 均为实对称矩阵, λ 为 AB 的一个特征值, 证明存在 A 的特征值 μ 和 B 的特征值 δ, 使得 $\lambda=\mu\delta$.

分析　问题归结为实对称矩阵正交对角化定理这一存在性命题. 设

$$A=Q\mathrm{diag}(\lambda_1 I,\ \cdots,\ \lambda_t I)Q^{-1},\quad B=QB_0Q^{-1},$$

其中 Q 为正交矩阵. 由 $AB=(AB)'=B'A'$ 得 $B_0=\mathrm{diag}(B_1,\ \cdots,\ B_t)$, 其中 B_i 与 $\lambda_i I(i=1,\cdots,t)$ 同阶, 于是

$$AB=Q\mathrm{diag}(\lambda_1 B_1,\ \cdots,\ \lambda_t B_t)Q^{-1},$$

易见 λ 为某 $\lambda_i B_i$ 的特征值, 而 $\lambda_i B_i$ 的特征值为 λ_i 与 B_i 的特征值之积, 故存在 B_i 的特征值 δ, 使得 $\lambda=\lambda_i\delta$, 即存在 B 的特征值 δ 与 A 的特征值 $\mu=\lambda_i$, 使得 $\lambda=\mu\delta$. ▮

例 17.10 设 A 为 n 阶实对称矩阵, 并且 A 的秩为 r, 证明 A 有 r 阶非零主子式.

证明 由 A 为实对称矩阵且秩 r 知, A 正交相似于对角矩阵 $\mathrm{diag}(\lambda_1,\cdots,\lambda_r,0,\cdots,0)$, 其中 $\lambda_1,\cdots,\lambda_r$ 为 A 的全部非零特征值, 故 A 的特征多项式

$$f(\lambda)=\lambda^{n-r}(\lambda-\lambda_1)\cdots(\lambda-\lambda_r)=\lambda^n+a_1\lambda^{n-1}+\cdots+a_r\lambda^{n-r},$$

其中 $a_r=(-1)^r\Sigma$, 而 Σ 为 A 的所有 r 阶主子式之和. 由 $a_r=(-1)^r\lambda_1\cdots\lambda_r\neq 0$ 知 $\Sigma\neq 0$, 从而必有 r 阶主子式非零. ▮

例 17.11 证明秩 $\begin{pmatrix}A&0\\0&B\end{pmatrix}=$ 秩 $\begin{pmatrix}A&C\\0&B\end{pmatrix}$ 的充要条件是存在 X, Y, 使得 $AX-YB=C$.

分析 **充分性** 由 $AX-YB=C$ 容易看出

$$\begin{pmatrix}I&-Y\\0&I\end{pmatrix}\begin{pmatrix}A&0\\0&B\end{pmatrix}\begin{pmatrix}I&X\\0&I\end{pmatrix}=\begin{pmatrix}A&C\\0&B\end{pmatrix},$$

这说明秩 $\begin{pmatrix}A&0\\0&B\end{pmatrix}=$ 秩 $\begin{pmatrix}A&C\\0&B\end{pmatrix}$.

必要性 由已知得 $\begin{pmatrix}A&0\\0&B\end{pmatrix}$ 与 $\begin{pmatrix}A&C\\0&B\end{pmatrix}$ 等价. 不妨将 A 和 B 转化为相抵标准形来考虑.

若 $A\neq 0$ 且 $B\neq 0$, 设 $PAQ=\begin{pmatrix}I_r&0\\0&0\end{pmatrix}$, $MBN=\begin{pmatrix}I_s&0\\0&0\end{pmatrix}$, 于是

$$\begin{pmatrix}P&0\\0&M\end{pmatrix}\begin{pmatrix}A&C\\0&B\end{pmatrix}\begin{pmatrix}Q&0\\0&N\end{pmatrix}=\begin{pmatrix}I_r&0&C_1&C_2\\0&0&C_3&C_4\\0&0&I_s&0\\0&0&0&0\end{pmatrix},$$

从而

$$\begin{pmatrix}I&\begin{pmatrix}-C_1&0\\-C_3&0\end{pmatrix}\\0&I\end{pmatrix}\begin{pmatrix}I_r&0&C_1&C_2\\0&0&C_3&C_4\\0&0&I_s&0\\0&0&0&0\end{pmatrix}=\begin{pmatrix}I_r&0&0&C_2\\0&0&0&C_4\\0&0&I_s&0\\0&0&0&0\end{pmatrix},$$

又

$$\begin{pmatrix} I_r & 0 & 0 & C_2 \\ 0 & 0 & 0 & C_4 \\ 0 & 0 & I_s & 0 \\ 0 & 0 & 0 & 0 \end{pmatrix}\begin{pmatrix} I & \begin{pmatrix} 0 & -C_2 \\ 0 & 0 \end{pmatrix} \\ 0 & I \end{pmatrix}=\begin{pmatrix} I_r & 0 & 0 & 0 \\ 0 & 0 & 0 & C_4 \\ 0 & 0 & I_s & 0 \\ 0 & 0 & 0 & 0 \end{pmatrix},$$

由

$$秩\begin{pmatrix} A & 0 \\ 0 & B \end{pmatrix}=秩\begin{pmatrix} A & C \\ 0 & B \end{pmatrix}$$

可得 $C_4=0$, 所以存在 $R=\begin{pmatrix} -C_1 & 0 \\ -C_3 & 0 \end{pmatrix}$ 和 $S=\begin{pmatrix} 0 & -C_2 \\ 0 & 0 \end{pmatrix}$, 使得

$$\begin{pmatrix} I & R \\ 0 & I \end{pmatrix}\begin{pmatrix} PAQ & PCN \\ 0 & MBN \end{pmatrix}\begin{pmatrix} I & S \\ 0 & I \end{pmatrix}$$
$$=\begin{pmatrix} \begin{pmatrix} I_r & 0 \\ 0 & 0 \end{pmatrix} & 0 \\ 0 & \begin{pmatrix} I_s & 0 \\ 0 & 0 \end{pmatrix} \end{pmatrix}.$$

对比 (1, 2) 块得

$$PAQS+PCN+RMBN=0,$$

即

$$AQSN^{-1}+C+P^{-1}RMB=0,$$

由此不难看出

$$X=-QSN^{-1},\quad Y=P^{-1}RM.$$

若 $A=0$ 或 $B=0$, 结论显然. ▮

例 17.12　设 n 为自然数, 试证存在二阶实矩阵 A, 使得 $A^{2n}=-I_2$.

分析 1　若 A 找到, 则由特征值考虑. 设 $Ax=\lambda x$ $(x\neq 0)$, 则 $\lambda^{2n}=-1$. 取其一对共轭根 $\lambda_1=\cos\theta+\mathrm{i}\sin\theta$ 和 $\lambda_2=\cos\theta-\mathrm{i}\sin\theta$, 则 $\begin{pmatrix} \lambda_1 & 0 \\ 0 & \lambda_2 \end{pmatrix}^{2n}=-I_2$, 因而只需设法找一个与 $\begin{pmatrix} \lambda_1 & 0 \\ 0 & \lambda_2 \end{pmatrix}$ 相似的实矩阵即可. 事实上, 显然, $\begin{pmatrix} \cos\theta & \sin\theta \\ -\sin\theta & \cos\theta \end{pmatrix}$ 与 $\begin{pmatrix} \lambda_1 & 0 \\ 0 & \lambda_2 \end{pmatrix}$ 相似, 故取 $A=\begin{pmatrix} \cos\theta & \sin\theta \\ -\sin\theta & \cos\theta \end{pmatrix}$ 即可.

分析 2　令 $2n=2^t\cdot m$, 其中 m 为奇数. 将 $A^{2n}=-I_2$ 转化为 $(A^{2^t})^m=-I_2$, 从而转化为 $A^{2^t}=-I_2$, 再转化为 $A^{2^{t-1}}=\begin{pmatrix} 0 & -1 \\ 1 & 0 \end{pmatrix}$, 进而转化为

$$A^{2^{t-2}} = \begin{pmatrix} \frac{1}{\sqrt{2}} & -\frac{1}{\sqrt{2}} \\ \frac{1}{\sqrt{2}} & \frac{1}{\sqrt{2}} \end{pmatrix}.$$

若此过程能不断进行, 最终可找到 A, 故只需寻找形如 $\begin{pmatrix} a & -b \\ b & a \end{pmatrix}$ $(a>0,\ b>0)$ 的矩阵, 使其平方仍为这种形式的矩阵, 即

$$\begin{pmatrix} a & -b \\ b & a \end{pmatrix}^2 = \begin{pmatrix} c & -d \\ d & c \end{pmatrix},$$

于是 $a^2-b^2=c$ 且 $2ab=d$, 从而 $4a^4-4a^2c-d^2=0$. 由求根公式易见 a^2 有正数解, 于是 a 和 b 可求出. ▮

注 17.5 由例 17.5~ 例 17.12 可以看出, 通过分析, 逐步将问题转化为已知的存在性命题是常用手段, 转化依赖于对各方面进行有目标的综合分析, 需要基础知识的熟练运用, 技巧产生于熟练.

例 17.13 设数域$\mathbf{F}$上的二阶矩阵 $A=\begin{pmatrix} a & b \\ c & d \end{pmatrix}$ 不是数量矩阵, 试证存在非零数 λ_1, λ_2, 使得 $\mathrm{tr}A=\lambda_1+\lambda_2$ 且 A 与形为 $\begin{pmatrix} \lambda_1 & * \\ & \lambda_2 \end{pmatrix}$ 的矩阵相似.

分析 先取非零的 λ_1, λ_2 满足 $a+d=\lambda_1+\lambda_2$, 然后分以下情况讨论:

(1) $c\neq 0$ (或 $b\neq 0$). 由

$$\begin{pmatrix} 1 & x \\ 0 & 1 \end{pmatrix}\begin{pmatrix} a & b \\ c & d \end{pmatrix}\begin{pmatrix} 1 & -x \\ 0 & 1 \end{pmatrix} = \begin{pmatrix} a+xc & * \\ & * \end{pmatrix},$$

求出 x, 使得 $a+xc=\lambda_1$, 即可证结论.

(2) $b=c=0$. 由已知, $a\neq d$. 易见

$$\begin{pmatrix} 1 & 0 \\ 1 & 1 \end{pmatrix}\begin{pmatrix} a & 0 \\ 0 & d \end{pmatrix}\begin{pmatrix} 1 & 0 \\ -1 & 1 \end{pmatrix} = \begin{pmatrix} a & 0 \\ a-d & d \end{pmatrix},$$

这化为情形 (1). ▮

例 17.14 设数域 $\mathbf{F}$ 上的二阶矩阵 $A=\begin{pmatrix} a & b \\ c & d \end{pmatrix}$, 证明 A 是两个幂等矩阵 B 和 C 的非零线性组合.

分析 若 A 不是数量矩阵, 由例 17.13 可知

$$A\sim\begin{pmatrix} \lambda_1 & x_1 \\ x_2 & \lambda_2 \end{pmatrix} = \lambda_1\begin{pmatrix} 1 & \frac{x_1}{\lambda_1} \\ 0 & 0 \end{pmatrix} + \lambda_2\begin{pmatrix} 0 & 0 \\ \frac{x_2}{\lambda_2} & 1 \end{pmatrix};$$

若 $A=aI(a\neq 0)$, 则 $A=\frac{a}{3}I_2+\frac{2a}{3}I_2$; 若 $A=0$, 则 $0=I_2-I_2$. ▮

例 17.15　在 n 维线性空间 V 中, 给定两组基 $\alpha_1,\cdots,\alpha_n$ 和 $\beta_1,\cdots,\beta_n$, 证明存在 $1,2,\cdots,n$ 的一个排列 $i_1,\cdots,i_n$, 使得 $\alpha_1,\cdots,\alpha_{i_j-1},\beta_{i_j},\alpha_{i_j+1},\cdots,\alpha_n$ 对于 $j=1,2,\cdots,n$ 都是基.

分析　将问题转化为列向量空间, 不妨设 $\alpha_1,\cdots,\alpha_n$ 是单位矩阵的各列, $\beta_1,\cdots,\beta_n$ 是另一可逆矩阵 B 的各列. 由于 $|B|=|\beta_1\cdots\beta_n|=|(b_{ij})|\neq 0$, 于是

$$b_{1i_1}b_{2i_2}\cdots b_{ni_n}\neq 0,$$

从而可证结论. 事实上, 由 $b_{ij_i}\neq 0$ 可知, β_{i_j} 不能由 $\alpha_1,\cdots,\alpha_{i_j-1},\alpha_{i_j+1},\cdots,\alpha_n$ 线性表出, 从而 $\alpha_1,\cdots,\alpha_{i_j-1},\beta_{i_j},\alpha_{i_j+1},\cdots,\alpha_n$ 线性无关, 对于 $j=1,2,\cdots,n$ 成立. ∎

例 17.16　试证 n 维欧氏空间中存在 $n+1$ 个向量, 使得它们中任意两个不同向量的内积都小于 0.

分析　用归纳法, 当 $n=1$ 时, 结论显然. 假定 $n=k$ 时结论成立, 看 $n=k+1$ 的情形. 实际上, 考虑 n 维行向量空间即可. 首先由归纳假设有 k 维向量 $\alpha_1,\cdots,\alpha_{k+1}$ 满足 $(\alpha_i,\alpha_j)<0(\forall i\neq j)$. 现在构造 $k+2$ 个 $k+1$ 维向量

$$(1,0),\quad(-\varepsilon,\alpha_1),\quad\cdots,\quad(-\varepsilon,\alpha_{k+1}),$$

为了证明它们满足要求, 只需 ε 满足条件 $0<\varepsilon<\sqrt{|(\alpha_i,\alpha_j)|}(\forall i\neq j)$. ∎

例 17.17　设 σ 为 n 维线性空间 V 的线性变换, $\ker\sigma=V_1\bigcap V_2\neq\{0\}$, 其中 V_1 和 V_2 为 V 的两个非平凡子空间, 试证存在 V 的线性变换 σ_1 和 σ_2, 使得 $\sigma_1+\sigma_2=\sigma$, $V_1\subseteq\ker\sigma_1$, $V_2\subseteq\ker\sigma_2$.

分析　先找一组与 V_1,V_2 及 V 有关的基底. 设 $\ker\sigma$ 的基为 $\varepsilon_1,\cdots,\varepsilon_r$, 将其扩充, 使得 $\varepsilon_1,\cdots,\varepsilon_r,\alpha_1,\cdots,\alpha_s$ 为 V_1 的基底, $\varepsilon_1,\cdots,\varepsilon_r,\beta_1,\cdots,\beta_t$ 为 V_2 的基底. 容易看出, $\varepsilon_1,\cdots,\varepsilon_r,\alpha_1,\cdots,\alpha_s,\beta_1,\cdots,\beta_t$ 线性无关, 再将其扩充为 V 的基 $\varepsilon_1,\cdots,\varepsilon_r$, $\alpha_1,\cdots,\alpha_s,\beta_1,\cdots,\beta_t,\gamma_1,\cdots,\gamma_p$. 然后对照要证明的目标, 可令线性变换 σ_1 和 σ_2 如下:

$$\begin{aligned}
&\sigma_1(\varepsilon_i)=0, && i=1,\cdots,r,\\
&\sigma_1(\alpha_i)=0, && i=1,\cdots,s,\\
&\sigma_1(\beta_i)=\sigma(\beta_i), && i=1,\cdots,t,\\
&\sigma_1(\gamma_i)=\frac{1}{2}\sigma(\gamma_i), && i=1,\cdots,p,
\end{aligned}$$

$$\begin{aligned}
&\sigma_2(\varepsilon_i)=0, && i=1,\cdots,r,\\
&\sigma_2(\alpha_i)=\sigma(\alpha_i), && i=1,\cdots,s,\\
&\sigma_2(\beta_i)=0, && i=1,\cdots,t,\\
&\sigma_2(\gamma_i)=\frac{1}{2}\sigma(\gamma_i), && i=1,\cdots,p.
\end{aligned}$$

不难看出, σ_1 和 σ_2 满足要求. ∎

例 17.18 设 $V_1, V_2, \cdots, V_s$ 为 n 维线性空间 V 的 s 个子空间, 试证 $V = V_1 \oplus \cdots \oplus V_s$ 的充要条件是存在 s 个线性变换 $\sigma_1, \cdots, \sigma_s$, 使得

(1) $\sigma_i^2 = \sigma_i \quad (i = 1, \cdots, s)$;

(2) $\sigma_i \sigma_j = 0 \quad (\forall i \neq j)$;

(3) $\sigma_1 + \cdots + \sigma_s = 1_V$;

(4) $V_i = \mathrm{Im}\sigma_i \quad (i = 1, \cdots, s)$.

分析 必要性 由目标 (1)~(4) 可知, 想找的 $\sigma_i\ (i = 1, \cdots, s)$ 应为投影变换. 由直和等式 $V = V_1 \oplus \cdots \oplus V_s$ 知, 任意向量 $\alpha \in V$ 必有分解式 $\alpha = \alpha_1 + \cdots + \alpha_s$, 其中 $\alpha_i \in V_i\ (i = 1, \cdots, s)$. 由此可定义

$$\sigma_i(\alpha) = \alpha_i, \quad \forall \alpha \in V, i = 1, \cdots, s,$$

易证 σ_i 均为线性变换且满足要求.

充分性 只需证 $V = V_1 + \cdots + V_s$ 及其中零向量表示的唯一性. 任取 $\alpha \in V$, 由 $\alpha = 1_V(\alpha) = (\sigma_1 + \cdots + \sigma_s)(\alpha) = \sigma_1(\alpha) + \cdots + \sigma_s(\alpha)$ 知, $V \subseteq \mathrm{Im}\sigma_1 + \cdots + \mathrm{Im}\sigma_s = V_1 + \cdots + V_s$. 而 $V_1 + \cdots + V_s \subseteq V$ 是显然的, 故 $V_1 + \cdots + V_s = V$. 现证零向量表示的唯一性, 设 $\alpha_1 + \cdots + \alpha_s = 0$, 其中 $\alpha_i \in V_i\ (i = 1, \cdots, s)$. 由 (4) 得存在 $\beta_i \in V$, 使得 $\alpha_i = \sigma_i(\beta_i)\ (i = 1, \cdots, s)$, 进一步由 (1),(2) 有

$$\begin{aligned} \alpha_i &= \sigma_i(\beta_i) = \sigma_i^2(\beta_i) = \sigma_i\left(\sigma_1(\beta_1) + \cdots + \sigma_s(\beta_s)\right) \\ &= \sigma_i\left(\alpha_1 + \cdots + \alpha_i\right) = \sigma_i(0) = 0. \end{aligned}$$ ∎

例 17.19 设 V 为复数域上维数大于 1 的线性空间, $f(\alpha, \beta)$ 为对称双线性函数 (相关知识参见文献 [14]), 证明:

(1) 存在 $0 \neq \xi \in V$, 使得 $f(\xi, \xi) = 0$;

(2) 如果 $f(\alpha, \beta)$ 非退化, 则存在线性无关的 ξ, η, 使得 $f(\xi, \eta) = 1$, $f(\xi, \xi) = f(\eta, \eta) = 0$.

证明 1 (1) 用待定系数法. 设 α, β 为 V 中线性无关的向量, 要使 $\xi = \alpha + t\beta\ (\neq 0)$ 满足 $f(\xi, \xi) = 0$, 实际上就是求满足

$$f(\alpha, \alpha) + 2tf(\alpha, \beta) + t^2 f(\beta, \beta) = 0$$

的解 t. 若 $f(\beta, \beta) = 0$, 取 $\xi = \beta$ 即可; 否则, 上述方程对 t 总有解.

(2) 由 (1), 存在 $\xi \neq 0$, 使得 $f(\xi, \xi) = 0$. 由 $f(\alpha, \beta)$ 非退化知, 存在 ξ_0, 使得 $f(\xi, \xi_0) \neq 0$, 从而 ξ 与 ξ_0 线性无关 (否则, $f(\xi, \xi_0) = f(\xi, \xi)$ 的倍数 $= 0$).

进一步, 易见存在 $\lambda \in \mathbf{F}$, 使得 $\eta_0 = \lambda\xi_0$ 且 $f(\xi, \eta_0) = 1$. 此时, 若 $f(\eta_0, \eta_0) = 0$, 则证明完成. 若不然, $f(\eta_0, \eta_0) \neq 0$, 取适当的 t, 使得 $f(t\xi + \eta_0, t\xi + \eta_0) = 0$, 实际上, 取 $t = -\dfrac{f(\eta_0, \eta_0)}{2}$ 即可. 令 $\eta = t\xi + \eta_0$, 易见 ξ, η 仍线性无关且 $f(\xi, \xi) = f(\eta, \eta) = 0$,

$f(\xi,\ \eta)=f(\xi,\ t\xi+\eta_0)=f(\xi,\eta_0)=1$.

证明 2　选择适当的基简化问题.

(1) 用待定系数法. 设在某组基 $\varepsilon_1,\ \cdots,\ \varepsilon_n$ 下, $f(\alpha,\ \beta)$ 的度量矩阵为对角矩阵 $\mathrm{diag}(I_r,\ 0)$. 若 $r<n$, 则 $f(\varepsilon_n,\ \varepsilon_n)=0$, 令 $\xi=\varepsilon_n$ 即可; 若 $r=n$, 令 $\xi=x_1\varepsilon_1+x_2\varepsilon_2$, 则 $f(\xi,\ \xi)=x_1^2+x_2^2$. 取 $x_1=1, x_2=\mathrm{i}$, 则 $f(\xi,\ \xi)=0$.

(2) 对于复数域上非退化对称双线性函数 $f(\alpha,\ \beta)$ 必存在 V 的一组基 $\varepsilon_1,\cdots,\varepsilon_n$, 使得 f 的度量矩阵 A 为单位矩阵, 此时, 双线性函数 $f(\alpha,\ \beta)=x'y$, 取

$$x=\frac{1}{2}(1\quad \mathrm{i}\quad 0\quad \cdots\quad 0)',\quad y=(1\quad -\mathrm{i}\quad 0\quad \cdots\quad 0)',$$

易见其所对应的 V 中的向量 ξ,η 满足要求.

证明 3　(1) 同方法 2.

(2) 设 $f(\alpha,\ \beta)$ 在某组基下的矩阵为单位矩阵, 只需证 I_2 合同于 $\begin{pmatrix}0&1\\1&0\end{pmatrix}$. 显然, I_2 合同于 $\begin{pmatrix}1&1\\1&2\end{pmatrix}$, 而

$$\begin{pmatrix}1&x\\0&1\end{pmatrix}\begin{pmatrix}1&1\\1&2\end{pmatrix}\begin{pmatrix}1&0\\x&1\end{pmatrix}=\begin{pmatrix}1+2x+2x^2&1+2x\\1+2x&2\end{pmatrix}.$$

取 x, 使得 $1+2x+2x^2=0$, 则 I_2 合同于 $\begin{pmatrix}0&a\\a&2\end{pmatrix}$ $a\neq 0$, 容易看出, $\begin{pmatrix}0&a\\a&2\end{pmatrix}$ 合同于 $\begin{pmatrix}0&1\\1&0\end{pmatrix}$. ∎

习　题　17

1. 证明向量 $\alpha_1,\ \cdots,\ \alpha_t$ 线性无关的充要条件是存在无限多个向量 β, 其中每一个均可由 $\alpha_1,\cdots,\alpha_t$ 线性表出, 但都不能由 $\alpha_1,\cdots,\alpha_t$ 的个数小于 t 的部分组线性表出.

2. 证明非齐次线性方程组 $Ax=b$ 若有解, 则存在 $n-$ 秩 $A+1$ 个线性无关的解.

3. 设 A 为幂等矩阵, 证明存在对称矩阵 B, C, 使得 $A=BC$.

4. 设 n 维线性空间的线性变换 σ 的特征多项式 $f(\lambda)=(\lambda-\lambda_1)^k(\lambda-\lambda_2)^l$, 其中 $\lambda_1\neq\lambda_2$, k,l 为正整数, 求证存在非平凡的 σ 不变子空间 V_1, V_2, 使得 $V=V_1\oplus V_2$.

5. 设 σ 是 n 维线性空间 V 的一个线性变换, V 有由 σ 的特征向量构成的基, 证明 V 的任意非零的 σ 不变子空间 W 必有由 σ 的特征向量构成的基.

6. 如果 4 个三阶复矩阵有相同的特征多项式, 证明其中必有两个矩阵相似.

7. 证明 $n(>0)$ 维欧氏空间 V 中至多存在 $n+1$ 个向量, 使得其中任意两个之间的夹角均大于 $\dfrac{\pi}{2}$.

8. 设 B 为非奇异矩阵, A 是同阶方阵, 试证存在正数 a, 使得对任意 $s \in (0, a)$ 有 $A + sB$ 非奇异.

9. 设 $\sigma_1, \cdots, \sigma_s$ 是 n 维线性空间 V 的两两不同的线性变换, 证明 V 中存在向量 α, 使得 $\sigma_1(\alpha), \cdots, \sigma_s(\alpha)$ 两两不同.

10. 设秩 $A_{m\times n} = m$, A_1 为 A 的前 $p(p < m)$ 行构成的子阵, 证明 $A_1x = 0$ 的解中至少有一个不是 $Ax = 0$ 的解.

11. 设 $A_{n\times n} = \begin{pmatrix} A_1 & A_2 \\ A_3 & A_4 \end{pmatrix}$, 其中 A_1 为 $n-1$ 阶矩阵, 若 A 有特征值 $\lambda_1, \cdots, \lambda_{n-1}, 0$ 且 A 的最后一行是其余各行的线性组合, 证明存在列向量 b, 使得 $A_1 + A_2b'$ 有特征值 $\lambda_1, \cdots, \lambda_{n-1}$.

12. 若 $I - A$ 可逆, 证明存在与 A 同秩的 B, 使得 $I - B$ 为 $I - A$ 的逆矩阵.

13. 证明 n 维欧氏空间中可定义无穷多个不同的内积.

14. 设 $f_1, \cdots, f_n$ 为 n 维线性空间 V 的对偶空间 V^* 的基, 证明存在 V 的基 $e_1, \cdots, e_n$, 使得 $f_i(e_j) = \delta_{ij}$ $(\forall i, j)$.

15. 设 A 为 $m \times n$ 的行满秩矩阵, B 为 $n \times (n-m)$ 的列满秩矩阵, 又 $AB = 0, A\eta = 0$, 其中 η 为 n 维列向量, 证明存在唯一的 $n - m$ 维向量 ξ, 使得 $B\xi = \eta$.

16. 设 A 是 $2 \times n$ 矩阵, α 是 2×1 矩阵, 证明存在 $2 \times n$ 矩阵 X, 使得秩 $(X \quad \alpha) = 1$ 且秩 $(A - X) = 1$.

17. 设 A 是三阶正交矩阵且 $|A| = 1$, 证明存在实数 t 满足 $-1 \leqslant t \leqslant 3$ 且 $A^3 - tA^2 + tA - I_3 = 0$.

18. 证明 A 可逆的充要条件是存在多项式 $f(x)$, 使得 x 不能整除 $f(x)$ 且 $f(A) = 0$.

19. 设 n 维线性空间 $V = V_1 \oplus V_2$, 其中 V_1 和 V_2 是 V 的子空间, 证明存在特征值只有 0 和 1 的线性变换 σ, 使得 $\mathrm{Im}\sigma = V_1$, $\ker\sigma = V_2$.

20. 设 A 为实对称半正定矩阵, 证明存在唯一的实对称半正定矩阵 B, 使得 $A = B^k$, 其中 k 为正整数.

21. 试证任意实可逆矩阵 A 有如下分解: $A = BC$, 其中 B 为正定对称矩阵, C 为正交矩阵.

22. 设 $P_1 = \dfrac{1}{2}(I + \mathrm{i}J), P_2 = \dfrac{1}{2}(I - \mathrm{i}J)$, 其中 J 为 n 阶实反对称矩阵且 $J^2 = -I$, 求证 n 为偶数且存在酉矩阵 $U = \begin{pmatrix} U_1 & U_2 \end{pmatrix}$, 使得 $P_1 = U_1U_1^*, P_2 = U_2U_2^*$, 其中 U_1 为 $n \times \dfrac{n}{2}$ 矩阵.

23. 当 A 为 n 阶若尔当块或特征值互不等的 n 阶对角矩阵时, 试证存在向量 α, 使得 α, $A\alpha, \cdots, A^{n-1}\alpha$ 线性无关. 当 A 的特征多项式等于最小多项式时, 再证上述结论.

第18讲　转化方法在证明中的运用

一、证明过程是命题转化的链条

设所要证明的命题是“$A \Rightarrow B$”, 则如果有 $A \Rightarrow A_1$ 和 $B_1 \Rightarrow B$, 那么原问题就转化为“$A_1 \Rightarrow B_1$”, 进一步, 如果有 $A_1 \Rightarrow A_2$ 和 $B_2 \Rightarrow B_1$, 则问题又转化为“$A_2 \Rightarrow B_2$”$\cdots\cdots$ 如此继续, 最终由于“$A_i \Rightarrow B_i$”的解决, 得到一个命题转化的链条

$$A \Rightarrow A_1 \Rightarrow A_2 \Rightarrow \cdots \Rightarrow A_i \Rightarrow B_i \Rightarrow B_{i-1} \Rightarrow \cdots \Rightarrow B_1 \Rightarrow B,$$

从而原命题得证.

不难看出, 设计并通过推理实现命题转化的链条是思考证明的重要方面.

注意: 在上述链条中, 从条件 A 出发的链 $A \Rightarrow A_1 \Rightarrow A_2 \Rightarrow \cdots \Rightarrow A_i$ 与从结论 B 需找到的链 $B_i \Rightarrow B_{i-1} \Rightarrow \cdots \Rightarrow B_2 \Rightarrow B_1 \Rightarrow B$ 其方向是不同的. 当然, 这两个链中把单向箭头部分或全部地变成双向都是可以的.

众所周知的反证法和数学归纳法其实也是命题转化的运用, 事实上, 如下转化即反证法:

$$\boxed{A \Rightarrow B} \Leftrightarrow \boxed{\text{非 } B \Rightarrow \text{ 非 } A} \Leftrightarrow \boxed{\text{非 } B \text{ 且 } A \Rightarrow \text{矛盾}}.$$

而第一数学归纳法无非是把与自然数 n 有关的命题 A 的证明转化为证明两个命题:

(1) 当 $n=1$ 时, A 成立;

(2) 由当 $n=k$ 时, A 成立 $\Rightarrow$ 当 $n=k+1$ 时, A 成立. 这两个命题等价于将命题 A 的证明转化为链条:

$$\boxed{\text{当} n=1 \text{时, 命题 } A \text{ 成立}} \Rightarrow \boxed{\text{当} n=2 \text{时, 命题 } A \text{ 成立}} \Rightarrow \cdots.$$

第二数学归纳法的证明过程也可类似地转化为命题链条.

例 18.1　设 P, Q 分别为 $r \times m$ 矩阵和 $n \times s$ 矩阵, 如果 $PAQ=0$ 对任意的 $m \times n$ 矩阵 A 都成立, 求证 $P=0$ 或 $Q=0$.

分析 1　首先, 原命题可转化为

$$\boxed{P \neq 0, PAQ = 0 (\forall A) \Rightarrow Q = 0},$$

注意: $P \neq 0 \Leftrightarrow$ 存在某对 i,j, 使得 P 的 (i,j) 位置元素 $p_{ij} \neq 0$, 而 $Q=0 \Leftrightarrow$ 对任意的 k,l 有 Q 的 (k,l) 位置元素 $q_{kl}=0$. 于是问题转化为

$$\boxed{\text{对某个}(i,j),\ p_{ij} \neq 0, PAQ = 0 (\forall A) \Rightarrow q_{kl} = 0 (\forall (k,l)).}$$

如果取 $A=E_{jk}$, 则易见 PAQ 的 (i,l) 位置元素为 $p_{ij}q_{kl}=0$, 从而推出 $q_{kl}=0$.

分析 2 原命题可转化为

$$\boxed{P \neq 0, Q \neq 0 \Rightarrow \text{对某个 } A, PAQ \neq 0}.$$

注意 $P \neq 0 \Leftrightarrow P = P_1 \begin{pmatrix} I_r & 0 \\ 0 & 0 \end{pmatrix} P_2$, 其中 P_1, P_2 为适当的可逆矩阵, $r \geqslant 1$; $Q \neq 0 \Leftrightarrow Q = Q_1 \begin{pmatrix} I_s & 0 \\ 0 & 0 \end{pmatrix} Q_2$, 其中 Q_1, Q_2 为适当的可逆矩阵, $s \geqslant 1$. 又 $PAQ \neq 0 \Leftrightarrow \begin{pmatrix} I_r & 0 \\ 0 & 0 \end{pmatrix} A_1 \begin{pmatrix} I_s & 0 \\ 0 & 0 \end{pmatrix} \neq 0$, 其中 $A_1 = P_2 A Q_1$. 显然, 若取 $A_1 = E_{11}$, 则完成证明.

分析 3 问题转化链为

$$\boxed{Q \neq 0, PAQ = 0(\forall A) \Rightarrow P = 0}$$

$$\Rightarrow \boxed{\text{某个} q_{kl} \neq 0, PA(\, q_{1l} \ \ \cdots \ \ q_{nl}\,)' = 0(\forall A) \Rightarrow P = 0}$$

$$\Rightarrow \boxed{\text{某个} q_{kl} \neq 0, P(q_{kl}e_1) = 0, \cdots, P(q_{kl}e_m) = 0 \ \Rightarrow P = 0},$$

其中 e_i 为第 i 个分量是 1 其余分量为 0 的列向量. 最后一个的正确性的理由是: 线性方程组 $P_{r\times m}x = 0$ 有 m 个线性无关解 $q_{kl}e_1, \cdots, q_{kl}e_m$, 从而系数阵 P 的秩 $= m - m = 0$. ▮

例 18.2 方程 $x^{1999} = 1$ 在复数域内的解集 A 中任取 1000 个不同解构成集 B, 试证 A 中的任意元素必可写成 B 中两元素之积.

分析 1 任取某个 $\varepsilon \in A$, 本例实际欲证"存在 $b_1, b_2 \in B$, 使得 $\varepsilon = b_1 b_2$". 这可等价转化为"$\{\varepsilon b_1^{-1} | b_1 \in B\} \bigcap B \neq \varnothing$". 设 $|C|$ 表示集 C 的元素个数, 为证上述结论, 只需证

$$\left|\{\varepsilon b_1^{-1} | b_1 \in B\}\right| + |B| > \left|\{\varepsilon b_1^{-1} | b_1 \in B\} \bigcup B\right|.$$

注意到 $(\varepsilon b_1^{-1})^{1999} = 1$, 又可转化为

$$\left|\{\varepsilon b_1^{-1} | b_1 \in B\}\right| + |B| > |A|.$$

这是显然的, 因为 $\left|\{\varepsilon b_1^{-1} | b_1 \in B\}\right| = |B| = 1000$, 而 $|A| = 1999$.

分析 2 如将 $x^{1999} = 1$ 的根列成如下的乘法表:

$\cdot$	$\varepsilon_1 \ \cdots \ \varepsilon_{1000}$	$\cdots \ \varepsilon_{1999}$
ε_1 $\vdots$ ε_{1000}	C	D
$\vdots$ ε_{1999}	E	F

则结论转化为“任意 ε_i 必出现在 C 中”, 注意到上表中每行 (每列) 所有元素的集均为 $\{\varepsilon_1,\cdots,\varepsilon_{1999}\}$, 所以 ε_i 在上表中共出现 1999 次 (因为在上表的每一行和每一列中 ε_i 恰好出现一次). 于是问题又转化为“ε_i 在 D,E,F 中出现次数 $\leqslant 1998$”, 而这是不难证明的: 因为上表中后 999 列有 999 个 ε_i, 后 999 行有 999 个 ε_i, 所以在 D,E,F 中 ε_i 出现至多 $999\times 2=1998$ 次. ∎

注 18.1 将例 18.2 中的 1999 和 1000 分别换成 $2n-1$ 和 n 后结论仍成立, 其中 n 为自然数.

例 18.3 设 A 为 n 阶矩阵, 证明 $A^2=A$ 当且仅当秩 $A+$ 秩 $(I_n-A)=n$.

分析 1 **由于条件 $A^2=A$ 和结论秩 $A+$ 秩 $(I_n-A)=n$ 在矩阵相似下不变, 故问题可转化为 A 的相似简化型的相应问题.** 设 A 的等价分解为 $A=P\begin{pmatrix}I_r & 0\\ 0 & 0\end{pmatrix}Q$, 进而有

$$A=P\begin{pmatrix}I_r & 0\\ 0 & 0\end{pmatrix}QP\cdot P^{-1}=P\begin{pmatrix}D_1 & D_2\\ 0 & 0\end{pmatrix}P^{-1},$$

其中 $(D_1\quad D_2)$ 为可逆矩阵 QP 的前 r 行, D_1 为 r 阶方阵. 于是

$$\begin{aligned}A^2=A &\Leftrightarrow \begin{pmatrix}D_1 & D_2\\ 0 & 0\end{pmatrix}^2=\begin{pmatrix}D_1 & D_2\\ 0 & 0\end{pmatrix}\\ &\Leftrightarrow D_1(D_1\quad D_2)=(D_1\quad D_2)\\ &\Leftrightarrow D_1^2=D_1,\ D_1\text{的秩为}r\\ &\Leftrightarrow D_1=I_r,\end{aligned}$$

而

$$\begin{aligned}\text{秩}A+\text{秩}(I_n-A)=n &\Leftrightarrow \text{秩}\begin{pmatrix}I_r-D_1 & -D_2\\ 0 & I_{n-r}\end{pmatrix}=n-r\\ &\Leftrightarrow D_1=I_r.\end{aligned}$$

至此, 转化链已形成, 由于每个转化都是双向的, 故充分性和必要性都得证.

分析 2 **将矩阵问题转化为线性变换问题.** 设 A 的相应线性变换为 σ(线性空间 V 上), 于是结论

$$\text{秩}A+\text{秩}(I_n-A)=n\Leftrightarrow \dim(\mathrm{Im}\sigma)+\dim(\mathrm{Im}(1_V-\sigma))=n,$$

其中 1_V 为 V 上的恒等变换. 由于 $\dim(\ker(1_V-\sigma))+\dim(\mathrm{Im}(1_V-\sigma))=n$ 对任意 σ 成立, 上述结论又等价地转化为 $\dim(\mathrm{Im}\sigma)=\dim(\ker(1_V-\sigma))$. 又由于 $\mathrm{Im}\sigma\supset\ker(1_V-\sigma)$ 成立 (事实上, 若 $x\in\ker(1_V-\sigma)$, 则 $(1_V-\sigma)x=0$, 从而 $x=\sigma x\in\mathrm{Im}\sigma$), 所以结论又等价于 $\mathrm{Im}\sigma=\ker(1_V-\sigma)$, 进而等价于 $\mathrm{Im}\sigma\subset\ker(1_V-\sigma)$, 而这是容易证明的.

分析 3 设 σ 同上面的定义, 现给出如下等价转化的链条:

$$\begin{aligned}\sigma^2=\sigma &\Leftrightarrow \sigma(1_V-\sigma)x=0=(1_V-\sigma)\sigma x(\forall x\in V)\\ &\Leftrightarrow \mathrm{Im}\sigma\bigcap \mathrm{Im}(1_V-\sigma)=\{0\}\\ &\Leftrightarrow \mathrm{Im}\sigma\oplus \mathrm{Im}(1_V-\sigma)=V\\ &\Leftrightarrow \dim(\mathrm{Im}\sigma)+\dim(\mathrm{Im}(1_V-\sigma))=n,\end{aligned}$$

其中第二个充要条件是因为一方面, $x\in \mathrm{Im}\sigma\bigcap \mathrm{Im}(1_V-\sigma)\Rightarrow x=\sigma y=(1_V-\sigma)z\Rightarrow \sigma^2y=\sigma(1_V-\sigma)z=0\Rightarrow x=\sigma y=\sigma^2y=0$; 另一方面, $\sigma(1_V-\sigma)=(1_V-\sigma)\sigma\Rightarrow \sigma(1_V-\sigma)x\in \mathrm{Im}\sigma\bigcap \mathrm{Im}(1_V-\sigma)=\{0\}\Rightarrow \sigma(1_V-\sigma)x=0(\forall x)$; 第三、四个充要条件是因为对任意的 $x\in V$ 有 $x=\sigma x+(1_V-\sigma)x$, 即 $V=\mathrm{Im}\sigma+\mathrm{Im}(1_V-\sigma)$ 总成立.

分析 4 **原命题可转化为证明一般的命题**

$$\text{秩}A+\text{秩}(I_n-A)=n+\text{秩}(A-A^2).$$

而这等价于秩 $\begin{pmatrix}I_n-A & 0\\ 0 & A\end{pmatrix}=$ 秩 $\begin{pmatrix}I_n & 0\\ 0 & A-A^2\end{pmatrix}$, 此又等价于 $\begin{pmatrix}I_n-A & 0\\ 0 & A\end{pmatrix}$ 可经初等变换化为 $\begin{pmatrix}I_n & 0\\ 0 & A-A^2\end{pmatrix}$, 而这是可以做到的. 事实上,

$$\begin{aligned}\begin{pmatrix}I_n-A & 0\\ 0 & A\end{pmatrix}&\rightarrow \begin{pmatrix}I_n-A & A\\ 0 & A\end{pmatrix}\rightarrow\begin{pmatrix}I_n & A\\ A & A\end{pmatrix}\\ &\rightarrow \begin{pmatrix}I_n & A\\ 0 & A-A^2\end{pmatrix}\rightarrow\begin{pmatrix}I_n & 0\\ 0 & A-A^2\end{pmatrix}.\end{aligned}$$ ∎

例 18.4 若 n 维欧氏空间 V 中非零向量 α,β 的长度相等, 试证存在正交变换 σ, 使得 $\sigma\alpha=\beta$.

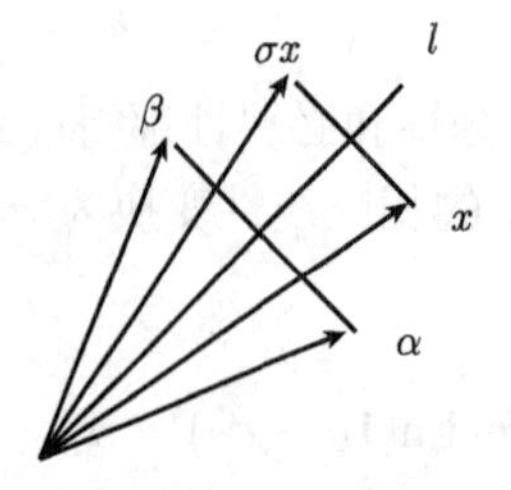

图 18.1 镜面反射变换示意图

分析 1 正交变换是变标准正交基为标准正交基的线性变换, 令 $\varepsilon_1=\dfrac{\alpha}{|\alpha|}$, $\eta_1=\dfrac{\beta}{|\beta|}$, 将它们分别扩充为两组标准正交基 $\varepsilon_1,\cdots,\varepsilon_n$ 和 $\eta_1,\cdots,\eta_n$, 则令线性变换 σ 满足 $\sigma\varepsilon_i=\eta_i(\forall i=1,\cdots,n)$ 即可.

分析 2 观察图 18.1, 将所有向量以 α 与 β 的夹角平分线 l 为轴翻转, 则是一个正交变换 σ 且 $\sigma\alpha=\beta$. 由图 18.1 易见

$$\sigma(x)=x-2|x|\cos\theta\cdot\frac{\alpha-\beta}{|\alpha-\beta|},\quad \forall x,$$

其中 θ 为 x 与 $\alpha-\beta$ 的夹角.

将此一般化, 令 $\eta=\dfrac{\alpha-\beta}{|\alpha-\beta|}$, 定义

$$\sigma x=x-2(x,\eta)\eta,\quad \forall x.$$

易证 σ 为线性变换且 $(\sigma x,\sigma y)=(x,y)(\forall x,y\in V)$, 故 σ 为正交变换 (当 η 为任意单位向量时, 称此种变换为**镜面反射变换**) 且

$$\begin{aligned}\sigma\alpha&=\alpha-2(\alpha,\eta)\eta\\&=\alpha-2\left(\alpha,\frac{\alpha-\beta}{|\alpha-\beta|}\right)\cdot\frac{\alpha-\beta}{|\alpha-\beta|}\\&=\alpha-2(\alpha,\alpha-\beta)\cdot\frac{\alpha-\beta}{(\alpha-\beta,\alpha-\beta)}.\end{aligned}$$

注意到 $|\alpha|=|\beta|$, 则有 $(2\alpha,\alpha-\beta)=(\alpha-\beta,\alpha-\beta)$, 于是 $\sigma\alpha=\alpha-(\alpha-\beta)=\beta$.

分析 3　将问题转化在 $\mathbf{R}^n$ 空间来考虑. 先看 $\mathbf{R}^2$ 中, 设 $\alpha=\begin{pmatrix}a_1\\a_2\end{pmatrix}$, $\gamma=\begin{pmatrix}|\alpha|\\0\end{pmatrix}$, 旋转 θ 角可使 α 变为 γ. 令

$$A=\begin{pmatrix}\cos\theta&\sin\theta\\-\sin\theta&\cos\theta\end{pmatrix},$$

则 $A\alpha=\gamma$, 易见 A 为正交矩阵.

对于 $\mathbf{R}^n$ 可借助一系列旋转化 $\alpha=(a_1\quad\cdots\quad a_n)'$ 为 $\gamma=(|\alpha|\quad 0\quad\cdots\quad 0)'$, 这些旋转的形式为

$$\operatorname{diag}\left(1,\cdots,1,\begin{pmatrix}\cos\theta&\sin\theta\\-\sin\theta&\cos\theta\end{pmatrix},1,\cdots,1\right),$$

同样又有一系列旋转使 β 化为 $(|\beta|\quad 0\quad\cdots\quad 0)'$, 故存在一系列旋转化 α 为 β. ∎

例 18.5　某班级毕业舞会上, m 个男生与 n 个女生跳舞. 已知没有一个男生与所有女生均跳过舞, 任何一个女生至少与一名男生跳过舞. 试证存在两个男生和两个女生, 他们中每个男生都只和两个女生中的一个跳过舞, 每个女生都只和两个男生中的一个跳过舞.

分析　通过列表 (图 18.2) 转化可给出如下证法: 设男生为 $x_1,\cdots,x_m$, 女生为 $y_1,\cdots,y_n$, 列成如图 18.2 中的表, 表中 (i,j) 位置的 1 表示 x_i 与 y_j 跳过舞, 0 表示没跳过舞, 于是得到 (0,1) 矩阵, 条件转化为“每行

男\女	y_1	y_2	……
x_1	0		
x_2	1		
⋮			
⋮			

图 18.2　例 18.5 中的表

有 0, 每列有 1”, 如果取 x_1 为与最多个女生跳过舞的男生, 但 y_1 为没与 x_1 跳过舞的女生且 x_2 为与 y_1 跳过舞的男生, 即第一行 1 的个数最多,但第 1 个元素为 0 且第二行第一个元素为 1, 那么显然, 第二行中的 0 所对应的第一行的元素不可能都是 0, 必有 1, 设该元素在 $(2,k)$ 位置, 则 x_1, x_2 和 y_1, y_k 分别为要找的两个男生和两个女生. ∎

注 18.2　转化以基本的逻辑素养与扎实的基础和能力为前提. 例如, 例 18.1 中的三种转化方法实际上来源于三种与原命题逻辑等价的叙述, 而命题最终得证又依赖于熟练的矩阵运算能力. 例 18.2 中的转化则依赖于把结论归结为查集合所含元素个数的问题的知识素养. 而例 18.3 中有两种转化依赖于矩阵分解及分块处理问题的能力, 另两种转化又依赖于线性变换的象空间、核空间及线性空间的直和分解等有关基础知识.

注 18.3　设计转化链条时, 考虑从条件出发的链要兼顾结论这个目标. 考虑从结论出发的链要注意从条件出发的链, 否则将南辕北辙. 请读者仔细查看例 18.2 和例 18.3 的各转化方法便可体会. 转化链条的设计是一个可以充分发挥主动性和创造性的工作, 以上各例中已列出的方法仅仅是一部分, 读者如能深入分析一定会得出不同于上述的转化链, 请不妨一试.

注 18.4　例 18.3 中的第 4 种证法, 实际上将原命题转化为更一般的命题, 而原命题则成了它的特例, 这也是一种非常重要的转化方法.

注 18.5　如能借助图表转化, 则常有新思路 (见例 18.2, 例 18.4 和例 18.5).

二、掌握基本观点、开拓转化思路

在一个问题面前, 如果能有多种思路, 那将是十分有利的. 一条思路行不通, 还可以走另一条路. 怎样才能有更多的思路呢? 熟练地掌握线性代数的一些基本观点是重要的.

所谓观点, 常常是人们考虑问题的角度, 一种立意的出发点, 一种思路的宏观框架. 在线性代数中, 一个命题常常有许多等价叙述, 其实正是从不同角度对问题的描述. 一个习题可以有许多转化方法加以解决, 其实常常来源于不同观点下对它的观察.

从大的方面来说, 线性代数有两大基本观点, 即 n 维向量、矩阵的观点和线性空间、线性变换的观点, 处理问题时, 当然可以选用之, 各取所长. 从小的方面来看, 即使一个 n 阶矩阵 A, 也可以从多方面来观察它, 可以把它看成一个整体, 也可以把它看成 n^2 个元素的具体; 可以把它看成行向量组或列向量组, 又可以把它看成各种分解的表达式, 或按一定需要分块表现的形式; 当然, 方阵还可以看成 n 维列空间的一个线性变换, 如此等等.

例如, 矩阵的一个等式 $A_{m\times n}\cdot B_{n\times p}=C$, 仅从定义观察就可以有多种理解方式:

(1) $AB=(c_{ij})_{m\times p}$, 其中 $c_{ij}=\sum\limits_{k=1}^{n}a_{ik}b_{kj}$;

(2) $AB = (A_1 \ \cdots \ A_n)(b_{ij})_{n\times p} = (C_1 \ \cdots \ C_p)$, 其中 $C_i = \sum_{k=1}^{n} b_{ki}A_k$;

(3) $AB = (a_{ij})_{m\times n}\begin{pmatrix} b_1 \\ \vdots \\ b_n \end{pmatrix} = \begin{pmatrix} c_1 \\ \vdots \\ c_m \end{pmatrix}$, 其中 $c_i = \sum_{k=1}^{n} a_{ik}b_k$;

(4) $AB = \begin{pmatrix} a_1 \\ \vdots \\ a_m \end{pmatrix}(B_1 \ \cdots \ B_p) = (c_{ij})$, 其中 $c_{ij} = a_iB_j$.

又如果引入某些乘法分解表达式或分块, 则 $AB = C$ 可以表现出多种形式. 另外, $AB = C$ 也可以以某一矩阵 (A 或 B) 为未知矩阵, 理解为矩阵方程, 如再按行、列分块, 则又可理解为多个线性方程组. 当然, $AB = C$ 也可以理解为线性映射的相应等式, 如此等等. 所有这些为解决相关问题, 提供了多种转化方式.

其实, 在线性代数的教材中, 已经提供了许多等价叙述. 例如, 矩阵可逆的等价条件、线性方程组有解的充要条件、矩阵秩的多种描述方式、二次型的多种表现形式、正定、半正定二次型的各种等价描述、子空间的和为直和的充要条件、欧氏空间正交变换的等价叙述等, 读者应在学习中尽量体会其从不同角度观察问题、处理问题的要领. 同时, 这些等价条件也为解决习题提供了一些天然的转化思路.

一般地, 从宏观把握, 解决线性代数问题, 应该掌握哪些基本观点呢? 我们想到以下几点供参考:

(1) 线性方程组的观点;

(2) 标准形处理问题的观点;

(3) 基底的观点;

(4) 线性变换的观点;

(5) 初等变换的观点;

(6) 用子空间处理问题的观点;

(7) 矩阵分解的观点;

(8) 矩阵分块处理问题的观点.

例 18.6　设 A, B 分别为 $m\times n$ 矩阵和 $n\times p$ 矩阵, 如果 $AB = 0$, 秩 $B = n$, 求证 $A = 0$.

分析 1　设 $B = \begin{pmatrix} B_1 \\ \vdots \\ B_n \end{pmatrix}$, 其中 $B_1, \cdots, B_n$ 线性无关. 任取 A 的第 i 行 $a_{i1}, \cdots, a_{in}$, 则问题转化为

$$a_{i1}B_1 + \cdots + a_{in}B_n = 0 \Rightarrow a_{i1} = \cdots = a_{in} = 0,$$

而这是线性无关的定义.

分析 2 将 B 写成 p 列 $(b_1 \quad \cdots \quad b_p)$, 则

$$
\begin{aligned}
AB=0, \text{秩}B=n \Leftrightarrow b_1,\cdots,b_p \text{是} Ax=0 \text{的 } n \text{ 个线性无关解}\\
\Rightarrow \text{秩}A=n-n=0\\
\Rightarrow A=0.
\end{aligned}
$$

分析 3 $AB=0 \Leftrightarrow B'A'=0$, 将 A' 按列分块写成 $A'=(a_1 \quad \cdots \quad a_m)$, 于是任意 a_i 是 $B'x=0$ 的解. 秩 $B'=n \Leftrightarrow$ 秩 $B=n$, 从而**按方程组观点问题转化为** $B'x=0$ **有解** $a_i \Rightarrow a_i=0$, 而这是齐次线性方程组只有零解的自然结果.

分析 4 将 B **写成等价分解** $B=P(I_n \quad 0)Q$(这里的 P 也可省略, 请读者说明理由), 则原问题转化为

$$
AP(I_n \quad 0)Q=0 \Rightarrow A=0,
$$

进一步转化为 $AP(I_n \quad 0) \Rightarrow A=0$. 由于 P 可逆, 这是显然的.

分析 5 秩 $B=n \Leftrightarrow B=(B_1 \quad B_2)Q$, 其中 B_1 可逆, Q 为置换矩阵, 从而原问题转化为 $A(B_1 \quad B_2)Q=0 \Rightarrow A=0$, 即 $AB_1=0 \Rightarrow A=0$, 而这又是显然的.

分析 6 用反证法, 问题转化为

$$
\boxed{A \neq 0,\ AB=0,\ \text{秩 } B=n \Rightarrow \text{矛盾}.}
$$

将 A 写成等价分解 $P\begin{pmatrix} I_r & 0 \\ 0 & 0 \end{pmatrix}Q(r \geqslant 1)$, 则问题等价于

$$
P\begin{pmatrix} I_r & 0 \\ 0 & 0 \end{pmatrix}QB=0,\quad \text{秩}B=n \Rightarrow \text{矛盾}.
$$

这又转化为

$$
\begin{pmatrix} I_r & 0 \\ 0 & 0 \end{pmatrix}(QB)=0,\quad \text{秩}(QB)=n \Rightarrow \text{矛盾}.
$$

而这又是显然的 (第一式说明 QB 的前 r 行为 0).

分析 7 **将** $AB=0$ **中的** A **看成** $\mathbf{F}^n$ **到** $\mathbf{F}^m$ **的线性映射** σ, 则 B 的列属于 σ 的核, 于是秩 $B=n$, $AB=0 \Leftrightarrow \ker\sigma=\mathbf{F}^n \Leftrightarrow \sigma$ 是零变换 $\Leftrightarrow A=0$. ▮

例 18.7 设 A, B 为数域 $\mathbf{F}$ 上的 $m\times n$ 矩阵和 $n\times m$ 矩阵, 证明 I_m-AB 可逆当且仅当 I_n-BA 可逆.

证明 1　设 $A = P\begin{pmatrix} I_r & 0 \\ 0 & 0 \end{pmatrix}Q$ 为等价分解, 分别把条件与结论等价转化, 则有

$$I_m - AB\text{可逆} \Leftrightarrow I_m - P\begin{pmatrix} I_r & 0 \\ 0 & 0 \end{pmatrix}QB\text{可逆}$$
$$\Leftrightarrow I_m - P\begin{pmatrix} I_r & 0 \\ 0 & 0 \end{pmatrix}QBP \cdot P^{-1}\text{可逆}$$
$$\Leftrightarrow I_m - \begin{pmatrix} I_r & 0 \\ 0 & 0 \end{pmatrix}QBP\text{可逆}$$

且

$$I_n - BA\text{可逆} \Leftrightarrow I_n - BP\begin{pmatrix} I_r & 0 \\ 0 & 0 \end{pmatrix}Q\text{可逆}$$
$$\Leftrightarrow I_n - Q^{-1} \cdot QBP\begin{pmatrix} I_r & 0 \\ 0 & 0 \end{pmatrix}Q\text{可逆}$$
$$\Leftrightarrow I_n - QBP\begin{pmatrix} I_r & 0 \\ 0 & 0 \end{pmatrix}\text{可逆.}$$

设 $QBP = \begin{pmatrix} M_1 & M_2 \\ M_3 & M_4 \end{pmatrix}$, 其中 M_1 为 r 阶方阵, 则问题转化为

$$I_m - \begin{pmatrix} M_1 & M_2 \\ 0 & 0 \end{pmatrix}\text{可逆} \Leftrightarrow I_n - \begin{pmatrix} M_1 & 0 \\ M_3 & 0 \end{pmatrix}\text{可逆,}$$

而这由于都归结为 $I_r - M_1$ 可逆而解决.

证明 2　用反证法, 给出转化链. 问题先转化为

$$I_m - AB\text{不可逆} \Leftrightarrow I_n - BA\text{不可逆,}$$

再转化为

$$(I_m - AB)x = 0\text{有非零解}x \Rightarrow (I_n - BA)y = 0\text{有非零解}y,$$

而这等价于

$$\text{存在}x\text{满足}x = ABx \neq 0 \Rightarrow (I_n - BA)y = 0\text{有非零解}y.$$

注意:

$$x = ABx \neq 0 \Rightarrow Bx = (BA)(Bx), Bx \neq 0$$
$$\Rightarrow (I_n - BA)(Bx) = 0, Bx \neq 0.$$

这能完成转化链.

证明 3　**原命题转化为下列命题的特例:**

$$\text{秩}(I_m - AB) + n = \text{秩}(I_n - BA) + m,$$

而这又转化为

$$\begin{pmatrix} I_m - AB & 0 \\ 0 & I_n \end{pmatrix} \xrightarrow{\text{初等变换}} \begin{pmatrix} I_m & 0 \\ 0 & I_n - BA \end{pmatrix},$$

这是可实现的. 事实上,

$$\begin{aligned} \begin{pmatrix} I_m - AB & 0 \\ 0 & I_n \end{pmatrix} \to & \begin{pmatrix} I_m - AB & 0 \\ B & I_n \end{pmatrix} \to \begin{pmatrix} I_m & A \\ B & I_n \end{pmatrix} \\ \to & \begin{pmatrix} I_m & A \\ 0 & I_n - BA \end{pmatrix} \to \begin{pmatrix} I_m & 0 \\ 0 & I_n - BA \end{pmatrix}. \end{aligned}$$

证明 4　设 $I_n - BA$ 可逆, 往证$I_m - AB$ **为** I_m **的乘法因子**.

$$\begin{aligned} I_m - AB &= I_m - A(I_n - BA)(I_n - BA)^{-1}B \\ &= I_m - (I_m - AB)A(I_n - BA)^{-1}B, \end{aligned}$$

从而 $(I_m - AB)[I_m + A(I_n - BA)^{-1}B] = I_m$.　∎

注 18.6　证明 1 运用了等价分解的观点, 证明 2 运用了线性方程组的观点, 证明 3 运用了初等变换的观点, 证明 4 运用了矩阵恒等变形的技巧. 其实, 由证明 4 还可进一步得到 $(I_m - AB)^{-1}$ 的表达式. 如果细致地写出证明 3 的矩阵运算过程, 也可从中进一步得到这样的表达式 (请读者自己写出).

例 18.8　对数域 $\mathbf{F}$ 上 n 阶矩阵 B 和 X, 设 $B_0 = B$, $B_1 = B_0X - XB_0$, $B_2 = B_1X - XB_1, \cdots, B_{n^2} = B_{n^2-1}X - XB_{n^2-1}$, $B_{n^2} = X$, 试证 $X = 0$.

分析　运用线性变换的观点. 设

$$\sigma(Y) = YX - XY, \quad \forall Y \in \mathbf{F}^{n\times n}.$$

易见, σ 为 $\mathbf{F}^{n\times n}$ 的一个线性变换, 原问题转化为

$$B_1 = \sigma(B), \cdots, B_{n^2} = \sigma^{n^2}(B) = X, \sigma^{n^2+1}(B) = 0 \Rightarrow \sigma^{n^2}(B) = 0.$$

而条件告诉我们, B 有关于 σ 的化零多项式 λ^{n^2+1}, 于是最小化零多项式为 λ^k 形, 但由 Hamilton–Cayley 定理知, 存在 n^2 次多项式 $f(\lambda)$, 使得 $f(\sigma) = 0$, 从而 $f(\sigma)B = 0$, 于是 $\lambda^k \mid f(\lambda)$, 故 $k \leqslant n^2$, 从而 $\sigma^k(B) = 0$. 于是当然有 $\sigma^{n^2}(B) = 0$, 即 $X = 0$.　∎

例 18.9　设 V 是数域 $\mathbf{F}$ 上线性空间 (维数不限), f 是 V 上非零线性函数, 证明:

(1) $\ker f$ 是 V 的极大子空间 (即若 V 的子空间 U 满足 $\ker f \subset U \subset V$, 则 $\ker f = U$ 或 $U = V$);

(2) 对任意给定的 $\beta \notin \ker f$, 则对任意 $\alpha \in V$ 有如下唯一的表达式: $\alpha = \eta + k\beta$, 其中 $\eta \in V, k \in \mathbf{F}$.

分析 (1) 将结论转化为“若 $U \supsetneq \ker f$, 则 $U=V$”. 事实上, 取 $\beta \notin \ker f, \beta \in U$, 由 $\beta \notin \ker f$ 知 $f(\beta) \neq 0$, 从而 $f(\alpha - f(\beta)^{-1}f(\alpha)\beta) = 0(\forall \alpha \in V)$. 令 $\eta = \alpha - f(\beta)^{-1}f(\alpha)\beta$, 则易见 $\eta \in \ker f$ 且 $\alpha = \eta + f(\beta)^{-1}f(\alpha)\beta \in U$.

(2) 令 $\alpha = \eta_1 + k\beta = \eta_2 + l\beta$, 由此可推出 $\eta_1 - \eta_2 = (l-k)\beta$, 从而 $0 = f(\eta_1 - \eta_2) = (l-k)f(\beta)$. 注意到 $f(\beta) \neq 0$, 则有 $l-k=0$, 从而 $\eta_1 = \alpha - k\beta = \alpha - l\beta = \eta_2$. ▮

例 18.10　复数域上 n 维线性空间 V 的线性变换 σ 必存在任意维数的不变子空间.

证明　由如下充要条件将问题转化为矩阵: V 有一个 t 维 σ 不变子空间 $W \Leftrightarrow V$ 存在一组基, 使得 σ 在此基下的矩阵是 $A = \begin{pmatrix} A_1 & * \\ 0 & A_2 \end{pmatrix}$, 其中 A_1 为 t 阶方阵.

由于复矩阵总可以相似于其若尔当标准形 $\mathrm{diag}(J_1, \cdots, J_s)$, 其中 $J_1, \cdots, J_s$ 为若尔当块, 并且对于任意的 t 总能有

$$\mathrm{diag}(J_1, \cdots, J_s) = \begin{pmatrix} B_1 & B_2 \\ 0 & B_3 \end{pmatrix},$$

其中 B_1 为 t 阶方阵, 故问题得证. ▮

例 18.11　试证 n 维欧氏空间 V 的任意正交变换 σ 都可以写成若干个镜面反射的积.

分析 1(运用基底、子空间、归纳法相结合的技巧)　给定 V 的一组标准正交基 $\varepsilon_1, \cdots, \varepsilon_n$, 设 $\sigma = 1_V$, 则可令线性变换 τ 使得 $\tau(\varepsilon_1) = -\varepsilon_1, \tau(\varepsilon_i) = \varepsilon_i(\forall i = 2, \cdots, n)$, 易见 $\tau^2 = \sigma = 1_V$.

设 $\sigma \neq 1_V$, 用数学归纳法, 当 $n=1$ 时, 显然. 假设 $n-1$ 时结论成立, 看 n 时的情形. 不妨设 $\varepsilon_1 \neq \sigma(\varepsilon_1) = \eta_1$, 由例 18.4 知, 存在镜面反射 σ_1, 使得 $\sigma_1(\varepsilon_1) = \eta_1$, 即 $\sigma_1(\varepsilon_1) = \sigma(\varepsilon_1)$, 易见 $\langle \eta_1 \rangle^\perp$ 有标准正交基 $\sigma_1(\varepsilon_2), \cdots, \sigma_1(\varepsilon_n)$, 于是 $\langle \eta_1 \rangle^\perp$ 中存在正交变换 μ, 使其变后一组标准正交基为前一组标准正交基 $\sigma(\varepsilon_2), \cdots, \sigma(\varepsilon_n)$. 因 $\langle \eta_1 \rangle^\perp$ 的维数为 $n-1$, 由归纳假设 $\mu = \mu_t \cdots \mu_2$, 其中 $\mu_2, \cdots, \mu_t$ 均为 $\langle \eta_1 \rangle^\perp$ 的镜面反射.

现在令 $\sigma_i(\eta_1) = \eta_1$, $\sigma_i|_{\langle \eta_1 \rangle^\perp} = \mu_i(\forall i = 2, \cdots, t)$, 易见

$$\sigma_t \cdots \sigma_2|_{\langle \eta_1 \rangle^\perp} = \mu, \quad \sigma_t \cdots \sigma_2(\eta_1) = \eta_1.$$

由此 $(\sigma_t \cdots \sigma_2)\sigma_1(\varepsilon_i) = \sigma(\varepsilon_i)(\forall i = 1, \cdots, n)$, 故 $\sigma = \sigma_t \cdots \sigma_2 \cdot \sigma_1$. 不难看出, $\sigma_1, \cdots, \sigma_t$ 都是镜面反射. 事实上, V 中任意向量 $x = k\eta_1 + \alpha$, 其中 $\alpha \in \langle \eta_1 \rangle^\perp$, 于是因为

$\sigma_i\eta_1=\eta_1$, $\sigma_i(\alpha)=\alpha-2(\alpha,\eta_i)\eta_i$, $(\eta_1,\eta_i)=0$, 故

$$\begin{aligned}\sigma_i(x)&=\sigma_i(k\eta_1+\alpha)=k\eta_1+\sigma_i(\alpha)\\&=k\eta_1+\alpha-2(\alpha,\eta_i)\eta_i\\&=(k\eta_1+\alpha)-2(k\eta_1+\alpha,\eta_i)\eta_i\quad(\forall i=2,\cdots,t)\\&=x-2(x,\eta_i)\eta_i.\end{aligned}$$

分析 2　将问题转化为矩阵, 往证"正交矩阵 A 为镜面反射矩阵之积"

镜面反射矩阵实际上是在任一组标准正交基下镜面反射变换的矩阵, 即 $B_1x=x-2(x,\eta)\eta(\forall x\in\mathbf{R}^n)$, 其中 η 为 $\mathbf{R}^n$ 中的一个单位向量. 此时,

$$B_1x=x-2(\eta'x)\cdot\eta=x-2(\eta\eta')x=(I_n-2\eta\eta')x,$$

即 $B_1=I_n-2\eta\eta'$. 易见 $B_1^2=I_n$.

设 A 的第一列为 a_1, 由例 18.4 知, 存在镜面反射阵 B, 使得 $Ba_1=(1\quad 0\quad\cdots\quad 0)'$. 此时, $BA=\begin{pmatrix}1&0\\0&A_1\end{pmatrix}$, A_1 为 $n-1$ 阶正交矩阵. 同样, 由归纳法, 易证 $BA=B_2\cdots B_t$, 其中 $B_i(i=2,\cdots,t)$ 为镜面反射矩阵, 于是 $A=B_1\cdots B_t$, $B_1=B$ 仍为镜面反射矩阵.

分析 3(转化为正交矩阵的正交相似标准形的相似问题, 见习题第 2 题)　设存在正交矩阵, 使得

$$Q'AQ=\mathrm{diag}\left(I_p,-I_q,\begin{pmatrix}\cos\varphi_1&\sin\varphi_1\\-\sin\varphi_1&\cos\varphi_1\end{pmatrix},\cdots,\begin{pmatrix}\cos\varphi_t&\sin\varphi_t\\-\sin\varphi_t&\cos\varphi_t\end{pmatrix}\right),$$

注意到 $I_2=\begin{pmatrix}-1&0\\0&1\end{pmatrix}^2$, $-I_2=\begin{pmatrix}-1&0\\0&1\end{pmatrix}\cdot\begin{pmatrix}1&0\\0&-1\end{pmatrix}$,

$$\begin{aligned}&\begin{pmatrix}\cos\varphi&\sin\varphi\\-\sin\varphi&\cos\varphi\end{pmatrix}\\&=\begin{pmatrix}\cos\frac{3}{2}\varphi&-\sin\frac{3}{2}\varphi\\-\sin\frac{3}{2}\varphi&-\cos\frac{3}{2}\varphi\end{pmatrix}\begin{pmatrix}\cos\frac{1}{2}\varphi&-\sin\frac{1}{2}\varphi\\-\sin\frac{1}{2}\varphi&-\cos\frac{1}{2}\varphi\end{pmatrix},\end{aligned}$$

而右端

$$\begin{pmatrix}\cos\frac{3}{2}\varphi&-\sin\frac{3}{2}\varphi\\-\sin\frac{3}{2}\varphi&-\cos\frac{3}{2}\varphi\end{pmatrix}=I_2-2\begin{pmatrix}\sin\frac{3}{4}\varphi\\\cos\frac{3}{4}\varphi\end{pmatrix}\begin{pmatrix}\sin\frac{3}{4}\varphi&\cos\frac{1}{4}\varphi\end{pmatrix},$$

$$\begin{pmatrix} \cos\frac{1}{2}\varphi & -\sin\frac{1}{2}\varphi \\ -\sin\frac{1}{2}\varphi & -\cos\frac{1}{2}\varphi \end{pmatrix} = I_2 - 2\begin{pmatrix} \sin\frac{1}{4}\varphi \\ \cos\frac{1}{4}\varphi \end{pmatrix}\begin{pmatrix} \sin\frac{1}{4}\varphi & \cos\frac{1}{4}\varphi \end{pmatrix}$$

均为镜面反射. 原命题得证. ▮

例 18.12　试证对实矩阵 A 总存在对角线为 ±1 的对角矩阵 P 和 Q, 使得 PAQ 每行的元素和及每列的元素和都是非负数.

分析　把此矩阵问题转化为初等变换问题. 往证施行有限次乘 -1 的倍法变换化 A 为每行和及每列和均为非负的矩阵.

证明　设 $A=(a_{ij})_{m\times n}$, 对 A 连续施行乘 -1 的倍法变换所得矩阵 $B=(b_{ij})$, 易见 $b_{ij}=\pm a_{ij}$, 故此种矩阵是有限个, 于是所有可能的矩阵 B 的行和或列和也是有限个数, 在这些数的绝对值中取非零最小者, 记为 δ(若不存在 δ, 则结论显然).

如果 A 各行和、列和均非负, 取 P, Q 为单位矩阵, 命题得证. 若不然, 每次用 -1 乘某行 (或某列), 使该行和 (或该列和) 由负变为正, 此步使 $\sum\limits_{i,j} a_{ij}$ 至少增加 2δ, 因为 $\sum\limits_{i,j}|a_{ij}|$ 是固定数, $\sum\limits_{i,j} b_{ij} \leqslant \sum\limits_{i,j}|a_{ij}|$, 故经有限步乘 -1 的倍法变换可化 A 为合乎要求的 B. ▮

例 18.13　设 f 是数域 $\mathbf{F}$ 上 n 维线性空间 V 上的一个双线性函数, 则 $L_f:\alpha\to\alpha_L$ 是 V 到 V^*(对偶空间) 的一个线性映射, 其中 $\alpha_L:\beta\to f(\alpha,\beta)(\forall\beta\in V)$, 证明 $\dim(\mathrm{Im}L_f)=f$ 的秩 (f 的度量矩阵的秩)(参见文献 [15]).

分析　取基转化为矩阵问题. 由维数公式 $\dim(\mathrm{Im}L_f)=n-\dim(\ker L_f)$, 其中 $\ker L_f=\{\alpha\in V|\alpha_L=0\}=\{\alpha\in V|f(\alpha,\beta)=0,\forall\beta\}$. 现取 V 的基底 $\varepsilon_1,\cdots,\varepsilon_n$, 可设 $\alpha=(\varepsilon_1\cdots\varepsilon_n)x, \beta=(\varepsilon_1\cdots\varepsilon_n)y$, 其中 $x,y\in\mathbf{F}^n$. 由 $f(\alpha,\beta)=0(\forall\beta\in V)$ 可得 $x'Ay=0(\forall y\in\mathbf{F}^n)$, 其中 A 为 f 在基 $\varepsilon_1,\cdots,\varepsilon_n$ 下的度量矩阵. 于是推出 $x'A=0$, 即 $A'x=0$, 这推出 $\dim(\ker L_f)=n-$ 秩 A(由齐次方程组 $A'x=0$), 再由维数公式可得结论. ▮

例 18.14　设 $f(x)$ 是整系数多项式, m 是一个正整数, 如果 $m\nmid f(0), m\nmid f(1),\cdots,m\nmid f(m-1)$, 证明 $f(x)$ 无整数根.

分析　$f(x)$ 无整数根 $\Leftrightarrow f(k)\neq0$ 对任意整数 $k \Leftarrow m\nmid f(k)$ 对任意整数 k.

现已知 $m\nmid f(k)$ 对 $k=0,1,\cdots,m-1$ 成立. 可使用带余除法, 任取 $k=mq+r(0\leqslant r<m), f(x)=\sum\limits_{i=0}^{n}a_ix^i, f(k)=f(mq+r)=\sum\limits_{i=0}^{n}a_i(mq+r)^i$, 按二项式展开每一项, 由 $m\nmid f(r)$ 可知 $m\nmid f(k)$. ▮

例 18.15　A 为 n 阶实对称正定矩阵, B 为 n 阶实对称半正定矩阵, 证明 $A+B$

为实对称正定矩阵.

分析 从实对称正定矩阵的等价条件考察二次型的值或考察矩阵分解, 或考察合同标准形可得如下三个证法:

证明 1 任取 $0 \neq x \in \mathbf{R}^n$, 易见

$$x'(A+B)x = x'Ax + x'Bx > 0,$$

于是 $A+B$ 正定. 上式的大于号是因为 $x'Ax > 0$(A 正定), $x'Bx \geqslant 0$(B 半正定).

证明 2 由 A 正定有 n 阶可逆矩阵 C, 使得 $A = C'C$, 由 B 半正定有 n 阶矩阵 D, 使得 $B = D'D$, 于是

$$A+B = C'C + D'D = (C' \quad D')\begin{pmatrix} C \\ D \end{pmatrix} = \begin{pmatrix} C \\ D \end{pmatrix}'\begin{pmatrix} C \\ D \end{pmatrix},$$

由 C 可逆知, $\begin{pmatrix} C \\ D \end{pmatrix}$ 的秩仍为 n, 故 $A+B$ 正定.

证明 3 设 $A = P'P$, 其中 P 可逆, 从而 $A+B = P'P + B = P'(I_n + (P')^{-1}BP^{-1})P$. 设 $C = (P')^{-1}BP^{-1}$, 易见 C 半正定, 故存在正交矩阵 Q, 使得

$$C = Q'\mathrm{diag}(\lambda_1, \cdots, \lambda_n)Q,$$

其中 $\lambda_i \geqslant 0(\forall i)$, 从而

$$\begin{aligned} A+B &= P'(I_n + Q'\mathrm{diag}(\lambda_1, \cdots, \lambda_n)Q)P \\ &= P'Q'\mathrm{diag}(1+\lambda_1, \cdots, 1+\lambda_n)QP. \end{aligned}$$

由于 $1+\lambda_i > 0$ 对任意 i 成立, 故 $A+B$ 正定. ▮

例 18.16 设整数 $t \geqslant 2$, 数域 $\mathbf{F}$ 上多项式 $f_1(x), \cdots, f_t(x)$ 互素, 证明存在着以 $f_1(x), \cdots, f_t(x)$ 为第一行的多项式矩阵 $A(x)$, 使得 $|A(x)| = 1$.

分析 $|A(x)| = 1$ 可转化为 $A(x)$ 可逆, 这又可转化为找到矩阵 $B(x)$, 使得

$$A(x)B(x) = I_t;$$

进一步可转化为找到可逆矩阵 $B(x)$, 使得 $|B(x)| = 1$ 且

$$(f_1(x), \cdots, f_t(x))B(x) = (1, 0, \cdots, 0). \tag{18.1}$$

这是因为若 $B(x)$ 可逆, 则 $(f_1(x), \cdots, f_t(x)) = (1, 0, \cdots, 0)B(x)^{-1}$ 被唯一确定. 为证得满足式 (18.1) 的 $B(x)$ 的存在性, 设 $(f_1(x), f_2(x)) = d_1(x)$, 往证

$$(f_1(x), f_2(x), \cdots, f_t(x))B_1(x) = (d_1(x), 0, f_3(x), \cdots, f_t(x)).$$

事实上, 可设 $f_1(x)=d_1(x)g_1(x), f_2(x)=d_1(x)g_2(x)$, 又显然存在 $u(x)$ 和 $v(x)$, 使得

$$d_1(x)=f_1(x)u(x)+f_2(x)v(x),$$

于是令

$$B_1(x)=\begin{pmatrix} u(x) & -g_2(x) & & & \\ v(x) & g_1(x) & & & \\ & & 1 & & \\ & & & \ddots & \\ & & & & 1 \end{pmatrix},$$

易验证

$$(f_1(x),f_2(x),\cdots,f_t(x))B_1(x)=(d_1(x),0,f_3(x),\cdots,f_t(x)),$$

同时 $|B_1(x)|=1$. 将这种方法再进行一次可知, 又存在 $B_2(x)$, 使得

$$(d_1(x),0,f_3(x),\cdots,f_t(x))B_2(x)=(d_2(x),0,0,f_4(x),\cdots,f_t(x)),$$

其中 $|B_2(x)|=1$. 如此继续, 最终有

$$(f_1(x),f_2(x),\cdots,f_t(x))B_1(x)B_2(x)\cdots B_{t-1}(x)=(1,0,\cdots,0). \quad ▮$$

例 18.17　设 A 为 n 阶实方阵, 证明 A 对称当且仅当 $AA'=A^2$.

分析 1　**必要性**　显然.

充分性　即证明 $A-A'=0$. 考虑到 $A-A'$ 是斜厄尔米特矩阵, 可使用酉相似对角矩阵的方法 (见例 18.21, $A-A'$ 正规).

设 $A-A'=U\begin{pmatrix} 0 & 0 \\ 0 & D \end{pmatrix}U^*$, 其中 U 为酉矩阵, D 为 r 阶可逆矩阵, 并且同时可令 $A=U\begin{pmatrix} A_1 & A_2 \\ A_3 & A_4 \end{pmatrix}U^*$, 其中 A_4 为 r 阶矩阵. 由 $AA'=A^2$ 得 $A(A-A')=0$, 将上面两式代入可推出 $A_2=0, A_4=0$, 从而 $A-A'=A-A^*=U\begin{pmatrix} A_1-A_1^* & -A_3^* \\ A_3 & 0 \end{pmatrix}U^*$. 将此式与上面 $A-A'$ 的式子相比较可知 $D=0$, 故 $A-A'=0$. ▮

分析 2　使用奇异值分解的方法 (见例 13.11).

设 $A=U\begin{pmatrix} \Sigma & 0 \\ 0 & 0 \end{pmatrix}V$, 其中

$$\Sigma=\mathrm{diag}(\sigma_1,\cdots,\sigma_r),$$

U,V 为正交矩阵, $\sigma_1,\cdots,\sigma_r$ 为 A 的奇异值. 由 $AA'=A^2$, 代入分解式, 经化简得

$$\begin{pmatrix} \Sigma & 0 \\ 0 & 0 \end{pmatrix}^2=\begin{pmatrix} \Sigma & 0 \\ 0 & 0 \end{pmatrix}VU\begin{pmatrix} \Sigma & 0 \\ 0 & 0 \end{pmatrix}VU,$$

设

$$VU = \begin{pmatrix} \Delta_1 & \Delta_2 \\ \Delta_3 & \Delta_4 \end{pmatrix},$$

其中 Δ_1 为 r 阶矩阵, 代入上式得 $\Sigma^2 = \Sigma\Delta_1\Sigma\Delta_1, 0 = \Sigma\Delta_1\Sigma\Delta_2$. 由此推出 Δ_1 可逆, $\Delta_2 = 0$, 由 VU 正交, 又推出 $\Delta_3 = 0, \Delta_1' = \Delta_1^{-1}$, 于是 $\Sigma\Delta_1 = \Delta_1^{-1}\Sigma = \Delta_1'\Sigma$, 即 $\Sigma\Delta_1$ 对称, 所以

$$A = U\begin{pmatrix} \Sigma & 0 \\ 0 & 0 \end{pmatrix}V = U\begin{pmatrix} \Sigma & 0 \\ 0 & 0 \end{pmatrix}VUU' = U\begin{pmatrix} \Sigma\Delta_1 & 0 \\ 0 & 0 \end{pmatrix}U' = A'. \quad \blacksquare$$

分析 3 对实对称矩阵来说, $B = 0 \Leftrightarrow B'B = 0 \Leftrightarrow \mathrm{tr}(BB') = 0$, 故利用这样的转化, 只需证 $\mathrm{tr}((A - A')(A - A')') = 0$, 在条件 $A^2 = AA'$ 下, 利用迹的简单性质, 这是显然的. 如此, 得到一个相当简单的方法. ▮

三、在等价条件的探求与证明中提高转化本领

给出一个命题的等价条件是挖掘命题本质的一项重要研究, 探求等价条件的过程, 实质上是从不同角度转化命题的条件与结论的过程, 探求的成功依赖于最终能否证明其等价. 因此, 在探求与证明若干等价条件中, 可以大大地提高转化方法运用的本领. 下面举例说明.

例 18.18 A 为 $m \times n$ 矩阵, 证明下列各项等价:

(1) 秩 $A = n$(A 为列满秩矩阵);

(2) 存在可逆矩阵 P, 使得 $A = P\begin{pmatrix} I_n \\ 0 \end{pmatrix}$;

(3) 存在矩阵 B, 使得 $(A \quad B)$ 可逆或 A 可逆;

(4) 存在矩阵 G, 使得 $GA = I_n$;

(5) 若 $AC = AD$, 则 $C = D$;

(6) 若 $AX = 0$, 则 $X = 0$;

(7) 对一切列数为 n 的矩阵 B 有秩 $\begin{pmatrix} A \\ B \end{pmatrix} =$ 秩 A;

(8) 存在矩阵 B, 使得秩 $(AB) = n$;

(9) 对任一行数为 n 的矩阵 B 有秩 $(AB) =$ 秩 B;

(10) A' 为行满秩阵.

证明 (1)⇒(2) 利用等价分解 $A = P_1\begin{pmatrix} I_n \\ 0 \end{pmatrix}Q_1$, 则有

$$A = P_1\begin{pmatrix} Q_1 \\ 0 \end{pmatrix} = P_1\begin{pmatrix} Q_1 & 0 \\ 0 & I \end{pmatrix}\begin{pmatrix} I_n \\ 0 \end{pmatrix},$$

令 $P=P_1\begin{pmatrix}Q_1 & 0\\ 0 & I\end{pmatrix}$ 即得结论.

(2)⇒(3)　令 $B=P\begin{pmatrix}0\\ I_{m-n}\end{pmatrix}$, 易见 $(A\quad B)=P$ 可逆.

(3)⇒(4)　令 $(A\quad B)^{-1}=\begin{pmatrix}G\\ *\end{pmatrix}$, 其中 G 为 $n\times m$ 矩阵, 于是 $\begin{pmatrix}G\\ *\end{pmatrix}(A\quad B)=I_m$. 显然, $GA=I_n$.

(4)⇒(5)　由 $AC=AD$, 两端左乘以 G 易见 $C=D$.

(5)⇒(6)　$AX=0$ 可写成 $AX=AO$, 由 (5) 自然有 $X=0$.

(6)⇒(1)　设 X 为 $n\times 1$ 矩阵, 则条件 (6) 说明线性方程组 $AX=0$ 只有零解, 所以秩 $A=n$.

(1)⇒(7)　显然.

(7)⇒(1)　用反证法, 若秩 $A<n$, 则取 $B=I_n$, 则有秩 $\begin{pmatrix}A\\ B\end{pmatrix}=n\neq$ 秩 A.

(1)⇒(8)　取 $B=I_n$ 即可.

(8)⇒(1)　由秩 $A\geqslant$ 秩 $(AB)=n$ 知, 秩 $A=n$.

(9)⇒(1)　取 $B=I_n$, 显然有秩 $A=n$.

(4)⇒(9)　由 $B=GAB$ 知, 秩 $(AB)\geqslant$ 秩 B, 又秩 $B\geqslant$ 秩 (AB) 显然, 故 (9) 成立.

(1)⇔(10)　显然. ∎

注 18.7　例 18.18 旨在寻找列满秩矩阵的各项等价条件. 从矩阵分解的简化型来看可得条件 (2), 从其与可逆矩阵的比较来看可得条件 (3), (4), 从方程组来看可得 (5), (6), 从与其他阵的秩的关系来看又可得 (7) ~ (10). 实际上, 这当然不是能找到的条件的全部 (你能否补充几个?). 另外, 上面给出的证明也远不是唯一的 (不难给出其他的证法) 方法, 不过它算是比较简练的一种.

例 18.19　设 $V_1,\cdots,V_t(t\geqslant 2)$ 是 n 维线性空间 V 的子空间, 则 $V=V_1\oplus\cdots\oplus V_t$ 的充要条件是如下条件 (1) ~ (7) 中如下情况之一发生: ① (7)成立; ② (1)成立且 (2) ~ (6) 之一成立; ③ (2)成立且 (3) ~ (6) 之一成立:

(1) $V=V_1+\cdots+V_t$;

(2) $\dim V=\dim V_1+\cdots+\dim V_t$;

(3) 若 $0=x_1+\cdots+x_t(\forall x_i\in V_i)$, 则 $x_i=0(\forall i)$;

(4) $\left(\sum\limits_{i=1}^{k-1}V_i\right)\bigcap V_k=\{0\}(\forall k=2,\cdots,t)$;

(5) $V_i\bigcap\sum\limits_{\substack{j=1\\j\neq i}}^{t}V_j=\{0\}(\forall i)$;

(6) 若 $x=x_1+\cdots+x_t(\forall x_i\in V_i)$, 则表法唯一;

(7) 设 V_i 的基 $\varepsilon_{i1},\cdots,\varepsilon_{ij_i}(i=1,\cdots,t)$, 则 $\varepsilon_{11},\cdots,\varepsilon_{1j_1},\cdots,\varepsilon_{t1},\cdots,\varepsilon_{tj_t}$ 是 V 的基.

证明 $V=\bigoplus\limits_{i=1}^{t}V_i$ 的定义是 (1), (6) 同时成立. (6)⇒ (3) 显然.

(3)⇒(6) 设 $x=x_1+\cdots+x_t=y_1+\cdots+y_t$ 且 $x_i\in V_i$, $y_i\in V_i$, 易见 $0=(x_1-y_1)+\cdots+(x_t-y_t)$, 由 (3) 可推出 $x_i=y_i(\forall i)$, 此即 (6).

(3)⇒(5) 设 $x_i\in V_i\bigcap\sum\limits_{j\neq i}V_j$, 则有 $x_i=x_1+\cdots+x_{i-1}+x_{i+1}+\cdots+x_t$, 即 $0=x_1+\cdots+x_{i-1}-x_i+x_{i+1}+\cdots+x_t(\forall x_j\in V_j)$, 由 (3) 可推出 $x_i=0$, 即 (5) 成立.

(5)⇒(4) 显然.

(4)⇒(3) 设 $0=x_1+\cdots+x_t$, 于是 $-x_t=x_1+\cdots+x_{t-1}\in V_t\bigcap\sum\limits_{i=1}^{t-1}V_i=\{0\}$, 故 $x_t=0$, 同理可证 $x_{t-1}=0,\cdots,x_1=0$.

(7)⇒(1),(6) 任取 $x\in V$ 有

$$x=k_{11}\varepsilon_{11}+\cdots+k_{1j_1}\varepsilon_{1j_1}+\cdots+k_{t1}\varepsilon_{t1}+\cdots+k_{tj_t}\varepsilon_{tj_t}.$$

令 $x_i=k_{i1}\varepsilon_{i1}+\cdots+k_{ij_i}\varepsilon_{ij_i}(\forall i)$ 可知, (1) 成立. 又由向量由基表示的唯一性易证 (6) 成立.

(1), (6)⇒(7) 首先由 (1), $x=x_1+\cdots+x_t=k_{11}\varepsilon_{11}+\cdots+k_{tj_t}\varepsilon_{tj_t}$. 再由 (6) 易证, $\varepsilon_{11},\cdots,\varepsilon_{1j_1},\cdots,\varepsilon_{t1},\cdots,\varepsilon_{tj_t}$ 线性无关, 从而 (7) 成立.

(7)⇒(1), (2) 显然.

(1), (2)⇒(7) 首先由 (1), 任意 x 可由 $\varepsilon_{11},\cdots,\varepsilon_{tj_t}$ 线性表出. 如果 $\varepsilon_{11},\cdots,\varepsilon_{tj_t}$ 线性相关就说明 $\dim V<j_1+j_2+\cdots+j_t=\dim V_1+\cdots+\dim V_t$, 这与 (2) 矛盾, 故又得 $\varepsilon_{11},\cdots,\varepsilon_{tj_t}$ 线性无关, 从而 (7) 成立.

如上, 已经证得了 $V=\bigoplus\limits_{i=1}^{t}V_i$ 与情况①等价, 又与情况②等价. 现在再证其与情况③等价, 其实, 由上, 只需证 (2), (3)⇔(7).

(2), (3)⇒(7) 在 $V_1,\cdots,V_t$ 中取基如前, 只需证 $\varepsilon_{11},\cdots,\varepsilon_{tj_t}$ 线性无关. 令 $k_{11}\varepsilon_{11}+\cdots+k_{1j_1}\varepsilon_{1j_1}+\cdots+k_{t1}\varepsilon_{t1}+\cdots+k_{tj_t}\varepsilon_{tj_t}=0$, 由 (3) 可推出所有系数为 0, 此即 $\varepsilon_{11},\cdots,\varepsilon_{tj_t}$ 线性无关. 又由 (2) 知, 这就是 V 的基 (否则, 与 (2) 矛盾).

(7)⇒(2), (3) 显然. ∎

例 18.20　设 $A_1,\cdots,A_k$ 均 n 阶矩阵, $A=\sum\limits_{i=1}^{k}A_i$, 则如下 4 条件中: (1),(2) $\Leftrightarrow$ (1),(3) $\Leftrightarrow$ (3),(4) $\Leftrightarrow$ (2),(3).

(1) $A_1,\cdots,A_k$ 均为幂等矩阵;

(2) $A_iA_j=0(\forall i\neq j)$ 且秩 $A_i^2=$ 秩 $A_i(\forall i)$;

(3) A 幂等;

(4) 秩 $A=\sum\limits_{i=1}^{k}$ 秩 A_i.

证明　(1), (2)⇒(3)　$A^2=\left(\sum\limits_{i=1}^{k}A_i\right)^2=\sum\limits_{i=1}^{k}A_i^2=\sum\limits_{i=1}^{k}A_i=A$.

(1), (3)⇒(4)　由 $A=\sum\limits_{i=1}^{k}A_i$ 有 $\mathrm{tr}A=\sum\limits_{i=1}^{k}\mathrm{tr}A_i$, 但幂等矩阵的迹与秩相等, 故得 (4).

(2), (3)⇒(1)　因为 $A_i^2=AA_i=A^2A_i=A(AA_i)=AA_i^2=A_i^3$, 故 $(I_n-A_i)A_i^2=0$. 注意: $\mathrm{Im}A_i^2\subseteq\mathrm{Im}A_i$, 但秩 $A_i^2=$ 秩 A_i, 故 $\mathrm{Im}A_i^2=\mathrm{Im}A_i$, 因此, $A_i=A_i^2M$. 又因为 $(I-A_i)A_i^2M=A_i^2M-A_i^3M=0$, 所以 $(I-A_i)A_i=0$, 即 $A_i=A_i^2$.

(3), (4)⇒(2)　令 $A_0=I-A$, 则有 $\sum\limits_{i=0}^{k}A_i=I$ 且由 (3) 知 $A_0^2=A_0$. 由例 18.3 知秩 A_0+ 秩 $A=n$, 从而再由 (4) 知 $\sum\limits_{i=0}^{k}$ 秩 $A_i=n$, 于是秩 $(I-A_i-A_j)+$ 秩 $(A_i+A_j)=$ 秩 $\sum\limits_{l\neq i,j}A_l+$ 秩 $(A_i+A_j)\leqslant\sum\limits_{i=0}^{k}$ 秩 $A_i=n$. 又显然有秩 $(I-A_i-A_j)+$ 秩 $(A_i+A_j)\geqslant$ 秩 $(I-A_i-A_j+A_i+A_j)=n$, 故秩 $(I-A_i-A_j)+$ 秩 $(A_i+A_j)=n$. 再由例 18.3 知 $(A_i+A_j)^2=A_i+A_j$. 同理, $A_i^2=A_i(\forall i)$. 由此可推出 $A_iA_j+A_jA_i=0$. 左乘 A_i 得 $A_iA_j=-A_iA_jA_i$, 再右乘 A_i 得 $A_jA_i=-A_iA_jA_i$, 从而 $A_iA_j=A_jA_i$, 故 $A_iA_j=0$. ▮

例 18.21　设 V 为 n 维酉空间, φ 为 V 的线性变换, φ^* 为 φ 的共轭变换, 即满足 $(\varphi x,y)=(x,\varphi^*y)(\forall x,y\in V)$ 的线性变换 φ^*, 则以下诸项等价:

(1) φ 是正规变换, 即 $\varphi\varphi^*=\varphi^*\varphi$;

(2) φ 在 V 的任意一组基下的矩阵 A 是正规矩阵 (满足 $AA^*=A^*A$, A^* 为 A 的转置共轭矩阵);

(3) φ 在 V 的任意一组基下的矩阵 A 酉相似于对角矩阵;

(4) V 有由 φ 的特征向量构成的标准正交基;

(5) φ 的任一特征向量都是 φ^* 的特征向量;

(6) 若 V_1 是 φ 的不变子空间, 则 $\varphi|_{V_1}$ 在 V_1 中有特征向量构成的标准正交基, 并且 $V_1^{\perp}$ 也是 φ 的不变子空间;

(7) φ 的任意不变子空间也是 φ^* 的不变子空间;

(8) $|\varphi(x)|=|\varphi^*(x)|$ $(\forall x\in V)$;

(9) $\varphi=\sigma\tau=\tau\sigma$, 其中 σ 为自共轭线性变换 $(\sigma^*=\sigma)$, τ 为酉变换.

证明 (1)⇒(2) 显然.

(2)⇒(3) 由 Schur 定理 (习题 13 第 9 题)$A=U^*A_0U$(其中 U 为酉矩阵, A_0 是上三角矩阵) 及 $AA^*=A^*A$, 容易推出 A_0 为对角矩阵.

(3)⇒(4) 显然.

(4)⇒(5) 设 φ 的特征向量 $\alpha_1,\cdots,\alpha_n$ 构成 V 的标准正交基, 又设 $\varphi\alpha_i=\lambda_i\alpha_i$ 和 $\varphi^*\alpha_i=\mu_1\alpha_1+\cdots+\mu_n\alpha_n$, 于是

$$\lambda_i=(\varphi\alpha_i,\alpha_i)=(\alpha_i,\varphi^*\alpha_i)=\left(\alpha_i,\sum_{i=1}^{n}\mu_i\alpha_i\right)=\overline{\mu_i}(\alpha_i,\alpha_i)=\overline{\mu_i}.$$

当 $j\neq i$ 时又有

$$0=\lambda_j(\alpha_j,\alpha_i)=(\varphi\alpha_j,\alpha_i)=(\alpha_j,\varphi^*\alpha_i)=\left(\alpha_j,\sum_{i=1}^{n}\mu_i\alpha_i\right)=\overline{\mu_j},$$

故 $\varphi^*\alpha_i=\overline{\lambda_i}\alpha_i(\forall i)$, 于是如果 $\varphi(\alpha)=\lambda\alpha(\alpha\neq 0)$, 不妨设 $\lambda=\lambda_1=\cdots=\lambda_p$, 则 $\alpha=\sum\limits_{i=1}^{p}k_i\alpha_i$, 所以

$$\varphi^*(\alpha)=\sum_{i=1}^{p}k_i\varphi^*(\alpha)=\overline{\lambda}\sum_{i=1}^{p}k_i\alpha_i=\overline{\lambda}\alpha.$$

(5)⇒(6) 设 $\varphi|_{V_1}$ 有特征向量 x_1, 则在 V_1 中有 $\langle x_1\rangle^{\perp}$ 是 φ 不变的 (事实上, 任取 $x\in\langle x_1\rangle^{\perp}$, 则 $(\varphi x,x_1)=(x,\varphi^*x_1)=\overline{\lambda}(x,x_1)=0$, 这说明 $\varphi x\in\langle x_1\rangle^{\perp}$). 在 $\langle x_1\rangle^{\perp}$ 中 φ 又有特征向量 x_2, 类似地, 可证在 V_1 中, $\langle x_1,x_2\rangle^{\perp}$ 也是 φ 不变子空间, 如此继续, 可知 $\varphi|_{V_1}$ 在 V_1 中有特征向量构成的标准正交基. 然后用同样的方法可证, $V_1^{\perp}$ 也为 φ 的不变子空间.

(6)⇒(7) 由 (6) 知, $V_1^{\perp}$ 为 φ 的不变子空间, 由此证明 $V_1=(V_1^{\perp})^{\perp}$ 是 φ^* 的不变子空间 (事实上, 任取 $y\in V_1$, $x\in V_1^{\perp}$, 于是 $(\varphi^*y,x)=(y,\varphi x)=0$).

(7)⇒(6) 类似于 (6)⇒(7).

(6)⇒(1) 令 x_1 为 φ 的特征向量, 于是 φ 不变 $\langle x_1\rangle$, $\langle x_1\rangle^{\perp}$. 再在 $\langle x_1\rangle^{\perp}$ 中取特征向量 x_2, 又有 $\langle x_1,x_2\rangle$, $\langle x_1,x_2\rangle^{\perp}$ 为 φ 的不变子空间, 如此继续, φ 有特征向量 x_1, $x_2,\cdots,x_n$ 构成 V 的标准正交基, 从而 (4) 成立, 进一步 (3) 成立, 当然可推出 (2) 成立, 此即 (1) 成立.

(1)⇒(8)　易见

$$|\varphi(x)|^2=(\varphi(x),\varphi(x))=(x,\varphi^*\varphi(x)),$$
$$|\varphi^*(x)|^2=(\varphi^*(x),\varphi^*(x))=(x,\varphi\varphi^*(x)),$$

再由 $\varphi^*\varphi=\varphi\varphi^*$ 可知 (8) 成立.

(8)⇒(1)　由

$$\begin{aligned}|\varphi(x+y)|^2&=(\varphi(x+y),\varphi(x+y))\\&=|\varphi(x)|^2+|\varphi(y)|^2+(\varphi(x),\varphi(y))+(\varphi(y),\varphi(x))\end{aligned}$$

及

$$\begin{aligned}|\varphi^*(x+y)|^2&=(\varphi^*(x+y),\varphi^*(x+y))\\&=|\varphi^*(x)|^2+|\varphi^*(y)|^2+(\varphi^*(x),\varphi^*(y))+(\varphi^*(y),\varphi^*(x))\end{aligned}$$

可知

$$(\varphi(x),\varphi(y))+(\varphi(y),\varphi(x))=(\varphi^*(x),\varphi^*(y))+(\varphi^*(y),\varphi^*(x)),$$

从而

$$(\varphi^*\varphi(x),y)+(y,\varphi^*\varphi(x))=(\varphi\varphi^*(x),y)+(y,\varphi\varphi^*(x)),$$
$$(\varphi\varphi^*(x)-\varphi^*\varphi(x),y)=(y,\varphi^*\varphi(x)-\varphi\varphi^*(x)).$$

取 $y=\varphi\varphi^*(x)-\varphi^*\varphi(x)$, 则有

$$|\varphi\varphi^*(x)-\varphi^*\varphi(x)|^2=0,$$

从而 $\varphi\varphi^*(x)=\varphi^*\varphi(x)(\forall x\in V)$, 即 (1) 成立.

(9)⇒(1)　显然.

(3)⇒(9)　设 $A=U^*\mathrm{diag}(\lambda_1,\cdots,\lambda_n)U$, 令 $\lambda_j=r_j\mathrm{e}^{\mathrm{i}\theta_j}$, 则

$$A=U^*\mathrm{diag}(r_1,\cdots,r_n)U\cdot U^*\mathrm{diag}(\mathrm{e}^{\mathrm{i}\theta_1},\cdots,\mathrm{e}^{\mathrm{i}\theta_n})U.$$

令

$$U^*\mathrm{diag}(r_1,\cdots,r_n)U=M,\quad U^*\mathrm{diag}(\mathrm{e}^{\mathrm{i}\theta_1},\cdots,\mathrm{e}^{\mathrm{i}\theta_n})U=T,$$

易见 M 为 Hermite 矩阵, T 为酉矩阵, $A=MT$, 写成变换此即 (9), 而 $MT=TM$ 是显然的. ▮

习　题　18

1. 数域 $\mathbf{F}$ 上 n 维线性空间 V 的线性变换 σ 在某基下的矩阵是

$$A=\begin{pmatrix}\lambda & 1 & & \\ & \ddots & \ddots & \\ & & \ddots & 1 \\ & & & \lambda\end{pmatrix},$$

证明 V 不能分解成两个非平凡的 σ 不变子空间的直和.

2. 正交矩阵在正交相似下的标准形是

$$\mathrm{diag}\left(I_p,-I_q,\begin{pmatrix}\cos\varphi_1 & \sin\varphi_1\\ -\sin\varphi_1 & \cos\varphi_1\end{pmatrix},\cdots,\begin{pmatrix}\cos\varphi_t & \sin\varphi_t\\ -\sin\varphi_t & \cos\varphi_t\end{pmatrix}\right).$$

3. 设 A 为正规矩阵, 则

(1) $\overline{A}'=A\Leftrightarrow A$ 的特征根全为实数 (A 称为 Hermite 矩阵);

(2) $\overline{A}'=-A\Leftrightarrow A$ 的特征根为 0 或纯虚数 (A 称为反 Hermite 矩阵);

(3) $\overline{A}'A=I$(酉矩阵)$\Leftrightarrow A$ 的特征根模为 1.

4. 设 A,B 为 n 阶实正交矩阵, 证明 $|A||B|=1$ 当且仅当 $n-$ 秩 $(A+B)$ 为偶数.

5. $f_1(x),\cdots,f_t(x)$ 为数域 $\mathbf{F}$ 上的 t 个非零多项式, $[f_1(x),\cdots,f_t(x)]$ 为 $f_1(x),\cdots,f_t(x)$ 的最小公倍式, σ 为 $\mathbf{F}$ 上 n 维线性空间的线性变换, 求证

$$\ker[f_1(\sigma),\cdots,f_t(\sigma)]=\ker f_1(\sigma)+\cdots+\ker f_t(\sigma),$$

又当 $f_1(x),\cdots,f_t(x)$ 两两互素时, 上述和为直和.

6. 设 σ 为 n 维线性空间 V 的线性变换, 则如下条件等价:

(1) $\dim\mathrm{Im}\sigma=\dim\mathrm{Im}\sigma^2$;

(2) $\mathrm{Im}\sigma=\mathrm{Im}\sigma^2$;

(3) $\ker\sigma\bigcap\mathrm{Im}\sigma=\{0\}$;

(4) $\ker\sigma\oplus\mathrm{Im}\sigma=V$;

(5) 存在 V 的基 $\varepsilon_1,\cdots,\varepsilon_n$, 使得 σ 在该基下的矩阵为 $\mathrm{diag}(D,0)$, 其中 D 可逆;

(6) 存在 V 的可逆线性变换 τ, 使得 $\sigma^2=\tau\sigma$;

(7) 若 $\varepsilon_1,\cdots,\varepsilon_r$ 是 $\mathrm{Im}\sigma$ 的基, 则 $\sigma\varepsilon_1,\cdots,\sigma\varepsilon_r$ 是 $\mathrm{Im}\sigma^2$ 的基;

(8) $\sigma|_{\mathrm{Im}\sigma}$ 是可逆线性变换;

(9) $\ker\sigma=\ker\sigma^2$;

(10) $\dim(\ker\sigma)=\dim(\ker\sigma^2)$;

(11) 存在 V 的线性变换 μ, 使得 $\sigma\mu=\mu\sigma$ 且 $\sigma^2\mu=\sigma$, $\mu^2\sigma=\mu$(注意: 此时, μ 是唯一的, 称之为σ **的群逆**, 记 $\sigma^{\#}=\mu$).

7. 设 A 为 n 阶复矩阵, A^* 为 A 的转置共轭矩阵, 则以下三条是等价的:

(1) A 的所有特征值的实部均大于 0;

(2) 存在 Hermite 正定矩阵 G, 使得 $GA+A^*G$ 是 Hermite 正定矩阵;

(3) 对每个非零 n 维复向量 x, 存在 Hermite 正定矩阵 G(可以依赖于 x), 使得

$$\mathrm{Re}x^*GAx>0.$$

8. A 为 n 阶实矩阵, 则下述各项等价:

(1) A 的所有主子式均大于 0;

(2) 对每个 n 维列向量 $x\neq 0$, 存在它的坐标 x_k, 使得 $x_k\cdot(Ax)_k>0$, 其中 $(Ax)_k$ 表示向量 Ax 的第 k 个坐标;

(3) 对每个 n 维列向量 $x\neq 0$, 存在某个正对角矩阵 D, 使得 $x'DAx>0$;

(4) 对每个 n 维列向量 $x\neq 0$, 存在某个非负对角矩阵 D, 使得 $x'DAx>0$;

(5) A 的每个主子阵的实特征值是正的.

9. 设 $\alpha_1,\cdots,\alpha_m$ 和 $\beta_1,\cdots,\beta_m$ 是 n 维欧氏空间的两个向量组, 证明存在正交变换 σ, 使得 $\sigma\alpha_i=\beta_i(i=1,\cdots,m)$ 的充要条件是 $(\alpha_i,\alpha_j)=(\beta_i,\beta_j)(i,j=1,\cdots,m)$.

10. 设 V 是数域 $\mathbf{F}$ 上 n 维线性空间, $\alpha_1,\cdots,\alpha_m,\beta_1,\cdots,\beta_m\in V$, 求证 $\alpha_1,\cdots,\alpha_m$ 与 $\beta_1,\cdots,\beta_m$ 两向量组等价的充要条件是存在可逆矩阵 P, 使得

$$(\alpha_1\quad\cdots\quad\alpha_m)=(\beta_1\quad\cdots\quad\beta_m)P.$$

11. 设 σ,τ 为 n 维线性空间 V 的线性变换, 试证

$$\dim(\ker\sigma\tau)\leqslant\dim(\ker\sigma)+\dim(\ker\tau).$$

12. 设 V 为欧氏空间, σ 为 V 的变换, 则下述等价:

(1) $(\sigma\alpha,\sigma\beta)=(\alpha,\beta)(\forall\alpha,\beta\in V)$;

(2) $|\sigma\alpha|=|\alpha|(\forall\alpha\in V)$, σ 线性变换;

(3) $|\sigma\alpha-\sigma\beta|=|\alpha-\beta|(\forall\alpha\in V)$, σ 线性变换;

(4) $|\sigma\alpha+\sigma\beta|=|\alpha+\beta|(\forall\alpha\in V)$.

13. 设复数域上 n 阶矩阵 A 与 B 满足 $A+B=AB$, 求证:

(1) A 与 B 的特征根均不等于 1;

(2) 设 $\lambda_1,\cdots,\lambda_n$ 为 A 的全部特征根, 则 B 的全部特征根为 $\dfrac{\lambda_1}{\lambda_1-1},\cdots,\dfrac{\lambda_n}{\lambda_n-1}$.

14. 设 $s\geqslant 2$, 证明 $f_1(x),\cdots,f_s(x)$ 两两互素当且仅当 $\dfrac{\prod\limits_{i=1}^{s}f_i(x)}{f_1(x)},\cdots,\dfrac{\prod\limits_{i=1}^{s}f_i(x)}{f_s(x)}$ 互素.

15. 每个元素均非负数的 n 阶矩阵 A, 每行和均为 1, 试证所有特征根的模都小于等于 1.

16. A,B 为实对称矩阵, 试证 $\mathrm{tr}(AB)^2\leqslant\mathrm{tr}(A^2B^2)$.

17. A 是 n 阶可逆实对称矩阵, α 为实 n 维列向量, 讨论 $A-\alpha\alpha'$ 的符号差 $s(A-\alpha\alpha')$ 与 A 的符号差 $s(A)$ 的关系, 其中 $s(A)=A$ 的正特征值个数 $-A$ 的负特征值个数.

18. 设 V 是数域 $\mathbf{F}$ 上 n 维线性空间, $f(\alpha,\beta)$ 为 V 上一个对称双线性函数, V 的子空间 W 称为**全迷向的**, 如果对所有的 $\alpha\in W$ 有 $f(\alpha,\alpha)=0$, 又令 $W^\perp=\{\beta\in V\,|\,f(\beta,\alpha)=0,\forall\alpha\in W\}$.

(1) 证明子空间 W 全迷向 $\Leftrightarrow W\subseteq W^\perp$;

(2) 设 W_1, W_2 为 V 的全迷向子空间, 又

$$W_1 = (W_1 \bigcap W_2) \oplus M, \quad W_2 = (W_1 \bigcap W_2) \oplus N,$$

证明 $W_1 \bigcap W_2^{\perp} = (W_1 \bigcap W_2) \oplus (M \bigcap N^{\perp})$.

19. 设 $A^2 = I_n$, 试证存在可逆矩阵 P, Q, 使得 $P\mathrm{diag}(A+I, A-I)Q = \mathrm{diag}(I_n, 0)$.

20. 设 A 是一个 n 阶方阵, 试证存在可逆矩阵 P, 使得 PA 为上三角矩阵.

21. 设数域 $\mathbf{F}$ 上多项式 $f(x), g(x)$ 互素, $h(x) = (x^2+1)f(x) + (x^2+x+1)g(x)$, $u(x) = xf(x) + (x+1)g(x)$, 证明 $h(x)$ 与 $u(x)$ 互素.

22. 设 V 是数域 $\mathbf{F}$ 上 n 维线性空间, 若 V 的线性变换 $\sigma_1, \cdots, \sigma_s$ 满足

$$\sigma_i\sigma_j = \begin{cases} \sigma_i, & j = i, \\ 0, & j \neq i. \end{cases}$$

证明 $V = \mathrm{Im}\sigma_1 \oplus \cdots \oplus \mathrm{Im}\sigma_s \oplus \left(\bigcap_{i=1}^{s} \ker\sigma_i\right)$.

23. 设 n 阶矩阵 A 和 B 互相交换且 A 幂零, 证明 $|A+B| = |B|$.

24. 设 A, B 为 n 阶实对称矩阵, B 正定, 证明 $AB = BA$ 当且仅当 A 与 BAB^{-1} 可交换.

25. 对线性空间 (维数不限)V 上的线性函数 f, g 定义乘积

$$fg : (fg)(\alpha) = f(\alpha)g(\alpha), \quad \forall \alpha \in V,$$

证明若 $fg = 0$, 则 $f = 0$ 或 $g = 0$.

26. 设 $f(x)$ 与 $g(x)$ 为数域 $\mathbf{F}$ 上互素多项式, A 为 $\mathbf{F}$ 上 n 阶矩阵, 证明:

(1) $\mathbf{F}^n = \mathrm{Im}f(A) + \mathrm{Im}g(A)$;

(2) $\ker f(A) \subset \mathrm{Im}g(A)$;

(3) $\ker(f(A)g(A)) = \ker f(A) \oplus \ker g(A)$.

27. 设 $f(x)$ 与 $g(x)$ 的最大公因式为 $d(x)$, 最小公倍式为 $m(x)$, A 为一个 n 阶矩阵, 证明秩 $f(A)$+ 秩 $g(A)$ = 秩 $d(A)$+ 秩 $m(A)$(参见文献 [16]).

28. 设 A 为 n 阶方阵, 其特征多项式 $f(\lambda) = (\lambda-\mu_1)^{r_1}\cdots(\lambda-\mu_s)^{r_s}$, 其中 $\mu_1, \cdots, \mu_s$ 为不同的复数, 证明存在多项式 $g(x)$, 使得

$$(\lambda-\mu_j)^{r_j} | (g(\lambda)-\mu_j), \quad j = 1, \cdots, s$$

且 $g(A)$ 相似于对角矩阵, $g(A) - A$ 为幂零矩阵.

29. 设实系数 n 次多项式 $f(x)$ 对任意实数 x 的值均非负, $g(x) = f(x) + f'(x) + \cdots + f^{(n)}(x)$, 证明 $g(x) \geqslant 0$ 对任意实数 x 成立.

30. 设 $\mathbf{R}$ 为实数域, 定义从 $\mathbf{R}^n$ 到 $\mathbf{R}$ 的映射如下:

$$f(x) = \sum_{i=1}^{r} |x_i| - \sum_{i=r+1}^{r+s} |x_i|, \quad \forall x \in \mathbf{R}^n,$$

其中 $r \geqslant s \geqslant 0$. 证明:

(1) 存在 $\mathbf{R}^n$ 的一个 $n-r$ 维子空间 W, 使得 $f(x)=0(\forall x\in W)$;

(2) 如果 W_1, W_2 是 $\mathbf{R}^n$ 的两个 $n-r$ 维子空间, 使得 $f(x)=0(\forall x\in W_1\bigcup W_2)$, 则 $\dim(W_1\bigcap W_2)\geqslant n-(r+s)$.

31. 设 n 阶方阵 A 的最小多项式是 $(x-1)(x-2)^2(x-3)^3$, 求证

$$\mathbf{R}^n=\ker((A-I)(A-2I)(A-3I))+\ker((A-2I)^2(A-3I)^2)+\ker(A-3I)^3.$$

32. 设 σ 为 n 维线性空间的线性变换, 求证:

(1) $\dim(\mathrm{Im}\sigma+\ker\sigma)\geqslant\dfrac{n}{2}$;

(2) $\dim(\mathrm{Im}\sigma+\ker\sigma)=\dfrac{n}{2}\Leftrightarrow\mathrm{Im}\sigma=\ker\sigma$.

33. 设矩阵 A,B,C,D 两两可交换且 $AC+BD=I_n$, 求证

$$秩\ (AB)=秩\ A+秩\ B-n.$$

34. 设 n 维线性空间 V 的线性交换 σ 及 τ, 并且 $\sigma^2=\sigma$, 求证 $\ker\sigma$ 和 $\mathrm{Im}\sigma$ 都是 τ 的不变子空间当且仅当 $\sigma\tau=\tau\sigma$.

35. 设 n 阶矩阵 A,B 满足如下条件: 秩 $A=n-1,AB=BA=0$. 求证 B 是 A 的多项式.

部分习题答案与提示

习　题　1

1. 注意：

$$\begin{pmatrix} -1 & 0 \\ 0 & 1 \end{pmatrix} = \begin{pmatrix} 1 & -1 \\ 0 & 1 \end{pmatrix}\begin{pmatrix} 1 & 0 \\ 1 & 1 \end{pmatrix}\begin{pmatrix} 0 & 1 \\ 1 & 0 \end{pmatrix}\begin{pmatrix} 1 & 0 \\ -1 & 1 \end{pmatrix}.$$

必要性看行列式; 充分性用反证法.

2. 一系列倍法阵及换法阵的乘积是对角矩阵或非三角矩阵, 而当 $\lambda \neq 0$ 时, 消法阵是三角矩阵但非对角矩阵.

3. 看 A 的阶梯形阵.

4. 必要性由初等变换不改变矩阵的秩得到; 充分性可对阶梯形继续作初等变换得到.

5. 对 n 应用数学归纳法.

6. 对 A 的阶梯形阵继续进行适当的初等行变换.

7. 对第 6 题中的 B 进行适当的行对换即可.

8. 交换可逆矩阵 A 的 i, j 两行后得 B, 则 $B = P_{ij}A$, 其中 P_{ij} 为置换阵, 于是 $B^{-1} = A^{-1}P_{ij}$, 故交换可逆矩阵 A^{-1} 的 i, j 两列后得 B^{-1}. 其余类似.

9. (1) $T_{21}(1)T_{31}(1)T_{12}(3)T_{13}(3)$;

(2) $T_{21}(3)D_2(-2)T_{12}(2)$;

(3) $T_{13}(3)T_{12}(4)T_{32}(-2)T_{21}(1)T_{31}(1)D_2(-1)$.

10. (1) $6(n-3)!$;　(2) $(-1)^{\frac{n(n-1)}{2}} \cdot [(n-1)a+b] \cdot (b-a)^{n-1}$;　(3) $\prod\limits_{i=1}^{n}(x-a_i)$.

11. 将 $\begin{pmatrix} I_m - AB & A \\ 0 & I_n \end{pmatrix}$ 经块消法变换化为 $\begin{pmatrix} I_m & A \\ 0 & I_n - BA \end{pmatrix}$.

12. 将 $\begin{pmatrix} A & B \\ B & A \end{pmatrix}$ 经块消法变换化为 $\begin{pmatrix} A+B & 0 \\ B & A-B \end{pmatrix}$.

13. 设法利用秩 $\begin{pmatrix} A & 0 \\ 0 & B \end{pmatrix} =$ 秩 $A+$ 秩 B.

14. 将 $\begin{pmatrix} A & B \\ C & D \end{pmatrix}$ 经块消法变换化为 $\begin{pmatrix} A - BD^{-1}C & 0 \\ C & D \end{pmatrix}$.

15. 易见, $\begin{pmatrix} A & B \\ C & D \end{pmatrix}$ 可经初等行变换化为 $\begin{pmatrix} A & B \\ 0 & 0 \end{pmatrix}$, 于是 $\begin{pmatrix} A \\ C \end{pmatrix}$ 可经初等行变换化为 $\begin{pmatrix} A \\ 0 \end{pmatrix}$, 故秩 $A =$ 秩 $\begin{pmatrix} A \\ C \end{pmatrix} = r$.

16. 应用第 11 题.

17. (1) $\begin{pmatrix} n & n-1 & \cdots & 2 & 1 \\ n-1 & n-1 & \ddots & 2 & 1 \\ \vdots & \ddots & \ddots & \ddots & \vdots \\ 2 & 2 & \ddots & 2 & 1 \\ 1 & 1 & \cdots & 1 & 1 \end{pmatrix}$;

(2) $\frac{1}{n-1}\begin{pmatrix} 2-n & 1 & \cdots & 1 \\ 1 & 2-n & \ddots & \vdots \\ \vdots & \ddots & \ddots & 1 \\ 1 & \cdots & 1 & 2-n \end{pmatrix}$.

18. $\alpha_1, \alpha_2, \alpha_4$ 是一个极大无关组; $\alpha_1 = \alpha_1, \alpha_2 = \alpha_2, \alpha_3 = \frac{4}{5}\alpha_1 - \frac{7}{5}\alpha_2, \alpha_4 = \alpha_4$.

19. 当 $\lambda \neq 1$ 且 $\lambda \neq -2$ 时, 无解; 当 $\lambda = 1$ 或 $\lambda = -2$ 时, 有无穷多解, 解为

$$\begin{pmatrix} -\frac{1}{3}\lambda + \frac{4}{3} & -\frac{2}{3}\lambda + \frac{2}{3} & 0 \end{pmatrix}' + k(1 \quad 1 \quad 1)', \quad k\text{任意}.$$

20. 当 $\lambda \neq -2$ 且 $\lambda \neq 1$ 时, 有唯一解 $\begin{pmatrix} \frac{\lambda-1}{\lambda+2} & -\frac{3}{\lambda+2} & -\frac{3}{\lambda+2} \end{pmatrix}'$; 当 $\lambda = -2$ 时, 无解; 当 $\lambda = 1$ 时, 有无穷多解, 解为

$$(-2 \quad 0 \quad 0)' + k_1(-1 \quad 1 \quad 0)' + k_2(-1 \quad 0 \quad 1)', \quad k_1,\ k_2\text{任意}.$$

21. (1) 当 $a \neq b$ 且 $a \neq 0$ 时, 有唯一解 $\begin{pmatrix} 1-\frac{1}{a} & \frac{1}{a} & 0 \end{pmatrix}'$; 当 $a = 0$ 时, 无解; 当 $a = b \neq 0$ 时, 有无穷多解, 解为

$$\begin{pmatrix} 1-\frac{1}{a} & \frac{1}{a} & 0 \end{pmatrix}' + k(0 \quad 1 \quad 1)', \quad k\text{任意}.$$

(2) 当 $b = 0$ 时, 无解; 当 $a = 1$ 且 $b \neq \frac{1}{2}$ 时, 无解; 当 $a = 1$ 且 $b = \frac{1}{2}$ 时, 有无穷多解, 解为

$$(2 \quad 2 \quad 0)' + k(-1 \quad 0 \quad 1)', \quad k\text{任意};$$

当 $a \neq 1$ 且 $b \neq 0$ 时, 有唯一解

$$\begin{pmatrix} \frac{2b-1}{b(a-1)} & \frac{1}{b} & \frac{2ab+1-4b}{b(a-1)} \end{pmatrix}'.$$

22. (1) $k_1(1 \quad -2 \quad 1 \quad 0 \quad 0)' + k_2(1 \quad -2 \quad 0 \quad 1 \quad 0)' + k_3(5 \quad -6 \quad 0 \quad 0 \quad 1)', k_1, k_2, k_3$ 任意;

(2) $\begin{pmatrix} \frac{5}{4} & -\frac{1}{4} & 0 & 0 \end{pmatrix}' + k_1(-3 \quad 7 \quad 0 \quad 4)' + k_2(3 \quad 3 \quad 2 \quad 0)', k_1, k_2$ 任意.

23. $L(\alpha_1,\ \alpha_2,\ \alpha_3) + L(\beta_1,\ \beta_2) = L(\alpha_1,\ \alpha_2,\ \alpha_3)$,
$L(\alpha_1,\ \alpha_2,\ \alpha_3) \cap L(\beta_1,\ \beta_2) = L(\beta_1,\ \beta_2)$.

24. $L(\alpha_1,\ \alpha_2) + L(\beta_1,\ \beta_2) = L(\alpha_1,\ \alpha_2,\ \beta_1)$,

$L(\alpha_1,\ \alpha_2)\cap L(\beta_1,\ \beta_2)=L(-3\beta_1+\beta_2)$.

25. $f(x_1,x_2,x_3)=2y_1^2-\dfrac{1}{2}y_2^2+6y_3^2$.

26. $q_1=\left(\dfrac{1}{\sqrt{3}}\quad -\dfrac{1}{\sqrt{3}}\quad \dfrac{1}{\sqrt{3}}\quad 0'\right)$, $q_2=\left(\dfrac{1}{\sqrt{6}}\quad \dfrac{2}{\sqrt{6}}\quad \dfrac{1}{\sqrt{6}}\quad 0'\right)$,

$q_3=\left(\dfrac{1}{\sqrt{6}}\quad 0\quad -\dfrac{1}{\sqrt{6}}\quad \dfrac{2}{\sqrt{6}}\right)'$.

27. 运用初等块变换化其为上三角块阵. 秩 $\begin{pmatrix} A & B \\ C & D \end{pmatrix}=n$.

28. 讨论 $xy=0$ 及 $xy\neq 0$ 两种情况, 施行初等块变换.

习 题 2

1. 类似于例 2.7.
2. $-(m+n)$, $8(m+n)$.
3. 常数项为 -3, x^2 项的系数为 -4.
4. (1) $(b-a)^3(a+b)$;

   (2) 0;

   (3) $-3(x-1)(x+1)(x-2)(x+2)$;

   (4) $-(x+y+z)(x+y-z)(x-y+z)(-x+y+z)$.
5. 由逆矩阵的性质知 $x=(1\quad 0\quad \cdots\quad 0)'$.
6. (1) $1-a+a^2-a^3+a^4-a^5$;

   (2) $x^n+a_1x^{n-1}+\cdots+a_{n-1}x+a_n$;

   (3) 当 $n=1$ 时, $1+x_1y_1$; 当 $n=2$ 时, $(x_2-x_1)(y_2-y_1)$; 当 $n\geqslant 3$ 时, 0;

   (4) $\prod\limits_{i=1}^{n}(x_i-a_ib_i)+\sum\limits_{j=1}^{n}a_jb_j\prod\limits_{\substack{i=1\\ i\neq j}}^{n}(x_i-a_ib_i)$.
7. 2^{n^2-n+1}.
8. $(-1)^{mn}ab$.
9. $-4^{99}A$.
11. $\begin{pmatrix} 1 & 0 & 0 & 0 \\ -2 & 1 & 0 & 0 \\ 1 & -2 & 1 & 0 \\ 0 & 1 & -2 & 1 \end{pmatrix}$.
12. $-\dfrac{1}{5}(A-2I)$.
13. $X=0$.
14. 126.
15. $\dfrac{10}{3}$.

16. $B=\begin{pmatrix}6&0&0&0\\0&6&0&0\\6&0&6&0\\0&3&0&-1\end{pmatrix}$.

17. $\begin{pmatrix}1&0&0&0\\-1&2&0&0\\0&-2&3&0\\0&0&-3&4\end{pmatrix}$.

19. (1) $B=\begin{pmatrix}0&0&0\\1&0&3\\0&1&-2\end{pmatrix}$; (2) $|A+I_3|=-4$.

21. (1) $A^{100}=2^{99}A$;

(2) $I_n+(\mathrm{C}_{100}^1+2\mathrm{C}_{100}^2+2^2\mathrm{C}_{100}^3+\cdots+2^{98}\mathrm{C}_{100}^{99}+2^{99})A$.

22. $A^{100}=\begin{pmatrix}1&200&100&0\\0&1&0&100\\0&0&1&-200\\0&0&0&1\end{pmatrix}$.

26. $\begin{pmatrix}A^{-1}&-A^{-1}CB^{-1}\\0&B^{-1}\end{pmatrix}$, $\begin{pmatrix}-B^{-1}CA^{-1}&B^{-1}\\A^{-1}&0\end{pmatrix}$.

28. $|A|=\left[(\lambda_1\cdots\lambda_n)^{\frac{1}{n}}\right]^n\leqslant\left(\dfrac{\lambda_1+\cdots+\lambda_n}{n}\right)^n=1^n=1$.

29. 由 $\alpha'A\alpha>0(\forall\alpha\neq0)$ 可知, A 无零特征值. 若 A 有实特征值 λ, 则 $A\alpha_0=\lambda\alpha_0(\alpha_0\neq0)$, 于是 $\alpha_0'A\alpha_0=\lambda\alpha_0'\alpha>0$, 故 $\lambda>0$. 再由 $|A|$ 等于所有特征根之积可推出结论.

30. A 的特征多项式 $(\lambda-1)^2(\lambda+1)$, 它能整除 $\lambda^n-\lambda^{n-2}-\lambda^2+1$, 故有 $A^n=A^{n-2}+A^2-I$, 由此可求 $A^{100}=\begin{pmatrix}1&0&0\\50&1&0\\50&0&1\end{pmatrix}$.

31. 秩 $A=$ 秩 $(AA')=s$.

32. $\dim W=1$. 事实上, 设 W 中 $\alpha=(a_1\ \cdots\ a_n)'$ 与 $\beta=(b_1\ \cdots\ b_n)'$ 线性无关, 不妨设 $\begin{vmatrix}a_1&b_1\\a_2&b_2\end{vmatrix}\neq0$, 从而 $b_2\alpha-a_2\beta$ 的第一个分量不为 0 且第二个分量为 0, 矛盾.

33. A 相似于 $\begin{pmatrix}I_{n-1}&\alpha\\0&a\end{pmatrix}$(取基), 由已知条件推出 $A=I_n$.

34. 由 $[(A-B)(A+B)]'=A^{-1}(A+B)B^{-1}A^{-1}(B-A)B^{-1}$, 两边取行列式可证.

35. (1) $\begin{pmatrix}1&x&y\\0&0&0\\0&0&0\end{pmatrix}$, (2) $\begin{pmatrix}0&0&y\\0&0&x\\0&0&1\end{pmatrix}$, (3) $\begin{pmatrix}0&x&xy\\0&1&y\\0&0&0\end{pmatrix}$, 其中 x,y 任意.

36. $A\begin{pmatrix}\alpha_1\\ \vdots\\ \alpha_n\end{pmatrix}=A$, 其中 $\alpha_1,\cdots,\alpha_n$ 为 A 的各行.

37. (1) 设 τ 的矩阵 $A=\begin{pmatrix}a & b\\ c & d\end{pmatrix}$, 则 $A^{-1}=\begin{pmatrix}d & -b\\ -c & a\end{pmatrix}$;

(2) $\text{Re}(\alpha,\tau\alpha)=\frac{1}{2}((\alpha,\tau\alpha)+\overline{(\alpha,\tau\alpha)})=\frac{1}{2}((\alpha,\tau\alpha)+(\tau\alpha,\alpha))=\frac{1}{2}((\alpha,\tau\alpha)+(\alpha,\tau^{-1}\alpha))$.

38. 由于 A 的最小多项式无重根, 故 A 相似于对角矩阵, 于是 $(I-A)x=0$ 的解空间的维数等于 A 的特征值 1 的重数 r. 另一方面, $\frac{1}{n}\text{tr}(A+A^2+\cdots+A^n)=\frac{1}{n}\sum_{i=1}^{m}(\lambda_i+\cdots+\lambda_i^n)$, 其中 $\lambda_1,\cdots,\lambda_m$ 为 A 的全部特征值. 当 $\lambda_i=1$ 时, $\lambda_i+\cdots+\lambda_i^n=n$; 当 $\lambda_i\neq 1$ 时, $\lambda_i+\cdots+\lambda_i^n=\lambda_i\frac{1-\lambda_i^n}{1-\lambda_i}=0$, 故 $\frac{1}{n}\text{tr}\left(\sum_{i=1}^{n}A^i\right)=\frac{1}{n}\cdot nr=r$.

习 题 3

1. $\lambda\neq 1$.

2. 4.

3. 此问题的等价提法是: 求满足 $\alpha_1,\cdots,\alpha_t\in\mathbf{F}^n$ 是线性方程组 $\beta'x=0$ 的解的所有的 β, 下见注 3.2.

4. 由注 3.2, 可将使得方程组 $C_{(n-1)\times n}x=0$ 的解空间为 $L(\beta)$ 的所有系数矩阵 C 表示为 $P(\,\xi_1\ \ \cdots\ \ \xi_{n-1}\,)'$, 可将使得方程组 $D_{(n-1)\times n}x=0$ 的解空间为 $L(\alpha')$ 的所有系数矩阵 D 表示为 $Q(\,\eta_1\ \ \cdots\ \ \eta_{n-1}\,)'$, 其中 P 取任意的 $n-1$ 阶可逆矩阵, 并且 $(\,\xi_1\ \ \cdots\ \ \xi_{n-1}\,)'$ 可类似于例 3.3 求得, Q 取任意的 $n-1$ 阶可逆矩阵, 并且其中

$$(\,\eta_1\ \ \cdots\ \ \eta_{n-1}\,)'$$

可类似于例 3.3 求得. 再求满足

$$P(\,\xi_1\ \ \cdots\ \ \xi_{n-1}\,)'(\,\eta_1\ \ \cdots\ \ \eta_{n-1}\,)Q'=I_{n-1}$$

的可逆矩阵 P 和 Q(可能不唯一). 令

$$A=\begin{pmatrix}\alpha\\ P(\xi_1\ \ \cdots\ \ \xi_{n-1})'\end{pmatrix},\quad B=(\beta\quad(\eta_1\ \ \cdots\ \ \eta_{n-1})Q')$$

即可.

5. 将 γ 写成形式 $\gamma_0+k_1\eta_1+\cdots+k_s\eta_s$, 再令 $k_0=1-k_1-\cdots-k_s$ 即可.

6. $\begin{pmatrix}1-a & \frac{a}{2} & a\\ a-b & \frac{b}{2} & b\\ 3-c & \frac{c}{2} & c\end{pmatrix}$, 其中 a, b, c 为任意数.

7. 此问题的等价提法是: 求满足 $\alpha_1, \cdots, \alpha_t \in \mathbf{F}^n$ 是线性方程组

$$\beta' x = (b_1 \ \ \cdots \ \ b_t)$$

的解的所有 β.

8. $\begin{pmatrix} \frac{2}{3} & \frac{2a+\epsilon\sqrt{1-a^2}}{3} & \frac{2\epsilon\sqrt{1-a^2}-a}{3} \\ \frac{2}{3} & \frac{-a-2\epsilon\sqrt{1-a^2}}{3} & \frac{-\epsilon\sqrt{1-a^2}+2a}{3} \\ -\frac{1}{3} & \frac{2a-2\epsilon\sqrt{1-a^2}}{3} & \frac{2\epsilon\sqrt{1-a^2}+2a}{3} \end{pmatrix}$, $\forall a \in \mathbf{R}, \epsilon = \pm 1$.

9. $\begin{pmatrix} \frac{1}{\sqrt{2}} & \frac{1}{\sqrt{2}} & 0 & 0 \\ 0 & 0 & \frac{1}{\sqrt{2}} & \frac{1}{\sqrt{2}} \\ \frac{1}{2} & -\frac{1}{2} & \frac{1}{2} & -\frac{1}{2} \\ \frac{1}{2} & -\frac{1}{2} & -\frac{1}{2} & \frac{1}{2} \end{pmatrix}$.

10. $a=-3, \quad b=0, \quad \lambda=-1$.

11. $x=4$, 其他特征值为 3(二重).

12. $x+y=0$.

13. $-1\cdot 3\cdot 5 \ \cdots \ (2n-3)$.

14. $x=y=0$.

15. $a=2, \quad b=1, \quad \begin{pmatrix} -\frac{1}{\sqrt{2}} & -\frac{1}{\sqrt{6}} & \frac{1}{\sqrt{3}} \\ \frac{1}{\sqrt{2}} & -\frac{1}{\sqrt{6}} & \frac{1}{\sqrt{3}} \\ 0 & \frac{2}{\sqrt{6}} & \frac{1}{\sqrt{3}} \end{pmatrix}$.

16. $A = \begin{pmatrix} \frac{7}{3} & 0 & -\frac{2}{3} \\ 0 & \frac{5}{3} & -\frac{2}{3} \\ -\frac{2}{3} & -\frac{2}{3} & 0 \end{pmatrix}$.

17. $\begin{pmatrix} \frac{5}{7}\cdot 2^{100}+\frac{2}{7} & -\frac{1}{7}\cdot 2^{100}+\frac{1}{7} & -\frac{3}{7}\cdot 2^{100}+\frac{3}{7} \\ -\frac{1}{7}\cdot 2^{100}+\frac{1}{7} & \frac{1}{35}2^{100}+\frac{34}{35} & \frac{3}{35}\cdot 2^{100}-\frac{3}{35} \\ -\frac{3}{7}\cdot 2^{100}+\frac{3}{7} & \frac{3}{35}\cdot 2^{100}-\frac{3}{35} & \frac{9}{35}\cdot 2^{100}+\frac{26}{35} \end{pmatrix}$.

18. $\begin{pmatrix} 1 & -1 & 1 & 2 \\ -1 & 0 & 1 & 0 \\ 1 & 1 & -4 & -2 \\ 2 & 0 & -2 & 0 \end{pmatrix}$.

19. $\lambda > 8$, $\begin{pmatrix} 1 & 2 & 1 & 1 & 0 \\ 2 & \lambda & 4 & 0 & 1 \\ 1 & 4 & 2 & -1 & 1 \\ 1 & 0 & -1 & \dfrac{6\lambda-44}{\lambda-8} & \dfrac{14-2\lambda}{\lambda-8} \\ 0 & 1 & 1 & \dfrac{14-2\lambda}{\lambda-8} & \dfrac{2\lambda-15}{\lambda-8} \end{pmatrix}$.

20. $\alpha_1 = (1 \quad 1 \quad 1)'$, $\alpha_2 = (1 \quad 0 \quad 0)'$, $\alpha_3 = (1 \quad 1 \quad 0)'$.

21. $V_1 = L(\beta_1,\ \beta_2,\ \alpha_3)$, $V_2 = L(\beta_1,\ \beta_2,\ \alpha_4)$.

22. $\begin{pmatrix} 0 & 0 & 1 \\ 1 & 0 & -1 \\ 0 & 1 & -2 \end{pmatrix}$.

23. 存在二阶可逆矩阵 P 和 Q, 使得 $L(X) = PXQ(\forall X \in \mathbf{F}^{2\times 2})$ 或 $L(X) = PX'Q(\forall X \in \mathbf{F}^{2\times 2})$.

24. 当 $a \neq -1$ 时等价, 当 $a = -1$ 时不等价.

25. (1) $a = 0, b$ 任意;

(2) $a \neq 0, a \neq b$;

(3)$a = b \neq 0$, $\beta = \left(1 - \dfrac{1}{a}\right)\alpha_1 + \left(\dfrac{1}{a} + c\right)\alpha_2 + c\alpha_3, c$ 任意.

26. 当 $a = -1$ 时, 有非零公共解

$$\eta = k_1(2 \quad -1 \quad 1 \quad 1)' + k_2(-1 \quad 2 \quad 4 \quad 7)', \quad k_1, k_2 \text{任意}.$$

27. $a = -2$, A 可相似对角化;$a = -\dfrac{2}{3}$, A 不可相似对角化.

28. $P = \begin{pmatrix} 1 & 0 & 0 & 0 \\ 0 & 1 & 0 & 0 \\ 0 & 0 & 1 & -\dfrac{4}{5} \\ 0 & 0 & 0 & 1 \end{pmatrix}$ 有 $(AP)'AP = \text{diag}\left(1, 1, 5, \dfrac{9}{5}\right)$.

习 题 4

1. n 个点 $(x_1,\ y_1), \cdots, (x_n,\ y_n)$ 共线 $\Leftrightarrow$ 线性方程组

$$\begin{cases} x_1x + y_1y + z = 0, \\ \qquad\cdots\cdots \\ x_nx + y_ny + z = 0 \end{cases}$$

有非零解.

2. 问题等价于 4 个平面方程组成的方程组无解, 并且其中任意三个方程组成的方程组都有唯一解, 所以条件应为

(1) $\begin{vmatrix} a_1 & b_1 & c_1 & d_1 \\ a_2 & b_2 & c_2 & d_2 \\ a_3 & b_2 & c_3 & d_3 \\ a_4 & b_4 & c_4 & d_4 \end{vmatrix} \neq 0;$

(2) $\begin{vmatrix} a_1 & b_1 & c_1 \\ a_2 & b_2 & c_2 \\ a_3 & b_3 & c_3 \end{vmatrix} \neq 0;$

(3) $\begin{vmatrix} a_1 & b_1 & c_1 \\ a_3 & b_3 & c_3 \\ a_4 & b_4 & c_4 \end{vmatrix} \neq 0;$

(4) $\begin{vmatrix} a_2 & b_2 & c_2 \\ a_3 & b_3 & c_3 \\ a_4 & b_4 & c_4 \end{vmatrix} \neq 0;$

(5) $\begin{vmatrix} a_1 & b_1 & c_1 \\ a_2 & b_2 & c_2 \\ a_4 & b_4 & c_4 \end{vmatrix} \neq 0$

同时成立.

3. 由 n 个平面方程组成的方程组有无穷多解, 并且其系数矩阵的秩等于 2.

4. 4.

5. 相交.

6. $\dfrac{x-2}{-7}=\dfrac{y}{-2}=\dfrac{z+1}{8}$.

7. 当 $a>1$ 时为椭圆柱面; 当 $a<1$ 时为双曲柱面; 当 $a=1$ 时, 两个平行平面.

习 题 5

1. 用恒等取值法, 查根法. $f(x)=kx$ (k 为任意常数).

2. 用查根法. 注意: 若 $f(x)$ 有根 α, 则必有根 α^2 和 $(\alpha-1)^2$, 如此继续, 有有限多个根, 经分析讨论, 可确定只有两个根 0, 1. $f(x)=0,1,x^n(x-1)^n$.

3. 反证法. 将虚根代入计算, 利用虚根成对定理得出矛盾.

4. 令 $g(x)=f(x)-1$, 则有 $g(i)=(-1)^{i+1}(i=0,\ 1,\ \cdots,\ 2n)$ 及 $g(2n+1)=-127$, 利用 Lagrange 插值多项式, $n=3$.

6. 考虑以 a,b,c 为根的关于 t 的方程.

7. 设 $n=dq+r$, 注意: $x^n-1=x^r(x^{dq}-1)+x^r-1$.

8. 用作差法可得 $a-b\mid b-c,\ b-c\mid c-a$ 及 $a-c\mid b-a$, 从而推出 $a=b=c$.

9. 若 $f(x)=(x^2+ax+b)(x^3+cx^2+dx+e)$, 比较系数推出矛盾.

10. 设 x_0 为一个整根, 则易证得 $|a-x_0|=|b-x_0|=|c-x_0|=1$, 从而得出矛盾.

11. 仿例 5.6 的方法.

12. 设 α 为整数根, 推出矛盾.

13. 代换 $x-1=y$, 考虑 $f(x)=g(y)$, 应用反证法, 由韦达定理得出矛盾.

14. 分解 $f(x)=a_0(x-\alpha_1)^{m_1}\cdots(x-\alpha_t)^{m_t}\cdot[(x-\beta_1)^2+\gamma_1^2]^{n_1}\cdots[(x-\beta_s)^2+\gamma_s^2]^{n_s}$, 设 $\alpha_1<\cdots<\alpha_t$. 先证诸 m_i 均为偶数, 再证 $a_0>0$.

16. 先得 $f_1(x)u(x)+f_2(x)v(x)=1$, 两端同乘 $r_2(x)-r_1(x)$, 然后对 $u(x)(r_2(x)-r_1(x))$ 及 $v(x)(r_1(x)-r_2(x))$ 使用带余除法 (分别用 $f_2(x)$, $f_1(x)$ 去除), 设法证明两个商式相等.

18. 设

$$f_1(x)u_1(x)+f_2(x)u_2(x)=(f_1(x),f_2(x))$$

和

$$(f_1(x),f_2(x))v_1(x)+f_3(x)v_2(x)=(f_1(x),f_2(x),f_3(x)),$$

可取 $-u_2(x)$, $u_1(x)$, 0 分别为 $g_1(x)$, $g_2(x)$, $g_3(x)$, 令

$$h_1(x)=\frac{-f_1(x)v_2(x)}{(f_1(x),f_2(x))},\quad h_2(x)=\frac{-f_2(x)v_2(x)}{(f_1(x),f_2(x))},\quad h_3(x)=v_1(x),$$

不难证明.

20. 利用作差法反证.

21. 证明 (2) 时注意 $(x^m,p(x))=1$.

22. (1) 利用 $f(x)u(x)+g(x)v(x)=d(x)$ 及 $d(x)\mid f(x)$, 将 A 代入;

(2) 由 $d(A)p(A)=g(A)=0$ 知, $d(A)$ 可逆 $\Leftrightarrow d(A)$ 是数量矩阵 $\Leftrightarrow d(x)=1$. 再利用 (1) 的结果.

23. 设 $f(x)$ 的全部根为 α, α^2, $\cdots$, α^{p-1}, 设法证 $g(\alpha^j)=0(j=1,\cdots,p-1)$. 注意: $p\mid \mathrm{C}_p^i(i=1,\cdots,p-1)$.

24. $f(x)=\prod\limits_{i=1}^{n}(x-\alpha_i)$, $f'(x)=\sum\limits_{i=1}^{n}\dfrac{f(x)}{x-\alpha_i}$, $D(x)=(-1)^nf(x)+(-1)^{n-1}xf'(x)$.

25. 由已知 $a^4+a^3=1$, $b^4+b^3=1$, 两式相乘、相减得

$$(ab)^4+(ab)^3(a+b+1)=1 \tag{1}$$

和

$$(a^3+a^2)+(b^3+b^2)+ab(a+b+1)=0,$$

进一步又可得

$$a+b+(ab)^2(a+b+1)=0. \tag{2}$$

由 (1) 和 (2) 消去 $a+b$ 得证.

27. 利用查根法.

(1) $m=3k+1$ 或 $m=3k+2$;

(2) m 和 p 为非负偶数, n 为正奇数; 或 m 和 p 为正奇数, n 为非负偶数;

(3) $m=6k+2$ 或 $m=6k+4$.

28. 方法 1: 代换 $x-2=u$, 则再利用 $\alpha^3+\beta^3+\gamma^3-3\alpha\beta\gamma$ 的分解式, $a=\dfrac{5}{2}, \dfrac{16}{3}$ 或 $\dfrac{27}{4}$.

方法 2: 令 $y_1=x_1-1$, $y_2=x_2-2$, $y_3=x_3-3$, 则由韦达定理推出 $y_1=0$ 或 $y_2=0$, 或 $y_3=0$.

29. $f(x)$ 的根非零, 只要证 $g(x)=x^5 f\left(\dfrac{1}{x}\right)$ 的根不全为实数, 用韦达定理引出矛盾.

30. 从 $f(x)=0$ 及 $f'(x)=0$ 消去某些项后可得 $(x+1)^{n-1}=1$ 及 $x^{n-1}=1$, 令 $x=\cos\theta+\mathrm{i}\sin\theta$, 代入 $|x+1|=1$ 解出 $\theta=\dfrac{2\pi}{3}$ 或 $\theta=\dfrac{4\pi}{3}$, 再回代得条件 $6\mid n-1$.

31. 取模 $|x-1|=1$ 和 $|x|=1$.

32. $(n,m+1)=1$. 注意: 原条件等价于 $x^{m+1}-1$ 与 x^n-1 无相同的虚根.

33. 令 $f(x,y)=f_0(y)x^n+\cdots+f_n(y)$, 由 $f(a_i,b_j)=0$ 知, 对任意 b_j, $f(x,b_j)=f_0(b_j)x^n+\cdots+f_n(b_j)$ 有 $n+1$ 个不同的根 $a_0,a_1,\cdots,a_n$, 故 $f_0(b_j)=\cdots=f_n(b_j)=0$. 再由 $j=0,1,\cdots,m$ 可证 $f_0(y)\equiv\cdots\equiv f_n(y)\equiv 0$.

34. 设 x_0 是 $f(x)$ 与 $g(x)$ 的公共复根, 先证不可约多项式 $f(x)$ 一定是 x_0 在 $\mathbf{F}$ 上的极小多项式可得 (1). 再由已知条件可得 $f(x)$ 与 $x^n f\left(\dfrac{1}{x}\right)$ 有公共根, 其中 n 为 $f(x)$ 的次数. 由 (1) 知 $f(x)|x^n f\left(\dfrac{1}{x}\right)$, 由此可证 (2).

35. 设 $\beta=b_0+b_1\alpha+b_2\alpha^2=g(\alpha)$, 往证 $(f(x),g(x))=1$, 由此易得 β^{-1} 为 α 的多项式, 再由带余除法可证结论.

36. 若有重根, 则应用第 34 题 (1) 可得 $f(x)|f'(x)$.

37. 反证法. 设 $c=a+b$ 是有理数, 可得 $f(c-x)$ 不可约且与 $f(x)$ 有公共根 a 和 b, 从而由第 34 题知, $f(c-x)$ 与 $f(x)$ 互相整除, 注意次数可得 $f(x)=-f(c-x)$, 由此有 $f\left(\dfrac{c}{2}\right)=0$.

38. 连续施行带余除法.

39. 反证法. 查 $f(x)-f(-c)$ 的根, 有无限多个.

40. 设 $f(x)=a_0+a_1x+\cdots+a_nx^n$, 令 $x=1,2,\cdots,n+1$, 由已知, 用克拉默法则解线性方程组求出 $a_0,\cdots,a_n$.

41. 由互素可得 $\dfrac{n_1}{m_1}u(x)f(x)+\dfrac{n_2}{m_2}v(x)g(x)=1$. 由此, 若 $g(k)|f(k)$, 则有 $g(k)|m_1\cdot m_2$, 于是 $g(k)$ 的可能情形只有有限个.

42. 令 $F(x)=\prod\limits_{i=1}^{s}f_i(x), F_i(x)=\dfrac{F(x)}{f_i(x)}$, 由 $(F_i(x),f_i(x))=1$ 知, 存在 $u_i(x),v_i(x)$, 使得 $u_i(x)F_i(x)+v_i(x)f_i(x)=1$. 令 $f(x)=\sum\limits_{i=1}^{s}u_i(x)F_i(x)r_i(x)$, 可验证满足要求.

43. 反证法. 设 $f(x)$ 在有理数域上可约. 若 $f(x)$ 无有理根, 则 $f(x)=(x^2+ax+b)(x^3+cx^2+dx+e)$, 于是 $a+c=0$, $b+ac+d=0$, $e+bc+ad=0$, $be=-1$, 由最后一式知 $b=-e=1$ 或 $b=-e=-1$, 再使用其他三式可推出 $m=1$. 若 $f(x)$ 有有理根, 可类似地得到 $m=0$ 或 -2.

44. 假定 $|D| \neq 0$ 可推出 $f(n) = |nI + A - BD^{-1}C| = 0$ 对一切自然数 n 成立, 由 $f(n)$ 为 n 的多项式可导出矛盾.

45. 令 $f(x,y,z) = |xA + yB + zC|$, 这是 x,y,z 的二次齐次多项式或零多项式. 由已知条件推出 $f(x,y,z)$ 的每项系数均为 0, 即 $f(x,y,z) = 0$.

46. 必要性显然. 为证充分性, 只需证明 $A(\lambda)$ 的行列式 $f(\lambda)$ 为非零复数. 为此, 用反证法. 当 $f(\lambda) \equiv 0$ 或次数 $\geqslant 1$ 时, 利用多项式取值导致与已知矛盾.

47. 由已知条件 $(x-1)f(x+1) = (x+2)f(x)$ 可知 $x-1|f(x), x+2|f(x+1)$. 由后者可得 $x+1|f(x)$, 易证 $x|f(x)$. 令 $g(x) = \dfrac{f(x)}{(x+1)x(x-1)}$, 易见 $g(x) = g(x+1)$, 从而 $g(x) = c$(常数), 故 $f(x) = cx(x-1)(x+1)$.

48. 易见 $x^n - 1|P(x^n)$. 设 $\varepsilon_1 = 1, \varepsilon_2 = \mathrm{e}^{\mathrm{i}\frac{2\pi}{n}} = \varepsilon, \varepsilon_3 = \varepsilon^2, \cdots, \varepsilon_n = \varepsilon^{n-1}$, 将其代入已知表达式得

$$\begin{pmatrix} 1 & \varepsilon_1 & \cdots & \varepsilon_1^{n-1} \\ 1 & \varepsilon_2 & \cdots & \varepsilon_2^{n-1} \\ \vdots & \vdots & & \vdots \\ 1 & \varepsilon_n & \cdots & \varepsilon_n^{n-1} \end{pmatrix} \cdot \begin{pmatrix} P_0(1) \\ P_1(1) \\ \vdots \\ P_{n-1}(1) \end{pmatrix} = 0.$$

由此可证 (1), 于是

$$xP_1(x^n) + \cdots + x^{n-1}P_{n-1}(x^n) = P(x^n).$$

比较两边 $x^{kn+1}(k = 0,1,\cdots)$ 项的系数可得 $P_1(x) \equiv 0$. 同样地比较两边 $x^{kn+i}(i = 2,\cdots,n-1)$ 项的系数可得 $P_i(x) \equiv 0(2 \leqslant i \leqslant n-1)$ 从而 (2) 得证. 由此, 又可得 $P(x^n) = 0$, 于是 (3) 得证.

习　题　6

1. $\{\alpha_1, \alpha_2, \alpha_3, \alpha_4, \alpha_5\}$ 可经初等变换化为 $\{\alpha_1, \alpha_2, \alpha_3, 0, \alpha_5 - \alpha_4\}$.

2. $\{\alpha_1, \cdots, \alpha_m\}$ 可经初等变换化为 $\{\alpha_{i_1}, \cdots, \alpha_{i_r}, 0, \cdots, 0\}$.

3. $\{\beta - \alpha_1, \cdots, \beta - \alpha_t\}$ 可经初等变换化为 $\{(t-1)\beta, \beta - \alpha_2, \cdots, \beta - \alpha_t\}$, 进一步可化为 $\{\alpha_1, \cdots, \alpha_t\}$.

4. 如果 u_1, u_i 线性无关, 就选 $v_i = u_i$, 由 $u_1, \cdots, u_k$ 的秩不小于 2, 不妨设 u_2, u_1 线性无关; 如果 u_1, u_i 线性相关, 就选 $v_i = u_2 + u_i$.

习　题　7

1. (1) $x + 3$;　(2) $3x + 2$.

2. (1) 属于特征值 2 的特征向量为 $k_1\begin{pmatrix} 1 \\ 4 \\ 0 \end{pmatrix} + k_2\begin{pmatrix} 1 \\ 0 \\ 4 \end{pmatrix}$, 其中 k_1, k_2 不全为 0; 属于特征值 -1 的特征向量为 $\begin{pmatrix} 1 \\ 0 \\ 1 \end{pmatrix}$, 其中 $k \neq 0$.

(2) 属于特征值 -1 的特征向量为 $k_1\begin{pmatrix}1\\-1\\0\end{pmatrix}+k_2\begin{pmatrix}1\\0\\-1\end{pmatrix}$, 其中 k_1,k_2 不全为 0; 属于特征值 5 的特征向量为 $k\begin{pmatrix}1\\1\\1\end{pmatrix}$, 其中 $k\neq 0$.

3. (1) 过渡矩阵 $\begin{pmatrix}2&0&-1\\1&1&-3\\1&0&0\end{pmatrix}$, 标准形 $\begin{pmatrix}2&1&\\&2&1\\&&2\end{pmatrix}$;

(2) 过渡矩阵 $\begin{pmatrix}2&1&\frac{1}{3}\\1&1&0\\-1&-\frac{4}{3}&\frac{2}{9}\end{pmatrix}$, 标准形 $\begin{pmatrix}0&&\\&-1&1\\&&-1\end{pmatrix}$;

(3) 过渡矩阵 $\begin{pmatrix}1&0&0&0\\&\frac{1}{2}&-\frac{3}{8}&\frac{5}{16}\\&&\frac{1}{4}&-\frac{3}{8}\\&&&\frac{1}{8}\end{pmatrix}$, 标准形 $\begin{pmatrix}1&1&&\\&1&1&\\&&1&1\\&&&1\end{pmatrix}$.

习 题 8

1. 由 $Bx=0$ 的解均为 $ABx=0$ 的解得秩 $(AB)\leqslant$ 秩 B. 同理, 秩 $(B'A')\leqslant$ 秩 A', 于是秩 $(AB)\leqslant$ 秩 A.

2. 应用例 8.1.

3. 设 q 可取的 4 个不同值为 q_1,q_2,q_3,q_4. 比较等式两端 (i,j) 的位置得

$$\begin{pmatrix}1&q_1&q_1^2&q_1^3\\1&q_2&q_2^2&q_2^3\\1&q_3&q_3^2&q_3^3\\1&q_4&q_4^2&q_4^3\end{pmatrix}\begin{pmatrix}a_{ij}\\b_{ij}\\c_{ij}\\d_{ij}\end{pmatrix}=0,$$

因为该方程组的系数矩阵的行列式为范德蒙德行列式, 故 $a_{ij}=b_{ij}=c_{ij}=d_{ij}=0$.

4. 设 $1+x+\cdots+x^{n-1}=0$ 的根为 $x_1,\cdots,x_{n-1}$, 则 $x_1,\cdots,x_{n-1}$ 是 $x^n=1$ 的根. 设 $f_1(x^n)+xf_2(x^n)+\cdots+x^{n-2}f_n(x^n)=(1+x+\cdots+x^{n-1})g(x)$, 则

$$\begin{pmatrix}1&x_1&\cdots&x_1^{n-2}\\1&x_2&\cdots&x_2^{n-2}\\\vdots&\vdots&&\vdots\\1&x_{n-1}&\cdots&x_{n-1}^{n-2}\end{pmatrix}\begin{pmatrix}f_1(1)\\f_2(1)\\\vdots\\f_{n-1}(1)\end{pmatrix}=0.$$

再由 $x_1,\cdots,x_{n-1}$ 互异知 $f_1(1)=f_2(1)=\cdots=f_{n-1}(1)=0$, 从而每个 $f_i(x)$ 的所有系数的和都是零.

5. 应用 $AA^*=|A|I_n$ 和 A^* 的定义.

6. 由例 8.14 知 $ABx=0$ 与 $Bx=0$ 同解, 设其解空间为 V, 于是 $ABCx=0$ 和 $BCx=0$ 的解空间均为 $V\cap\{Cx|x\in\mathbf{F}^n\}$, 即 $ABCx=0$ 与 $BCx=0$ 同解, 故秩 $(ABC)=$ 秩 (BC).

7. 由已知, $DA(B-C)=0$, 于是 $B-C$ 的各列均是 $DAx=0$ 的解. 再由例 8.14 和秩 $(DA)=$ 秩 A 得到.

8. 注意到 $I-A^2=(I-A)(I+A)$, 只需证 $I-A$ 和 $I+A$ 均可逆 (类似于例 8.10).

9. 设 $(I+\mathrm{i}A)(x_0+\mathrm{i}y_0)=0$, 则 $(x_0-Ay_0)+\mathrm{i}(Ax_0+y_0)=0$, 于是 $x_0-Ay_0=0$ 且 $Ax_0+y_0=0$, 从而 x_0 和 y_0 均是 $(I+A^2)x=0$ 的解. 由 $I+A^2$ 正定得 $x_0=y_0=0$, 故 $I+\mathrm{i}A$ 非奇异.

10. 用反证法. 设 x_0 是 $BAx=0$ 的非零解, 则 Ax_0 是 $Bx=0$ 的解, 于是 Ax_0 属于 A 的列空间与 $Bx=0$ 的解空间的交, 从而 $Ax_0=0$, 由 A 列满秩推出 $x_0=0$, 矛盾.

11. 由 $Ax=0$ 的解空间与该 s 维子空间的和是直和易见.

12. 秩 $(A'A)\leqslant$ 秩 $(A'A\quad A'b)=$ 秩 $(A'(A\quad b))\leqslant$ 秩 $A'=$ 秩 $(A'A)$, 最后一个等号由例 8.16 得到.

13. $Ax=b$ 有解 $\Leftrightarrow$ 秩 $(A\quad b)=$ 秩 $A\Leftrightarrow$ 秩 $\begin{pmatrix}A'\\b'\end{pmatrix}=$ 秩 $A'\Leftrightarrow\begin{pmatrix}A'\\b'\end{pmatrix}x=0$与 $A'x=0$ 同解 $\Leftrightarrow A'x=0$ 的解都是 $b'x=0$ 的解.

14. 设 $\lambda_1,\cdots,\lambda_n$ 为 A 的特征值, 则存在可逆矩阵 P, 使得

$$A=P\mathrm{diag}(\lambda_1,\cdots,\lambda_n)P^{-1},$$

于是任何与 A 可交换的矩阵都有形式 $P\mathrm{diag}(\mu_1,\cdots,\mu_n)P^{-1}$, 因而问题归结为: 对于任意的 $\mu_1,\cdots,\mu_n$, 是否存在多项式 $f(x)=a_0+a_1x+\cdots+a_mx^m$, 使得 $f(\lambda_i)=\mu_i\ (i=1,\cdots,n)$ 成立, 即方程组

$$\begin{pmatrix}1&\lambda_1&\cdots&\lambda_1^m\\1&\lambda_2&\cdots&\lambda_2^m\\\vdots&\vdots&&\vdots\\1&\lambda_n&\cdots&\lambda_n^m\end{pmatrix}\begin{pmatrix}a_0\\a_1\\\vdots\\a_m\end{pmatrix}=\begin{pmatrix}\mu_1\\\vdots\\\mu_n\end{pmatrix}$$

是否有解.

15. 设二次型 $f(x)$ 的矩阵为 $A=Q'\mathrm{diag}(\varLambda_1,-\varLambda_2,0)Q$, 其中 Q 为正交矩阵, $\varLambda_1$ 和 $\varLambda_2$ 分别为 p 阶和 q 阶正定对角矩阵. 令

$$V_1=L(Q'e_1,\cdots,Q'e_p),$$

$$V_2=L(Q'e_{p+1},\cdots,Q'e_{p+q}),$$

$$V_3=L(Q'e_{p+q+1},\cdots,Q'e_n)$$

即可, 其中 $e_1,\cdots,e_n$ 为 $\mathbf{F}^n$ 的自然基.

16. 显然, $Ax=0$ 与 $\begin{pmatrix}A\\B\end{pmatrix}x=0$ 同解, 于是秩 $A=$ 秩 $\begin{pmatrix}A\\B\end{pmatrix}$, 故存在可逆矩阵 P, 使得

$$P\begin{pmatrix}A\\B\end{pmatrix}=\begin{pmatrix}A\\0\end{pmatrix}.$$

令 $P^{-1}=\begin{pmatrix}P_1 & P_2\\ C & P_3\end{pmatrix}$, 则 C 为所求的矩阵.

17. (1)⇒(2) 由第 16 题得到.

(2)⇒(3) 易见, A 与 B 的秩相同. 先证当 A, B 均行满秩时成立, 再设 $A=P\begin{pmatrix}A_1\\ 0\end{pmatrix}$, $B=Q\begin{pmatrix}B_1\\ 0\end{pmatrix}$, 其中 A_1, B_1 行满秩, P, Q 可逆.

(3)⇒(1) 显然.

18. **充分性** 令 $P=R\begin{pmatrix}I_s\\ 0\end{pmatrix}$, 其中 R 可逆, 则

$$\begin{pmatrix}I_s\\ 0\end{pmatrix}(B \quad b)=R^{-1}(A \quad a),$$

于是 $\begin{pmatrix}B & b\\ 0 & 0\end{pmatrix}=R^{-1}(A \quad a)$, 从而 $(A \quad a)$ 可经初等行变换化为 $\begin{pmatrix}B & b\\ 0 & 0\end{pmatrix}$, 故 $Ax=a$ 与 $Bx=b$ 同解.

必要性 先证 $Ax=0$ 与 $\begin{pmatrix}B\\ 0\end{pmatrix}x=0$ 同解, 再由第 17 题得到.

19. 由 B 的各列均是 $Ax=0$ 的解知, B 的秩小于等于 $Ax=0$ 的解空间的维数, 再应用 $Ax=0$ 的解空间的维数公式得到.

20. 设 $Ax=0$ 有非零解 x_0, 则 $Ax_0=0$, 于是 $x_0'A'=0$, 故 $x_0'(A'B+CA+A'DA)x_0=0$, 矛盾.

21. 利用第 13 题.

22. 取 $b=e_1,\cdots,e_n$ 为单位矩阵的各列.

23.

$$\text{秩}\,(a_1,\cdots,a_{j-1},a_{j+1},\cdots,a_n)=\text{秩}\,(a_1,\cdots,a_{j-1},b,a_{j+1},\cdots,a_n),$$

其中 a_i 为 A 的第 $i(i=1,\cdots,n)$ 列.

24. 令 $C=\begin{pmatrix}0\\ A\end{pmatrix}$ 为 n 阶矩阵, 由 $CC^*=0$ 可得 $A\begin{pmatrix}\alpha_1\\ -\alpha_2\\ \alpha_3\\ \vdots\\ (-1)^{n+1}\alpha_n\end{pmatrix}=0$. 类似地有

$$B\begin{pmatrix}\beta_1\\ -\beta_2\\ \beta_3\\ \vdots\\ (-1)^{n+1}\beta_n\end{pmatrix}=0.$$

再应用齐次方程组解空间的维数定理.

习 题 9

1. 设 $A=P\begin{pmatrix}I_r & 0\\ 0 & 0\end{pmatrix}Q$ 为等价分解, 由已知可得 QB 的前 r 行为 0.

2. 同第 1 题,

$$\text{秩 } B-\text{ 秩 }(AB)=\text{秩 }(QB)-\text{ 秩 } B_1,$$

其中 B_1 为 QB 的前 r 行. 又设 B_2 为 QB 的后 $n-r$ 行, 易见

$$\text{秩 } QB=\text{秩}\begin{pmatrix}B_1\\ B_2\end{pmatrix}\leqslant \text{秩 } B_1+\text{ 秩 } B_2,$$

从而

$$\text{秩 }(QB)-\text{ 秩 } B_1\leqslant \text{秩 } B_2\leqslant n-r.$$

3. 易见秩 $(A\quad B)=r+s$, 设 A, B 同时等价于 $\begin{pmatrix}I_r & 0\\ 0 & 0\end{pmatrix}$ 和 $\begin{pmatrix}B_1 & B_2\\ B_3 & B_4\end{pmatrix}$. 再设 $(B_3\quad B_4)$ 等价于 $\begin{pmatrix}0 & 0\\ 0 & I_s\end{pmatrix}$, 则 A, B 同时等价于 $\begin{pmatrix}C_1 & C_2\\ 0 & 0\\ 0 & 0\end{pmatrix}$ 和 $\begin{pmatrix}D_1 & D_2\\ 0 & 0\\ 0 & I_s\end{pmatrix}$, 进而又同时等价于 $\begin{pmatrix}C_1 & C_2\\ 0 & 0\\ 0 & 0\end{pmatrix}$ 和 $\begin{pmatrix}0 & 0\\ 0 & 0\\ 0 & I_s\end{pmatrix}$. 由此 C_1 可逆, 易证结论成立.

5. 先设 $G=Q^{-1}\begin{pmatrix}I_r & X_2\\ X_3 & X_4\end{pmatrix}P^{-1}$, 再将 $\begin{pmatrix}I_r & X_2\\ X_3 & X_4\end{pmatrix}$ 经初等变换化为 $\begin{pmatrix}I_s & 0\\ 0 & 0\end{pmatrix}$, 注意 $A=P\begin{pmatrix}I_r & 0\\ 0 & 0\end{pmatrix}Q$ 的相应变化.

6. 参考例 9.5.

7. 用反证法证明 A 可逆. 否则, 设 $A=P\begin{pmatrix}I_r & \\ & 0\end{pmatrix}Q$, 令 $B=Q^{-1}\begin{pmatrix}I_r & X\\ Y & Z\end{pmatrix}P^{-1}$ 均满足 $ABA=A$, 与唯一解矛盾.

习 题 10

1. $x'B'A'ABx\leqslant \max\limits_{|y|=1}y'A'Ay\cdot\max\limits_{|x|=1}x'BB'x(\forall|x|=1)$.

2. 方法 1: 先证 A 正定的情形. 此时, 可利用例 10.11 将问题简化. 再用正定的结果解决 A 半正定的情形.

方法 2: 利用例 10.12.

3. 类似于例 10.17.

4. 由例 10.11, 不妨设 $A=I_n$, 再由正定矩阵的特征值全为正数得到.

5. 类似于例 10.21.

6. (1) 由半正定之和仍为半正定, 问题归结为秩1情形. 设 $A=\alpha\alpha'$, $B=\beta\beta'$, 易见 $A\circ B=(\alpha\circ\beta)(\alpha\circ\beta)'$.

(2) 只需证由 $x'(A\circ B)x=0$ 可推出 $x=0$. 记 $A=\sum\lambda_i\alpha_i\alpha_i'$, $B=\sum\mu_j\beta_j\beta_j'$, $\alpha_1,\cdots,\alpha_n$ 和 $\beta_1,\cdots,\beta_n$ 均为正交基, 于是 $x'(A\circ B)x=0$ 归结为 $x'(\alpha_i\circ\beta_j)(\alpha_i\circ\beta_j)'x=0$, 从而 $\alpha_i'(\beta_j\circ x)=0(\forall i,j)$, 故可得 $x=0$.

7. 设法证明 AB 相似于 B 的合同矩阵.

8. 由第 7 题知, $B^{-1}C$ 的特征值大于 0.

9. 将 C 写成 DD', 设 $D=\begin{pmatrix}D_1\\D_2\end{pmatrix}$, 其中 D_1 的行数等于 r, 可推出

$$C_1=D_1D_1',\quad C_2=D_1D_2',$$

再证 D_1 与 C_1 的列空间相等.

10. 将 $A'A$ 正交对角化, 先证对任意 n 维复向量 α 有 $\lambda_n\overline{\alpha'}\alpha\leqslant\overline{\alpha'}A'A\alpha\leqslant\lambda_1\overline{\alpha'}\alpha$. 再设 $Ax=\mu x(0\neq x\in\mathbf{C}^n)$, 则有 $\overline{x'}A'Ax=|\mu|^2\overline{x'}x$.

11. 注意 A 秩 1, 特征值为 $\mathrm{tr}A,0,\cdots,0$.

12. 类似于例 10.10.

13. 同时合同对角化.

14. 由已知条件可得 $A^2+MN'=I, AN+MA=0, AN'+M'A=0$, 由后两式可得 $A^2M=MA^2$, 由此可得 $AM=MA$, 再由前一式可得 A^2-I 半正定, 从而 $A-I$ 半正定.

15. 在合同条件下, 不妨设

$$B=\begin{pmatrix}a&0\\0&0\end{pmatrix},\quad C=b\begin{pmatrix}c_1\\\vdots\\c_n\end{pmatrix}(c_1\ \cdots\ c_n),$$

其中 $a\neq0,b\neq0$, 研究 $A=B+C$ 的二阶子式可证得结论.

16. 假定 $C_3\neq0$. 由合同初等变换可化 $C-A$ 为 $\begin{pmatrix}0&0\\0&aE_{11}\end{pmatrix}$, 与此同时, 由 $C-A\neq C-B$, 故 $C-B$ 化为 $\begin{pmatrix}D&0\\0&aE_{11}\end{pmatrix}$ 且 $D\neq0$, 矛盾, 故 $C_3=0$.

17. 设 $A=Q'\begin{pmatrix}D&0\\0&0\end{pmatrix}Q$, 其中 Q 为正交矩阵, $D=\mathrm{diag}(\lambda_1,\cdots,\lambda_r)$. 由 $AB+BA=0$ 可求得 $B=Q'\begin{pmatrix}0&0\\0&B_4\end{pmatrix}Q$.

18. 注意到 $\sum\limits_{i,j=1}^{n}a_{ij}=(1\ \cdots\ 1)A\begin{pmatrix}1\\\vdots\\1\end{pmatrix}$, 易证.

19. 注意到 $\begin{pmatrix} 1 & x' \\ x & A+xx' \end{pmatrix}$ 与 $\begin{pmatrix} 1 & 0 \\ 0 & A \end{pmatrix}$ 合同, 又与

$$\begin{pmatrix} 1-x'(A+xx')^{-1}x & 0 \\ 0 & A+xx' \end{pmatrix}$$

合同.

习 题 11

1. $A \sim \mathrm{diag}(J_1, \cdots, J_t, B_1, \cdots, B_k)$, 其中

$$B_j = \begin{pmatrix} a_j & b_j & & & & & & \\ -b_j & a_j & & & & & & \\ & 1 & a_j & b_j & & & & \\ & & -b_j & a_j & & & & \\ & & & 1 & \ddots & & & \\ & & & & \ddots & \ddots & & \\ & & & & & 1 & a_j & b_j \\ & & & & & & -b_j & a_j \end{pmatrix},$$

$J_i(i=1,\cdots,t)$ 为若尔当块, B_j 的不变因子是 1, $\cdots$, 1, $[(\lambda-a_j)^2+b_j^2]^{s_j}$.

2. 令 $f(\lambda) = b_1 + b_2\lambda + \cdots + b_n\lambda^{n-1}$, ε 为 n 次本原单位根, 解方程组 $f(1) = \lambda_1$, $f(\varepsilon) = \lambda_2$, $\cdots$, $f(\varepsilon^{n-1}) = \lambda_n$ 来确定 $b_1, \cdots, b_n$.

3. 只需证 C 的特征值 $\lambda_1, \cdots, \lambda_n$ 全是 0,

$$\sum_{i=1}^{n} \lambda_i = \mathrm{tr}C = \mathrm{tr}(AB) - \mathrm{tr}(BA) = 0,$$

$$\sum_{i=1}^{n} \lambda_i^2 = \mathrm{tr}C^2 = \mathrm{tr}(C(AB-BA)) = \mathrm{tr}((AC)B) - \mathrm{tr}(B(AC)) = 0,$$

同理, $\sum_{i=1}^{n} \lambda_i^s = \mathrm{tr}C^s = 0$. 现设不同的非零特征值有 $\lambda_1, \cdots, \lambda_k$, 各有 $x_1, \cdots, x_k$ 个, 于是由上式可解得 $x_1 = \cdots = x_k = 0$.

4. 由 $\sum_{i=1}^{n} \lambda_i = 0$ 及 $\sum_{i>j} \lambda_i\lambda_j = 0$ 推出 $\sum_{i=1}^{n} \lambda_i^2 = 0$.

5. 看最小多项式可得前一结论; 注意到对角元为单位根, 由前一结论可得后一结论.

6. 看若尔当标准形.

7. 看若尔当标准形.

8. (1) 和 (2) 讨论 A 与 B 最小多项式的次数确定不变因子.

(3) 看反例

$$A = \mathrm{diag}\left(\begin{pmatrix} 1 & 1 \\ 0 & 1 \end{pmatrix}, \begin{pmatrix} 1 & 1 \\ 0 & 1 \end{pmatrix}\right), \quad B = \mathrm{diag}\left(I_2, \begin{pmatrix} 1 & 1 \\ 0 & 1 \end{pmatrix}\right).$$

9. 方法 1: 验证 $A^2 = A$, 然后根据幂等矩阵的性质得秩 $A = n-1$.

方法 2: 设 $b = \begin{pmatrix} \sqrt{b_1} \\ \vdots \\ \sqrt{b_n} \end{pmatrix}$, 则 $A = I - bb'$, 于是 A 的特征根为 $1(n-1$ 重) 和 0, 故秩 $A = n-1$.

10. 化为矩阵问题, 即同时可对角化问题.

11. 看若尔当标准形.

12. 设 $f(\lambda) = (\lambda-\lambda_1)^{k_1}\cdots(\lambda-\lambda_r)^{k_r}$, 易见 $h(\lambda) = (\lambda-\lambda_1)\cdots(\lambda-\lambda_r)$, 从而 $h(\lambda)$ 即为最小多项式.

13. 不妨设 A 取有理标准形

$$A = \begin{pmatrix} 0 & \cdots & \cdots & 0 & -a_n \\ 1 & \ddots & & \vdots & -a_{n-1} \\ 0 & \ddots & \ddots & \vdots & \vdots \\ \vdots & \ddots & \ddots & 0 & -a_2 \\ 0 & \cdots & 0 & 1 & -a_1 \end{pmatrix},$$

$$\begin{aligned} B &= (\, Be_1 \quad \cdots \quad Be_n \,) = (\, Be_1 \quad BAe_1 \quad \cdots \quad BA^{n-1}e_1 \,) \\ &= (\, Be_1 \quad A(Be_1) \quad \cdots \quad A^{n-1}(Be_1) \,). \end{aligned}$$

设 $Be_1 = \sum\limits_{i=1}^n b_i e_i$,

$$\begin{aligned} B &= \sum_{i=1}^n b_i \,(\, e_i \quad Ae_i \quad \cdots \quad A^{n-1}e_i \,) \\ &= \sum_{i=1}^n b_i A^{i-1} (\, e_1 \quad \cdots \quad e_n \,) \\ &= \sum_{i=1}^n b_i A^{i-1}. \end{aligned}$$

14. 由 $\lambda A_1 + B_1$ 与 $\lambda A_2 + B_2$ 等价可推出 $\lambda I + A_1^{-1}B_1$ 与 $\lambda I + A_2^{-1}B_2$ 等价, 这意味着 $A_1^{-1}B_1$ 与 $A_2^{-1}B_2$ 相似.

15. $\operatorname{diag}\left(\dfrac{1+\sqrt{5}}{2}I_n, \dfrac{1-\sqrt{5}}{2}I_n\right)$.

16. 看若尔当标准形.

17. 看若尔当标准形.

18. 对于若尔当块 J 有 $J' = QJQ$, 其中 $Q = \begin{pmatrix} & & 1 \\ & \cdot^{\cdot^{\cdot}} & \\ 1 & & \end{pmatrix}$.

19. 类似于例 11.18.

20. 参考例 11.21. $f(x)=x^3-\frac{9}{2}x^2+6x+c$, 其中 c 为任意常数.

21. 类似于例 11.17. $\dim V=2$.

22. A,B 可酉相似于上三角矩阵, 只需证 $\begin{pmatrix} x & y \\ 0 & z \end{pmatrix}$ 酉相似于 $\begin{pmatrix} \lambda & \mu \\ 0 & \gamma \end{pmatrix}$, 由条件 (1)~(3), 不妨令

$$A=\begin{pmatrix} \lambda & \mu e^{i\theta} \\ 0 & \gamma \end{pmatrix} \text{或} \begin{pmatrix} \gamma & \mu e^{i\theta} \\ 0 & \lambda \end{pmatrix}, \quad B=\begin{pmatrix} \lambda & \mu \\ 0 & \gamma \end{pmatrix}.$$

然后对 A 的两种情况讨论, 求酉矩阵 $U=\begin{pmatrix} \alpha & \beta \\ \gamma & \delta \end{pmatrix}$, 使得 $U^*\begin{pmatrix} \gamma & \mu e^{i\theta} \\ 0 & \lambda \end{pmatrix}U=\begin{pmatrix} \lambda & \mu \\ 0 & \gamma \end{pmatrix}$.

23. J^7 的若尔当标准形由三个 7 阶若尔当块和 4 个 6 阶若尔当块的直和构成.

24. 由已知条件 $A^{l-1}B^{l-1}+\cdots+AB+I=0$ 可得 $A^lB^l+A^{l-1}B^{l-1}+\cdots+AB=0$, 于是 $A^lB^l=I$, 由此有 $B^l=I$.

习　题　12

1. 类似于例 12.2.

2. 由 A 的若尔当标准形易见.

3. 由 A 的若尔当标准形易见.

4. 易见 A^2 幂等, 再应用第 2,3 两题.

5. 设 A 的特征值 0 对应的若尔当块为 $J_1, \cdots, J_s$, 其他若尔当块为 $J_{s+1}, \cdots, J_t$, 则 $J_i^k=0\ (1\leqslant i\leqslant s)$ 且 $J_k(s+1\leqslant k\leqslant t)$ 满秩, 结论得证.

6. 必要性显然, 下证充分性. 设 x_0 是 $Ax=b$ 在 $\mathbf{F}_2$ 中的解, 由方程组的解法知, x_0 中的元素是由 A 和 b 中的元素经适当的加、减、乘、除得到, 故 x_0 仍属于 $\mathbf{F}_1$.

7. 必要性显然, 下证充分性.设 A 和 B 的等价标准形为 $\begin{pmatrix} I_r & 0 \\ 0 & 0 \end{pmatrix}$, 对 $\begin{pmatrix} A & I_m \\ I_n & 0 \end{pmatrix}$ 的前 m 行及前 n 列施行初等变换将其化为

$$\begin{pmatrix} \begin{pmatrix} I_r & 0 \\ 0 & 0 \end{pmatrix} & P \\ Q & 0 \end{pmatrix},$$

则 P,Q 为 $\mathbf{F}_1$ 上的可逆矩阵且 $PAQ=\begin{pmatrix} I_r & 0 \\ 0 & 0 \end{pmatrix}$. 同理, 存在 $\mathbf{F}_1$ 上的可逆矩阵 P_1, Q_1, 使得

$$P_1BQ_1=\begin{pmatrix} I_r & 0 \\ 0 & 0 \end{pmatrix}.$$

从而 $P_1^{-1}PAQQ_1^{-1}=B$, 故 A 与 B 在 $\mathbf{F}_1$ 上等价.

8. 设 $A=\begin{pmatrix} 1 & 0 \\ 0 & -1 \end{pmatrix}$, $B=I_2$, 则 A 与 B 在复数域上合同, 但在实数域上不合同.

9. 设 $A=P\begin{pmatrix} A_1 & A_2 \\ 0 & 0 \end{pmatrix}P^{-1}$, 其中 $(A_1\quad A_2)$ 行满秩, 由 $A^2=0$ 得 $A_1=0$, 再考虑 A_2 的等价分解可得结论 (也可直接考虑若尔当标准形).

习 题 13

1. $\operatorname{diag}\left(\begin{pmatrix} 0 & 1 \\ -1 & 0 \end{pmatrix}, \cdots, \begin{pmatrix} 0 & 1 \\ -1 & 0 \end{pmatrix}, 0, \cdots, 0\right)$.

2. 方法 1: 由 $(AB)^2 = 0$ 知, AB 相似于 $\begin{pmatrix} 0 & & * \\ & \ddots & \\ 0 & & 0 \end{pmatrix}$.

方法 2: 设 $A = P\begin{pmatrix} I_r & 0 \\ 0 & 0 \end{pmatrix}Q$, 则 $B = Q^{-1}\begin{pmatrix} 0 & B_2 \\ B_3 & B_4 \end{pmatrix}P^{-1}$, 于是

$$AB = P\begin{pmatrix} 0 & B_2 \\ 0 & 0 \end{pmatrix}P^{-1}.$$

3. 设 $A = PA_0P^{-1}$, 则 $M \sim \begin{pmatrix} A_0 & P^{-1}B \\ 0 & 0 \end{pmatrix}$. 类似于例 13.12 的方法可得

$$\begin{pmatrix} A_0 & P^{-1}B \\ 0 & 0 \end{pmatrix} \sim \begin{pmatrix} D & 0 \\ 0 & N \end{pmatrix},$$

其中 D 为 A_0 的 Fitting 分解中的可逆矩阵, N 为幂零矩阵. 显然, D 是 $\mathbf{F}_1$ 上的矩阵, 而 N 也相似于 $\mathbf{F}_1$ 上的矩阵.

5. 利用第 1 题的结果.

6. 设 A_1 为 A 中含 r 阶非零子式的某 r 行构成的子阵, 易见经初等行变换, A 可化为 $\begin{pmatrix} A_1 \\ 0 \end{pmatrix}$.

7. 使用若尔当标准形.

8. 看若尔当标准形.

9. 由若尔当标准形 $A = PJP^{-1}$, 在酉空间 $\mathbf{C}^n$ 中, 将 P 的列通过施密特正交化方法化为标准正交列, 从而有 $P = UR$, 其中 R 为上三角矩阵, U 为酉矩阵.

10. 考虑 A 的相似标准形, $A = P\begin{pmatrix} I_r & \\ & 0 \end{pmatrix}P^{-1}$, 再令 $B = P\begin{pmatrix} 0_r & & \\ & J & \\ & & 0 \end{pmatrix}P^{-1}$, 其中 J 为 s 阶若尔当块, 对角线全为 0.

11. 易见秩 $A = 1$, 考虑合同标准形, 不妨令 $A = E_{11}$, 于是秩 $(\lambda^{-1}E_{11} + B) = 1$, 令 $B = \begin{pmatrix} b_{11} & \alpha \\ \alpha' & B_1 \end{pmatrix}$, 若 $B_1 \neq 0$, 则秩 $B_1 = 1$, 经合同初等变换可将 $\lambda^{-1}E_{11} + B$ 化为 $\lambda^{-1}E_{11} + E_{22}(\forall \lambda \neq 0)$, 与秩 $(A + \lambda B) = 1$ 矛盾, 于是 $B_1 = 0$, 进一步 $\alpha = 0, b_{11} = 0$.

12. 由 $A = PCP^{-1}, C$ 半正定有 $A = PP' \cdot (P')^{-1}CP^{-1}$ 可得必要性. 为证充分性可写 $A = P\begin{pmatrix} I_r & \\ & 0 \end{pmatrix}P'C$, 易见 A 相似于 $\begin{pmatrix} I_r & \\ & 0 \end{pmatrix}D$, 其中 D 为半正定矩阵. 令 $D = \begin{pmatrix} C_1 & C_2 \\ C_2' & C_4 \end{pmatrix}$, 则 A 相似于 $\begin{pmatrix} C_1 & C_2 \\ 0 & 0 \end{pmatrix}$, 由习题 10 第 9 题易证 A 相似于 $\begin{pmatrix} C_1 & 0 \\ 0 & 0 \end{pmatrix}$.

13. 问题等价于证 σ 的矩阵相似于 $\mathrm{diag}(A_1, A_2)$, 并且 A_1 和 A_2 的最小多项式分别为 $p(x)$ 和 $q(x)$. 由此可用标准形方法. 因为 $p(x)$ 与 $q(x)$ 互素且不可约, 又其积为 σ 的最小多项式, 则可知 σ 的初等因子组由某些个 $p(\lambda)$ 和某些个 $q(\lambda)$ 组成. 每个 $p(\lambda)$ (或 $q(\lambda)$) 均对应一个 Frobenius 矩阵 $\begin{pmatrix} 0 & & & * \\ 1 & \ddots & & \vdots \\ & \ddots & 0 & * \\ & & 1 & * \end{pmatrix}$, σ 在某组基下的矩阵恰为这些矩阵的直和. 这些直和项可重新合并成 A_1 和 A_2.

14. 当 A 的秩最小时, 解空间的维数最大. 看 A 的若尔当标准形知, 此时有一个 p 阶若尔当块, 其余均为一阶零块, 最大维数为 $n-p+1$. 又 A 的秩最大, 则 $Ax=0$ 解空间的维数最小. 此时, 若 $p|n$, 则维数为 $\dfrac{n}{p}$; 若 $p\nmid n$, 则维数为 $\left[\dfrac{n}{p}\right]+1$.

习　题　14

1. 由 $x=e_i$ 推出 $a_{ii}=0$, 再由 $x=e_i+e_j$ 得到 $a_{ij}+a_{ji}=0$.

2. 用数学归纳法证明 $\beta_{1j_1}, \cdots, \beta_{kj_k}$ 线性无关, 其中 $\beta_{ij_i}\ (i=1,\cdots,k)$ 是 α_{ij_i} 的前 k 个分量组成的向量组.

3. 用数学归纳法. 当 $r=2$ 时, 易证. 由 $r=2$ 成立推 $r=3$ 成立. 将 $A_1A_2A_3=0$ 看成 $A_1(A_2A_3)=0$, 则秩 A_1+ 秩 $(A_2A_3)\leqslant n$, 于是只需证

$$\text{秩}\ (A_2A_3)\geqslant \text{秩}\ A_2+\text{秩}\ A_3-n.$$

这是 Sylvester 不等式.

4. 设 $f(x)=a_0x^n+\cdots+a_{n-1}x+a_n$. 当 $a_n=0$ 时, 显然; 若 $a_n\neq 0$, 用反证法. 若 $f(1)$, $f(2), \cdots, f(n), \cdots$ 中只含素因子 $p_1, \cdots, p_k$, 则 $f(x)=Q(x)x+a_n$, 令 $x=a_np_1\cdots p_ky$ 可证明 $f(x)$ 有不同于 $p_1, \cdots, p_k$ 的素因子.

5. 令 $P_1=U\begin{pmatrix} A_1 & A_2 \\ 0 & 0 \end{pmatrix}U^{-1}$ 且 $P_2=V\begin{pmatrix} B_1 & 0 \\ B_2 & 0 \end{pmatrix}V^{-1}$, 其中 $(A_1\quad A_2)$ 为行满秩矩阵, $\begin{pmatrix} B_1 \\ B_2 \end{pmatrix}$ 为列满秩矩阵. 由已知, 易见

$$Q_1=U\begin{pmatrix} C_1 & C_2 \\ 0 & C_3 \end{pmatrix}U^{-1} \quad 且 \quad Q_2=V\begin{pmatrix} D_1 & 0 \\ D_2 & D_3 \end{pmatrix}V^{-1},$$

其中 C_1, D_1 可逆, 于是秩 $(P_1P_2Q_1Q_2)=$ 秩$(Q_1P_1P_2Q_2)=$ 秩(P_1P_2), 因而当 $k=2$ 时结论成立, 然后对 k 应用数学归纳法.

6. 对阶数应用数学归纳法.

7. 子组相当于从原向量组中每次去掉一个向量, 重复 $t-m$ 次得到, 而去掉一个向量时, 向量组的秩至多减少 1.

8. 分 A 可逆、B 可逆、A 与 B 均不可逆三种情况讨论.

9. 当 A, B 均可逆时, 易见; 否则, 易见 t_1I_n+A 和 t_2I_n+B 均可逆, 故 $[(t_1I_n+A)(t_2I_n+B)]^*=(t_2I_n+B)^*(t_1I_n+A)^*$, 令 $t_1\to 0$ 且 $t_2\to 0$ 得证.

10. 设 A 对称正定, B 反对称, 由反对称矩阵的合同标准形易见 $|I_n+B|>0$. 再设 $A=C'C$, 则

$$|A+B|=|C'(I_n+C^{-1'}BC^{-1})C|=|C|^2|I_n+C^{-1'}BC^{-1}|,$$

这归结为已证的结论.

11. 设 $A=Q'\Lambda Q$, 其中 Q 为正交矩阵, Λ 为对角矩阵. 令

$$\tau(X)=Q\sigma(Q'XQ)Q',\quad \forall X\in\mathbf{R}^{n\times n},$$

则 τ 为 $\mathbf{R}^{n\times n}$ 的线性变换且 $\tau(X)=\Lambda X+X\Lambda$, 于是 τ 在基 E_{ij} $(i,j=1,\cdots,n)$ 下的矩阵为对角矩阵 Λ_1, 从而 σ 在基 $Q'E_{ij}Q$ $(i,j=1,2,\cdots,n)$ 下的矩阵为 $Q'\Lambda_1Q$, 故 σ 的矩阵相似于对角矩阵.

12. 利用例 14.6.

13. 分 A 可逆和不可逆讨论.

14. 取 $B=E_{ij}$.

15. 取 $B=E_{ij}$ 推出 $\sigma(a_ia_j')=1$, 其中 $A=(\,a_1\quad\cdots\quad a_n\,)$,

$$\sigma(a_ia_j')=\mathrm{tr}((a_ia_j')'(a_ia_j'))=a_i'a_ia_j'a_j,$$

故 $a_i'a_i=1$. 又取 $B=I_n$, 则 $\sigma(AA')=n$, 但 $\sigma(A'A)=\sigma(AA')$, 故

$$\sum_{i,j=1}^{n}(a_i'a_j)^2=n,$$

所以 $a_i'a_j=0(\forall i\neq j)$.

16. 对阶数 n 用归纳法. 当 $n=1$ 时, 显然, 假定当 $n-1$ 时结论成立, 看 n 阶矩阵 A. 如果 A 的对角元全为 0, 则结论得证. 不然, 则 A 有异号对角元. 不妨设 A 的 $(1,1)$ 和 $(2,2)$ 位置异号, 即 $a_{11}a_{22}<0$. 令 $\mathrm{diag}\left(\begin{pmatrix}\cos\theta & \sin\theta\\ \sin\theta & -\cos\theta\end{pmatrix},I_{n-2}\right)=Q_1$, 则有 Q_1 正交且 Q_1AQ_1' 的左上角元素是 $a_{11}\cos^2\theta+a_{22}\sin^2\theta+(a_{12}+a_{21})\sin\theta\cos\theta$, 容易证明存在 θ, 使其值为 0, 然后对 Q_1AQ_1' 的右下角 $n-1$ 阶矩阵用归纳假设可证 A 有结论.

17. 必要性显然, 下面用反证法证充分性. 设 $A=Q\begin{pmatrix}\lambda_1 & & \\ & \ddots & \\ & & \lambda_n\end{pmatrix}Q'$, 其中 Q 为正交矩阵. 若 A 不是正定矩阵, 则必有负特征值, 不妨设 $\lambda_1\leqslant\lambda_2\leqslant\cdots\leqslant\lambda_k<0<\lambda_{k+1}\leqslant\cdots\leqslant\lambda_n$. 令

$$B=Q\mathrm{diag}(-\lambda_1^{-1},\cdots,-\lambda_k^{-1},n^{-1}\lambda_{k+1}^{-1},\cdots,n^{-1}\lambda_n^{-1})Q',$$

易见 B 正定, 但 $\mathrm{tr}(AB)<0$.

18. 考虑变换, 将 $x=a,b$ 的情况转化为 $y=0,1$ 的情况. 事实上, 令 $x=(b-a)y+a$ 即可. 解决完 $y=0,1$ 的情况再转化回一般情况, 于是 $f(x)=g(y)$. 令 $g(y)=c_5y^5+c_4y^4+c_3y^3+$

$c_2y^2+c_1y+c_0$, 由 $g(0),g'(0),g''(0)$ 及 $g(1),g'(1),g''(1)$ 已知可得线性方程组, 其系数阵易证可逆, 于是 $c_5, c_4, c_3, c_2, c_1, c_0$ 有唯一解.

习 题 15

1. 设 $\varepsilon_1,\cdots,\varepsilon_r$ 是 W_λ 的基底. 由此证 $B\varepsilon_i\in V_\lambda$, 再证 $B\varepsilon_1,\cdots,B\varepsilon_r$ 线性无关.

2. 设 $\varepsilon_1,\cdots,\varepsilon_r$ 是 W 的基, 将其扩充为 V 的基 $\varepsilon_1,\cdots,\varepsilon_r,\varepsilon_{r+1},\cdots,\varepsilon_n$. 令 $S=L(\varepsilon_{r+1},\cdots,\varepsilon_{n-1},\varepsilon_n+k\varepsilon_1)$ 即可.

3. 对变元个数施行归纳法易证, 不同的单项式是线性无关的, 故只需计算这些单项式 (即 $x_1^{\alpha_1}\cdots x_n^{\alpha_n}$, 其中 $\alpha_1+\cdots+\alpha_n\leqslant m$ 且 $\alpha_1,\cdots,\alpha_n$ 为非负整数) 的个数, $\dim V=\mathrm{C}_{m+n}^n$.

4. 易见, $\alpha_1,\cdots,\alpha_s$ 线性无关且 $\alpha\neq 0$, 而 V 由 $\alpha,\sigma\alpha,\cdots,\sigma^{s-1}\alpha,\cdots$ 线性生成. 如果能证明 $\alpha,\sigma\alpha,\cdots,\sigma^{s-1}\alpha$ 线性无关且 $\alpha,\sigma\alpha,\cdots,\sigma^s\alpha$ 线性相关, 则可知 $\dim V=s$. 注意: 下述表达式不难证明:

$$(\alpha,\sigma\alpha,\cdots,\sigma^s\alpha)=(\alpha_1,\alpha_2,\cdots,\alpha_s)\begin{pmatrix}1&\lambda_1&\cdots&\lambda_1^{s-1}&\lambda_1^s\\1&\lambda_2&\cdots&\lambda_2^{s-1}&\lambda_2^s\\\vdots&\vdots&&\vdots&\vdots\\1&\lambda_s&\cdots&\lambda_s^{s-1}&\lambda_s^s\end{pmatrix}.$$

5. 由 Taylor 展开 $f(x)=f(1)+f'(1)(x-1)+\cdots+\dfrac{f^{(n-1)}(1)}{(n-1)!}(x-1)^{n-1},\dim V=n-1$.

6. 在 V_1 和 V_2 中分别取基, 并组成 V 的基. 在此基下, 二次型 φ 的矩阵可写为分块矩阵 $A=\begin{pmatrix}A_1&A_2\\A_2'&A_3\end{pmatrix}$, 其中 A_1,A_3 为对称矩阵. 由 $\varphi|_{V_1}$ 正定和 $\varphi|_{V_2}$ 负定知, A_1 正定, A_3 负定. 易见, A 合同于 $\mathrm{diag}(A_1,A_3-A_2'A_1^{-1}A_2)$, 于是结论可证.

7. 类似于例 15.7 和注 15.1 的方法.

8. 设 $\alpha=x_1\alpha_1+\cdots+x_n\alpha_n$, 按条件解方程组可唯一确定 $x_1,\cdots,x_n$.

9. 在实线性空间 $\mathbf{R}[x]_n$ 上定义内积 $(f(x),g(x))=\displaystyle\int_0^1 f(x)g(x)\mathrm{d}x$,则 A 可看成基 $1,x,\cdots,x^n$ 下的度量矩阵.

10. 不妨设 $\varepsilon_1,\varepsilon_2,\cdots,\varepsilon_n$ 是 V 的基, $\sigma_1(\varepsilon_1),\cdots,\sigma_1(\varepsilon_r)$ 是 $\mathrm{Im}\sigma_1$ 的基, $\varepsilon_{r+1},\cdots,\varepsilon_n$ 是 $\ker\sigma_1$ 的基. 由 $\mathrm{Im}\sigma_1\subseteq\mathrm{Im}\sigma_2$ 知, 存在 $\eta_1,\cdots,\eta_r$, 使得 $\sigma_2(\eta_i)=\sigma_1(\varepsilon_i)(i=1,\cdots,r)$. 令

$$\sigma(x)=\sum_{i=1}^r x_i\eta_i,\quad \forall x=\sum_{i=1}^n x_i\varepsilon_i\in V,$$

则 σ 满足要求. 若 $\mathrm{Im}\sigma_1=\mathrm{Im}\sigma_2$ 且 $\sigma(x)=\displaystyle\sum_{i=1}^r x_i\eta_i+\sum_{j=r+1}^n x_j\eta_j\left(\forall\sum_{i=1}^n x_i\varepsilon_i\in V\right)$, 其中 $\eta_{r+1},\cdots,\eta_n$ 为 $\ker\sigma_2$ 的基, 则 σ 可逆且满足要求.

11. 设 $\tau_1,\cdots,\tau_s$ 为 C_σ 的基, 然后扩充成 $\mathrm{Hom}V$ 的基 $\tau_1,\cdots,\tau_s,\cdots,\tau_{n^2}$. 令

$$\varphi(\tau_i)=0,i=1,\cdots,s,\quad \varphi(\tau_j)=\tau_j,j=s+1,\cdots,n^2,$$

然后线性扩充可定 φ.

12. 运用基底.

13. 先在 $\ker\sigma$ 中取基, 再扩充成为全空间的基.

习　题　16

1. 将 $A_1,\cdots,A_t$ 看成线性变换, 类似于例 16.2, 再用数学归纳法.

2. 类似于例 16.4 或例 16.5, 或直接应用例 16.4.

3. 类似于例 16.5.

4. 将 A,B,C 看成线性空间之间的映射 $V\xrightarrow{C}W\xrightarrow{B}U\xrightarrow{A}S$, 再将 B 分解写成 $B=B_1B_2$, 即 $W\xrightarrow{B_2}\mathrm{Im}B\xrightarrow{B_1}U$, 其中 $B_2=B$ 为满射, B_1 为嵌入单射. 易见 $\mathrm{Im}(AB_1)=\mathrm{Im}(AB),\mathrm{Im}(B_2C)=\mathrm{Im}(BC)$, 应用例 16.6.

5. 注意: $\ker A\bigcap\mathrm{Im}(I-BA)=\ker A$, 用式 (16.2) 可得

$$秩\ (A(I-BA))=秩\ (I-BA)+秩\ A-n.$$

6. 只需证明 $\mathrm{Im}(A'C)$ 与 $\mathrm{Im}A'$ 维数相等, 应用例 16.7(取 $S=\{A'x|\,B'x=0\}$).

7. 类似于例 16.8, 设法证明两个空间同构 (映射 $\sigma:V\to W$, $\sigma(\alpha)=A_4\alpha$).

8. 由于秩 $(A'A)=$ 秩 A', 从而 $A'A$ 与 A' 的列空间相等.

9. 在例 16.7 中取 $A=B$, $B=AB$ 即可.

10. 注意: $f_i(\alpha)\neq 0\Leftrightarrow\alpha\notin\ker f_i$, 利用例 14.6.

11. 设 $\dim V_1=\dim V_2=r<n$, 则存在 $x_1\in V$, 但 $x_1\notin V_1$ 且 $x_1\notin V_2$. 类似地, 存在 $x_2\in V$, 但 $x_2\notin V_1+L(x_1)$ 且 $x_2\notin V_2+L(x_1)$; 存在 $x_3\in V$, 但 $x_3\notin V_1+L(x_1,x_2)$ 且 $x_3\notin V_2+L(x_1,x_2)$; …… 存在 $x_{n-r}\in V$, 但 $x_{n-r}\notin V_1+L(x_1,\cdots,x_{n-r-1})$ 且 $x_{n-r}\notin V_2+L(x_1,\cdots,x_{n-r-1})$. 令 $W=L(x_1,\cdots,x_{n-r})$ 即可.

12. 类似于例 16.13 得特征值 $\lambda=2$, 特征子空间为 $\mathbf{R}$.

13. 用例 14.6 的结论, 先证存在 $\alpha_1\notin V_1\bigcup\cdots\bigcup V_t$, 然后又存在 $\alpha_2\notin V_1\bigcup\cdots\bigcup V_t\bigcup L(\alpha_1),\cdots$.

14. 由 $AB=BA$ 知, $\ker A\subset\ker(AB)$ 且 $\ker B\subset\ker(AB)$, 从而 $\ker A+\ker B\subset\ker(AB)$, 所以有 $\dim(\ker(AB))\geqslant\dim(\ker A+\ker B)=\dim(\ker A)+\dim(\ker B)-\dim(\ker A\bigcap\ker B)$. 再注意到 $\ker A\bigcap\ker B\subset\ker(A+B)$, 于是 $n-$ 秩 $(AB)\geqslant n-$ 秩 $A+n-$ 秩 $B-(n-$ 秩 $(A+B))$, 由此结论得证.

习　题　17

1. 充分性显然. 令 $\beta=k(\alpha_1+\cdots+\alpha_t)(\forall k\neq 0)$ 得必要性.

2. 取 $Ax=0$ 的一个基础解系 $\alpha_1,\cdots,\alpha_{n-r}$ 和 $Ax=b$ 的一个特解 β, 则 $\beta,\beta+\alpha_1,\cdots,\beta+\alpha_{n-r}$ 是 $Ax=b$ 的 $n-$ 秩 $A+1$ 个线性无关的解.

3. $A=P\begin{pmatrix}I_r&0\\0&0\end{pmatrix}P^{-1}$, 令

$$B=P\begin{pmatrix}I_r&0\\0&0\end{pmatrix}P'\quad 且\quad C=P^{-1'}\begin{pmatrix}I_r&0\\0&0\end{pmatrix}P^{-1}$$

即可.

4. 令

$$V_1=\left\{x\in V\,\middle|\,(\sigma-\lambda_1 1)^k x=0\right\},$$
$$V_2=\left\{x\in V\,\middle|\,(\sigma-\lambda_2 1)^k x=0\right\},$$

然后证明 $V=V_1\oplus V_2$.

5. 设 $\varepsilon_1,\cdots,\varepsilon_n$ 是由 σ 的特征向量构成的 V 的基, 则 σ 在该基下的矩阵为对角矩阵, 设为 Λ. 将 W 的基 $\eta_1,\cdots,\eta_r$ 扩充为 V 的基 $\eta_1,\cdots,\eta_v$, 则 σ 在该基下的矩阵为 $B=\begin{pmatrix}B_1 & B_2\\ 0 & B_3\end{pmatrix}$. 易见 $B\sim\Lambda$, 于是 $B'\sim\Lambda$, 从而存在可逆矩阵 P, 使得 $P^{-1}\begin{pmatrix}B_1' & 0\\ B_2' & B_3'\end{pmatrix}P=\Lambda$. 令 $P=\begin{pmatrix}P_1\\ P_2\end{pmatrix}$, 则 $B_1'P_1=P_1\Lambda$, 于是 P_1 的所有非零列均为 B_1' 的特征向量, 从而 B_1' 相似于对角矩阵, 故 B_1 相似于对角矩阵, 即存在可逆矩阵 Q, 使得 QB_1Q^{-1} 为对角矩阵. 易见

$$(\gamma_1\quad\cdots\quad\gamma_r)=(\eta_1\quad\cdots\quad\eta_r)Q^{-1}$$

是 W 的由 σ 的特征向量构成的基.

6. 看若尔当标准形.

7. 用归纳法. 当 $n=1$ 时, 显然, 在由 $k-1$ 到 k 时用反证法. 假定 $\alpha_1,\cdots,\alpha_{k+2}$ 中任两个不同向量的内积都小于 0, 选一标准正交基, 使其坐标向量为

$$(|\alpha_1|,0,\cdots,0),\quad(a_{21},\cdots,a_{2k}),\quad\cdots,\quad(a_{k+2\ 1},\cdots,a_{k+2\ k}),$$

可推出 $a_{i1}<0(\forall i\neq1)$, 于是 $(a_{22},\cdots,a_{2k}),\cdots,(a_{k+2,2},\cdots,a_{k+2,k})$ 中任意两个不同向量的内积都小于 0, 这与 $n=k-1$ 时结论成立矛盾.

8. 考虑 AB^{-1} 的特征值.

9. 令 $V_{ij}=\{x|\sigma_i x=\sigma_j x\}\ (\forall i\neq j)$, 则 $V_{ij}\neq V(\forall i,j)$, 故存在 $\alpha\in V$, 但 $\alpha\notin V_{ij}(\forall i\neq j)$, α 就是所求向量.

10. 用反证法. 否则, $A_1x=0$ 与 $\begin{pmatrix}A\\ A_1\end{pmatrix}x=0$ 同解, 于是秩 $\begin{pmatrix}A\\ A_1\end{pmatrix}=$ 秩 $A_1=p<m$, 矛盾.

11. 证明 A 相似于形如 $\begin{pmatrix}A_1+A_2b' & *\\ 0 & 0\end{pmatrix}$ 的矩阵.

12. 令 $B=(A-I)^{-1}A$ 即可.

13. 当 $t>0$ 时, 令 $(\alpha,\ \beta)_t=t\alpha'\beta(\forall\alpha,\beta)$.

14. 设 $f:x\to x^{**}(\forall x\in V)$ 是从 V 到 V^{**} 的同构映射, 并且 $x_1^{**},\cdots,x_n^{**}$ 是 V^* 的对偶空间 V^{**} 的基, 满足 $x_j^{**}(f_i)=\delta_{ij}\ (\forall i,j)$, 故 V 的基 $x_1,\cdots,x_n$ 满足要求.

15. 注意: B 的各列为 $Ax=0$ 的基础解系.

16. 分 $\alpha=0,\alpha\neq0$ 两种情况, 再讨论 A 的秩, 分别证明 X 的存在性.

17. 注意: A 的特征根模为 1, 并且 $|A|=1$ 可推出 A 至少有一个特征值为 1. 利用哈密顿–凯莱定理.

18. 令 $f(x)$ 取 A 的特征多项式得必要性. 在证充分性时, 设 $g(x)$ 是 A 的最小多项式, 则 $g(x) \mid f(x)$, 于是 x 不能整除 $g(x)$, 故 0 不是 $g(x)$ 的根, 即 A 的特征根均非零, 从而 A 可逆.

19. 设 V_1 的基为 $\varepsilon_1, \cdots, \varepsilon_r$, V_2 的基为 $\varepsilon_{r+1}, \cdots, \varepsilon_n$, 令 $\sigma(x)=\sum\limits_{i=1}^{r} x_i\varepsilon_i \left(\forall x=\sum\limits_{i=1}^{n} x_i\varepsilon_i \in V\right)$.

20. 设 $A = Q\mathrm{diag}(a_1, \cdots, a_n)Q'$, 其中 Q 为正交矩阵, $a_i \geqslant 0(i = 1, \cdots, n)$, 则 $B = Q\mathrm{diag}(\sqrt[k]{a_1}, \cdots, \sqrt[k]{a_n})Q'$ 满足要求, 唯一性参考例 10.7.

21. 令 $B = (AA')^{\frac{1}{2}}, C = (AA')^{-\frac{1}{2}}A$, 易证其中 $(AA')^{\frac{1}{2}}$ 为正定矩阵的正定平方根, $(AA')^{-\frac{1}{2}}$ 为 $(AA')^{\frac{1}{2}}$ 的逆.

22. 由例 16.5, 再注意到 $J^2 = -I$ 知

$$J = Q\mathrm{diag}\left(\begin{pmatrix} 0 & a_1 \\ -a_1 & 0 \end{pmatrix}, \cdots, \begin{pmatrix} 0 & a_m \\ -a_m & 0 \end{pmatrix}\right)Q^{-1},$$

其中 Q 为正交矩阵, $a_i^2 = 1, n = 2m$. 由此易见, P_1 为 Hermite 幂等矩阵, 于是有酉矩阵 U, 使得 $U^*P_1U = \mathrm{diag}(I_{\frac{n}{2}}, 0)$. 令 $U = (U_1U_2)$, 其中 U_1 为 U 的前 $\dfrac{n}{2}$ 列. 易见 $P_1 = U_1U_1^*$. 再注意 $P_1 + P_2 = I_n$, 即有 $P_2 = U_2U_2^*$.

23. 当 J 为 n 阶若尔当块时, 可取 $\alpha = e_n = \begin{pmatrix} 0 \\ \vdots \\ 0 \\ 1 \end{pmatrix}$, 当 A 为对角矩阵时, 取 $\alpha = \begin{pmatrix} 1 \\ \vdots \\ 1 \end{pmatrix}$. 当 A 的特征多项式等于最小多项式时, 不同特征值的对应若尔当块只有一个, 这包括了前面两种情形, 其 α 的选取可在前面的基础上进一步完成. 因为此时特征多项式即最后一个不变因子, 故考虑有理标准形

$$A = P\begin{pmatrix} 0 & & & * \\ 1 & \ddots & & \vdots \\ & \ddots & 0 & \vdots \\ 0 & & 1 & * \end{pmatrix}P^{-1}$$

可得另一方法, 令 $\alpha = Pe_1 = P\begin{pmatrix} 1 \\ 0 \\ \vdots \\ 0 \end{pmatrix}$ 即可.

习 题 18

1. 转化为非平凡子空间含有一个共同的向量 ε_1. 设 $\varepsilon_1, \cdots, \varepsilon_n$ 为 V 的一组基, 并且 σ 在此基下的矩阵为 A, 则易见 $\sigma\varepsilon_1 = \lambda\varepsilon_1$, $\sigma\varepsilon_2 = \lambda\varepsilon_2 + \varepsilon_1$, $\cdots$, $\sigma\varepsilon_n = \lambda\varepsilon_n + \varepsilon_{n-1}$. 设 V_1 为 V 的任一非平凡的 σ 不变子空间, 若 $x \in l_1\varepsilon_{i_1} + l_2\varepsilon_{i_2} + \cdots + l_k\varepsilon_{i_k} \in V_1$, 其中 $i_1 < i_2 < \cdots < i_k \leqslant n$, $l_k \neq 0$, i_k 为 V_1 中所有向量用 $\varepsilon_1, \cdots, \varepsilon_n$ 线性表出表达式中所用向量 $\varepsilon_1, \cdots, \varepsilon_n$ 中最大下标 (其中 ε_{i_k} 的系数不为 0), 则 $\sigma x \in V_1$, 不难推出 $\varepsilon_1 \in V_1$.

2. 由正交矩阵 A 是实正规矩阵, 故存在标准正交的特征向量 $u_1, \cdots, u_n$, 使得

$$A(\, u_1 \quad \cdots \quad u_n\,) = (\, u_1 \quad \cdots \quad u_n)\mathrm{diag}(\lambda_1, \cdots, \lambda_n),$$

不妨假定 $\lambda_1, \cdots, \lambda_t$ 为实特征值, $u_1, \cdots, u_t$ 可选为实向量. 由虚特征根成对, 故只需转化研究从 $Au=\lambda u$, $A\overline{u}=\overline{\lambda}\overline{u}$ 推出存在实向量 α, β 标准正交且

$$A(\alpha \quad \beta)=(\alpha \quad \beta)\begin{pmatrix}\cos\theta & \sin\theta\\ -\sin\theta & \cos\theta\end{pmatrix}.$$

事实上, 令 $u=u_1+\mathrm{i}u_2$, $\lambda=\cos\theta+\mathrm{i}\sin\theta$, 取 $\alpha=\sqrt{2}u_1$, $\beta=\sqrt{2}u_2$, 注意到 $(u,u)=1$ 和 $(u,\bar{u})=0$ 可证得结论.

3. 利用 A 酉相似于对角矩阵, 对角线上即全部特征根.

4. 化和为积是一个转化技巧. $A+B=A(I+A^{-1}B)$, 由 $A^{-1}B$ 正交故可酉相似于对角矩阵知, $n-$ 秩 $(A+B)=n-$ 秩 $(I+A^{-1}B)=A^{-1}B$ 的特征根 -1 的个数. 这个数是偶数 $\Leftrightarrow A^{-1}B$ 特征根 -1 是偶重根 $\Leftrightarrow |A^{-1}B|=1 \Leftrightarrow |A'B|=1 \Leftrightarrow |A||B|=1$.

5. 设 $[f_1(x),\cdots,f_t(x)]=g(x)$, 易证 $\dfrac{g(x)}{f_1(x)}, \cdots, \dfrac{g(x)}{f_t(x)}$ 互素, 从而 $\dfrac{g(x)}{f_1(x)}u_1(x)+\cdots+\dfrac{g(x)}{f_t(x)}u_t(x)=1$, 由此易证 $\ker g(\sigma)=\ker f_1(\sigma)+\cdots+\ker f_t(\sigma)$. 当 $f_1(x), \cdots, f_t(x)$ 两两互素时证上式中零向量表示的唯一性, 可得直和.

6. 按 $(1)\Rightarrow(2)\Rightarrow(3)\Rightarrow(4)\Rightarrow(5)\Rightarrow(6)\Rightarrow(7)\Rightarrow(8)\Rightarrow(9)\Rightarrow(10)\Rightarrow(1)$ 证明, 其中 $(5)\Rightarrow(6)$ 先按矩阵证明, 然后转化为变换. 由 $A=P\begin{pmatrix}D & 0\\ 0 & 0\end{pmatrix}P^{-1}$, 则有

$$A^2=P\begin{pmatrix}D^2 & 0\\ 0 & 0\end{pmatrix}P^{-1}=P\begin{pmatrix}D & 0\\ 0 & I\end{pmatrix}P^{-1}\cdot P\begin{pmatrix}D & 0\\ 0 & 0\end{pmatrix}P^{-1}=BA.$$

为证 (11) 与以上条件等价, 可先证 $(5)\Rightarrow(11)$, 也转化为矩阵, 取 μ 在基 $\varepsilon_1, \cdots, \varepsilon_n$ 下的矩阵为 $X=P\begin{pmatrix}D^{-1} & 0\\ 0 & 0\end{pmatrix}P^{-1}$, 易验证 $AX=XA$, $A^2X=A$, $X^2A=X$.

$(11)\Rightarrow(2)$ $\quad \sigma=\sigma^2\mu\Rightarrow$ 秩 $\sigma\leqslant$ 秩 $\sigma^2\leqslant$ 秩 $\sigma\Rightarrow$ 秩 $\sigma=$ 秩 $\sigma^2\Rightarrow \mathrm{Im}\sigma=\mathrm{Im}\sigma^2$.

最后证满足 (11) 的 μ 是唯一的. 事实上, 设另有 μ_1 适合 $\sigma\mu_1=\mu_1\sigma$, $\sigma^2\mu_1=\sigma$, $\mu_1^2\sigma=\mu_1$, 易见 $\mu_1=\mu_1^2\sigma=\mu_1^2\sigma^2\mu=\mu_1\sigma\mu$. 同理, $\mu=\mu_1\sigma\mu$. 故 $\mu_1=\mu$.

7. 按 $(1)\Rightarrow(2)\Rightarrow(3)\Rightarrow(1)$ 的顺序去证. 设 $S^{-1}AS=\mathrm{diag}(J_1, \cdots, J_t)$, 其中

$$J_i=\begin{pmatrix}\lambda_i & \varepsilon_i & & \\ & \ddots & \ddots & \\ & & \ddots & \varepsilon_i\\ & & & \lambda_i\end{pmatrix} \quad 或(\lambda_i).$$

令 $G=(S^{-1})^*S^{-1}$.

$(1)\Rightarrow(2)$ 　可转化为证 $J_i+J_i^*$ 正定, ε_i 选适当小就可以证明.

$(3)\Rightarrow(1)$ 　取 x 为 A 的特征向量.

8. 按 $(1)\Rightarrow(2)\Rightarrow(3)\Rightarrow(4)\Rightarrow(5)\Rightarrow(1)$ 的顺序去证.

(1)⇒(2) 用反证法. 假定 $x \neq 0$, x 的全部非零坐标为 $x_{j_1}, \cdots, x_{j_k}$ 且

$$x_{j_i}(Ax)_{j_i} \leqslant 0, \quad \forall i = 1, \cdots, k.$$

令 A 的 $j_1, \cdots, j_k$ 行和 $j_1, \cdots, j_k$ 列构成的主子阵为 A_0. 再令

$$x_0 = (\, x_{j_1} \quad \cdots \quad x_{j_k}\,)', \quad D = \mathrm{diag}(d_1, \cdots, d_k),$$

其中 $d_i = |\, x_{j_i}^{-1}(A_0x_0)_i\,|$, 于是 $A_0x_0 = -Dx_0$, 从而 $(A_0 + D)x_0 = 0$. 然而, 由 A_0 的所有主子式大于 0 和 D 为非负对角矩阵易证 $|\, A_0 + D\,| \geqslant |\, A_0\,| > 0$, 这推出 $x_0 = 0$, 矛盾.

(2)⇒(3) 易见存在 $\varepsilon > 0$, 使得 $x_k(Ax)_k + \varepsilon \sum\limits_{i \neq k} x_i(Ax)_i > 0$, 令

$$D = \mathrm{diag}(\varepsilon, \cdots, 1, \cdots, \varepsilon).$$

(4)⇒(5) 设 A_0 为 A 的一个主子阵, $A_0\xi = \lambda\xi$ $(\xi \neq 0)$, 其中 λ 为实数. 令 x 是由 k 维向量 ξ 扩充零坐标所得到的 n 维向量. 易见由 (4) 有

$$0 < x'DAx = (Dx)'Ax = \xi' D_0 A_0 \xi = \lambda(\xi' D_0 \xi)$$

(其中 D_0 为 D 相应的 k 阶对角矩阵), 故 $\lambda > 0$.

9. 取标准正交基问题可转化成如下: A, B 为实 $n \times m$ 矩阵, 则 $AA' = BB' \Leftrightarrow$ 存在正交矩阵 Q, 使得 $A = BQ$, 利用奇异值分解,

$$\begin{aligned} A &= U\begin{pmatrix} \Sigma_A & 0 \\ 0 & 0 \end{pmatrix} V = U\begin{pmatrix} \Sigma_A & 0 \\ 0 & 0 \end{pmatrix} U' \cdot UV \\ &= (AA')^{\frac{1}{2}} UV = (BB')^{\frac{1}{2}} UV \\ &= Q_0 \begin{pmatrix} \Sigma_B & 0 \\ 0 & 0 \end{pmatrix} Q_0' UV = Q_0 \begin{pmatrix} \Sigma_B & 0 \\ 0 & 0 \end{pmatrix} P \cdot P' Q_0' UV = B \cdot Q \end{aligned}$$

(此题当然可用空间方法直接证明, 留给读者).

10. 不妨设

$$\begin{aligned} (\, \alpha_{s+1} \quad \cdots \quad \alpha_m\,) &= (\, \alpha_1 \quad \cdots \quad \alpha_s\,)C, \\ (\, \beta_{s+1} \quad \cdots \quad \beta_m\,) &= (\, \beta_1 \quad \cdots \quad \beta_s\,)B, \end{aligned}$$

其中 $\alpha_1, \cdots, \alpha_s$ 线性无关, $\beta_1, \cdots, \beta_s$ 线性无关, 易证

$$(\, \beta_1 \quad \cdots \quad \beta_s\,) = (\, \alpha_1 \quad \cdots \quad \alpha_s\,)D,$$

其中 D 可逆, 于是

$$\begin{aligned} (\, \beta_1 \quad \cdots \quad \beta_m\,) &= (\, \alpha_1 \quad \cdots \quad \alpha_s\,)(\, D \quad DB\,) \\ &= (\, \alpha_1 \quad \cdots \quad \alpha_m\,)\begin{pmatrix} D & DB \\ 0 & 0 \end{pmatrix} \\ &= (\, \alpha_1 \quad \cdots \quad \alpha_m\,)\begin{pmatrix} D & DB - C \\ 0 & I \end{pmatrix}. \end{aligned}$$

11. 由不等式秩 $AB \geqslant$ 秩 $A+$ 秩 $B-n$ 可得 $\dim(\mathrm{Im}\sigma\tau) \geqslant \dim(\mathrm{Im}\sigma)+\dim(\mathrm{Im}\tau)-n$, 然后由 $\dim(\ker\sigma)+\dim(\mathrm{Im}\sigma)=n$, $\dim(\ker\tau)+\dim(\mathrm{Im}\tau)=n$ 和 $\dim(\mathrm{Im}\sigma\tau)+\dim(\ker\sigma\tau)=n$ 可证.

12. (1)⇒(2) 为证 σ 为线性变换, 只需证

$$(\sigma(\alpha+k\beta)-\sigma(\alpha)-k\sigma(\beta),\sigma(\alpha+k\beta)-\sigma(\alpha)-k\sigma(\beta))=0.$$

(2)⇒(3)⇒(4) 容易.

(4)⇒(1) 先令 $\beta=-\alpha$ 推出 $-\sigma\alpha=\sigma(-\alpha)(\forall\alpha)$, 于是由 (4) 推出 (3) 中的等式, 所以

$$\begin{aligned}(\sigma\alpha,\sigma\beta) &= \frac{1}{4}\left(|\,\sigma\alpha+\sigma\beta\,|^2-|\,\sigma\alpha-\sigma\beta\,|^2\right)\\ &= \frac{1}{4}\left(|\,\alpha+\beta\,|^2-|\,\alpha-\beta\,|^2\right)\\ &= (\alpha,\beta),\quad \forall\alpha,\beta.\end{aligned}$$

13. (1) 将 $A+B=AB$ 变形可得 $(A-I)(B-I)=I$, 两边取行列式可得结论.

(2) 由 $(A-I)(B-I)=I$ 可得 $(B-I)(A-I)=I$, 从而 $A+B=BA$, 故 $AB=BA$, 于是 A,B 可同时相似于上三角矩阵.

14. 充分性用反证法, 必要性用反证法或归纳法.

15. 使用归纳法. 假定 $A\alpha=\lambda\alpha\ (\alpha\neq 0)$, $|\lambda|>1$. 令 $\alpha=(b_1\ \ \cdots\ \ b_n)'$, 设 $\max\{|b_1|,\cdots,|b_n|\}=|b_k|>0$, 由 $\sum\limits_{j=1}^{n}a_{kj}b_j=\lambda b_k$, 取模可得矛盾.

16. 为证结论, 可转化为证明 $\mathrm{tr}(AB-BA)^2\leqslant 0$. 注意: $AB-BA$ 反对称, 上式转化为查特征根.

17. 注意到 $\begin{pmatrix}A & \alpha\\ \alpha' & 1\end{pmatrix}$ 经合同变换既可化为

$$\begin{pmatrix}A & 0\\ 0 & 1-\alpha'A^{-1}\alpha\end{pmatrix},$$

又可化为 $\begin{pmatrix}A-\alpha\alpha' & 0\\ 0 & 1\end{pmatrix}$, 于是问题转化为后两个矩阵的符号差的比较, 故可得

(1) 当 $\alpha'A^{-1}\alpha=1$ 时, $s(A)=s(A-\alpha\alpha')+1$;

(2) 当 $\alpha'A^{-1}\alpha<1$ 时, $s(A)=s(A-\alpha\alpha')$;

(3) 当 $\alpha'A^{-1}\alpha>1$ 时, $s(A)=s(A-\alpha\alpha')+2$.

18. (1) 由 $f(\alpha-\beta,\alpha-\beta)=-2f(\alpha,\beta)$ 可证必要性.

(2) 转化为证明

$$\left(W_1\bigcap W_2\right)\bigcap\left(M\bigcap N^{\perp}\right)=\{0\} \tag{18.2}$$

及

$$W_1\bigcap W_2^{\perp}=\left(W_1\bigcap W_2\right)+\left(M\bigcap N^{\perp}\right). \tag{18.3}$$

注意到 $M\bigcap N^{\perp}\subseteq M$ 易证 (*). 利用 (1) 及相关定义可证 (**) 两端互相包含 (注意: 证明 $M\bigcap N^{\perp}\subseteq W_2^{\perp}\subseteq N^{\perp}$).

19. 转化为秩等式, 等价于证明秩 $(A+I_n)+$ 秩 $(A-I_n)=n$. 由 $2I_n=(A+I_n)+(I_n-A)$ 可得 $n\leqslant$ 秩 $(A+I_n)+$ 秩 $(A-I_n)$. 又由 $(A+I_n)(A-I_n)=0$ 可得反向不等式, 从而得等式. 用相似标准形或分块初等变换还可得两种方法 (请自证).

20. 对阶数用数学归纳法.

21. 在复数域内考虑, 用反证法, 若 $h(x)$ 与 $u(x)$ 不互素, 则有公共根 x_0, 由已知推出 x_0 又是 $f(x)$ 与 $g(x)$ 的公共根.

22. 令 $\sigma=\sum\limits_{i=1}^{s}\sigma_i$, 设法证明:

(1) $V=\mathrm{Im}\sigma\oplus\ker\sigma$;

(2) $\mathrm{Im}\sigma=\mathrm{Im}\sigma_1\oplus\cdots\oplus\mathrm{Im}\sigma_s$;

(3) $\ker\sigma=\bigcap\limits_{i=1}^{s}\ker\sigma_i$.

23. 同时相似于上三角矩阵 (在复数域上).

24. 设 $B^{\frac{1}{2}}, B^{-\frac{1}{2}}$ 分别为 B, B^{-1} 的正定平方根. 由 $ABAB^{-1}=BAB^{-1}A$ 有

$$B^{-\frac{1}{2}}(ABAB^{-1})B^{\frac{1}{2}}=B^{-\frac{1}{2}}(BAB^{-1}A)B^{\frac{1}{2}},$$

由此可得 $CC^*=C^*C$, 其中 $C=B^{-\frac{1}{2}}AB^{\frac{1}{2}}$. 这说明 C 正规且 C 相似于 A, 从而 C 的特征根全为实数, 由第 3 题知, C 为 Hermite 矩阵, 即 C 为实对称矩阵, 可得 $AB=BA$.

25. 运用反证法, 即证明 "若 $f\neq 0$ 且 $g\neq 0$, 则 $fg\neq 0$". 条件 $f\neq 0$ 且 $g\neq 0$ 可转化为存在 α,β, 使得 $f(\alpha)\neq 0$ 且 $g(\beta)\neq 0$. 如果 $g(\alpha)\neq 0$ 或 $f(\beta)\neq 0$, 则易见 $fg\neq 0$; 否则, 看 $(fg)(\alpha+\beta)$.

26. 由 $(f(x),g(x))=1$ 知, 存在 $p(x),q(x)$, 使得 $f(x)p(x)+g(x)q(x)=1$, 然后将 A 代入, 按定义逐个可证.

27. 经初等变换化 $\mathrm{diag}(f(A),g(A))$ 为 $\mathrm{diag}(d(A),m(A))$.

28. 由 $(f(\lambda)(\lambda-\mu_j)^{-r_j},(\lambda-\mu_j)^{r_j})=1$ 知, 存在 $f_j(\lambda), g_j(\lambda)$, 使得 $f_j(\lambda)f(\lambda)(\lambda-\mu_j)^{-r_j}+g_j(\lambda)(\lambda-\mu_j)^{r_j}=1$. 令 $g(\lambda)=\sum\limits_{j=1}^{s}\mu_j f_j(\lambda)f(\lambda)(\lambda-\mu_j)^{-r_j}$, 易验证 $(\lambda-\mu_j)^{r_j}|(g(\lambda)-\mu_j)$. 由此, 设 A 的若尔当标准形为 $J=\mathrm{diag}(J_1,\cdots,J_t)$, 其中 $J_1,\cdots,J_t$ 为若尔当块. 实际计算易证后面的结论.

29. 用反证法. 若结论不成立, 则有 $g(x)=(x-a)^k h(x)$, 其中 a 为 $g(x)$ 的重数为奇数的最大实根, k 为 a 的重数, 显然, $h(a)>0$. 由此再用反证法证明 $f(x)$ 有根 a. 事实上, 若 $f(a)\neq 0$, 则 $f(a)>0$. 另一方面, $g'(a)\geqslant 0$, 而 $0=g(a)=f(a)+g'(a)>0$, 矛盾.

设 $f(x)=(x-a)^t u(x)$, 其中 t 为偶数, 即 a 为 $f(x)$ 的 t 重根. 再用反证法证明 $t>k$. 事实上, 若 $t\leqslant k$, 对 $f(x)+f'(x)+\cdots+f^{(n)}(x)=(x-a)^k h(x)$, 两边求导 t 次和 $t+1$ 次, 再代入 a 值可得矛盾.

由 $(x-a)^k h(x)=g(x)=f(x)+f'(x)+\cdots+f^{(n)}(x)$, 连续求导并代入 a 值可得 $f^{(k)}(a)+\cdots+f^{(n)}(a)=g^{(k)}(a)>0, f^{(k-1)}(a)+\cdots+f^{(n)}(a)=g^{(k-1)}(a)=0$, 由此二式得 $f^{(k-1)}(a)<0$. 但实际上, $f(x)=(x-a)^t u(x)$, 由 $t>k$ 知 $f^{(k-1)}(a)=0$, 矛盾.

30. (1) 考虑方程组 $x_1=x_{r+1},\cdots,x_s=x_{r+s},x_{s+1}=\cdots=x_r=0$ 的解空间.

(2) 显然, $x_1=\cdots=x_{r+s}=0$ 的解空间 V 的维数是 $n-r-s$. 为证结论, 只需证 $W_1\supset V$, $W_2\supset V$. 用反证法证 $W_1\supset V$, 若 $W_1\not\supseteq V$, 则存在 $0\neq\beta\in V$ 且 $\beta\notin W_1$, 这导致有 $n-r+1$ 维子空间 $W_0=\langle W_1,\beta\rangle$, 使得 $f(W_0)=0$. 这是不可能的, 因为可以证明若子空间 W 使 $f(W)=0$, 则 W 中任意 $n-r+1$ 个向量都是线性相关的. 事实上, 任取 $\alpha_i=(a_{i1}\ \cdots\ a_{in})'\in W(i=1,\cdots,n-r+1)$, 注意以 $x_1,\cdots,x_{n-r+1}$ 为未知数的方程组 $a_{1j}x_1+\cdots+a_{n-r+1,j}x_{n-r+1}=0(j=r+1,\cdots,n)$, 显然有非零解. 设 $(\mu_1\ \cdots\ \mu_{n-r+1})'$ 为一个非零解, 由已知有

$$0=f\left(\sum_{i=1}^{n-r+1}\mu_i\alpha_i\right)=\sum_{j=1}^{r}\left|\sum_{i=1}^{n-r+1}\mu_ia_{ij}\right|-\sum_{j=r+1}^{r+s}\left|\sum_{i=1}^{n-r+1}\mu_ia_{ij}\right|,$$

由此可推出 $\displaystyle\sum_{i=1}^{n-r+1}\mu_ia_{ij}=0(\forall 1\leqslant j\leqslant n)$, 从而 $\alpha_1,\cdots,\alpha_{n-r+1}$ 线性相关.

31. 可转化为证明多项式 $(x-2)(x-3)^2,(x-1)(x-3),(x-1)(x-2)^2$ 互素, 或利用第 5 题, 或利用若尔当标准形.

32. 应用反证法, 若 $\dim(\mathrm{Im}\sigma+\ker\sigma)<\dfrac{n}{2}$, 则 $\dim(\mathrm{Im}\sigma\bigcap\ker\sigma)<\dfrac{n}{2}$, 与公式 $\dim(\mathrm{Im}\sigma)+\dim(\ker\sigma)=n$ 矛盾, (1) 得证. 为证 (2), 注意: $\dim(\mathrm{Im}\sigma+\ker\sigma)=\dfrac{n}{2}$ 可推出 $\dim(\mathrm{Im}\sigma\bigcap\ker\sigma)=\dfrac{n}{2}$ 且 $\dim(\mathrm{Im}\sigma)\leqslant\dfrac{n}{2},\dim(\ker\sigma)\leqslant\dfrac{n}{2}$. 于是

$$\dim(\mathrm{Im}\sigma)=\frac{n}{2}=\dim(\ker\sigma),$$

从而 $\mathrm{Im}\sigma=\mathrm{Im}\sigma\bigcap\ker\sigma=\ker\sigma$. 反之, $\mathrm{Im}\sigma=\ker\sigma$ 可推出 $\mathrm{Im}\sigma+\ker\sigma=\mathrm{Im}\sigma\bigcap\ker\sigma$, 故 $\dim(\mathrm{Im}\sigma+\ker\sigma)=\dfrac{n}{2}$.

33. 只需证 $\dim(\ker(AB))=\dim(\ker A)+\dim(\ker B)$. 其实这可由 $\ker(AB)=\ker A\oplus\ker B$ 推出.

34. 转化为矩阵, 设 σ,τ 的矩阵分别为 A,B, 设

$$A=P\begin{pmatrix}I_r&\\&0\end{pmatrix}P^{-1},\quad B=P\begin{pmatrix}B_1&B_2\\B_3&B_4\end{pmatrix}P^{-1}.$$

由 $BA\alpha=A\beta(\forall\alpha)$ 可推出 $B_3=0$. 又 $A\alpha=0$, 即 $P\begin{pmatrix}I_r&\\&0\end{pmatrix}P^{-1}\alpha=0$ 可推出 $AB\alpha=0$, 这又推出 $B_2=0$. 于是易见 $AB=BA$.

35. 看 A 的若尔当标准形, 由秩 $A=n-1$ 知, A 的特征值 0 的若尔当块只有一个, 不妨设 $A=P\begin{pmatrix}J_1&\\&J_k(0)\end{pmatrix}P^{-1}$, 其中 $J_1=\mathrm{diag}(J_{k_1},\cdots,J_{k_s})$, 其中 J_{k_i} 为 k_i 阶若尔当块, 其特征值 $\lambda_i\neq0$. $J_k(0)$ 为 k 阶若尔当块, 特征值为 0. 令 $J_k(0)=C$. 由 $AB=BA=0$ 得

$B=P\begin{pmatrix}0&0\\0&B_4\end{pmatrix}P^{-1}$. 再由 $CB_4=B_4C$ 可得 $B_4=b_0I_k+b_1C+\cdots+b_{k-1}C^{k-1}$. 又 $CB_4=0$ 可推出 $B_4=aC^{k-1}$. 当 $a=0$ 时, $B=0=g(A)$ (Hamilton-Cayley 定理). 当 $a\neq 0$ 时, 令 $g(\lambda)=a(-\lambda_1)^{-k_1}\cdots(-\lambda_s)^{-k_s}(\lambda-\lambda_1)^{k_1}\cdots(\lambda-\lambda_s)^{k_s}\lambda^{k-1}$, 容易验证 $B=g(A)$.

参 考 文 献

[1] 曹重光. 局部环上矩阵模的保幂等自同态. 黑龙江大学自然科学学报, 1989, (2): 1–3.

[2] 朱广化. 关于《相似变换矩阵的简单求法》的改进. 数学通报, 1994, (1): 44–46.

[3] 北京大学数学系几何与代数教研室代数小组. 高等代数. 3 版. 北京：高等教育出版社, 2003.

[4] 曹重光. 高等代数两个定理的证明. 数学通报, 1997, (3): 34, 35.

[5] 张显. 关于秩的两个等式的充要条件的矩阵证法. 纺织高校基础科学学报, 1999, (1): 75, 76.

[6] 曹重光. 关于两个正定矩阵之积的特征值估计的一个注记. 应用数学与计算数学学报, 1990, (2): 89, 90.

[7] 曹重光. 关于四元数自共轭矩阵迹的几个不等式. 数学杂志, 1988, (3): 313, 314.

[8] 屠伯埙. 线性代数 —— 方法导引. 上海：复旦大学出版社, 1986.

[9] 王正文. 高等代数分析与研究. 济南：山东大学出版社, 1994.

[10] 陈志杰. 高等代数与解析几何. 北京：高等教育出版社, 2001.

[11] 白述伟. 高等代数选讲. 哈尔滨：黑龙江教育出版社, 1996.

[12] 曹重光. 线性代数. 呼和浩特：内蒙古科学技术出版社, 1999.

[13] 唐孝敏, 曹重光. 运用基底解决线性代数问题. 高师理科学刊, 2009, (6): 32–35.

[14] 姚慕生. 高等代数学. 上海：复旦大学出版社, 2003.

[15] 丘维声. 高等代数. 2 版. 北京：高等教育出版社, 2003.

[16] 林国钦, 杨忠鹏, 陈梅香. 矩阵多项式秩的一个恒等式及其应用. 北华大学学报 (自然科学版), 2008, (1): 5–8.

[17] 曹重光, 于宪君, 张显. 线性代数. 北京：科学出版社, 2007.

[18] 蓝以中. 高等代数简明教程. 2 版. 北京：北京大学出版社, 2007.

[19] 张贤科, 许甫华. 高等代数学. 2 版. 北京：清华大学出版社, 2004.